T0220559

Physik mit Excel und Visual Basic

Dieter Mergel

Physik mit Excel und Visual Basic

Grundlagen, Beispiele und Aufgaben

 Springer Spektrum

Dieter Mergel
Universität Duisburg-Essen
Duisburg, Deutschland

ISBN 978-3-642-37856-0   ISBN 978-3-642-37857-7   (eBook)
DOI 10.1007/978-3-642-37857-7

Die Deutsche Nationalbibliothek verzeichnet diese Publikation in der Deutschen Nationalbibliografie;
detaillierte bibliografische Daten sind im Internet über http://dnb.d-nb.de abrufbar.

Springer Spektrum

Planung: Dr. Lisa Edelhäuser

Gedruckt auf säurefreiem und chlorfrei gebleichtem Papier

Springer Spektrum ist Teil von Springer Nature
Die eingetragene Gesellschaft ist Springer-Verlag GmbH Deutschland
Die Anschrift der Gesellschaft ist: Heidelberger Platz 3, 14197 Berlin, Germany

Inhaltsverzeichnis

Einleitung: Was braucht man, was lernt man?

1

1.1 Angestrebtes Ziel und benötigte Werkzeuge

▶ **R.W. Hamming (1968)** The purpose of computing is insight, not numbers.

▶ **Mag** Physik verstehen mit Excel und Visual Basic!

Was können Sie erwarten?
Dieses Buch ging aus Lehrveranstaltungen für Lehramtsstudenten an der Universität Duisburg-Essen hervor. Die Teilnehmer an den Kursen haben mindestens schon ein Jahr, typischerweise zwei Jahre Physik studiert.

Was können Sie, lieber Leser, von diesem Buch erwarten?

Sie können erwarten

- zu üben, Tabellenrechnungen übersichtlich zu strukturieren,
- einfache Computerprogramme zu entwickeln, die mit Tabellen Daten austauschen,
- sicherer im Umgang mit mathematischen Verfahren zu werden
- und physikalische Zusammenhänge besser zu verstehen.

Nachdem Sie die Übungen erfolgreich durchgearbeitet haben, sollten Sie so viel Selbstvertrauen gewonnen haben, dass Sie bei Bewerbungen die Frage „Computerkenntnisse?" guten Gewissens mit „Ja!" beantworten können.

Was brauchen Sie?
Für die genannten Ziele brauchen Sie lediglich: einen Rechner, auf dem Excel (irgendeine Version) implementiert ist, ein Lehrbuch der Physik (das Sie während des Studiums sowieso begleitet) und eine Einführung in Excel (kaufen Sie keine,

© Springer-Verlag GmbH Deutschland 2017
D. Mergel, *Physik mit Excel und Visual Basic,*
DOI 10.1007/978-3-642-37857-7_1

bevor Sie die Grundübung Abschn. 2.2 gemacht haben). Insbesondere benötigen Sie keine spezielle Entwicklungsumgebung für VISUAL BASIC; die ist nämlich bei jeder Version von EXCEL dabei.

Sie werden gleich zwei Studententypen kennen lernen, die uns durch dieses Buch begleiten: Der Typus „Tim" (steht für „timidus" oder „timida", schüchtern) mit eher schüchternen Studierenden, die befürchten, den Anforderungen nicht gewachsen zu sein, obwohl sie fleißig lernen und der Typus „Alac" (Kurzform von „alacer", kühn) von selbstbewussten Studierenden (Männer sind i. A. überrepräsentiert), die glauben, den Überblick zu haben und sich nicht mit vermeintlichem Kleinkram befassen zu müssen. „Mag" (für Magister/Magistra, also eine Person, die den Kurs leitet) versucht, beiden Gruppen gerecht zu werden.

1.2   Tim, Alac und Mag diskutieren den Nutzen des Buches

Computer sind nicht so mein Ding

▶ **Tim** Wenn ich sehe, wie gut sich manche Kommilitonen mit Computern auskennen, dann ziehe ich mich besser zurück. Ich lerne den Stoff lieber aus Lehrbüchern.

▶ **Mag** Sie sollen durch diesen Kurs nicht zu einem Computerfreak gemacht werden, Sie lernen keine coolen Tricks. Wir beschränken uns auf einige Grundtechniken, die wir wiederholt einüben. Die Computertechniken werden auch nicht isoliert vermittelt, sondern immer im Zusammenhang mit physikalischen Problemen.

▶ **Tim** Ich habe aber oft gehört, Programmieren sei eine schwarze Kunst, für die man speziell begabt sein muss.

▶ **Mag** Hier lernen Sie die einfachsten Computergrundtechniken, die jeder Wissenschaftler, Ingenieur und Lehrer von naturwissenschaftlichen Fächern beherrschen sollte. VISUAL BASIC FOR APPLICATIONS (VBA) als Programmiersprache ist dafür gut geeignet.

▶ **Alac** Warum VISUAL BASIC? Lerne ich nicht besser von Anfang an eine ausgefuchstere Programmiersprache, die auch in der Forschung und Industrie eingesetzt wird?

▶ **Mag** Alle algorithmenorientierten Computersprachen haben dieselbe Struktur. Auf die Kenntnis spezieller Befehle kommt es gar nicht an.

▶ **Alac** Sondern?

▶ **Mag** Sie müssen lernen, physikalische und technische Probleme in Programmstrukturen umzusetzen. Außerdem ähneln sich die Fehler, die Anfänger machen, bei allen Programmiersprachen. Am wichtigsten ist es, sie zu finden, zu korrigieren und schließlich zu vermeiden.

▶ **Tim** Da hab ich keine Sorge. In unseren Übungen habe ich sicherlich genug Gelegenheit, Fehler zu machen.

▶ **Mag** Dieser Galgenhumor ist nicht nötig! Der Umgang mit Fehlern ist wirklich das wichtigste.

Wie werde ich denn ein Meister-Programmierer?

▶ **Mag** Einen Meister erkennt man daran, wie er mit Fehlern umgeht. Jeder unbemerkte Fehler in Tabellenformeln und in Programmen kann zur Katastrophe führen. Es kommt darauf an, dass Sie Erfahrungen mit Datenstrukturen und Programmabläufen sammeln und die Ergebnisse in Querkontrollen überprüfen.

▶ **Alac** Und das kann dieser Kurs leisten?

▶ **Mag** Ja! Mit Datenstrukturen in Tabellen, die jederzeit überschaubar und überprüfbar sind und in Abbildungen dargestellt werden können. Mit einfachen Prozeduren, die die Tabellenrechnung steuern, Ergebnisse aus einer Tabelle abrufen und in einer anderen Tabelle ablegen.

▶ **Tim** Datenstrukturen, Programmabläufe, Steuerung. Das klingt ganz schön hochgestochen. Wie soll ich das nur lernen?

▶ **Mag** Vergleichen wir diesen Kurs einmal mit dem Erlernen einer Fremdsprache. Wie lernen Sie fremde Sprachen?

▶ **Alac** Lernen? Lernen in der Schule bringt sowieso nichts. Man muss einfach ins fremdsprachige Ausland gehen, dann folgt der Rest von selbst.

▶ **Tim** O je, das könnte ich nicht. Ohne profunde Kenntnisse kann ich keinen fremdsprachigen Satz hervorbringen. Ich muss erst die Grammatik und die Vokabeln richtig lernen, bevor ich mich traue, ohne Scheu in einer fremden Sprache zu reden.

Wir verfolgen einen Mittelweg

▶ **Mag** Der Mittelweg ist ja bekanntlich golden -:). Sie lernen hier die einfachsten Satzkonstruktionen, werden aber gleich ins Ausland geschickt und müssen sich dort durchschlagen. Wenn Sie sich dabei bewähren, dann können Sie darauf vertrauen, bei Bedarf auch die kompliziertere „Grammatik" zu beherrschen.

▶ **Tim** Ist das auch gründlich genug?

▶ **Alac** Lerne ich da nicht die raffinierten Konstruktionen zu spät?

▶ **Mag** Seien Sie beruhigt. Wenn Sie dieses Buch durchgearbeitet haben, dann gehen Sie gut gerüstet in eine computerorientierte Welt. Das kann mühsam sein, lohnt sich aber bereits für Bachelor-, Master- und später sogar noch für Doktorarbeiten.

▶ **Tim** Kann ich das zusätzlich zu meinen Studien in Physik schaffen?

▶ **Mag** Ich denke schon. In jedem Fall soll dieser Kurs Teil einer Physikausbildung sein und wird Ihnen helfen, die Prüfungen zu bestehen. Außerdem können Sie sich mit den erworbenen Kenntnissen der Tabellenrechnung und VBA-Programmierung ein Zubrot verdienen.

▶ **Alac** Super!

▶ **Tim** Hoffentlich!

1.3   Didaktisches Konzept

Workshop-Atmosphäre
Nachdem wir die Bedenken von Tim und Alac aus dem Wege geräumt haben, können wir das didaktische Konzept erläutern.

In den Kursen an der Universität Duisburg-Essen wurde meist in Form eines Workshops gelernt. Die Studierenden haben dabei allein oder paarweise in einem Computerraum die Aufgaben bearbeitet, einander idealerweise auch gruppenübergreifend geholfen und bei Bedarf den Betreuer hinzugezogen, etwa so wie in einem physikalischen Praktikum.

Erfahrungsgemäß sind der Spaß an den Aufgaben und der Lernfortschritt am größten, wenn alle drei oben genannten Aspekte – Tabellenkalkulation und Programmierung, Physik, Mathematik – miteinander verknüpft sind. Eine systematische Einübung verschiedener Tabellen- und Programmiertechniken wird von den Studierenden oft als zu langweilig empfunden. Besonders lehrreich ist es, Rechnungen und grafische Darstellungen zu verknüpfen, wie es in allen Übungen gemacht wird.

Kurse mit 30 Präsenzstunden

An der Universität Duisburg-Essen werden zwei Kurse mit je 30 Präsenzstunden angeboten:

- ein Grundkurs für Anfänger, in dem je zwei Aufgaben aus den sechs Kap. 2, 3, 4, 7, 8, 10 bearbeitet und dem Betreuer vorgeführt werden müssen, und
- ein Aufbaukurs mit je zwei Aufgaben aus den Kap. 5, 6, 9 und je einer noch nicht bearbeiteten Aufgabe aus den Kapiteln des Anfängerkurses. Manchmal werden zwei kurze Übungen zu einer Aufgabe zusammengefasst. Die speziell für den Aufbaukurs vorgesehenen Aufgaben werden mit „AK" gekennzeichnet.

Die Studierenden können die Aufgaben auch außerhalb der Übungszeit weiterbearbeiten, sodass jeder nach seinem Lernfortschritt in Ruhe vorangehen kann.

Gestufte Lernhilfen

Es werden gestufte Lernhilfen gegeben, um den Bedürfnissen von Studenten mit unterschiedlichem Wissen gerecht zu werden.

a) Am Kopf der Übung steht eine knappe Beschreibung der Aufgabe und der erwarteten Ergebnisse. Geübte Studenten können sich dann geradewegs an die Arbeit machen und gelegentlich auf die Abbildungen schielen, um ihren Fortschritt zu überprüfen. Auch die Abbildungen selbst können als Aufgabenbeschreibung aufgefasst werden.

b) Es wird ein Vorschlag gemacht, wie eine Tabellenrechnung für die Aufgabe sinnvoll strukturiert werden kann. Wenn die Studenten die vorgeschlagenen Tabellentechniken beherrschen, dann können sie die Aufgabe mit diesen Hinweisen lösen.

c) Es wird eine beispielhafte Tabellenkalkulation gezeigt, bei der aber nur ein Teil der Formeln offen gezeigt wird. Sie ist außerdem nicht immer optimal, sodass der fortgeschrittene Student zu Verbesserungen angeregt wird.

d) Tabellenausschnitte mit den in c. ausgeblendeten Formeln werden am Ende der jeweiligen Übung gezeigt.

Die Anleitungen für die ersten beiden Aufgaben in jedem Kapitel sind so ausführlich, dass jeder Anfänger die vorgeschlagene Lösung funktionsfähig implementieren kann. Erfahrungsgemäß stellt sich der „Aha-Effekt", also die Verbindung zum mathematischen und physikalischen Hintergrund, im Laufe der Arbeit ein („learning by doing"). Nach dieser Einarbeitung sollten interessierte Studenten in der Lage sein, verbesserte Lösungen zu finden und die restlichen Aufgaben des Kapitels mit weniger Lösungshilfen zu bearbeiten.

Bei allen Übungen kann die vollständige Lösung aus dem Text und den Abbildungen entnommen werden. Wir empfehlen den etwas fortgeschrittenen Studierenden, diese Lösungen zu analysieren und dann einen eigenen Ansatz zu machen.

Nach Durcharbeiten des Buches sollen die Studenten in der Lage sein, selbstständig Probleme zu bearbeiten, die ihnen im Studium begegnen. Studenten, die

Interesse an Computational Physics gefunden haben, sollte der Einstieg in andere oder spezialisiertere Programmpakete leicht fallen.

Stoff von zwei Semestern Physikstudium

Die Übungen greifen auf den Stoff von zwei Semestern Grundstudium zurück. Um möglichst wenig Stoff, der schon in gängigen Lehrbüchern der Physik zu finden ist, zu wiederholen, werden die Einleitungen zu den Aufgaben möglichst knapp gehalten, die Lösungswege aber sehr ausführlich dargestellt. Weil dadurch die Gefahr entsteht, dass die Studierenden die Übungen mechanisch abarbeiten, ohne sich weiter Gedanken zu machen, werden in den Übungen einfache Fragen zur Physik und zu den Tabellenrechnungen gestellt und in Fußnoten beantwortet. Denn die meisten Übungen wurden ja gerade wegen ihres physikalischen und mathematischen Hintergrundes ausgewählt.

Besenweisheiten Ψ

Vielen Anfängern erscheinen Tabellenrechnungen und insbesondere Computerprogramme Hexenkunst zu sein. Wir greifen diese Vorstellung gern auf und geben „Besenweisheiten Ψ" (Englisch: „broom rules") zum Besten wie: „Ψ *Halb, halb, ganz; die Halben zählen doppelt*" (zum Runge-Kutta-Verfahren vierter Ordnung) oder „Ψ *Zwei drin und einer draußen*" (zur Bedeutung der Standardabweichung), die die Studierenden hoffentlich nicht so leicht vergessen.

Außerdem legt Mag den Studenten Stolpersteine in den Weg, in Gesprächen mit den beiden Studententypen, Tim, der fleißig den Stoff der Anfängervorlesung lernt, und dem forschen Alac, der philosophische Ideen aus populärwissenschaftlichen Artikeln aufgreift, aber gern technische Einzelheiten übersieht.

Einfache Lösungswege

Der Stoff wird in neun Kapiteln mit je etwa fünf Übungen ausführlich dargestellt, wobei angestrebt wird, möglichst einfache Lösungswege zu verfolgen, bei denen die physikalische Begründung in den einzelnen Schritten nachvollziehbar ist. Um das zu erreichen, werden oft programmtechnisch und bezüglich der numerischen Präzision suboptimale Lösungen vorgestellt, statt solcher, die von vornherein optimal sind. Es erwies sich nämlich als didaktisch sinnvoller, nach Durchführung der Aufgaben auf die Unzulänglichkeiten hinzuweisen und dem Leser das Handwerkszeug an die Hand zu geben, eigenhändig Verbesserungen vorzunehmen als gleich perfekte Lösungen anzubieten.

Jedes Kapitel enthält zum Schluss einen Abschnitt mit Wiederholungsfragen und Übungen, die typischerweise in schriftlichen Klausurarbeiten und mündlichen Prüfungen gestellt werden.

1.4 Inhalt der Themenblöcke

Block A, Grundlagen, Kap. 2, 3 und 4

Der Studierende lernt, wie Tabellen organisiert, Diagramme sinnvoll gestaltet und einfache Programmabläufe implementiert werden. Die physikalische Praxis wird mit übersichtlicher Formelrechnung, Darstellung und Interpretation von Kurvenscharen und einfacher Mathematik geübt. Physik und Mathematik sollen Hand in Hand mit Tabellentechniken gehen.

Die Studierenden üben die benötigten Tabellentechniken anhand der Aufgaben. In jedem Abschnitt werden die gerade benötigten EXCEL-Techniken erklärt. Der Leser sollte parallel eine systematische Einführung in die EXCEL-Technik zurate ziehen. Die erste Übung, Abschn. 2.2, gibt in allen Einzelheiten an, wie Funktionen erzeugt, Diagramme erstellt und Schieberegler eingesetzt werden. Mit diesem Anfangswissen sollte der Leser in der Lage sein, sich ein Lehrbuch über EXCEL auszusuchen, das zu seinen Bedürfnissen passt.

In jeder Übung finden sich Schlüsselwörter, unter denen die Anweisungen in der EXCEL-Hilfe derjenigen Version von OFFICE gefunden werden können, die der Leser benutzt. Die VISUAL-BASIC-Befehle sind im Wesentlichen für alle Versionen gleich.

Block B, Simulation und Analyse von Experimenten, Kap. 7, 8 und 9

Dieser Block ist besonders ausführlich und mithilfe von Experimenten zum Thema Zufall anschaulich gehalten, weil die Studierenden erfahrungsgemäß auf dem Gebiet Wahrscheinlichkeit und Statistik die größten Wissenslücken aufweisen. Durch *Vielfachtests auf Trefferrate* (umfasst der Fehlerbereich den wahren Wert?) sollen Lehrsätze der Statistik nachvollzogen werden.

Der Student lernt, wie man Messungen analysiert und grafisch darstellt (Kap. 8). Zuvor muss der Messprozess wirklichkeitstreu nachgebildet werden, um überhaupt Daten zu bekommen, die man analysieren kann. Unser Werkzeug zur Simulation sind Zufallszahlen, die entsprechend einer gewünschten Verteilung erzeugt werden (Kap. 7).

Mit linearer und nichtlinearer Regression werden mathematische Funktionen an Messwerte angepasst (Kap. 9).

Block C, Physik und Mathematik

In Kap. 5 finden Sie Übungen zur Analysis und zur Vektor- und Matrizenrechnung als tabellenspezifische Wiederholung der Einführungen in die Hochschulmathematik. Außerdem eine Einführung in die wichtige Technik der nichtlinearen Regression mit der SOLVER-FUNKTION.

In Kap. 6 werden die in den Kap. 2 bis 5 gewonnenen Kenntnisse auf die kinematische Überlagerung von Bewegungen angewandt.

In Kap. 10 üben wir verschiedene Verfahren, die newtonsche Bewegungsgleichung zu lösen, und wenden sie in einfachen Aufgaben auf eindimensionale Bewegungen an, z. B. auf einen Sprung aus der Stratosphäre, Abschn. 10.4, oder einen Bungeesprung, Abschn. 10.7.

Für Fortgeschrittene

Es ist ein Folgeband in Vorbereitung, der im selben Stil fortgeschrittene Themen behandelt, die nach physikalischen und mathematischen Gesichtspunkten gegliedert werden, wie:

- Eigenschaften von Schwingungen,
- Bewegungen in der Ebene,
- stationäre Schrödingergleichung,
- partielle Differenzialgleichungen,
- Monte-Carlo-Verfahren,
- statistische Physik,
- Variationsrechnung.

1.5   Startmenü von EXCEL

In Abb. 1.1 sehen Sie das Band für das Startmenü von EXCEL 2010, bei dem die Hauptregisterkarte ENTWICKLUNGSTOOLS aktiviert und der Cursor über VISUAL BASIC geführt wurde.

Hinter VISUAL BASIC verbirgt sich die Entwicklungsumgebung für VBA. Wenn Sie darauf klicken, dann können Sie sofort anfangen zu programmieren.

Die Startzeile von EXCEL 2016 sieht ähnlich aus, enthält aber zusätzlich eine Registerkarte ZEICHNEN, in der Formen wie Rechtecke und Ellipsen eingefügt werden können. In EXCEL 2010 geht das über EINFÜGEN/FORMEN. Wir werden Screenshots meist von EXCEL 2010 aufnehmen und gegebenenfalls auf Veränderungen in EXCEL 2016 hinweisen. Erfahrungsgemäß können die Übungsteilnehmer mit diesen Hinweisen in jeder Version ab EXCEL 2000 ohne große Schwierigkeiten arbeiten.

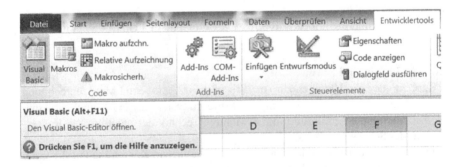

Abb. 1.1 Menüband von EXCEL, bei dem die „aufregendste" Hauptregisterkarte, nämlich ENTWICKLERTOOLS, aktiviert wurde

1.6 Nomenklatur und physikalische Einheiten

Γ-Aufbau einer Tabelle

In Abb. 1.2 (T) wird beispielhaft eine Tabelle im typischen Γ-Aufbau gezeigt, an der die Nomenklatur erläutert werden soll. Als Γ („Gamma") bezeichnen wir die Striche oberhalb C13:G13 und links von C13:C173.

Oberhalb Γ:

- werden im Bereich C2:C5 die Parameter der Aufgabe definiert,
- erhalten diese Zellen die Namen in B2:B5, mit denen sie in Formeln aufgerufen werden können,
- werden in der Zelle E4 (mit der Formel in E5) die wichtigsten Parameter in einen Text integriert, der z. B. als Legende in eine Abbildung übernommen werden kann,
- enthält die Zeile 11 in schräger Ausrichtung und kursiv den Text der Formeln, die in den fett gedruckten Zellen der jeweiligen selben Spalte stehen. Wenn keine Zelle fett gedruckt ist, dann gilt die Formel für die gesamte Spalte.

Links von Γ:

- stehen in B13:B173 die Werte für die unabhängige Variable *t*.

Unterhalb Γ:

- werden Werte aus den Parametern und der unabhängigen Variablen berechnet,
- enthält der Bereich C13:G173 fünf Spaltenvektoren der Länge 171 mit den Namen in Zeile 12.

	A	B	C	D	E	F	G	H
1	Vorgaben							
2	Amplitude der Schwingung	**A**	1,80			x.sh	0	
3	Schwingungsdauer des Pendels	**T.P**	1,20					
4	Periodendauer der Drehbewegung	**T.T**	9,00		**T.P=1,2; T.T=9**			
5	Zeitintervall der Berechnung	**dt**	0,0173		="T.P="&T.P&"; T.T="&T.T			
6	**Daraus berechnet**							
7	Kreisfrequenz Pendel	**w.P**	5,24	=2*PI()/T.P				
8	Kreisfrequenz Teller	**w.T**	-0,70	=-2*PI()/T.T				
9								
10			**Pendel**	**Spur Pendel**		**Spur Stift**		
11		=B13+dt	=A*COS(w.P*t)+x.sh	=x.P*COS(w.T*t)	=x.P*SIN(w.T*t)	=A*COS(w.T*t)	=A*SIN(w.T*t)	
12		**t**	**x.P**	**x.T**	**y.T**	**x.St**	**y.St**	
13		0,0000	1,80	1,80	0,00	1,80	0,00	
14		**0,0173**	1,79	1,79	-0,02	1,80	-0,02	
173		2,7680	-0,63	0,22	0,59	-0,64	-1,68	

Abb. 1.2 (T) Typischer Γ-Aufbau einer Tabelle, hier zur Berechnung der Spur eines foucault-schen Pendels; die Zeilen 15 bis 172 sind ausgeblendet

```
1 Sub Protoc()                    Range("C4") = T                     8
2 r2 = 16                         Cells(r2, 10) = T                   9
3 Cells(r2, 10) = "T"             Cells(r2, 11) = Range("D173")      10
4 Cells(r2, 11) = "x.T"           Cells(r2, 12) = Range("E173")      11
5 Cells(r2, 12) = "y.T"           r2 = r2 + 1                        12
6 r2 = r2 + 1                     Next T                             13
7 For T = 1 To 9                  End Sub                            14
```

Abb. 1.3 (P) Protokollroutine, verändert die Periodendauer der Drehbewegung in Abb. 1.2 (T) und protokolliert x_T und y_T bei der Zeit in Zeile 173

Nomenklatur

Wenn im Text auf EXCEL-typische Begriffe verwiesen wird, z. B. Funktionsnamen, dann werden sie in KAPITÄLCHEN gesetzt; Beispiele: WENN(BEDINGUNG; DANN; SONST). Namen, die von uns vergeben wurden, werden im Text kursiv gedruckt, z. B. *f, d*. In der Tabelle werden häufig Namen verwendet, die einen Trennpunkt enthalten, z. B. „T.ext" oder „x.p". Die zugehörigen Variablen werden im Text mit Tiefstellungen angesprochen, also als T_{ext} und x_p.

Tabellenformeln werden in der Form A3 = [=A4*d] angegeben. Das bedeutet, dass in der Zelle A3 der Text in der Klammer steht, der in diesem Fall eine Formel angibt, weil er mit einem Gleichheitszeichen anfängt. Eine Formel in einer Zelle wird im Text mit z. B. A6 = [=−f*x + $B$1] zitiert. Der Ausdruck in rechteckigen Klammern entspricht buchstabengetreu dem Eintrag in der Zelle.

Drei Typen von Abbildungen

Es werden drei Typen von Abbildungen unterschieden, von denen zwei in ihrer Bezeichnung durch die Nachsätze (T) für Tabellen, z. B. Abb. 1.2 (T), und (P) für den Code von Programmen, z. B. Abb. 1.3 (P), gekennzeichnet sind.

Abbildungen ohne Nachsatz sind Strichzeichnungen oder Screenshots, z. B. Abb. 1.1.

Physikalische Einheiten

In den Achsenbeschriftungen der Abbildungen werden manchmal keine physikalischen Einheiten angegeben. Sie gehen dann aus den physikalischen Einheiten der Parameter hervor.

1.7   Geübte Fertigkeiten

Die unterschiedlichen Tabellentechniken sind über verschiedene Übungen verteilt. Um sie im Zusammenhang lernen und wiederholen zu können, wurden die folgenden Listen mit Stichworten und Besenregeln Ψ zusammengestellt. Sie sollen Ihnen bei der Wiederholung, der Festigung des Stoffes und natürlich zur Vorbereitung auf Prüfungen dienen. Abschnitte, die im Inhaltsverzeichnis mit (G) gekennzeichnet sind, beinhalten das Grundgerüst der EXCEL-Techniken und sollen besonders gut gelernt werden.

Tabellenoperationen

- Zelladressierungen, absolut, relativ, indirekt sinnvoll verwenden (Abschn. 2.2 und 2.8)
- Ψ *Der Dollar macht's absolut.*
- Zellbereiche mit Namen versehen und mit den Namen in Formeln einsetzen (Abschn. 2.2.4)
- Schieberegler zur Veränderung von Zellinhalten einsetzen (Abschn. 2.2.3, 5.9 mit Makro)
- XY-Diagramme skalieren und formatieren (Abschn. 2.2.2, 4.5 mit Makro)
- Legenden als Verknüpfung von Text und Variablen erstellen (Abschn. 2.2)
- Ψ *„Text" & Variablen*
- Gamma-Aufbau von Tabellen (Abschn. 1.6, 2.2.4)
- Ψ *Leere Zeilen trennen Kurven.*

Makros
Die Begriffe Makros, Routinen, Programme und Prozeduren werden hier alle synonym gebraucht.

- Grundstrukturen der Programmierung: Schleifen, Subroutinen, logische Abfragen (Kap. 4)
- Ψ *In den Schleifen weiterzählen* (Abschn. 4.2, 4.2.2 und 4.7)
- Mit Protokollroutinen systematisch Tabellenparameter verändern und die Ergebnisse der Tabellenrechnung protokollieren (Abschn. 4.2.2)
- Bearbeitung und Decodierung von Texten zur Auswertung von Protokollen von Messgeräten (Abschn. 4.8 und 4.9)
- Mit Formelroutinen Formelwerke in Tabellen schreiben (Abschn. 4.7, 10.7)
- Benutzerdefinierte Funktionen erstellen und in Tabellenrechnungen einsetzen (Abschn. 4.10, 7.6.2)
- Steuerelemente (Befehlsschaltflächen, Schieberegler) mit Makros verknüpfen (Abschn. 4.3.3, 8.8.2, 8.8.3)

Mathematik

- Ψ *Linsengleichung mit Plus und Minus*
- Geradengleichung konstruktiv einsetzen (Abschn. 3.2)
- Vektoren in der Ebene berechnen und in Diagrammen darstellen (Abschn. 3.3, 5.4, 5.5, 5.6)
- Mit Matrizen rechnen (Abschn. 5.8)
- Ebene Polarkoordinaten und kartesische Koordinaten ineinander umrechnen (Abschn. 2.5, Kap. 6)
- Ψ *Dopplereffekt mit Plus und Minus*
- Numerisch differenzieren (Abschn. 2.7, 3.4.3, 5.2) und integrieren (Abschn. 2.7.2, 5.3)

- Gewichtete Summe (Abschn. 6.5.2) und gewichteter Mittelwert (Abschn. 2.7.2, 5.7, 6.5.2)

Statistik (hauptsächlich Kap. 7)

- Ψ *Entscheide dich! Es wird manchmal falsch sein.*
- Zufallszahlen mit vorgegebener Verteilungsfunktion mit Tabellenfunktionen erzeugen (Abschn. 7.4, 7.5)
- Ψ *Der Zufall ist blind und macht Flecken.*
- Mittelwert, Standardabweichung, Ψ *Zwei drin und einer draußen*
- Häufigkeitsverteilung (Abschn. 7.2), Ψ *Immer eine mehr! Ja, wovon denn und als was?*
- Chi^2-Test, um theoretische und experimentelle Häufigkeitsverteilungen zu vergleichen (Abschn. 7.2, 7.7)
- Vielfachtests auf Gleichverteilung (Abschn. 7.1, 7.3.4, 7.7.2)
- Vielfachtests auf Fehlerrate (Abschn. 8.4, 9.3, 9.4.2)

Auswertung von Messungen (Kap. 8, 9)

- Messvorgänge simulieren und die erzeugten Datenmengen statistisch auswerten (Abschn. 8.2, 8.3)
- Leitlinie: Ψ *Wir wissen alles und stellen uns dumm.*
- Messunsicherheit angeben (Abschn. 8.2), Ψ *Zwei drin und einer draußen.*
- Bei wenigen Messungen t-Wert berücksichtigen (Abschn. 8.4)
- Fehlerfortpflanzung (Abschn. 8.6), Ψ *Rechne mit Varianzen, berichte die Standardabweichung!*
- Messunsicherheit durch Kombination von Messreihen vermindern (Abschn. 8.3.2, 8.5)
- Ψ *Doppelt so gut bei vierfachem Aufwand*
- Ψ *Schlecht macht gut meist besser.*
- Lineare Regression, Trendlinien, Koeffizienten mit Unsicherheit angeben (Abschn. 9.2, 9.3, 9.4)
- Nichtlineare Regression mit der Solver-Funktion überlegt einsetzen (Abschn. 5.9, 5.10, 9.5, 9.6)
- Textprotokolle von Messgeräten mit VBA-Routinen in Tabellen umschreiben (Abschn. 4.9)
- Auswertung von Röntgendaten, Winkellage von Reflexen mit Lauflinien in einer selbstgebauten Lupe bestimmen (Abschn. 8.8)

Integration der newtonschen Bewegungsgleichung (Kap. 10)

- Ψ *Mittelwert genähert statt exaktes Integral*
- Vier numerische Verfahren beherrschen und in Tabellen einsetzen (Abschn. 10.1.2, 10.3):
  - Euler

– Vorausschau (unser Standardverfahren in einer Tabellenrechnung)
– Halbschritt
– Runge-Kutta vierter Ordnung, Ψ *Halb, halb, ganz, die Halben zählen doppelt.*

Funktionen

• Eigenschaften der Exponentialfunktion (Abschn. 2.6),
  Ψ *Zuerst die Tangente bei x = 0!*
  Ψ *Plus 1 wird zu mal e.*
  Einsatz der Logarithmusfunktion für verschiedene Rechenaufgaben (Abschn. 8.2.2,
  9.3 innerhalb eines Makros)
• Addition von Kreisfunktionen: Obertöne und Schwebungen (Abschn. 2.3)
• Ψ *Cos plus Cos = Mittelwert mal halbe Differenz.*
• Ψ *Strg + Umschalt + Eingabe.* Zaubergriff zum Abschluss von Matrixfunktionen

Danksagung Der Autor dankt seinem Kollegen Volker Buck, dass er ihn ermuntert hat, dieses Buch zu schreiben und seiner Frau Maria, dass sie ihn zur Erholung von der Arbeit immer wieder zu den schönsten Stellen der Nordeifel gefahren hat.

Kurvenscharen

Wir werden zunächst grundlegende Tabellentechniken erlernen, insbesondere die verschiedenen Arten der Zelladressierung, dann Abbildungen erstellen und Schieberegler einsetzen (in Abschn. 2.2) und schließlich Kurvenscharen berechnen und in Abbildungen darstellen, z. B. kreisförmige Wellenfronten von bewegten akustischen Sendern. Wir berechnen außerdem Erwartungswerte für Exponentialfunktionen und simulieren musikalische Effekte mit Kosinusfunktionen. Didaktisches Ziel: Variablen in Funktionen und Formeln sollen mit ihren Namen eingesetzt werden.

2.1 Einleitung: Sin, Cos, Exp

Tabellentechnik

In diesem Kapitel sollen Sie üben, wie Zellen adressiert, Abbildungen erstellt und formatiert sowie Schieberegler eingesetzt werden. Das wird Ihnen leicht fallen, wenn Sie sich schon mit EXCEL auskennen und wissen, wie man Formeln in Zellen schreibt. Wenn Sie weniger geübt sind, dann gehen Sie zunächst die Rezepte in der Grundübung Schritt für Schritt durch, sehen bei Bedarf in der EXCEL-Hilfe nach und besorgen sich schließlich ein für Sie passendes Lehrbuch über EXCEL-Techniken.

Benötigte und geübte Excel-Techniken sind:

- relative und absolute Adressierung,
- direkte und indirekte Adressierung,
- Benennung von Zellen und Zellbereichen,
- Diagramme erstellen und
- Schieberegler einsetzen.

Wir wenden dabei die Tabellenfunktionen SIN, COS, EXP, ABS an.

© Springer-Verlag GmbH Deutschland 2017
D. Mergel, *Physik mit Excel und Visual Basic,*
DOI 10.1007/978-3-642-37857-7_2

Wir üben zunächst verschiedene Arten der Zelladressierung. Unser Ziel wird aber sein, Formeln möglichst mathematisch zu schreiben, also mit Buchstaben für Variablen. Dazu müssen einzelne Zellen, Zellbereiche in Zeilen oder Spalten und zweidimensionale Zellbereiche (Matrizen) mit Namen versehen werden. Das wird in den einzelnen Übungen schrittweise eingeführt und in Übung 2.8 noch einmal zusammengefasst.

Physikalische Aufgaben
Wir simulieren die Schallausbreitung einer bewegten Quelle mit einer Schar von Kreisen, deren Radien mit der Schallgeschwindigkeit wachsen und deren Mittelpunkt mit der Geschwindigkeit der Quelle wandert. Wir werden die Schallmauer eindrucksvoll mit einem Schieberegler durchbrechen.

Akustische Signale werden mit einer Summe von Kosinusfunktionen nachgebildet, sodass man Oberwellen und Schwebungen sichtbar machen kann.

Die Exponentialfunktion scheint eine langweilige Form zu haben, birgt aber Überraschungen, die sich in der Strom-Spannungs-Kennlinie einer Diode zeigen. Bei der Berechnung der mittleren Lebensdauer verschiedener radioaktiver Substanzen lassen wir den Leser in eine numerische Falle tappen.

2.2   Grundübung in Tabellenkalkulation

Wir tabellieren zwei Funktionen und stellen sie in einer Abbildung dar. Wir üben die Grundtechniken der Tabellenrechnung: Absolute und relative Zell-Adressierung, Zellen mit Namen versehen, grafische Darstellung, Verknüpfung von Text und Variablen, Schieberegler. Der Leser soll durch die Übungen in die Lage versetzt werden, sich ein ausführliches Lehrbuch über EXCEL-Techniken nach seinen Bedürfnissen auszuwählen.

Aufgabe
Führen Sie diese Grundübung Schritt für Schritt durch!

2.2.1   Kosinus und Parabel

Wir tabellieren zwei Funktionen und stellen sie in einem Diagramm dar. Die Funktionen sind eine Parabel mit zwei Parametern a und b:

$$f_1(x) = a \cdot x^2 + b \tag{2.1}$$

und eine Kosinusfunktion mit einem Parameter C:

$$f_2(x) = C \cdot \cos(x) \tag{2.2}$$

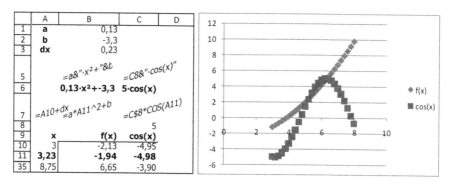

Abb. 2.1 **a** (links, T) Tabellierung der Parabel, Gl. 2.1, und des Kosinus, Gl. 2.2, für $x = 3$ bis 8. Die Zeilen 4 (leer) und 12 bis 34 sind ausgeblendet. Die Zellinhalte in schräger Ausrichtung geben Formeln in darunterstehenden Zellen wieder, deren Inhalt fett gedruckt ist. **b** (rechts) Standardmäßig von Excel vorgeschlagene Darstellung der beiden Kurven, hier grau statt farbig

Vorgeschlagener Tabellenaufbau

Der Tabellenaufbau wird in Abb. 2.1a (T) wiedergegeben. Die unabhängigen Variable x (vor Γ) und die Funktionswerte $f(x)$ und $\cos(x)$ (unterhalb Γ) stehen in parallelen Spalten, A, B und C. Die Parameter a, b sowie der Abstand dx zwischen den Stützstellen werden in den Zellen B1:B3 festgelegt. Diese Zellen sollen mit ihren Namen (in A1:A3) aufgerufen werden.

In der Tabelle von Abb. 2.1a (T) stehen in Zeile 7 und 5 in schräger Ausrichtung die Formeln der fett markierten Zellen in Zeile 11 bzw. 6.

Die grafische Darstellung der beiden Kurven, so wie sie von Excel standardmäßig vorgeschlagen wird, sehen Sie in Abb. 2.1b. Die vorgeschlagenen Farben werden hier aber nur grau wiedergegeben. Die Legenden „f(x)" und „cos(x)" sollen aus den Zellen B9 bzw. C9 von Abb. 2.1a übernommen werden. Formatierungen des Diagramms werden im nächsten Abschn. 2.2.2 besprochen.

Zuweisungen von Formeln zu Zellen werden wir künftig im Text folgendermaßen beschreiben: A11 = [=A10 + dx]. Wir müssen nämlich unterscheiden, ob das Gleichheitszeichen in die Zelle geschrieben wird oder nicht. Bei den Ausdrücken A9 = [x] und A10 = [3] wird kein Gleichheitszeichen in die Zelle geschrieben. [x] wird dann als Text aufgefasst und [3] als Zahl.

Fragen

Von A10 bis A11 in Abb. 2.1a erhöht sich x um d$x = 0{,}23$. Warum geht der nächste Sprung von 3,23 auf 8,75?[1]

Wo wird dx festgelegt?[2]

---

[1]Die Zeilen 12 bis 34 sind ausgeblendet. Der Sprung geht über 23 Fortschritte von dx.

[2]Der Wert für dx wird in B3 festgelegt. B3 wird mit dem Namen in A3 belegt.

Stützstellen

Gl. 2.1 und 2.2 geben kontinuierliche Funktionen wieder. In Tabellen werden die Funktionswerte y aber nur an einer endlichen Anzahl von x-Werten, x_i, berechnet. Die Punkte (x_i, y_i) nennt man Stützstellen der Funktion. In Abb. 2.1a (T) und b werden die Funktionen mit 26 Stützstellen dargestellt. In den meisten Übungen haben benachbarte Stützstellen denselben Abstand, in Abb. 2.1a als $dx = 0{,}23$ in B3 definiert. Man spricht dann von „äquidistanten Stützstellen".

Zellen mit Namen versehen

Im Bereich A1:B3 von Abb. 2.1a werden drei Parameter definiert, die überall in der Tabelle abgerufen werden können. Wir schreiben in A1:A3 die Namen, die diese Parameter haben sollen: a und b für die Koeffizienten der Funktion f_1 und dx für die Abstände der x-Werte, für die die Funktionen berechnet und später im Diagramm dargestellt werden sollen. In B1:B3 tragen wir dann die gewünschten Zahlenwerte ein. Zur Verknüpfung der drei Namen in Spalte A mit den drei Werten in Spalte B markieren wir den Bereich A1:B3 und klicken uns durch (Excel 2010):

FORMELN/DEFINIERTE NAMEN/AUS AUSWAHL ERSTELLEN.

Ein Aufruf erscheint: NAMEN ERSTELLEN AUS SPALTE AN LINKER SEITE? Ja, das hat der Agent richtig erkannt, und wir bestätigen mit Ok. Mehr zum Namens-Manager siehe Abschn. 2.8.

Wenn wir jetzt in eine Zelle irgendwo in der Tabelle [=a] schreiben und die ENTER-Taste drücken, dann steht sofort der entsprechende Zahlenwert in der Zelle, in unserem Beispiel 0,17. Wenn wir den Wert in Zelle B1 ändern, dann ändert sich auch sofort der Wert in der Zelle mit [=a].

Argumente in gleichen Abständen

Wir können uns jetzt daranmachen, die x-Werte zu bestimmen, an denen die beiden Funktionen berechnet werden sollen. Das machen wir im Spaltenbereich A10:A35. Vorher schreiben wir ordentlich als Überschrift in A9 = [x]. In die erste Zelle des Bereichs schreiben wir den gewünschten Anfangswert von x, also z. B. A10 = [3]. In die zweite Zelle, A11, schreiben wir A11 = [=A10 + dx]. Wir können „A10" Buchstaben für Buchstaben reinschreiben oder nach „=" einfach die Zelle A10 anklicken und „+dx" dazuschreiben. Nach ENTER erscheint sofort 3,23 in der Zelle, weil dx = B3 = 0,23.

Wir klicken die gerade beschriebene Zelle A11 an, greifen das kleine Quadrat in der rechten unteren Ecke der Zellumrandung, den „Henkel", mit dem Mauszeiger und ziehen bei gedrückter Maustaste hinunter bis Zelle A35. Nach ENTER erscheinen alle x-Werte bis 8,75 in dem gewünschten Abstand $dx = 0{,}23$. Wir haben auf diese Weise äquidistante (in gleichen Abständen) Argumente erzeugt.

Aufgabe

Verändern Sie den Inhalt der Zelle B3, mit „dx" benannt! Sofort sollten sich alle x-Werte in den Zellen A11:A35 anpassen.

Tabellierung der Parabel

Jetzt machen wir uns daran, die Parabel zu tabellieren. Dazu müssen wir nur in die Zelle B10 eine Formel eintippen, die f_1 (Gl. 2.1) entspricht:

$$B10 = [a * A10^\wedge 2 + b].$$

Die Koeffizienten a und b können wir mit ihren Namen einschreiben, da wir diese Namen ja vorher den entsprechenden Zellen zugeordnet haben, a = B1 = [0,23], b = B2 = [−3,3]. Für x setzen wir den Wert aus A10 ein, entweder durch buchstabengetreues Einschreiben oder einfach durch Klicken auf die Zelle A10.

Die Variable aus A10 muss quadriert werden. Das geschieht mit dem Operator ^ (Potenzoperator). Man muss auf die Taste mit dem ^-Zeichen drücken und dann auf die gewünschte Potenz, hier also „2"; erst danach erscheint „^2". Der Rest ist einfach: Wir tippen „+b". Nach ENTER sollte der Funktionswert in der gerade beschriebenen Zelle erscheinen. Wenn nicht, dann überprüfen Sie, ob Sie die obige Formel tatsächlich mit allen Buchstaben, Zahlen, * und + eingegeben haben. Die fertige Formel in B11 wird in der Zelle B7 als Text in schräger Ausrichtung wiedergegeben.

Wir klicken die Zelle B11 erneut an und doppelklicken auf die rechte untere Ecke, den „Henkel". Dann wird der Zelleninhalt sofort bis zur 35. Zeile fortgeschrieben, also für alle Zellen, die in der benachbarten Spalte, hier in Spalte A, bereits ohne Unterbrechung beschrieben sind. In der letzten Zelle B35 steht jetzt B35 = [=a*A35^2 + b], also nicht [=… A10…], wie in der ersten von uns beschriebenen Zelle. Die Formel wird eben folgerichtig fortgeschrieben und nicht einfach buchstabengetreu kopiert. Der Zellbezug ist *relativ*. Damit haben wir unsere erste Funktion programmiert. Wenn wir die Werte von a und b in B1 und B2 verändern, dann verändern sich auch sofort die Funktionswerte in Spalte B.

Tabellierung des Kosinus mit absoluter und relativer Zelladressierung

Die zweite Funktion berechnen wir in Spalte C. Ordentlicherweise schreiben wir in Zelle C9 den Text „cos(x)" ohne Gleichheitszeichen, also C9 = [cos(x)], damit wir später noch wissen, was wir gemacht haben. Wir benötigen die Konstante C und die Kosinusfunktion. Den gewünschten Wert für C schreiben wir in C8. Dann schreiben wir wieder nur eine Formel in die erste Zelle des Funktionsbereichs, also in C10, und kopieren diese Formel wie vorher beschrieben die Spalte C hinunter. In C10 schreiben wir zunächst nur:

$$C10 = [= \cos(A10)]$$

Die Schreibweise bedeutet, dass in die Zelle C10 der Text „=Cos(A10)" geschrieben wird. Das Gleichheitszeichen muss mit in die Zelle geschrieben werden.

Cos ist eine in EXCEL definierte Tabellenfunktion und wird deshalb von uns in KAPITÄLCHEN gesetzt. Die Argumente der Tabellenfunktionen, in unserem Fall A10, werden in runde Klammern gesetzt. Beim Hinunterziehen dieser Zelle wird sofort die Funktion Cos(x) bis hinunter nach C35 berechnet, wobei die x-Werte fortlaufend aus der jeweils selben Zeile in Spalte A genommen werden, so wie wir das für die erste Funktion in Spalte B schon kennengelernt haben.

▶   Begriffe, die in Excel definiert sind, schreiben wir im Text mit Kapitälchen.

Fragen

Was ist der Unterschied zwischen C10 = [Cos(A10)] und C10 = [=Cos(A10)]?[3]

Die Amplitude C schreiben wir in die Zelle C8. Wenn wir C10 ergänzen zu „=C8 * cos(A10)“ und hinunterziehen, dann gibt es Probleme. In der letzten Zelle C35 steht dann „=C33 * cos(A35)“, was wir natürlich in diesem Fall nicht beabsichtigt haben. Der Vorfaktor soll immer der Wert in C8 sein. Dazu müssen wir die Formel in C10 abändern, indem wir vor die 8 ein Dollarzeichen setzen:

$$C10 = [=C\$8*COS(A10)]$$

Jetzt weiß Excel, dass es in diesem Tabellenblatt auf Zeile 8 zugreifen soll, und in Zelle C35 steht C35 = [=C\$8*Cos(A35)]. Das \$-Zeichen gibt an, dass der Zellbezug *absolut* ist.

▶   Ψ *Der Dollar macht's absolut.*

Stichworte für die Excel-Hilfe: Adressierung, relativ und absolut.

2.2.2   Grafische Darstellung der Funktionen

Nachdem wir die Tabellen so schön erstellt haben, wollen wir die Funktionen auch grafisch darstellen. Dazu setzen wir den Zeiger auf eine leere Zelle weit weg von den beschriebenen Zellen und klicken auf: Einfügen/Diagramme/ (Abb. 2.2a), und innerhalb der Karte Diagramme auf Punkt. Es erscheint ein Unterfenster „XY“, in dem wir Nur mit Datenpunkten wählen und mit Enter bestätigen. Es wird ein leeres Diagramm eingefügt.

Nachdem wir bei aktiviertem Diagramm in der Registerkarte Entwurf/ (siehe Abb. 2.2b) Daten/Daten auswählen/Hinzufügen/ geklickt haben, öffnet sich das Fenster in Abb. 2.3, dessen Zeilen wir ausfüllen. Das geschieht am besten durch Klicken auf das Tabellensymbol.

In der Tabelle markieren wir Bereiche, z. B. A10:A35, für Werte der Reihe X und bestätigen mit OK, ähnlich für Werte der Reihe y. Wenn wir das für die erste Funktion gemacht haben, dann klicken wir in der Karte Daten auswählen noch einmal auf Hinzufügen und wiederholen die Schritte für die Funktion f_2. Das Diagramm hat sich jetzt mit Punkten gefüllt und sieht etwa wie in Abb. 2.1b aus.

---

[3]Bei C10 = [Cos(A10)] steht ein Text in der Zelle, bei C10 = [=Cos(A10)] eine Formel.

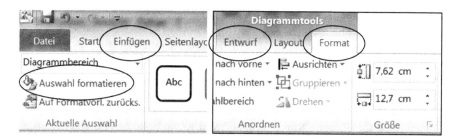

Abb. 2.2 Registerkarten, die für Diagramme wichtig sind, nach EINFÜGEN/DIAGRAMME/XY im Start-Menü (EXCEL 2010): **a** (links) EINFÜGEN und AUSWAHL FORMATIEREN, ganz links in der Startleiste, um ein Diagramm einzufügen bzw. ein Element des Diagramms zu formatieren; nach Klicken auf ▾ erscheint Abb. 2.4b. **b** (rechts) ENTWURF/DATEN AUSWÄHLEN (Karte Abb. 2.3 erscheint) FORMAT, z. B. ganz rechts in der Startleiste, um die Größe des Diagramms zu bestimmen

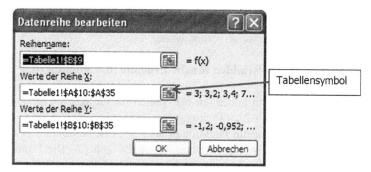

Abb. 2.3 Einfügen von Datenreihen in ein Diagramm. Der Reihenname wird am besten aus der Tabelle entnommen, *nicht* als Text eingegeben

Aufgabe

Verändern Sie die Parameter *a, b,* d*x* und *C* und den Anfangswert für *x* in A10 von Abb. 2.1a (T) und beobachten Sie, wie sich Tabelle und Diagramm ändern!

▶ **Alac** Das ist ja cool! Das Diagramm lebt!

▶ **Tim** Einmal erstellt, immer aktuell!

Formatieren des Diagramms

Wir können das Aussehen unseres Diagramms nach unseren Vorstellungen verändern, sodass es z. B. wie in Abb. 2.4a aussieht.

Nach Anklicken des Diagramms und der Registerkarte (DIAGRAMM/FORMAT) in der Gruppe DIAGRAMMTOOLS wurden folgende Komponenten geändert:

- Größe (7 cm hoch, 8 cm breit) (in der Bearbeitungszeile ganz rechts, siehe Abb. 2.2b), Befehl wurde noch nicht ausgeführt.

Außerdem nach Anklicken des betreffenden Elementes des Diagramms oder nach Auswahl im Fenster der Abb. 2.4b (in der Registerkarte FORMAT):

- Kastenumrahmungen (kein Rahmen für den Diagrammbereich, schwarzer Rahmen für die Zeichnungsfläche),
- Strichstärke und Farbe der horizontalen und vertikalen Achse (schwarz, 1 Pt),
- Zahlenformate für die Achsenbeschriftungen (vertikale Achse formatieren, horizontale Achse formatieren),
- Skalierung der x-Achse (HORIZONTAL (WERT) ACHSE), nämlich von 3 bis 8,
- Form, Größe und Farbe der Datenpunkte (REIHEN „f(x)" und REIHEN „cos(x)"),
- Linienfarbe für die erste Kurve, geändert von KEINE LINIE zu EINFARBIGE LINIE.. SCHWARZ.

Alles das geschieht, indem man das Diagramm anklickt und dann im Fenster in der Registerleiste ganz links (Abb. 2.2a) aussucht, was man formatieren will. Zunächst steht DIAGRAMMBEREICH im Fenster. Nach Öffnen der Liste durch Klicken auf ▾ tauchen aber alle Elemente des Diagramms auf (Abb. 2.4b).

Nach der gewünschten Auswahl betätigt man AUSWAHL FORMATIEREN und macht dann im Fenster, das sich daraufhin öffnet, weiter.

Verkettung von Text und Variablen für die Legende in Abbildungen Ψ *„Text"* *& Variable*

Im ursprünglichen Diagramm haben wir als Namen für die Kurven die Zelleninhalte in B9 und C9 von Abb. 2.1 (T) angegeben, in denen einfache Texte stehen. Im neuen Diagramm werden die Funktionen aber mit den tatsächlich gewählten Parametern bezeichnet, mit Werten aus den Zellen B6 und C6. Die Formeln für diese Zellen sind vom Typ Ψ *„Text"&Variable* und stehen über der Zelle in schräger Ausrichtung, z. B.

$$B5 = [= C8\& \text{,, } \cdot \cos(x)"], \qquad \text{ausgegeben als} \qquad [5 \cdot \cos(x)]$$

$$C5 = [a\& \text{,, } \cdot x^2 + "\&b], \qquad \text{ausgegeben als} \qquad [0{,}21 \cdot x^2 + -3{,}3]$$

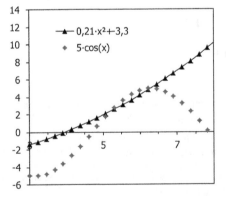 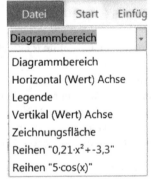

Abb. 2.4 **a** (links) Abb. 2.1b nach Formatierung der Achsen und der Kurven. **b** (rechts) Fenster nach Auswahl, durch Anklicken, des Diagramms, der Registerkarte FORMAT und des Zeichens ▾

Mit der ersten Formel wird der Inhalt der Zelle C8 mit dem darauffolgenden ange-
führten Text verknüpft. Soll Text eingefügt werden, so muss er in Anführungszeichen gesetzt werden, wie oben „$\cdot$ cos(x)". Das Zeichen für den Punkt „$\cdot$" erhält
man über die Registerkarte EINFÜGEN/SYMBOLE. Der Verkettungsoperator ist &.
Wenn der Inhalt von Zelle C8 verändert wird, dann werden die Ausgabe in C6 und
die Legende im Diagramm sofort angepasst.

Oftmals muss man Werte runden. Wenn z. B. in Zelle F7 = 1/3 steht, dann
wird dort nur 0,33 angezeigt. Wird F7 aber in die Legende eingesetzt, dann
erscheint 0,33333333. Setzt man RUNDEN(F7, 2) ein, dann wird 0,33 eingesetzt:
[=„x="&RUNDEN(F7; 2)] ergibt als Zellinhalt [x = 0,33].

▶   Ψ „Text" & Variable

2.2.3 Schieberegler

Schieberegler
Die folgenden Angaben gelten für EXCEL 2010. In EXCEL 2016 gibt es ein
deutschsprachiges Menü mit folgenden Entsprechungen: LINKEDCELL = ZELL-
VERKNÜPFUNG, SMALLCHANGE = SCHRITTWEITE, LARGECHANGE = SEITENWECHSEL..

Mit einem Schieberegler (SCROLL BAR) können Sie den Inhalt einer
Zelle (LINKEDCELL) mit ganzen Zahlen zwischen 0 und 32.767 (= $2^{15} - 1$)
beschreiben Die Einstellungen legen Sie im Blatt EIGENSCHAFTEN (Abb. 2.5c)
fest: Für LINKEDCELL geben Sie die Zelladresse an, die beschrieben werden
soll. Der Wertebereich kann mit MIN und MAX eingeschränkt werden. SMALL-
CHANGE und LARGECHANGE bestimmt die Schrittweiten, wenn Sie auf die
Pfeile an den Rändern bzw. neben den Reiter des Schiebereglers klicken.

Wenn Sie andere Zahlen brauchen, dann müssen Sie diese aus den Zahlen
in der LINKEDCELL mit einer Formel in einer anderen Zelle ableiten.

In späteren Kapiteln wird Folgendes wichtig sein: Man kann mit dem
Schieberegler eine VBA-Routine verbinden (z. B. in Abschn. 5.8). Eine Rou-
tine SUB SCROLLBAR1_CHANGE() … END SUB wird jedes Mal ausgeführt,
wenn der Schieberegler SCROLLBAR1 betätigt wird. Dazu klicken Sie auf
CODE ANZEIGEN (Abb. 2.5b) und wählen im linken Drop-down-Fenster des
VBA-Editors den Namen des gewünschten Schiebereglers und im rechten
Drop-down-Fenster CHANGE (oder eine andere Aktion, bei der die Routine
ausgelöst werden soll).

Zellinhalte werden mit Schiebereglern verändert (ohne Zahlen einzutippen)
Wir können noch eindrucksvoller mit Kurven spielen, wenn wir die Parameter
durch Schieberegler verändern und dabei gleichzeitig die Diagramme beobachten.
Um Schieberegler einzuführen, betätigen wir ENTWICKLERTOOLS/EINFÜGEN/ACTI-
VEX-STEUERELEMENTE und erhalten die Register in Abb. 2.5a (EXCEL 2010).

Wenn die Registerkarte in Ihrem Menüband nicht auftaucht, dann müssen Sie das Menüband anpassen, indem Sie bei DATEI\OPTIONEN\MENÜBAND ein Häkchen bei ☑ ENTWICKLERTOOLS machen.

Wir benötigen den Schieberegler als ACTIVEX-STEUERELEMENT und klicken auf das Symbol für den Schieberegler in der oberen Zeile ganz rechts (Abb. 2.5a) und ziehen dann mit der Maus an der gewünschten Stelle in der Tabelle ein Rechteck auf. In Abb. 2.5b, die eine Fortsetzung von Abb. 2.1a ist, wurde das in den Zellen I1, I2 und I3 gemacht. Jetzt schaltet sich der ENTWURFSMODUS ein, und wir können den Schieberegler konfigurieren. In Abb. 2.5c wird die Eigenschaftenliste für EXCEL 2010 gezeigt.

In Abb. 2.6 (T) stehen die ersten drei Zeilen der Tabelle, von der Ausschnitte schon in Abb. 2.1 (T) und Abb. 2.5b gezeigt wurden.

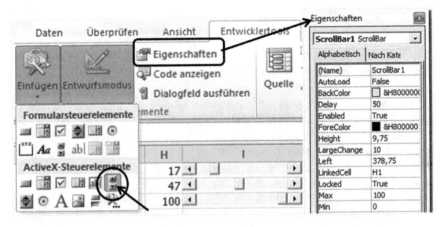

Abb. 2.5 a (links) Registerkarte nach Betätigen von ENTWICKLERTOOLS/EINFÜGEN/; im Untermenü ACTIVEX-STEUERELEMENTE WIRD ein Schieberegler in der oberen Reihe ganz rechts gelistet, siehe Pfeil in den Kreis. **b** (Mitte) In I1, I2 und I3 wurden drei Schieberegler eingebaut, durch Klicken auf das Steuerelement und Aufziehen in einem Tabellenbereich. **c** (rechts) Menü, mit dem die Eigenschaften des Schiebereglers (SCROLLBAR) festgelegt werden. Es erscheint nach Klicken auf EIGENSCHAFTEN in b. Wichtige Parameter: LINKEDCELL, MINimum und MAXimum der Werte. In EXCEL 2016 erscheint ein deutschsprachiges Menü

	A	B	E	H	I
1	a	0,17	=H1/100	17	
2	b	-0,3	=(H2-50)/10	47	
3	dx	1	=H3/100	100	

Abb. 2.6 (T) Die Parameter *a, b* und d*x* werden in Spalte B aus den mit den Schiebereglern verbundenen Zellen in Spalte H berechnet. Die Formeln in Spalte B stehen in Spalte E in Kursivschrift. Diese Abbildung zeigt Zellen, die auch in Abb. 2.1a und 2.5b zu sehen sind

Fragen

Welche Zahlen (Bereich und Abstand der Zahlen zueinander) können nach den Angaben in Abb. 2.5c in B1 von Abb. 2.6 (T) erscheinen?[4]

Wir aktivieren den Schieberegler in I1 und klicken auf EIGENSCHAFTEN. In EXCEL 2010 erscheint das Menü in Abb. 2.5c. Wenn es nicht erscheinen sollte, dann haben Sie irgendwie den ENTWURFSMODUS ausgeschaltet. Schalten Sie ihn wieder ein! Wir legen fest, dass die Zelle H1 (LINKEDCELL) beschrieben werden soll und dass die Zahlen zwischen 0 (MIN) und 100 (MAX) liegen sollen. Wir schalten dann den ENTWURFSMODUS durch Anklicken des entsprechenden Schalters in Abb. 2.5a aus und bewegen den Schieber in I1 mit der Maus. Sofort erscheint eine Zahl in H1. Entsprechend den Anweisungen für I1 verfahren wir mit den Schiebereglern in I2 und I3.

Wenn der ENTWURFSMODUS eingeschaltet wird, dann können bereits bestehende Steuerelemente verändert oder neue hinzugefügt werden. Wenn der ENTWURFSMODUS ausgeschaltet ist, dann können die Steuerelemente betätigt werden.

Aus den Zahlen in H1:H3 werden jetzt die Parameter *a*, *b* und d*x* in B1:B3 berechnet, siehe Abb. 2.6. Wenn jetzt einer der Schieberegler betätigt wird, dann passen sich die Werte in den Zellen und die Kurven in Abb. 2.4a sofort an. Ein Schieberegler kann ganze Zahlen von 0 bis 32.767 ($=2^{15}$) erzeugen. Wird ein anderer Bereich gewünscht, dann muss in einer anderen Zelle der Wert der LINKEDCELL entsprechend geändert werden. In Abb. 2.6 (T) wird mit B2 = [=(H2 − 50)/10] der Wert der LINKEDCELL H2, dessen Wert in Abb. 2.5a (T) zwischen 0 und 100 eingestellt wird, in B2 in den Bereich −5 bis 5 verschoben, mit Abständen von 0,1.

Wenn man den Reiter mit dem Cursor fasst und schiebt, dann wird die Ausgabe in der verbundenen Zelle verändert. SMALLCHANGE gibt die Sprünge (nach links oder nach rechts) an, die die Zahlen machen, wenn man auf den (linken bzw. rechten) Rand des Schiebereglers klickt. LARGECHANGE gibt die Sprünge an, wenn man in den Schieberegler links oder rechts des Reiters klickt. Probieren Sie es aus!

Umgekehrt gilt: Wenn man den Inhalt einer LINKEDCELL (ZELLVERKNÜPFUNG in EXCEL 2016) ändert, dann verschiebt sich der Reiter des zugehörigen Schiebereglers.

2.2.4 Zusammenfassung: Zellbezüge

▶   Ψ *Der Dollar macht's absolut.*

---

[4]MIN = 0; MAX = 100; In B1 wird durch 100 geteilt, B1 = [=H1/100]. Es können also Zahlen von 0 bis 1 im Abstand von 1/100 = 0,01 erscheinen.

Zellbezüge, absolute, relative, indirekte

Die Formeln in einer Zelle, z. B. C3 = [=A4], C3 = [=$A4], C3 = [=A$4], C3 = [=$A$4], ergeben zunächst alle dasselbe Ergebnis: In die aktuelle Zelle C3 wird der Wert der Zelle A4 eingeschrieben. Werden diese Formeln jedoch in eine andere Zelle kopiert, dann verändern sie sich. In D4 steht dann z. B.: [=B5], [=$A5], [=B$4], [=$A$4]. Ein $ vor einer Spalten- oder Reihenbezeichnung besagt, dass diese Bezeichnung beim Kopieren festgehalten wird; es handelt sich um einen *absoluten* Zellbezug. Fehlt das $, dann wird die Bezeichnung um den Spalten- oder Zeilenabstand zwischen alter und neuer Zelle weitergezählt; es handelt sich um einen *relativen* Zellbezug.

Die Tabellenfunktion INDIREKT(ZELLE) erwartet als Argument eine Zelladresse. Sie schreibt den Inhalt der Zelle mit dieser Adresse in die aktuelle Zelle. Ein Beispiel: Mit A4 = [=INDIREKT(A5); A5 = [X7]; X7 = [3,4] steht der Wert 3,4 in A4.

Formel in nur eine Zelle schreiben und dann kopieren, Γ-Aufbau einer Tabelle

In diesem Unterabschnitt wird eine Übersicht über verschiedene Arten der Zelladressierung gegeben, die in den vorhergehenden Abschnitten geübt wurden. Zur Illustration nehmen wir eine Schar von vier Geraden:

$$f_i(x) = a_i \cdot x + b_i \text{ mit } i = 1, 2, 3, 4, \tag{2.3}$$

deren Koordinaten erzeugt werden sollen, indem nur eine einzige Zelle mit einer Formel beschrieben werden soll, die dann durch „Ziehen" des „Henkels" in einen großen Tabellenbereich kopiert wird.

Die vier Funktionen des Typs der Gl. 2.3 können z. B. wie in Abb. 2.7 (T) in einer Tabelle berechnet werden, die klar im Γ-Aufbau („Gamma"-Aufbau) in drei Bereiche gegliedert ist. (A1:E3) (Zeilenbereiche oberhalb Γ für den Abstand dx

	A	B	C	D	E	F	G	H	I
1	dx	0,1					C7		
2	a	2,26	2,42	0,64	4,81		1,0241	=INDIREKT(G1)	
3	b	0,56	0,78	4,05	0,21				
4	=A6+$B$1						D		15
5	x	G.1	G.2	G.3	G.4		4,63276	=INDIREKT(G4&H4)	
6	0,0	0,56	=B$2*$A6+B$3						
7	0,1	0,79	1,02	4,12	0,69				
15	0,9	2,59	2,96	4,63	4,54				
16	1,0	2,82	3,21	4,70	5,02	=E$2*$A16+E$3			

Abb. 2.7 (T) Vier Geraden G_1 bis G_4 im Bereich B6:E16; Typischer Γ-Aufbau

der Stützstellen und die Parameter der Funktionen), (A6:A16) (Spaltenbereich links von Γ für die unabhängige Variable) und (B6:E16) (Matrixbereich unterhalb Γ für die Berechnung der Funktionen aus den Parametern und der unabhängigen Variablen).

Fragen

Wie viele Werte enthält der Spaltenbereich A6:A16 in Abb. 2.7 (T) und warum sieht man davon nur vier Werte?[5]

Die unabhängige Variable x steht in 11 Punkten im Spaltenbereich A6:A16. Die Parameter a und b stehen in den Zeilenbereichen B2:E2 bzw. B3:E3. Die je 11 Funktionswerte für G_1, G_2, G_3 und G_4 sollen in den Spaltenbereichen B6:B16, C6:C16 usw. abgespeichert werden. Für die 4×11 Berechnungen soll aber nur in eine Zelle eine Formel geschrieben werden, hier in B6, die dann ohne weitere Änderung in den großen Tabellenbereich B6:E16 kopiert werden kann und z. B. in E16 wie in F16 gezeigt erscheint.

Man erhält die Pfeile in Abb. 2.7 (T), die angeben, aus welchen Zellen Informationen in die aktuelle Zelle eingehen, mit der Folge FORMELN/FORMELÜBERWA- CHUNG/SPUR ZUM VORGÄNGER.

Absolute und relative Zelladressierung

Ein Beispiel für einen *gemischten* Zellenbezug (absolut und relativ in einer Adresse) steht in Zelle B6 von Abb. 2.7 (T) (Formeltext in C6):

$$B6 = \left[=B\$2^*\$A6+B\$3\right]$$

Die Formel wurde mit absoluten und relativen Zellbezügen geschrieben. Wird sie in Zelle E16 kopiert, dann wird sie von EXCEL in

$$E16 = \left[=E\$2^*\$A16+E\$3\right]$$

verändert.

Die Bezüge, vor denen ein $ steht, werden nicht verändert, die anderen Bezüge passen sich an die neue Zellposition an.

Indirekter Zellbezug

Es gibt eine dritte Art des Zellbezugs, mit der Tabellenfunktion INDIREKT. Im Argument dieser Funktion wird auf eine Zelladresse verwiesen, deren Inhalt dann als Ergebnis ausgegeben wird. Ein Beispiel steht in Zelle G2 von Abb. 2.7 (T): G2 = [=INDIREKT(G1)]. Da in der Zelle G1 der Text „C7" steht, G1 = [C7], wird der Inhalt der Zelle C7 angezeigt.

---

[5]A6:A16 enthält 11 Zellen. Die Zeilen 8 bis 14 sind ausgeblendet.

Das Argument für INDIREKT in Zelle G5 wird aus dem Inhalt von zwei Zellen zusammengesetzt G5 = [=INDIREKT(G4&H4)]. Auf diese Weise kann man einzelne Werte aus großen Tabellen stärker ins Blickfeld rücken, weil die Zelladressen im Argument von INDIREKT einfach geändert werden können, hier also die Zellen G4 und H4. Beispiele dazu finden Sie in Abschn. 8.8.2, laufende Lupe bei der Auswertung von Röntgenbeugungsdaten. Das Argument von INDIREKT kann auch mit Ψ „Text"&Variable erstellt werden.

Zellbereiche mit Namen ansprechen

Eine elegante Möglichkeit, Zellbereiche aufzurufen, bieten benannte Zellbereiche, mit denen die Tabellenformel der mathematischen Form in Gl. 2.3 angepasst werden kann. Dazu erhält der Spaltenbereich A6:A16 im NAMENS-MANAGER den Namen „x" und die Zeilenbereiche B2:E2 und B3:E3 die Namen „a" bzw. „b", siehe die Abb. 2.8 (T). Näheres zum Namensmanager siehe Abschn. 2.8.

Die Formel in Zelle B6 lautet dann: I6 = [=a*x + b]. Wird sie in eine andere Zelle kopiert, dann bleibt der Text gleich, bezieht sich aber auf den Eintrag im Spaltenbereichen x in derselben Zeile und die Einträge in den Zeilenbereichen a und b in derselben Spalte, entsprechend den Pfeilen in Abb. 2.8 (T) auf die Zelle D16.

In Abschn. 2.8 wird der Aufruf von benannten Bereichen noch einmal vertieft im Zusammenhang dargestellt.

Benennung von Zellbereichen

$$[=a{*}x{+}b] \text{ statt } [=B\$ 2{*}\$ A6{+}B\$ 3]$$

Einzelne Zellen, Spaltenbereiche, Zeilenbereiche und Matrizen können mit Namen versehen werden und dann in Formeln und als Argument in Tabellenfunktionen mit diesen Namen aufgerufen werden. Das geschieht mit dem Namens-Manager, den Sie mit FORMELN/NAMENS-MANAGER aufrufen können. Näheres zum Namens-Manager siehe Abschn. 2.8.

	A	B	C	D	E	F	G	H	I
1	**dx**	0,1					C7		
2	**a**	2,26	2,42	0,64	4,81		1,0241 =INDIREKT(G1)		
3	**b**	0,56	0,78	4,05	0,21				
4	=A6+dx						D		15
5	**x**	G.1	G.2	G.3	G.4		4,63276 =INDIREKT(G4&H4)		
6	**0,0**	0,56	=a*x+b						
7	**0,1**	0,79	1,02	4,12	0,69				
15	**0,9**	2,59	2,96	4,63	4,54				
16	**1,0**	2,82	3,21	4,70	5,02 =a*x+b				

Abb. 2.8 (T) Ähnlich Abb. 2.7 (T), die Formeln aber mit einem benannten Spaltenbereich namens x für die unabhängige Variable und zwei Zeilenbereichen namens a und b formuliert

Machen Sie ausgiebig Gebrauch von dieser Möglichkeit, sodass Sie Formeln und Funktionen so schreiben können, wie es mathematisch üblich ist, also Z. B. [$=A*$sin$(k*x)$] statt [$=$A\$1$*$ sin($\$$A5$*$B$\$$2)]. Das gilt für eine Funktionenschar, deren Amplituden A und Wellenzahlvektoren k in zwei Zeilenbereichen mit Namen „A" und „k" und die unabhängige Variable x in einem Spaltenbereich mit Namen „x" gespeichert werden.

2.2.5 Was haben wir gelernt und wie geht es weiter?

▶ **Alac** EXCEL geht ja echt super einfach. Tabellenrechnung ist ein Kinderspiel. Das war mir noch gar nicht klar.

▶ **Tim** Na ja. Haben wir vielleicht nur Schmalspurkenntnisse für ganz spezielle Aufgaben erworben?

▶ **Mag** Wir haben ein weites Gebiet auf einem schmalen Pfad schnell durchschritten. Er ist der schnelle Weg zum Erfolg, jedenfalls bei den Aufgaben, die wir bearbeiten wollen.

▶ **Tim** Ist es nicht besser, gründlicher zu lernen, damit man nicht verloren ist, wenn die Aufgaben etwas anders gestellt werden?

▶ **Alac** Das kann man doch alles durch Probieren herausbekommen.

▶ **Mag** Ja, Herumprobieren ist eine gute Strategie. Das sollten Sie bei allen Konstruktionen machen, die Sie noch nicht kennen. Gehen Sie aber auch in eine Buchhandlung oder in die Bibliothek und blättern Sie Bücher zum Erlernen von EXCEL durch. Stöbern Sie dabei längs des Pfades, den Sie in dieser Übung kennengelernt haben. Dann merken Sie schnell, welches der Bücher die Abläufe so erläutert, wie Sie sie am besten verstehen. *Dieses Buch sollten Sie sich dann kaufen!*

2.3 Summe von vier Kosinusfunktionen

Wir bilden die Summe von vier Kosinusfunktionen. Wenn die Frequenzen Vielfache einer Grundfrequenz sind, dann entstehen Funktionen, die den Zeitsignalen von Klängen entsprechen. Wenn die Abstände zwischen benachbarten Frequenzen gleich groß sind, dann entstehen Schwebungen. Für die Summenformel des Kosinus gilt die Besenweisheit: Ψ *Cos plus Cos gibt Mittelwert mal halbe Differenz.*

2.3.1 Kosinus (G)

Kosinus mit T und t_0 oder mit ω und ϕ

In Abb. 2.9a wird eine Kosinusfunktion dargestellt. Ihre Amplitude A, Periodendauer T und Zeitverschiebung t_0 werden durch Pfeile markiert. Diese Kenngrößen
lassen sich unmittelbar an einer grafischen Darstellung ablesen.

In mathematischen Lehrbüchern werden die Parameter Kreisfrequenz ω und
Nullphase φ bevorzugt (siehe Gl. 2.4 in der Box), die sich in die Periodendauer
und die Zeitverschiebung umrechnen lassen.

Kosinusfunktion

Die Kosinusfunktion im Zeitbereich wird meist folgendermaßen angegeben:

$$f(t) = A \cdot \cos(\omega t + \phi_0) \tag{2.4}$$

mit der Amplitude A, der Kreisfrequenz ω und der Nullphase ϕ_0. In einem
Diagramm lassen sich aber direkt außer A die Periodendauer T und die Zeitverschiebung t_0 ablesen, siehe Abb. 2.9a. Die Funktion mit diesen Parametern lautet dann:

$$f(t) = A \cdot \cos\left(2\pi\left(\frac{t - t_0}{T}\right)\right) \tag{2.5}$$

Die Kenngrößen ω, ϕ_0 und T, t_0 lassen sich ineinander umrechnen. Die
Amplitude A ist in beiden Fällen gleich. Der Wert für π kann mit der Tabellenfunktion Pi() abgerufen werden.

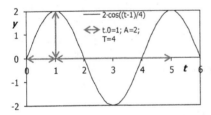

Abb. 2.9 a (links) Eine Kosinusfunktion mit den Parametern Amplitude A, Zeitverschiebung t_0
und der Periodendauer T, die man alle in der grafischen Darstellung ablesen kann. **b** (rechts, T)
Aufbau einer Tabelle zur Berechnung von vier Kosinusfunktionen mit den Parametern Amplitude
A (in B1:E1), Kreisfrequenz ω (in B2:E2) und Nullphase φ (in B3:E3); im Bereich B6:E36 steht
immer dieselbe Formel, die auf drei benannte Zeilenbereiche und einen benannten Spaltenbereich
zugreift. Die Pfeile auf C36 erhält man mit Formeln/Formelüberwachung/Spur zum Vorgänger

Fragen

Wie groß sind Amplitude A, Periodendauer T und Zeitverschiebung t_0 in Abb. 2.9a?[6]

Wie berechnet man ω und $_0$ aus T und t_0?[7]

Wie groß sind die Periodendauern der Kosinusfunktionen in Abb. 2.9b?[8]

▶ **Alac** Die Kurve in Abb. 2.9a soll ein Kosinus sein?

▶ **Mag** Ja.

▶ **Tim** Die sieht doch eher wie ein Sinus aus.

▶ **Mag** Das ist richtig. Da wir aber den Kosinus in der Box mit einer Nullphase φ_0 versehen haben, Gl. 2.4, verschwindet der Unterschied zum Sinus. Der Sinus ist dann einfach ein Kosinus mit der Nullphase $\pi/2$ bzw. mit der Zeitverschiebung $t_0 = T/4$.

2.3.2 Obertöne

Schwingungen einer Saite

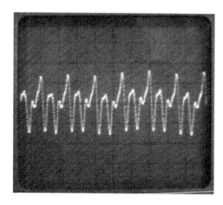 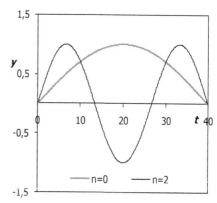

Abb. 2.10 a (links) Oszilloskopbild eines Mikrofonsignals einer schwingenden Gitarrensaite als Funktion der Zeit (Dank an Norbert Renner, Universität Duisburg-Essen), Zeiteinheit des Gitters = 5 ms. **b** (rechts) Grundschwingung und zweite Oberschwingung einer an beiden Seiten eingespannten Saite

---

[6]$A = 2$; $T = 4$; $t_0 = 1$.

[7]$\omega = 2\pi/T$; $\varphi_0 = -\omega \cdot t_0$.

[8]$T = 2\pi/\omega$. $T_{1\varphi} = 2\pi/1 = 6{,}28$; $T_2 = 2\pi/2 = 3{,}14$; $T_3 = T_4 = 2\pi/3 = 2{,}93$ in Zeiteinheiten.

Es geht mit Physik los. Wie schwingt eine Gitarrensaite?

▶ **Mag** Schauen Sie sich das Mikrofonsignal in Abb. 2.10a an. Wie würden Sie das Signal beschreiben?

▶ **Alac** Nun, es schlägt periodisch aus und dazwischen zappelt es wild durcheinander.

▶ **Mag** Ja und nein. Das Signal wiederholt sich mit einer Grundfrequenz; aber Klänge zappeln nicht, sie kommen durch Oberschwingungen zustande. Abb. 2.10a ist die Aufzeichnung des Klangs einer Gitarrensaite. Welche Frequenz hat die Grundschwingung in diesem Fall?

▶ **Tim** Die Periodendauer beträgt 7,5 ms, was einer Frequenz von 133 Hz entspricht. Aber was sind Oberschwingungen?

▶ **Mag** Betrachten wir die Schwingungen einer Gitarrensaite. Wie schwingt eine Saite?

▶ **Tim** Sie wird sinusförmig ausgelenkt wie in Abb. 2.10b.

▶ **Mag** Ja. Abb. 2.10b legt nahe, dass es nur diskrete Frequenzen gibt, mit denen eine Saite schwingen kann. Man kann sie bestimmen, wenn die Randbedingungen berücksichtigt werden.

▶ **Tim** Der Sinus muss durch Null gehen, wo die Saite eingespannt ist.

▶ **Alac** Zwischendurch kann sie auch durch Null gehen.

▶ **Mag** Genau, die Nulldurchgänge nennt man Knoten. Die Randbedingungen erzwingen, dass die Saitenlänge ein Vielfaches n der halben Wellenlänge $\lambda/2$ sein muss. Es gilt also $l = n \cdot (\lambda/2)$ oder $f = c/(2l) \cdot n$, wobei c die Schallgeschwindigkeit auf der Saite ist. Die möglichen Frequenzen sind Vielfache der Grundfrequenz $c/(2l)$. Die zugehörigen Schwingungen werden Oberschwingungen genannt. Jetzt lassen Sie mich meine Frage wiederholen: Wie beschreiben Sie das Mikrofonsignal?

▶ **Alac** Ich vermute, es ist die Summe von Oberschwingungen.

▶ **Mag** Richtig, es ist die Summe der erlaubten Schwingungen mit individuellen Amplituden. Im Falle der Saite, die an beiden Seiten festgeklemmt ist, sind die Frequenzen Vielfache der Grundfrequenz. In einem Fall, wo ein Ende des schwingenden Mediums frei ist, wie zum Beispiel bei einem einseitig eingespannten schwingungsfähigen Blatt, sind die Frequenzen ungerade Vielfache der Grundfrequenz.

▶ **Tim** Jetzt sollen wir das Mikrofonsignal nachbilden?

▶ **Mag** Ja, aber in einem allgemeineren Zusammenhang als Summe von vier Kosinusfunktionen, deren Frequenzen bestimmten Bedingungen genügen.

Von Anfang an: Klarer Aufbau der Tabelle!

Aufgabe
Erstellen Sie eine Tabellenrechnung, in der vier Kosinusfunktionen mit frei wählbaren Frequenzen und Amplituden aufsummiert werden. Die Funktionen sollen von $t = 0$ bis $t = 8$ s für 801 Stützpunkte berechnet werden. Den grundsätzlichen Γ-Aufbau einer geeigneten Tabelle sehen Sie in Abb. 2.9b.

▶ **Mag** Das Problem der Obertöne ist ein Spezialfall dieser Aufgabe. Erinnern Sie sich an die Struktur des Rechenmodells, die wir für Kurvenscharen vorgeschlagen haben?

▶ **Tim** Die Funktionen sollen in einem Matrixbereich der Breite 4 (Anzahl der Funktionen) und der Höhe 801 (Anzahl der Datenpunkte) berechnet werden. Man schreibt die gewünschten Werte für Amplituden und Frequenzen in Zeilen über den Matrixbereich und die unabhängige Variable in eine Spalte links vom Matrixbereich.

▶ **Mag** Gut gelernt! Welches ist hier die unabhängige Variable? In welchen Einheiten werden die Frequenzen angegeben?

▶ **Tim** Die unabhängige Variable ist die Zeit. Die Frequenzen werden mit dem Kehrwert der Zeit angegeben.

▶ **Mag** Genau. Zeit und Frequenz sind reziprok zueinander. Diesen Zusammenhang werden Sie später für eine Teilaufgabe brauchen. Als dritter Parameter tritt noch eine Nullphase auf. Der allgemeine Kosinus schreibt sich dann wie Gl. 2.4.

▶ **Mag** Machen Sie sich an die Aufgabe! Vor Ihnen liegen drei Unteraufgaben, die mit dem einen Rechenmodell behandelt werden können, welches wir gerade besprochen haben: Obertöne, Schwebungen und die Summenregel für den Kosinus. Gestalten Sie die Tabelle mit einem Γ-Aufbau wie z. B. in Abb. 2.9b.

Obertöne

Die Frequenzen von Obertönen einer beidseitig eingespannten Saite sind ganzzahlige Vielfache einer Grundfrequenz.

Aufgabe

Variieren Sie die Grundfrequenz, die Amplituden und die Phasen, nehmen Sie mal geradzahlige, mal ungeradzahlige Vielfache der Grundfrequenz und beobachten Sie, wie sich das Summensignal ändert! Zwei Beispiele sehen Sie in Abb. 2.11a und b. Die Funktionen werden an 801 Stützpunkten berechnet.

Eine mögliche Tabellenorganisation im typischen Γ-Aufbau sehen Sie in Abb. 2.12 (T). Sie sollen die Tabelle so organisieren, dass Sie nur eine Zelle mit

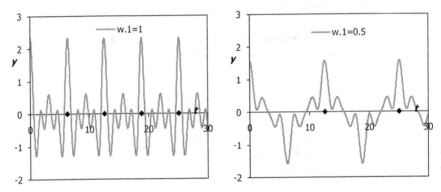

Abb. 2.11 a (links) Summe aus einem Grundton mit $\omega_1 = 1$ und drei Obertönen mit $2 \times$, $3 \times$, $4 \times \omega_1$. Die Zeiteinheit ist 1 s, wenn die Werte für ω mit 1/s angegeben werden. **b** (rechts) Summe aus einem Grundton mit $\omega_1 = 0{,}5$ und drei Obertönen mit $3 \times$, $5 \times$, $7 \times \omega_1$. Die Zeiteinheit ist 1 s

	A	B	C	D	E	F	G	H	I	J
1		=w.1	=3*w.1	=5*w.1	=7*w.1					
2	A	0,23	0,75	0,63	0,72					
3	w	1,00	2,00	3,00	4,00		w.1		1	
4	phi	0	0	0	0		w.1=1	="w.1 ="&w.1		
5	0,04									
6	=A8+$A$5	=A*COS(w*t+phi)	=A*COS(w*t+phi)	=A*COS(w*t+phi)	=A*COS(w*t+phi)	=SUMME(B9:E9)				
7	t	c.1	c.2	c.3	c.4	Sum				
8	0,00	0,23	0,75	0,63	0,72	2,33		Schreibe Formel in B8!		
9	0,04	0,23	0,75	0,63	0,71	2,31		Kopiere nach B8:E808!		
807	31,96	0,20	0,35	-0,04	-0,41	0,10				
808	32,00	0,19	0,29	-0,11	-0,50	-0,13				

Abb. 2.12 (T) Vier Kosinusfunktionen c_1 bis c_4 werden im Bereich B8:E808 (unterhalb Γ) berechnet, in dessen Zellen überall dieselbe Formel steht, und in Spalte F summiert. Die Formeln in den Spalten werden in Zeile 6 in schräger Ausrichtung wiedergegeben. Die Zeit t ist als Spaltenvektor A8:A808 (links von Γ) definiert. Die Amplituden A, die Kreisfrequenzen ω und die Nullphasen ϕ sind (oberhalb Γ) als Zeilenvektoren B2:E2, B3:E3 und B4:E4 definiert. Die Kreisfrequenzen sind ein Vielfaches der Grundfrequenz ω_1

	A	B	C	D	E	F	G	H	I	J
1		=w.1			=D3+dw				=Delta.w/3	
2	**A**	0,5	1,5	1,5	0,5			**Delta.w**	1,00	
3	**w**	**2,00**	2,33	2,67	**3,00**			**dw**	**0,33**	
4	**phi**	0	0	0	0			**w.1**	2	
5	0,04						w.1=2; Delta.w=1			

Abb. 2.13 (T) Parameter für eine Schwebung. Die Kreisfrequenzen ω haben gleichen Abstand $d\omega$ (in I3 festgelegt) zueinander. Die Amplituden sind, bis auf einen Faktor 2, Binomialkoeffizienten und können mit einem pascalschen Dreieck bestimmt werden. Die bestimmenden Parameter stehen in I2 (Frequenzumfang $\Delta\omega$, aus dem $d\omega$ berechnet wird) und I4 (niedrigste Frequenz ω_1)

einer Formel beschreiben müssen, die dann in den gesamten Berechnungsbereich (Z. B. B8:E808) für die vier Funktionen kopiert wird.

2.3.3 Schwebungen

Vier Frequenzen, aber nur zwei Steuerparameter
Die Parameter unseres Rechenmodells werden geändert, um Schwebungen zu erzeugen. Die Frequenzen sollen wiederum äquidistant sein. Sie haben denselben Abstand zueinander. Als Steuerparameter nehmen wir die niedrigste Frequenz ω_p und die Breite im Frequenzbereich (spektrale Breite $\Delta\omega$), also die Differenz zwischen der höchsten und der tiefsten Frequenz, siehe Abb. 2.13 (T).

Fragen

Wie bestimmt man aus der spektralen Breite $\Delta\omega$ den Abstand $d\omega$ zwischen den vier diskreten Frequenzen innerhalb des Bandes?[9]

▶ **Mag** Die Amplituden der Kosinuskomponenten einer Schwebung sind nicht beliebig, sondern Binomialkoeffizienten. Wie erhält man solche Frequenzen?

▶ **Tim** Nun, mit einem pascalschen Dreieck.

▶ **Alac** Warum so genaue Vorschriften für die Amplituden? Können wir die Amplituden nicht beliebig wählen?

▶ **Mag** Bei der genannten Wahl der Amplituden erhalten wir ein klares Bild im Zeitbereich, die Einhüllende ist ähnlich einer Glockenkurve. Sie sollen zunächst nur die Grundfrequenz und die spektrale Breite ändern und beobachten, wie sich die Schwebung im Zeitbereich verhält. Später können Sie die Amplituden beliebig wählen und herausfinden, ob die beobachtete Gesetzmäßigkeit erhalten bleibt.

---

[9]$d\omega = \Delta\omega/3$ (nicht $\Delta\omega/4$).

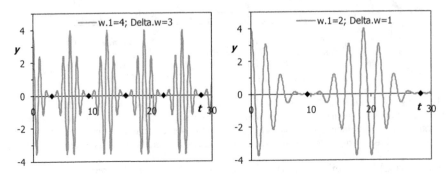

Abb. 2.14 a (links) Schwebung aus vier Kosinusfunktionen; Anfangskreisfrequenz $\omega_1 = 4$; Breite im Frequenzbereich $\Delta\omega = 3$. **b** (rechts) Schwebung aus vier Kosinusfunktionen; Anfangskreisfrequenz $\omega_1 = 2$; Breite im Frequenzbereich $\Delta\omega = 1$

Schwebungen entstehen, wenn man Kosinusfunktionen addiert, deren Frequenzen äquidistant sind. Das Signal ballt sich zu Paketen zusammen. In Abb. 2.14a und b werden die Pakete durch schwarze Punkte getrennt. Wir wollen die Breite solcher Wellenpakete bestimmen.

Aufgabe
Sie sollen Trennpunkte in die Diagramme einfügen, die in den Knoten liegen. Erzeugen Sie in der Tabelle Formeln, die die Koordinaten der Trennpunkte angeben, wenn die Breite eines Paketes Δt und eine anfängliche Zeitverschiebung t_0 vorgegeben werden. Sie sollen die Koordinaten so verändern, am besten mit einem Schieberegler, dass die Punkte im Diagramm genau im Knoten der Schwebung liegen. Gibt es einen Zusammenhang zwischen zeitlicher Breite Δt und Frequenzumfang $\Delta\omega$?

▶ **Mag** Haben Sie die Regel für die Breite eines Wellenpaketes herausgefunden?

▶ **Tim** Der zeitliche Abstand zwischen zwei Paketen ist proportional zum Kehrwert der spektralen Breite, $\Delta t = 3\pi/\Delta\omega$. Die Breite ist sicherlich kleiner, weil das Signal ja am Rande seines Gebietes gegen null geht.

▶ **Mag** Damit haben Sie eine Unschärfebeziehung gefunden: $\Delta f \cdot \Delta t = 3/2 > 1$.

▶ **Tim** Heisenbergs Unschärfebeziehung?

▶ **Mag** Ja, es ist die Vertauschungsbeziehung von Zeit und Energie, wenn man berücksichtigt, dass $E = h \cdot f$ gilt.

2.3.4   Summenformel für den Kosinus

▶ **Mag** Wie schreibt man $cos(x) + cos(y)$ als Produkt von zwei Kreisfunktionen?

▶ **Alac** Muss man so etwas wissen? Das kann man doch in einer Formelsammlung nachschlagen.

▶ **Tim** Ich habe mir die Besenweisheit gemerkt:

▶   Ψ *Cos plus Cos gibt Mittelwert mal halbe Differenz.*

▶ **Mag** Das ist eine gute Eselsbrücke, wenn Sie daraus die vollständige Form rekonstruieren können:

$$\cos(x) + \cos(y) = 2 \cdot \cos\left(\frac{x+y}{2}\right) \cos\left(\frac{x-y}{2}\right) \tag{2.6}$$

▶ **Alac** So einen verrückten Spruch werde ich nicht vergessen. Der erste Kosinus nimmt den Mittelwert der Argumente und der zweite Kosinus die halbe Differenz der Argumente.

▶ **Mag** Genau, und wenn $x = 0$ und $y = 0$, dann muss $1 + 1 = 2$ herauskommen. Das erklärt den Vorfaktor auf der rechten Seite von Gl. 2.6. Wir können die Summenformel mit unserem Rechenmodell überprüfen, indem wir je zwei von unseren vier Frequenzen gleich machen und alle Amplituden zu 0,5 setzen wie Abb. 2.15a (T).

Das Ergebnis der Tabellenrechnung in Abb. 2.15a (T) sieht man in Abb. 2.16 als dicke graue Kurve.

Die feinen schwarzen Kurven entsprechen den Funktionen

$$2 \cdot \cos\left(\left(\omega_1 + \frac{d\omega}{2}\right)t\right) \text{ (Mittelfrequenz)}$$

und

$$2 \cdot \cos\left(\frac{d\omega}{2}t\right) \text{ (halbe Differenzfrequenz)}$$

die wir in Abb. 2.15b berechnet haben.

	A	B	C	D	E	F	G	H	I	J
1	=w.1		=B3+dw	=w.1	=D3+dw				=Delta.w/3	
2	A	0,5	0,5	0,5	0,5			Delta.w	1,00	
3	w	2,00	2,33	2,00	2,33			dw	0,33	
4	phi	0	0	0	0			w.1	2	
5	0,04							w.1=2; Delta.w=1		
6	=A8+$A$5	=A*COS(w*t+phi)	=A*COS(w*t+phi)	=A*COS(w*t+phi)	=A*COS(w*t+phi)	=SUMME(B9:E9)				
7	t	c.1	c.2	c.3	c.4	Sum				
8	0	0,50	0,50	0,50	0,50	2,00				
9	0,04	0,50	0,50	0,50	0,50	1,99				
808	32	0,20	0,37	0,20	0,37	1,14				

	K	L	M	N
1	Mittelwert			
2		halbe Differenz		
3				
4	w=w.1+dw/2			
5		w=dw/2		
6	=$F$8*COS((w.1+dw/2)*t)	=$F$8*COS(dw/2*t)		
7				
8	2,00	2,00		
9	1,99	2,00		
808	1,95	1,16		

Abb. 2.15 a (links, T) Parametersatz für eine Summe von zwei Kosinusfunktionen; $c_1 = c_3$; $c_2 = c_4$; in H5 steht die Legende für Abb. 2.16. **b** (rechts, T) Formeln für die schnelle Schwingung und die Einhüllende gemäß der Summenformel; Zelle $F$8 enthält die Amplitude, hier $A = 2$. K4 und L5 enthalten die Legende für die Kurven in Abb. 2.16

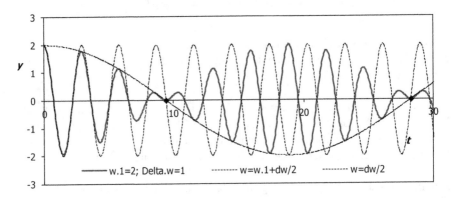

Abb. 2.16 Dicke graue Kurve: Summe aus zwei Kosinusfunktionen mit den Frequenzen ω_1 und $\omega_1 + d\omega$. Schwarze gepunktete Kurve: Kosinusfunktion mit der Mittelfrequenz; schwarze durchgezogene Kurve (Einhüllende): Kosinusfunktion mit der halben Differenzfrequenz, Tabellenorganisation dazu in Abb. 2.15 (T)

Wir sehen, dass der Kosinus mit der halben Differenzfrequenz, berechnet in Spalte L, die Summe einhüllt. Die schnellen Schwingungen, berechnet in Spalte K, haben die Mittelfrequenz. Das Produkt erfährt nach jedem Nulldurchgang der Einhüllenden eine Phasenverschiebung von π.

2.4   Polarkoordinaten (G)

Wenn wir einen Kreis darstellen wollen, dann verwenden wir am besten ebene Polarkoordinaten. Zur Festlegung eines Punktes in der Ebene gibt man dabei einen Winkel ϕ zur x-Achse und den Abstand r zum Nullpunkt an wie in Abb. 2.17a.

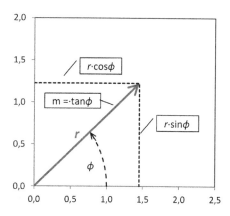
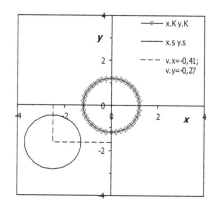

Abb. 2.17 a (links) Kartesische Koordinaten *(x, y)* und ebene Polarkoordinaten *(r, φ)*. **b** (rechts) Kreis um den Nullpunkt und verschobener Kreis, Koordinaten aus Abb. 2.18 (T)

Polare und kartesische Koordinaten
Ebene Polarkoordinaten *(r, φ)* und kartesische Koordinaten *(x, y)* in der Ebene hängen folgendermaßen zusammen, siehe Abb. 2.17a:

$$x = r \cdot \cos(\varphi); \ y = r \cdot \sin(\varphi) \tag{2.7}$$

$$r = \sqrt{x^2 + y^2}; \ \varphi = \arctan 2(y; x) \tag{2.8}$$

$$m = \tan \varphi = \frac{y}{x} \tag{2.9}$$

Dabei ist *m* die Steigung der Radiusstrecke.

Zur Berechnung des Winkels gegen die Horizontale aus den kartesischen Koordinaten eines Punktes verwendet man am besten die Tabellenfunktion ARCTAN2. Der Argumentbereich des klassischen *arcus tangens* reicht nur von $-\pi/2$ bis $\pi/2$, siehe Abschn. 5.10. Wenn man die Tabellenfunktion ARCTAN anwendet, dann muss mit den Vorzeichen von *x* und *y* zusätzlich geprüft werden, ob der Punkt in der Ebene $y \geq 0$ oder < 0 liegt. Die Tabellenfunktion ARCTAN2 führt diese Prüfung selbst durch.

2.5 Wellenfronten und machscher Kegel

Wir zeichnen die Wellenfronten einer Schallquelle, die sich mit veränderbarer Richtung und Geschwindigkeit in der *xy*-Ebene bewegt. Mit Einsatz eines Schiebereglers, der die Fluggeschwindigkeit bestimmt, durchbrechen wir die Schallmauer. In der Tabellenkalkulation wechseln wir zwischen polaren und kartesischen Koordinaten.

	A	B	C	D	E	F	G	H	I	J	K	L
1							=G3+dphi	=r.0*COS(phi.K)	=r.0*SIN(phi.K)	=x.K+v.x*t.0	=y.K+v.y*t.0	
2	r.0	1,20					phi.K	x.K	y.K	x.s	y.s	
3	dphi	0,17					0,00	1,20	0,00	-1,30	-1,65	
4	v.x	-0,41	9 ◀▭▶				0,17	1,18	0,21	-1,32	-1,44	
5	v.y	-0,27	23 ◀▭▶				0,35	1,13	0,41	-1,37	-1,24	
6	t.0	6,10	61 ◀▭▶				0,52	1,04	0,60	-1,46	-1,05	
39							6,28	1,20	0,00	-1,30	-1,65	
40												
41						v.x=-0,41; v.y=-0,27; t.0=6,1				0,00	-1,65	
42										-2,50	-1,65	
43										-2,50	0,00	

Abb. 2.18 (T) Koordinaten für einen Kreis um den Nullpunkt (G3:I39), für einen verschobenen Kreis (J3:K39) und für den Mittelpunkt des verschobenen Kreises (J42:K42); die Schieberegler bestimmen die Geschwindigkeit (v_x, v_y), mit der der Kreis verschoben wird und die Zeit t_0. B4 = [=(C4 − 50)/100]; B5 = [=(C5 − 50)/100]

Kreis, um den Nullpunkt und verschoben

In einer Tabelle werden die Punkte eines Kreises am besten zunächst in Polarkoordinaten mit konstantem Winkelabstand $d\varphi$ berechnet und dann in kartesische Koordinaten umgerechnet, so wie es in Abb. 2.18 (T) gemacht wird. Ein Kreis wird, wie jede Funktion, in ein Diagramm mit zwei Datenreihen eingetragen, eine für die x- und eine für die y-Werte.

In Spalte G werden 37 Winkel φ_K in gleichmäßigen Abständen $d\varphi = 2\pi/36$ (in B3) definiert. Daraus und aus r_0 in B2 werden dann die kartesischen Koordinaten (x_K, y_K) für einen Kreis um den Nullpunkt bestimmt, der in Abb. 2.17b grafisch mit Rauten für die Datenpunkte wiedergegeben wird.

Die Verschiebung des Kreises wird mit einem „Geschwindigkeitsvektor" (v_x, v_y) in B4:B5 und der „Zeit" t_0 in B6 von Abb. 2.18 (T) festgelegt. Alle drei Größen sollen mit Schiebereglern eingestellt werden. Die Koordinaten (x_s, y_s) des verschobenen Kreises stehen in den Spalten J und K. Wenn die Schieberegler für die Zellen C5 und C6 betätigt werden, mit denen v_x und v_y in B4 und B5 bestimmt werden, dann soll sich der Kreis waagrecht bzw. senkrecht verschieben. Wenn der Schieberegler für t_0 betätigt wird, dann verschiebt sich der Kreis auf einer Geraden durch den Nullpunkt. So soll es jedenfalls sein, wenn alle Formeln richtig eingesetzt wurden.

Fragen

Welche Funktion haben die Koordinaten J41:K43 relativ zu denen des Mittelpunkts des Kreises in J42:K42?[10]

Koordinaten der kreisförmigen Wellenfronten

Ein Flugobjekt bewegt sich parallel zur Erdoberfläche relativ zur Luft mit der Geschwindigkeit v_Q und unter dem Winkel α zur Horizontalen. Es sendet

---

[10]Die Koordinaten verbinden den Mittelpunkt des Kreises jeweils senkrecht mit den Achsen.

kontinuierlich Schallwellen aus, die sich mit der Schallgeschwindigkeit c_S ausbreiten. Es ist bei $t = 0$ bis zum Ort $(0, 0)$ gekommen. Wir zeichnen jede zurückliegende Sekunde eine kreisförmige Wellenfront.

Der Mittelpunkt der Kreise wird durch

$$x_M(t) = \big(v_Q \cdot \cos(\alpha)\big) \cdot t \qquad (2.10)$$

$$y_M(t) = \big(v_Q \cdot \sin(\alpha)\big) \cdot t \qquad (2.11)$$

bestimmt. Die Ausdrücke in Klammern zerlegen die zurückgelegte Strecke $v_Q{\cdot}t$ in waagrechte (x) und senkrechte (y) Komponenten. $x_M(t)$ und $y_M(t)$ sind kleiner 0, weil in unserem Formelwerk $t < 0$ ist.

Von der Bahn des Flugobjekts ausgehend breiten sich Wellen aus, die bis zur Zeit $t = 0$ in jeder Richtung eine Strecke

$$r = -c_s \cdot t \text{ für } t \leq 0 \qquad (2.12)$$

zurückgelegt haben, sodass eine (in unser Zeichenebene) kreisförmige Wellenfront entsteht. In der dreidimensionalen Wirklichkeit sind die Wellenfronten natürlich Kugelflächen. Die Größe r ist für unsere zweidimensionale Darstellung der Radius für einen Kreis in Abb. 2.19.

Berechnen von Kreisen

Wir berechnen in einer Tabelle acht Kreise, die die Wellenfronten für Wellen darstellen sollen, die zu den Zeitpunkten $t = -1$ s, -2 s,..., -8 s ausgesandt wurden.

Zwei Beispiele sehen Sie in Abb. 2.19a und b. Eine mögliche Tabellenorganisation dazu steht in Abb. 2.20 (T).

Die Definition der Kreiskoordinaten geschieht am besten in Polarkoordinaten über den Winkel φ, wie in Abschn. 2.4 beschrieben. In unserem Beispiel steht in

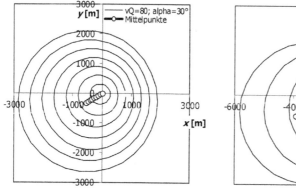
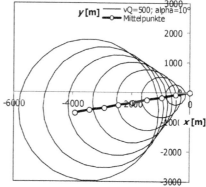

Abb. 2.19 **a** (links) Wellenfronten einer akustischen Welle, die von einer bewegten Schallquelle ausgesandt werden, die zur Zeit $t = 0$ bis $(0,0)$ gekommen ist; Fluggeschwindigkeit gegen Luft v_Q (hier Unterschallgeschwindigkeit) und Winkel α gegen die Horizontale. **b** (rechts) Wie a, aber $\alpha = 10°$ und Überschallgeschwindigkeit

[A13:A43] $\varphi = 0$ bis 2π in 30 Schritten von $d\varphi = 0{,}209 = 2\pi/30$, definiert in A10. Wir wählen also den Winkel φ als unabhängige Variable.

Die Tabelle in Abb. 2.20 (T) hat einen typischen Γ-Aufbau. Der Berechnungsbereich unterhalb Γ umfasst B13:I43. Der spaltenbezogene Parametersatz x, r, x_M, y_M für die acht Funktionen steht in B7:I9 oberhalb von Γ, gesteuert von der Zeit t (in Zeile 6), siehe die Formeln in J7:J9. Die unabhängige Variable ϕ steht in A13:A43, links von Γ. Dieser Aufbau kann zeilenmäßig über die Zeile 43 vergrößert werden, weil er nach unten offen ist. Spaltenmäßig kann er nicht verbreitert werden, da sich ab Spalte K ein anderer Berechnungsbereich anschließt, in dem die y-Koordinaten der Kreise berechnet werden.

Die drei Parameter der Aufgabe (Schallgeschwindigkeit c_s, Fluggeschwindigkeit v_Q, Flugwinkel α) werden in B1:B4 festgelegt und mit den Namen in A1, A2, A4 benannt. Mithilfe dieser Parameter werden in den Zeilen 7 bis 9 die Radien und die Mittelpunkte der Kreise zu verschiedenen Zeitpunkten berechnet. Die Formeln in I7:I9 stehen rechts neben diesen Zellen, Z. B. I7 = [$=-c.S*I6$]. Die Formeln in B7:H9 sehen entsprechend aus. Denken Sie daran:

	A	B	C	D	E	F	G	H	I	J	K	L	M
1	c.S	340 m/s		Schallgeschwindigkeit									
2	v.Q	500 m/s		Geschw. der Quelle				="vQ="&vQ&"; alpha="&B3&"°"					
3		10 °		Winkel der Flugrichtung				vQ=500; alpha=10°					
4	alpha	0,175 rad		=$B$3/180*PI()									
5													
6	t [s]	-1	-2	-3	-4	-5	-6	-7	-8				
7	r [m]	340	680	1020	1360	1700	2040	2380	**2720**	=-c.S*I6			
8	x.M [m]	-492	-985	-1477	-1970	-2462	-2954	-3447	**-3939**	=v.Q*COS(alpha)*I$6			
9	y.M [m]	-87	-174	-260	-347	-434	-521	-608	**-695**	=v.Q*SIN(alpha)*I$6			
10	0,209	=2*PI()/30											
12	phi	x.1	x.2	x.3	x.4	x.5	x.6	x.7	x.8		y.1	y.2	y.3
13	0,000	**-152**	-305		**-610**	-762	-914	**-1067**	-1219		**-87**	-174	-260
14	0,209	-160	**-320**	-480	-639	**-799**	-959	-1119	**-1279**		-16	**-32**	-48
43	6,283	-152	-305	**-457**	-610	-762	**-914**	-1067	-1219		-87	-174	**-260**

Abb. 2.20 (T) Koordinaten von Kreisen, deren Mittelpunkte in der xy-Ebene verschoben werden (unterhalb Γ); die x-Koordinaten in B13:I43 sollen durch Kopieren einer Formel in Zelle B13 erzeugt werden, die mit absoluter und relativer Adressierung geeignet gestaltet werden muss; Winkelkoordinaten ϕ für alle Kurven in A13:A43 (unabhängige Variable links von Γ). Die Zeit in Zeile 6 steuert den Radius (in Zeile 7) und die Koordinaten des Mittelpunktes (in Zeile 8 und Zeile 9). Die Formeln für A13:I143 stehen in der ausgeblendeten Zeile 11, die in Abb. 2.21 (T) einzusehen ist. Die zugehörigen y-Koordinaten stehen in den Spalten K:R

	A	B	C	D	E	F	G	H	I	J	K	L	M
11	=A13+$A$10	=B$7*COS($A13)+B$8	=C$7*COS($A14)+C$8	=D$7*COS($A43)+D$8	=E$7*COS($A13)+E$8	=F$7*COS($A14)+F$8	=G$7*COS($A43)+G$8	=H$7*COS($A13)+H$8	=I$7*COS($A14)+I$8		=B$7*SIN($A13)+B$9	=C$7*SIN($A14	=D$7*...
12	phi	x.1	x.2	x.3	x.4	x.5	x.6	x.7	x.8		y.1	y.2	y.3
13	0,000	**271**	541		**1083**	1354	1624	**1895**	2166		**-40**	-80	-120
14	0,209	263	**527**	790	1053	**1316**	1580	1843	**2106**		31	**61**	92
43	6,283	271	541	**812**	1083	1354	**1624**	1895	2166		-40	-80	**-120**

Abb. 2.21 (T) Kopie eines Teils von Abb. 2.20 (T) mit eingeblendeten Formeln; die Formeln in Zeile 11 beziehen sich auf die Zellen mit den fett gedruckten Zahlen. Bevor Sie alle Formeln abschreiben, überlegen Sie lieber, wie sie zustande gekommen sind und entwickeln Sie sie dann aus Ihrem Verständnis heraus!

▶ Wenn Sie die Formel in einer Zelle richtig mit relativen und absoluten Bezügen geschrieben haben, dann können Sie sie ohne Veränderung in den gesamten Zellbereich ziehen.

Unterhalb des Γ werden in B13:I43 acht Kreise um den Nullpunkt mit dem Radius r aus Zeile 7 berechnet und um (x_M, y_M) aus den Zeilen 8 und 9 verschoben. Die Formeln in der ausgeblendeten Zeile 11, die für die fett gedruckten Zellen gelten, stehen in Abb. 2.21 (T).

Fragen

Fragen zu Abb. 2.20 (T):
Welche Bedeutung hat die Formel in Zelle B4? Der Formeltext steht in D4![11]
Welche Formel steht in Zelle D7?[12]
Welche Formel steht in Zelle D9?[13]
Wie können Sie mit einem Befehl alle acht Namen in A12:I12 vergeben?[14]

▶ **Tim** Die Wellenkämme in meinem Diagramm bleiben immer gleich, auch wenn ich die Fluggeschwindigkeit ändere.

▶ **Mag** Sie haben in ihr Tabellenblatt im Bereich B7:I9 die *Zahlen* aus Abb. 2.20 (T) eingeschrieben. Die genannten Zellen sollen aber *Formeln* enthalten, nicht nur Zahlen. Dann ändern sich die Werte in diesen Zellen, wenn die Parameter des Problems verändert werden. Die Formeln für die Spalte I finden Sie in Spalte J. Wenn Sie die Zellen I7:I9 bis in die Spalte B ziehen, dann ist das Formelwerk für die Parameter fertig.

▶ **Tim** Was ist genau unsere Aufgabe?

▶ **Mag** Die Winkel φ stehen in Spalte A. Sie sollen jetzt die Zellen B13 und K13 mit Formeln beschreiben, die durch Ziehen bis I43 bzw. R43 alle acht Kreise erzeugt. Überlegen Sie zunächst selbst und schauen Sie bei Bedarf in Abb. 2.21 (T) nach!

Die Formeln im Berechnungsbereich B13:I43 von Abb. 2.20 (T) bestehen aus zwei Termen, den Koordinaten eines Kreises um den Nullpunkt mit dem in Zeile 7

---

[11]Umrechnung des Winkels von Grad in Radiant: $360° = 2\pi$.
[12][D7] = [=−c.S*D6].
[13][D9] = [=v,Q*sin(alpha)*D6].
[14]Man markiert den Bereich A12:I43, ruft FORMELN/DEFINIERTE NAMEN/AUS AUSWAHL ERSTELLEN auf und bestätigt mit NAMEN ERSTELLEN AUS DEN WERTEN IN/OBERSTER ZEILE.

aus Gl. 2.12 berechneten Radius und einer Verschiebung gemäß der Geschwindigkeit v_Q der Quelle, Gl. 2.10 und 2.11.

Das Flugobjekt soll sich zum Zeitpunkt $t = 0$ bis zum Nullpunkt des Koordinatensystems $(0, 0)$ bewegt haben. Die Zeit in Zeile 6 von Abb. 2.20 (T) wird rückwärts gezählt. Die Koordinaten $(x_M; y_M)$ in den Zeilen 8 und 9 geben also an, wo sich das Flugobjekt vor 1, 2, usw. Sekunden befand. Sie ergeben sich, wie oben erläutert, aus der Geschwindigkeit der Quelle (v_Q), dem Winkel α, mit dem sich die Quelle gegen die x-Achse bewegt und dem Zeitpunkt t. Der jeweilige Ort des Flugobjektes bei dieser zurückliegenden Zeit ist dann auch der Mittelpunkt der Kreise der dann ausgesandten Schallwellen.

Schallmauer und machscher Kegel

▶ **Mag** Was passiert, wenn ein Flugzeug genau mit der Schallgeschwindigkeit fliegt?

▶ **Alac** Dann wird die Schallmauer durchbrochen und es gibt einen lauten Knall.

▶ **Mag** Simulieren Sie das! Am besten bauen Sie dazu einen Schieberegler ein und erhöhen die Geschwindigkeit der Schallquelle von $v_Q = 0$ ausgehend langsam bis zur Schallgeschwindigkeit!

▶ **Tim** Was heißt „Schallmauer durchbrechen"?

▶ **Mag** Alle Schallwellen treffen an einem bestimmten Ort (demjenigen der „Schallmauer") zur selben Zeit ein und verstärken sich.

Aufgabe
Bauen Sie zwei Schieberegler ein, mit denen Richtung und Geschwindigkeit der Quelle eingestellt werden können und beobachten Sie, wie das Diagramm auf Veränderungen der beiden genannten Parameter und auf eine Veränderung der Schallgeschwindigkeit reagiert!

Ausgeblendete Formeln
B13 und K13 in Abb. 2.20 (T) werden mit einer Formel beschrieben, die dann in den restlichen Tabellenbereich durch Ziehen kopiert werden kann. Es gilt: B13 = [=B$7*cos($A13) + B$8] und K13 = [=B$7*sin($A13) + B$9].

2.6 Exponentialfunktionen

Für Exponentialfunktionen gilt: Plus 1 im Argument ergibt mal e im Wert. Man zeichnet eine Exponentialfunktion $A \cdot \exp(-t/t_0)$ von Hand (? Ja, auch von Hand!) am besten, indem man mit der Tangente bei $t = 0$ anfängt. Diodenkennlinien sind durch eine Knickspannung gekennzeichnet.

2.6.1 Reiskörner auf Schachbrett (G)

Wette im alten Orient

In einer klassischen orientalischen Wette vereinbarte ein listiger Schachspieler, dass sein Gewinn ausgezahlt werde, indem er auf das erste Feld eines Schachbretts ein Reiskorn legte und sein unterlegener Gegner dann auf alle folgenden Felder die doppelte Anzahl der jeweils vorhergehenden lege.

In Abb. 2.22a (T) wird die Vermehrung der Reiskörner nach diesem Verfahren nachgebildet.

In A3:A66 werden die 64 Felder des Schachbretts von 0 bis 63 durchnummeriert. In B3 wird ein Reiskorn auf das erste Feld ($n = 0$) gelegt. In den folgenden Zellen wird die vorhergehende Anzahl jeweils verdoppelt, bis in B66 ($n = 63$) die riesige Anzahl $2^{63} = 9{,}22 \times 10^{18}$ erreicht wird.

▶ Für $y = 2^x$ gilt: Ψ *Plus 1 (im Argument) wird zu mal 2 (im Wert).*

Die Werte werden in Abb. 2.22b grafisch dargestellt. Man sieht, dass die Explosion um den Faktor 10^{19} auf den letzten Feldern stattfindet.

Exponentialzahl in der Tabelle

Die Verdoppelung wird in der Tabelle immer weiter geführt, bis die entstehende Zahl nicht mehr dargestellt werden kann. Ab Zeile 66 in Abb. 2.22a (T) werden die Zahlen als Exponentialzahl wiedergegeben, $9{,}22E{+}18 = 9{,}22 \times 10^{18}$. Die Zahl 2^{1024} ist in EXCEL nicht mehr darstellbar, siehe Zeile 1027.

	A	B	C	D	E
1	=A3+1	=B3*2	=2^A4		=2^D4
2	n	y	y =2^n		2^62,4
3	0	1	1		
4	1	2	2	62,4	6,1E+18
5	2	4	4		
6	3	8	8		
7	4	16	16		
8	5	32	32		
9	6	64	64		
66	63	9,22E+18	9,22E+18		
67	64	1,84E+19	1,84E+19		
1025	1022	4,5E+307	4,5E+307		
1026	1023	9,0E+307	9,0E+307		
1027	1024	#ZAHL!	#ZAHL!		

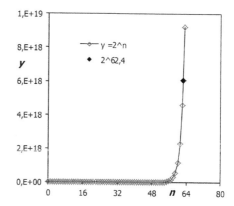

Abb. 2.22 **a** (links, T) Zweierpotenzen $y = 2^n$, durch fortlaufenden Multiplikation mit 2 (Spalte B) und durch Potenzierung (C:E). **b** (rechts) grafische Darstellung der Zweierpotenzen aus a

Gewinn

Welchen Anteil am im Jahre 2003 international gehandelten Reis hätte der Gewinner bekommen, wenn der Verlierer (ein überaus reicher mittelalterlicher Sultan) hätte liefern können?[15]

Welchen Wert hat die Zahl mit der Darstellung 10E3?[16]

▶ **Mag** Kann der Gewinner von seinem Gewinn satt werden?

▶ **Mac** Vielleicht einmal von den Reiskörnern, die auf dem Schachbrett liegen.

▶ **Tim** Ich habe gehört, dass eine Exponentialfunktion explodieren kann. Also vielleicht kann der Gewinner eine Woche gut vom gewonnenen Reis leben.

▶ **Mag** Die Weltjahresproduktion von Reis lag 2015/16 bei 470 Mio.Tonnen, aber nur etwa 5 % kamen auf den Weltmarkt. Anders als Weizen wird Reis zu mehr als 95 % in den Anbauländern verzehrt.

▶ **Tim** Ich habe gezählt. Ein Kilogramm Reis enthält etwa $40.000 = 4 \times 104$ Körner. Auf dem Schachbrett sollte also nach der Spielregel mehr als das 10.000-fache des Welthandels von Reis liegen. Unglaublich!

▶ **Alac** Wahnsinnig! Eine Katastrophe! Das kann doch nicht stimmen. Wo ist der Haken?

▶ **Mag** Es gibt keinen Haken. Die Katastrophe kommt durch Ψ *Plus 1 wird zu mal 2* zustande.

In Spalte C von Abb. 2.22a (T) wird die Potenzfunktion $y = 2^n$ berechnet. Sie wird als Tabellenformel [=2^n], bzw. im konkreten Beispiel C4 = [=2^A4] eingegeben und ergibt dieselben Ergebnisse wie die Multiplikationen mit 2 in Spalte B. Das Argument der Potenzfunktion muss keine ganze Zahl sein. In E4 wird der Wert für das Argument 62,4 in D4 berechnet und als gefüllte Raute in Abb. 2.22b eingefügt.

Exponentialfunktion

Die Potenzfunktion lässt sich verallgemeinern zu $y = a^x$, wobei x eine reelle Zahl ist. Wenn a die eulersche Zahl $e = 2{,}718$ ist, dann wird die Potenzfunktion zur bekannten Exponentialfunktion, deren Tabellenformel [=EXP(…)] lautet.

---

[15]Bei 64 Feldern hätte der Gewinner $2^{64} - 1 = 18 \times 10^{18}$ Körner entsprechend etwa 10^{18} g $= 10^{12}$ Tonnen Reis bekommen. Das ist die 2000-fache Menge der Reisernte von 2015/16 von 470 Mio. Tonnen.

[16]$10E3 = 10 \times 10^3 = 10^4 = 10.000$.

2.6.2 Grafische Darstellung (G)

Exponentialfunktion

Die Exponentialfunktion wird in mathematischen Lehrbüchern meist folgendermaßen geschrieben:

$$f(x) = A \cdot \exp(ax) = A \cdot e^{ax}$$

Es ist jedoch physikalisch gesehen einsichtiger, sie so zu schreiben:

$$f(x) = A \cdot \exp\left(\frac{x}{x_0}\right) = A \cdot e^{\frac{x}{x_0}} \tag{2.13}$$

Damit ist die Einheit von x_0 gleich der Einheit von x, also z. B. eine Länge oder eine Zeit und hat eine anschauliche Bedeutung: Die Tangente bei $x = 0$ schneidet die y-Achse bei der Amplitude A und die x-Achse bei der charakteristischen Länge x_0.

Der Formelbuchstabe e bezeichnet die eulersche Zahl $e = \sum_{0}^{\infty} \frac{1}{n!} = 2,718$.

Anfangssteigung der Exponentialfunktion

In Abb. 2.23 (T) werden zwei Exponentialfunktionen

$$f_e(t) = A_e \exp\left(\frac{t}{t_e}\right) = A_e \cdot e^{\frac{t}{t_e}} \tag{2.14}$$

für 51 äquidistante Stützstellen berechnet, deren Parameter A_e und t_e in B1:D1 bzw. B2:D2 als benannte Zeilenbereiche stehen. Die charakteristische Zeit t_e ist einmal positiv und einmal negativ. Der Abstand dt der Stützstellen wird in G1 festgelegt.

▶ Für die Exponentialfunktion $y = e^x$ gilt Ψ *Plus 1 wird zu mal e.*
   Für die Zweierpotenz $y = 2^n$ gilt Ψ *Plus 1 wird zu mal 2.*

Die Abb. 2.23 (T) hat einen typischen Γ-Aufbau Die Zeit t ist die unabhängige Variable. Ihre 51 Werte t_i stehen im mit „t" benannten Spaltenbereich A7:A57 links von Γ. Die Parameter A_e und t_e der Kurven stehen zeilenweise oberhalb vom Γ. Das Zeitintervall dt, das heißt der Abstand zwischen den Stützstellen auf der waagrechten Achse, wird in Zelle G1 festgelegt. Der Anfangswert, hier -20, wird in Zelle A8 geschrieben. Die Werte für die restlichen 50 t_i-Werte werden nacheinander aus dem jeweiligen Vorgänger ermittelt. Der t-Vorgänger für Zelle A8 ist die Zelle A7, A8 = [=A7 + dt]. In der Formel ist A7 nicht mit Dollarzeichen versehen. Es handelt sich also um einen relativen Bezug, sodass beim Kopieren die angesprochene Zelladresse verändert wird. Die Formel in A57 lautet somit A57 = [=A56 + dt].

	A	B	C	D	E	F	G	H
1	A.e	3,0		1,0		dt	2,0	
2	t.e	-30,0		15,0				
4	=A7+dt	=A.e*EXP(t/t.e) =A.e&"·exp(t/"&t.e&")" =A.e*EXP(t/t.e)				=-B2	=B1	
5		3·exp(t/-30)		1·exp(t/15)				
6	t	exp.1		exp.2				
7	-20,0	5,8		0,3		0	3,0	=B1
8	-18,0	5,5		0,3		30,0	0	=-B2
9	-16,0	5,1		0,3				
10	-14,0	4,8		0,4		0,0	1,0	
11	-12,0	4,5		0,4		-15,0	0	
57	80,0	0,2		207,1				

Abb. 2.23 (T) Berechnung von zwei Exponentialfunktionen, deren unabhängige Variable t als benannter Spaltenbereich (in A7:A57) und deren Parameter Amplitude A_e und Zeitkonstante t_e als benannte Zeilenbereiche (in B1:D1 bzw. B2:D2) abgelegt werden. Die Legenden für die Funktionen werden in Zeile 4 mit der Formel in C4 zusammengestellt; Ψ „Text" & Variablen

Fragen

Welche Formeln stehen in F11 und G10 von Abb. 2.23 (T)?[17]

Welche Werte für die Zeit t stehen in Zelle A8 und A9, wenn A7 die Anfangszeit $t = 5$ enthält und die Länge eines Zeitabschnitts in einer Zelle mit Namen dt gespeichert ist und den Wert 2 hat?[18]

Wie können die Koordinaten der Tangenten bei $t = 0$ aus den Parametern der Funktionen analytisch bestimmt werden?[19]

Wie groß ist der Abstand der Stützstellen der Funktionen in Abb. 2.24a?[20]

Zuerst die Tangente bei $t = 0$!
Im Bereich F7:G11 von Abb. 2.23 (T) werden die Koordinaten für die Tangenten an die Exponentialfunktionen bei $t = 0$ berechnet.

Aufgabe
Stellen Sie die beiden Exponentialfunktionen zusammen mit ihren Tangenten bei $t = 0$ in einem Diagramm dar! Zwei Beispiele sehen Sie in Abb. 2.24a.

Aufgabe
Verändern Sie die Parameter A_e, t_e und dt und überprüfen Sie, ob die Abbildung entsprechend reagiert! Das tut sie, wenn jede Zelle die richtige Formel enthält. Erinnern Sie sich: Sie können nicht einfach die Zahlen aus den Abbildungen in

---

[17]F11 = [=−D2]; G10 = [=D1]; Koordinaten der Tangente bei $t = 0$.

[18]A8 = [=A7 + dt] = 7; A9 = [=A8 + dt] = 9.

[19]Gerade durch die beiden Punkte $(0,A)$ und $(t_e,0)$.

[20]Der Abstand der Stützstellen ist d$t = 2$, siehe Abb. 2.23 (T), G1.

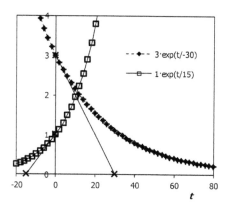 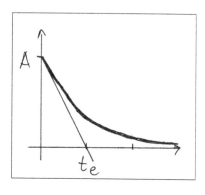

Abb. 2.24 **a** (links) Die zwei Exponentialfunktionen der Abb. 2.23 (T) mit ihren Tangenten an den Schnittpunkten mit der y-Achse. **b** (rechts) So zeichnet man eine Exponentialfunktion von Hand: Zuerst die Gerade mit den Schnittpunkten auf der x- und y-Achse!

Ihre Tabellenblätter übertragen. Die meisten Zellen enthalten eine Formel, nur in manche wird direkt eine Zahl eingetragen.

▶ **Mag** Wissen Sie jetzt, wie man eine Exponentialfunktion von Hand auf einem Blatt Papier zeichnet?

▶ **Alac** Klar! Zuerst die Punkte A_e auf der y-Achse und t_e auf der x-Achse markieren und eine Gerade hindurchlegen. Die exponentielle Kurve schmiegt sich dann bei $t = 0$ an die Tangente und für $t \to \infty$ oder $t \to -\infty$ an die x-Achse an.

▶ **Mag** Richtig, wie Abb. 2.24b! Merken Sie sich:

▶   Ψ *Expo mit Knick und Gerade*

▶ **Tim** Gerade ist klar, aber wieso Knick?

▶ **Mag** Das werden Sie gleich in Abschn. 2.6.3 sehen.

2.6.3 Diodenkennlinie bei verschiedener Skalierung der I-Achse

Der Strom I durch eine Halbleiterdiode hängt exponentiell von der angelegten Spannung U ab. Die $I = I(U)$-Kennlinie einer Halbleiterdiode wird durch eine Exponentialfunktion beschrieben, die durch Null geht:

$$I = I_s \cdot \left(\exp \left(\frac{U}{U_T} \right) - 1 \right) \tag{2.15}$$

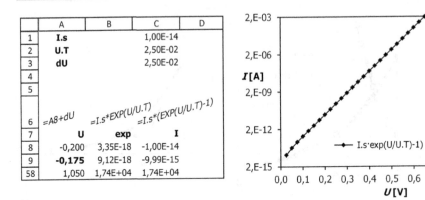

Abb. 2.25 a (links) Tabellenaufbau für Diodenkennlinie, I_s = Sättigungsstrom, U_T = Temperaturspannung. **b** (rechts) Diodenkennlinie, logarithmische Skalierung der I-Achse (semilogarithmische Darstellung). Die Kurve kann nur für $I > 0$ dargestellt werden, weil nur dafür der Logarithmus definiert ist

Diese Funktion hat zwei Parameter: die Stärke des Sperrstromes I_s und die Temperaturspannung U_T, die durch $k_B T/e$ gegeben ist, mit k_B = Boltzmannkonstante, e = Elementarladung und T = absolute Temperatur. Bei Zimmertemperatur ist $U_T = 25$ mV.

Wir wollen eine solche Funktion für $I_s = 1 \times 10^{-14}$ A und $U_T = 0{,}025$ V in verschiedenen Diagrammen darstellen. Ein mögliches Rechenmodell wird in Abb. 2.25a (T) wiedergegeben.

Die Parameter I_s und U_T der Diodenkennlinie werden in den benannten Zellen C1:C2 definiert. In C3 wird der Abstand dU zwischen benachbarten Punkten festgelegt. Wir haben hier d$U = U_T = 0{,}025$ V gewählt. Die I-U-Kennlinie wird in Abb. 2.25b in halblogarithmischem Maßstab dargestellt. In Abb. 2.26a wird sie im linearen Maßstab auch für negative Werte gezeigt. Sie schneidet die I-Achse bei 0. Es fließt also kein Strom, wenn keine Spannung anliegt.

Logarithmisch skalierte Achse

Die Achse eines Diagramms wird skaliert, indem man sie mit der linken Maustaste aktiviert und dann „FORMAT" aufruft. In dem Fenster, das sich dann öffnet, lassen sich Minimum, Maximum und andere Parameter der Achse einstellen. Wenn die Achse logarithmisch skaliert werden soll, dann muss das entsprechende Kästchen aktiviert werden.

Fragen

Welche der Kurven in Abb. 2.26a und b sind Exponentialfunktionen? Welche sind auf der I-Achse verschoben? Welche sind auf der U-Achse verschoben?[21]

---

[21]Alle Kurven stellen Exponentialfunktionen dar. Die Diodenkennlinie in Abb. 2.26a ist auf der I-Achse um den Sättigungsstrom I_s nach unten verschoben, sodass sie durch den Nullpunkt geht. Die Kurven in Abb. 2.26b sind *nicht auf der U-Achse* verschoben worden.

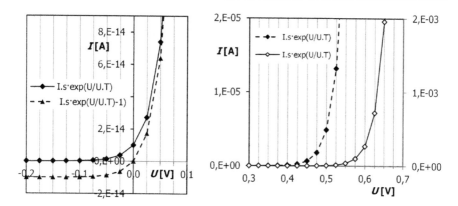

Abb. 2.26 a (links) Diodenkennlinie und zugehörige Exponentialfunktion, Darstellung für kleine Ströme. **b** (rechts) Zweimal dieselbe Diodenkennlinie wie in a, aber mit anderer Skalierung der I-Achsen; linke y-Achse für die linke Funktion, rechte y-Achse für die rechte Funktion; die senkrechten Gitternetzlinien haben den Abstand $U_T = 25$ mV

Bei welchen U-Werten in Abb. 2.26b liegen wohl die „Knickpunkte", von denen Elektroniker reden?[22]

Ebenfalls in Abb. 2.26a dargestellt ist die Exponentialfunktion ohne den Term -1 in der Klammer der Gl. 2.15. Diese Funktion schneidet die I-Achse bei I_s. Sie wächst um den Faktor $exp(1) = 2.7$, jedes Mal, wenn U um dU voranschreitet. Das Maximum der I-Achse liegt bei 9×10^{-14} A. Die Kurven in Abb. 2.26a sehen so aus wie man sich gewöhnlich eine Exponentialfunktion vorstellt.

Für Exponentialfunktionen zur Basis e gilt die Besenregel: Ψ *Plus 1 wird zu mal e.* Im konkreten Fall heißt das, wenn U um U_T (Abstand der vertikalen Gitternetzlinien in Abb. 2.26) voranschreitet, dann wächst *exp* um den Faktor 2,7.

In Abb. 2.26b wird dieselbe Kennlinie (derselbe Datensatz) wie in Abb. 2.26a zweimal dargestellt, lediglich mit einer anderen Skalierung der I-Achse; das I-Maximum ist jetzt bei $2{,}0 \times 10^{-5}$ A (linke vertikale Achse) bzw. bei $2{,}0 \times 10^{-3}$ A (rechte vertikale Achse). Die Kennlinien zeigen sich mit einem Knick bei etwa 0,5 V bzw. 0,65 V. In der Elektrotechnik wird diese Spannung als „Knickspannung" bezeichnet.

Der U-Wert steigt bei Fortschritt von $U = 0{,}475$ auf $U = 0{,}500$ (bzw. von 0,625 auf 0,65) um denselben Faktor 2,7 wie beim Fortschritt von $U = 0$ auf $U = 0{,}025$. Die Lage des offensichtlichen Knicks auf der U-Achse ist eine Funktion der Skalierung der I-Achse. Wenn die U-Werte von 0 zu 0,025 zu 0,05 fortschreiten, dann erscheint der Anstieg des Stromes I sanft wie in Abb. 2.24a. Wenn sie von 0,475 zu 0,500 zu 0,525 fortschreiten, dann erscheint der Anstieg des Stromes steil wie in Abb. 2.26b.

---

[22]Bei etwa 0,5 V und 0,6 V.

In Abb. 2.25b wird die *U*-Achse logarithmisch skaliert und die Kennlinie für *U* > 0 abgebildet. Die Kennlinie erscheint in dieser Darstellung als Gerade, bis auf die Punkte unterhalb *U* = 0,05, wo der Term −1 ins Gewicht fällt. Ein Knick ist nirgends zu erkennen.

2.7   Radioaktiver Zerfall

In dieser Übung berechnen wir Restmenge, Aktivität und mittlere Lebensdauer beim radioaktiven Zerfall. Dabei lernen wir:

- die Ergebnisse von Differenziation und Integration über dem richtigen *x*-Wert aufzutragen,
- den Mittelwert einer Funktion durch Integration zu bilden,
- Fallen bei der Bildung eines gewichteten Mittelwertes zu vermeiden.

2.7.1   Restmenge und Aktivität

Abklingzeit ‡ Halbwertszeit
Radioaktive Substanzen zerfallen spontan. Die Restmenge der noch nicht zerfallenen Substanz folgt einer Exponentialfunktion mit der Abklingzeit t_0:

$$N(t) = N_0 \cdot \exp\left(-\frac{t}{t_0}\right) \qquad (2.16)$$

Die Abklingzeit ist nicht die Halbwertszeit. Die Halbwertszeit ist die Zeit, bei der die Hälfte der Anfangsmenge zerfallen ist.

Fragen

Die Halbwertszeit einer radioaktiven Substanz sei 10 Jahre. Ist die Abklingzeit kleiner oder größer? Um welchen Faktor?[23]

Wir untersuchen nun den Zerfall von zwei radioaktiven Substanzen N1 und N2 mit unterschiedlichen Halbwertszeiten $t_{1/2 1}$ und $t_{1/2 2}$. Die Parameter der Übung werden in Abb. 2.27 (T) gelistet

Die Anfangsmengen werden zu $N_{01} = 100$ und $N_{02} = 100$ gesetzt. Die Halbwertszeiten $t_{1/2 1}$ und $t_{1/2 2}$ betragen in diesem Beispiel 10 h bzw. 40 h. Sie wurden in die Zellen C2 und F2 eingetragen. In den Zellen C3 und F3 werden die Abklingzeiten t_{01}

---

[23]Die Abklingzeit ist um den Faktor 1/ln(2) = 1,44 größer als die Halbwertszeit.

	A	B	C	D	E	F	G	H	I
1	Anfangsmenge	**N.01**	100,00		**N.02**	100,00			
2	Halbwertszeit	**t(1/2).1**	10,00 h		**t(1/2).2**	40,00 h			
3	Abklingzeit	**t.01**	14,43 h		**t.02**	57,7 =F2/LN(2)			
4	Zeitintervall	**dt**	5 ?						
5		N.01=100; t(1/2)=14,43			="N.01="&N.01&"; t(1/2)="&RUNDEN(t.01;2)				

Abb. 2.27 (T) Parameter von zwei Exponentialfunktionen, die radioaktiven Zerfall beschreiben sollen; die Legende in B5 kommt durch die Formel in E5 zustande. Die Abklingzeiten in C3 und F3 werden aus den Halbwertszeiten berechnet. Diese Tabelle wird in Abb. 2.28 (T) und 2.30 (T) fortgesetzt

	A	B	C	D	E	F	G	H	I	J	K
11	=A13+dt	=N.01*EXP(-t/t.01)	=(B13-N.1)/(t-A13)	=MITTELWERT(A13:A14)	=Aktivität_1*t.akt	=N.01/t.01*EXP(-(t+A13)/2/t.01)		=N.02*EXP(-t/t.02)	=(H13-H14)/($A14-$A13)	=Aktivität_2*t.akt	
12	t	N.1	Aktivität_1	t.akt	Lebensdauer 1	Aktivität 1 theoretisch		N.2	Aktivität_2	Lebensdauer 2	
13	0,00	100,00				6,93		100,00			
14	5,00	70,71	5,86	2,50	14,64	5,83		91,70	1,66	4,15	
33	100,00	0,10	0,01	97,50	0,79	0,01		17,68	0,32	32,00	
113	500,00	0,00	0,00	497,50	0,00	0,00		0,02	0,00	0,16	

Abb. 2.28 (T) Berechnung der Aktivität und der Lebensdauer von $t = 0$ bis 100 (Reihe 33) oder bis $t = 500$ (Reihe 113); N_1 und N_2 sind Exponentialfunktionen mit in Abb. 2.27 (T) vorgegebenen Halbwertszeiten; die Aktivitäten (Zerfälle pro Zeiteinheit) werden in Spalte C aus den Funktionswerten in Spalte B durch *numerische Differenziation* berechnet. Der Integrand zur Bestimmung der Lebensdauer nach Gl. 2.19 wird in der Spalte E gebildet

und t_{02} aus den Halbwertszeiten ausgerechnet. Beachten Sie, dass t_0 nicht die Halbwertszeit ist! Es gilt:

$$t_0 = \frac{t_{\frac{1}{2}}}{ln2} \tag{2.17}$$

Ein mögliches Rechenmodell zur Berechnung der Restmengen, der Aktivitäten und der Lebensdauern wird in Abb. 2.28 (T) dargestellt. Wenn Sie schon sicher mit Zellbezügen umgehen können, dann können Sie noch mehr Zellbezüge durch Namen ersetzen und so die Rechnung übersichtlicher machen.

Restmenge

Wie in Gl. 2.16 ist $N_i(t)$ die Restmenge (noch nicht zerfallene Substanz) zur Zeit t. N_{0i} ist die Menge zur Zeit $t = 0$ und t_{i0} ist die Abklingzeit (nicht die Halbwertszeit!) für die Substanz i, $i = 1$ oder 2, und wird gemäß Gl. 2.17 berechnet. In Abb. 2.28 (T) wird die Restmenge N_1 der Substanz 1 in der Spalte B berechnet, diejenige für N_2 in Spalte H. Die Kurven für die oben gewählten Parameter sehen Sie in der Abb. 2.29a.

Aufgabe

Stellen Sie die Restmenge der Substanzen als Exponentialfunktionen (Gl. 2.16) dar!

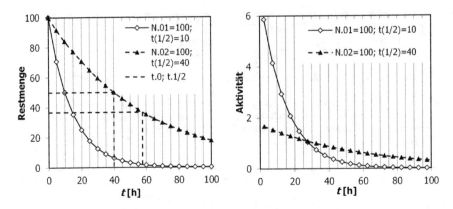

Abb. 2.29 a (links) Restmenge von zwei radioaktiven Substanzen mit kurzer und langer Halbwertszeit. **b** (rechts) Aktivität der Substanzen aus a; beachten Sie die Zeitpunkte, über denen die
Aktivität aufgetragen ist!

Aktivität

Die Aktivität einer radioaktiven Substanz ist die Zahl der Zerfälle pro Zeiteinheit.
Für unsere Rechnung wählen wir als Zeiteinheit 5 h. Die numerisch berechneten
Aktivitäten für N_1 und N_2 finden Sie in den Spalten C bzw. I.

Aufgabe

Bestimmen Sie die Aktivität durch numerische Differenzbildung zwischen benachbarten Punkten der Kurve für die Restmenge! Überlegen Sie, über welchen Zeitpunkten Sie die ermittelten Werte am besten auftragen! Möglichkeiten: Anfang,
Ende oder Mitte des Intervalls. Für welche Wahl ergibt sich die größte Übereinstimmung zwischen numerisch bestimmter und analytisch berechneter Aktivität?
Holen Sie sich bei Bedarf Rat im Abschn. 5.2 „Differenzieren (G)".

Aufgabe

Berechnen Sie die Anzahl der Zerfälle im Intervall dt durch formale Ableitung von
Gl. 2.16 in einer Spalte der Tabelle (Spalte F in Abb. 2.28 (T)) und stellen Sie sie
in einem Diagramm wie in Abb. 2.29b dar! Diese Größe nennt man die Aktivität
des radioaktiven Materials. Achten Sie darauf, dass sie zu denselben Zeitpunkten
berechnet wird, die Sie für die numerische Ableitung in Spalte C gewählt haben!

Fragen

Wie groß sind die Halbwerts- und Abklingzeiten der Zerfallskurven in
Abb. 2.29a?[24]

---

[24]Für N01: Halbwertszeit 40 h, Abklingzeit $\approx$ 57 h; für N02: Halbwertszeit 10 h, Abklingzeit $\approx$
15 h.

Die Restmenge einer radioaktiven Substanz ist 130 bei $t = 10$ s und 110 bei $t = 12$ s. Wie groß ist die Aktivität in diesem Zeitabschnitt? Über welchem Zeitpunkt trägt man diese Aktivität in einem Diagramm auf?[25]

2.7.2 Mittlere Lebensdauer durch gewichteten Mittelwert

Den Atomkernen, die im Zeitabschnitt zerfallen, der mit t_i anfängt und bei $t_i + dt$ endet, schreibt man die Lebensdauer

$$\tau(t) = t_i + \frac{dt}{2}$$

relativ zum gewählten Nullpunkt der Zeit zu. Die Zerfallsrate sei $n(t)$. Die mittlere Lebensdauer wird im Allgemeinen als Integral über den Zeitraum von 0 bis ∞ berechnet:

$$\langle \tau \rangle = \frac{\int_0^\infty \tau(t) \cdot n(t) dt}{\int_0^\infty n(t) dt} \tag{2.18}$$

Theoretisch ist die mittlere Lebensdauer gleich der Abklingzeit t_0.

Wir wollen die mittlere Lebensdauer numerisch aus unseren Datenpunkten berechnen, indem wir statt zu integrieren über alle Zeitintervalle aufsummieren:

$$\langle \tau \rangle = \frac{\sum_i \tau_i \cdot n_i}{\sum_i n_i} \tag{2.19}$$

Dabei ist n_i die Anzahl der Zerfälle im Zeitintervall i. Die mittlere Lebensdauer wird in Gl. 2.19 berechnet als *gewichteter Mittelwert* der Zeiten τ_i in der Mitte von Zeitintervallen gewichtet mit der Anzahl n_i der Zerfälle im Intervall als Gewichte. Weitere Informationen zur Bildung von gewichteten Mittelwerten finden Sie in Abschn. 5.7.

Aufgabe

Berechnen Sie numerisch die mittlere Lebensdauer eines Atomkerns aus den Daten in den Tabellen, Abb. 2.27 (T) und Abb. 2.28 (T) durch Integration über den Zeitbereich 0 bis 100 h (Reihen 13 bis 33)! Eine Beispielrechnung finden Sie in Abb. 2.30 (T).

Die Summanden des Zählers in Gl. 2.19 werden in Abb. 2.31 dargestellt, in a für $t = 0$ bis 100 und in b für $t = 0$ bis 500.

Für die Kurve „t.01=…", dargestellt in Abb. 2.31a Daten aus den Spalten D und E von Abb. 2.28 (T), erhalten wir eine mittlere Lebensdauer von 14,5 h

---

[25]Die Aktivität ist 10/s. Sie wird über der Mitte des Intervalls, hier also bei $t = 11$ s aufgetragen. Siehe auch Abb. 2.29b für $dt = 5$ h.

	B	C	D	E	F	G	H	I	J	K	L
7		Summe Aktivität		mittlere Lebensdauer t.av				=SUMME(I14:I33)*dt			
8		**99,90**		**14,5**	=E9/C8*dt			**82,32**	**38,5**	=J9/I8*dt	
9		=SUMME(C14:C33)*dt		**289,2**	=SUMME(E14:E33)				**634,18**	=SUMME(J14:J33)	
10				t.01=14,4; t.av=14,6			t.02=57,7; t.av=38,5				

Abb. 2.30 (T) Berechnung der mittleren Lebensdauern t_{av} in E8 und J8 aus den Daten in Abb. 2.28 (T), Reihen 14 bis 33, t = 0 bis 100. Dieser Tabellenausschnitt steht zwischen Abb. 2.27 (T) und Abb. 2.28 (T)

(in Zelle E8 von Abb. 2.30 (T)). Das stimmt gut mit dem theoretischen Wert $t_{01} = 14{,}43$ h überein.

Fragen

Deuten Sie die Formeln in Zeilen 8 und 9 der Abb. 2.30 (T)![26]
Sie können die mittlere Lebensdauer mit der Formel E9 = [=Summenprodukt(*t.act, activity*)/Summe(*Activity*)] berechnen. Raten Sie, was die Tabellenfunktion Summenprodukt macht![27]
Warum weist die Kurve „t.01" in Abb. 2.31a ein Maximum auf?[28]

Eine falsche (jedenfalls unvollständige) Tabellenrechnung

▶ **Tim** Für die zweite Kurve („t.02 = 57,7", große Halbwertszeit) in Abb. 2.31a ist die aus der Tabelle ermittelte mittlere Lebensdauer mit 38,5 h (J8 in Abb. 2.30 (T)) nur etwa 2/3 so groß wie die theoretische, $t_{02} = 57{,}7$ h (F3 in Abb. 2.27 (T)). Warum?

▶ **Mag** Weil Sie mit der Anweisung „Integration von 0 bis 100 h" in eine Falle gelockt worden sind! Sehen Sie sich die Summanden zur Berechnung der mittleren Lebensdauer in Abb. 2.31a an!

Aufgabe
Verändern Sie die Abklingzeiten und die Amplituden und finden Sie heraus, wann die numerisch ermittelte mittlere Lebensdauer der theoretischen entspricht! Hinweis: Betrachten Sie noch einmal Abb. 2.31b.

---

[26]In C8 wird die Aktivität aufsummiert. Wenn die Substanz vollständig zerfallen ist, dann muss die Anfangsmenge herauskommen. In E8 wird eine gewichtete Summe über die momentanen Lebensdauern gebildet, die in E14:E33 berechnet werden. Als momentane Lebensdauer in einem Intervall wird aus Spalte D (t_{akt}) der Mittelwert der Intervallgrenzen genommen. Das Gewicht ist die Aktivität in Spalte C.

[27]Das Summenprodukt multipliziert die Koeffizienten in den angegebenen Bereichen gleicher Größe und summiert die Produkte auf. Siehe dazu auch Abschn. 5.9.

[28]Bei kleinen Zeiten gibt es kleine Lebensdauern und große Aktivitäten, bei großen Zeiten gibt es große Lebensdauern und kleine Aktivitäten. Dazwischen kommt es zu einem Maximum.

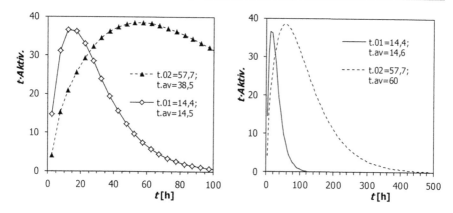

Abb. 2.31 **a** (links) Lebensdauer t_i mal Zahl n_i der Zerfälle im Intervall i als Funktion der Zeit (Mitte des Intervalls i) zur Berechnung der mittleren Lebensdauern, Abb. 2.28 (T) Reihen 13 bis 33. **b** (rechts) Wie a, aber auf einer größeren Zeitskala, Reihen 13 bis 113

Aufgabe

Erweitern Sie für die Parameter der Abb. 2.27 (T) die Rechnung bis zur Zeit $t = 500$ h wie in Abb. 2.31b und vergleichen Sie die Abklingzeit mit der berechneten mittleren Lebensdauer!

In Abb. 2.31a werden der Inhalt von E14:E33 von Abb. 2.28 (T), das heißt der jeweilige Term $Aktivität_1 \cdot t_1$, und die entsprechenden Werte für die Substanz 2 als Funktion der Zeit bis $t = 100$ h dargestellt. Die mittlere Lebensdauer ist das normierte Integral über diese Kurven gemäß Gl. 2.18. In dieser Gleichung wird das Integral von 0 bis ∞ ausgeführt. „Bis ∞" lässt sich numerisch nicht machen. Wir können nur eine endliche Summe bilden. Diese Summe gibt nur dann die tatsächliche Lebensdauer wieder, wenn der Integrand im betrachteten endlichen Gebiet hinreichend schnell gegen null konvergiert. Das ist in Abb. 2.31a für t_{02} nicht der Fall, wohl aber in Abb. 2.31b, für die die Integranden bis $t = 500$, Reihe 113, dargestellt wird. Die Werte der Integrale stehen in der Legende.

▶ **Alac** Wenn Sie uns das gleich gesagt hätten, dann hätten wir uns die Doppelarbeit sparen können.

▶ **Mag** Sehen Sie, Sie haben nicht nur ein Rezept für die Mittelwertbildung angewandt, sondern auch noch praktische Erfahrung mit numerischen Fallstricken gesammelt. So bilden sie sich wissenschaftlich weiter :-)

2.8 Benennung von Zellbereichen: Konstanten, Vektoren, Matrizen

Wir definieren Spaltenvektoren, Zeilenvektoren und Bereichsmatrizen und lernen, wie man darauf komponentenweise und als Ganzes zugreift.

Der Namens-Manager

Wir wollen in einer Matrix die Werte $r = \sqrt{(x - x_1)^2 + y^2}$ berechnen, für x und
y von jeweils -2 bis 2. Dazu erstellen wir ein Tabellenblatt wie in Abb. 2.32 (T).

Die x-Werte stehen in B3:F3, die y-Werte in A4:A8. Den Wert für x_1 haben wir
in einem anderen Tabellenblatt namens „E.x" definiert. Die Rechnung lässt sich
mit gemischten Zellbezügen wie in Zelle B5 durchführen:

$$B5 = \left[= \text{WURZEL} \left((B\$3 - E.x!\$A\$1)^{\wedge}2 + A\$5^{\wedge}2 \right) \right], \qquad (2.20)$$

wobei „E.x!\$A\$1" auf die Zelle A1 im Tabellenblatt „E.x" zugreift. Die Formel
wird übersichtlicher, wie in Zelle D6 gemacht und in D2 gezeigt, wenn wir die
Variablen mit Namen versehen:

$$D6 = \left[= \text{WURZEL} \left((x-x.1)^{\wedge}2 + y^{\wedge}2 \right) \right] \qquad (2.21)$$

Dazu müssen wir z. B. den Bereich B3:F3 mit x bezeichnen; wir haben diesen
Namen auch bereits in G3 geschrieben. Wir aktivieren B3:G3 und verfolgen dann
das Menü (EXCEL 2010) FORMELN/DEFINIERTE NAMEN/AUS AUSWAHL ERSTELLEN.
Zellen aktivieren heißt, dass die Zellen bei gedrückter linker Maustaste angefah-
ren werden. Es erscheint das Fenster in Abb. 2.32 (T). Der Assistent hat bereits
erkannt, dass in unmittelbarer Umgebung, nämlich in der rechten Spalte des aktivierten Bereichs, ein Name steht. Der Name entspricht unserer Absicht, und wir
klicken OK. In anderen EXCEL-Versionen kann die Menüfolge anders sein. Fragen
Sie in der EXCEL-Hilfe unter NAMEN AUS AUSWAHL ERSTELLEN nach!

Wir benennen den Matrixbereich B4:F8, indem wir ihn aktivieren und dann
FORMELN/DEFINIERTE NAMEN/NAMEN DEFINIEREN aufrufen. Es erscheint das Fenster
NEUER NAME. Der Bereich BEZIEHT SICH AUF: ist schon ausgefüllt, weil wir ihn vor

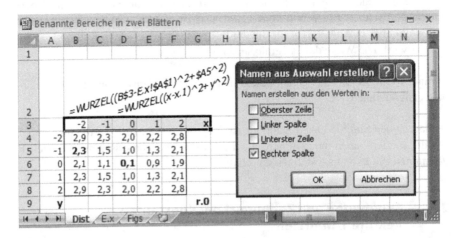

Abb. 2.32 (T) Die Werte im Bereich B4:F8 werden aus dem Zeilenbereich B3:F3 und dem
Spaltenbereich A4:A8 sowie aus dem Wert der Zelle \$A\$1 im Tabellenblatt „E.x" berechnet, mit
gemischten Zellbezügen in B5 und benannten Bereichen in D6. Im Dialogkasten wird B3:F3 mit
dem Namen in G3 versehen (☑ Rechter Spalte)

dem Aufruf aktiviert haben. Wir müssen dann nur noch das Feld NAME ausfüllen, in unserem Fall mit „r.0".

Im Fenster FORMELN/DEFINIERTE NAMEN/NAMENS-MANAGER erhalten wir einen Überblick über alle benannten Bereiche, siehe Abb. 2.33.

Die Namen gelten in der gesamten Arbeitsmappe, wenn sie zum ersten Mal vergeben werden. Die Namen „x" und „y" tauchen zweimal auf. Als sie zum ersten Mal im Tabellenblatt „Dist" vergeben wurden, galten sie in der gesamten Arbeitsmappe, wie in der Spalte BEREICH zu sehen ist. Als sie zum zweiten Mal im Tabellenblatt „MMult" vergeben wurden, wurde ihr Geltungsbereich auf dieses Tabellenblatt beschränkt. Dort gelten dann natürlich die anderen Definitionen von x und y nicht.

▶ **Tim** Welche Definitionen gelten dann im Tabellenblatt „E.x"?

▶ **Mag** Das können Sie durch Probieren herausbekommen.

Zellenweiser Aufruf der Namen
In Abb. 2.34a (T) und b (T) wird das elektrische Feld einer Punktladung bei $(x_1, 0)$ in der xy-Ebene berechnet. Sowohl die Definition der Variablen und Konstanten als auch die Berechnung sind auf zwei Tabellenblätter, „Dist" und „E.x", verteilt.

Im Tabellenblatt „Dist" wird der Abstand r_0 des Aufpunkts (x,y) zur Ladung bei $(x_1, 0)$ ermittelt:

$$r_0(x, y) = \sqrt{(x - x_1)^2 + y^2}$$

Im Tabellenblatt „E.x" wird die x-Komponente E_x des elektrischen Feldes berechnet:

$$E_x(x, y) = \frac{x - x_1}{r_0^3}$$

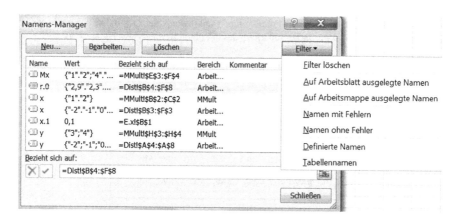

Abb. 2.33 Der NAMENS-MANAGER listet alle Namen und die zugehörigen Bereiche auf

Die in beiden Tabellenblättern benannten Bereiche (Vektoren x und y, Matrix r_0, Konstante x_1) können in jedem Tabellenblatt *zellenweise* mit ihren Namen aufgerufen werden, allerdings nicht im gesamten Bereich eines Tabellenblattes, sondern nur in dem Bereich, der mit dem Bereich im Tabellenblatt deckungsgleich ist, für den der Name vergeben wurde. Außerhalb dieses Bereichs kommt es zu Fehlermeldungen, siehe Abb. 2.34b (T). Der Zeilenvektor x kann bei den aktuellen Festlegungen seiner Koordinaten nur in den Spalten B bis F eines Tabellenblattes aufgerufen werden, der Spaltenvektor y nur in den Zeilen 4 bis 8 und die Matrix r_0 nur im Bereich B4:F8. Die Konstante x_1 bezeichnet nur eine einzige Zelle und kann in der gesamten Datei ohne Einschränkung aufgerufen werden.

Aufruf der Namen in einer Matrixfunktion

Man kann in einem beliebigen Bereich mit der richtigen Größe an beliebiger Stelle eines Tabellenblattes auf den Matrixbereich „r.0" zugreifen, wenn man die Formeln als Matrixformeln eingibt, siehe Abb. 2.35 (T). Dazu aktiviert man den Bereich, der beschrieben werden soll, schreibt in die Funktionszeile die gewünschte Formel, in unserem Fall [=(x – x.1)/r.0^3], und schließt mit dem Zaubergriff ab. Das wurde in Abb. 2.35 (T) im Bereich I16:O21 gemacht.

=WURZEL((B$3-E.x!$A$1)^2+$A5^2)
=WURZEL((x-x.1)^2+y^2)

	A	B	C	D	E	F	G	H
2								
3		-2	-1	0	1	2	**x**	
4	-2	2,9	2,3	2,0	2,2	2,8		
5	-1	**2,3**	1,5	1,0	1,3	2,1		
6	0	2,1	1,1	**0,1**	0,9	1,9		
7	1	2,3	1,5	1,0	1,3	2,1		
8	2	2,9	2,3	2,0	2,2	2,8		
9	**y**						**r.0**	

=(x-x.1)/r.0^3

	A	B	C	D	E	F	G
1	**x.1**	0,1			**Tabellenblatt E.x**		
2							
3		###	###	###	###	###	#WERT!
4		-0,1	-0,1	0,0	0,1	0,1	#WERT!
5		-0,2	-0,3	-0,1	0,4	0,2	#WERT!
6		-0,2	-0,8	-100	1,2	0,3	#WERT!
7		-0,2	-0,3	-0,1	0,4	0,2	#WERT!
8		-0,1	-0,1	0,0	0,1	0,1	#WERT!
9							

Abb. 2.34 **a** (links, T) Tabellenblatt „dist" wie in Abb. 2.32 (T); der Abstand zu einem Punkt (x_1, 0) wird berechnet; x_1 wird im Tabellenblatt „E.x" definiert. **b** (rechts, T) Tabellenblatt „E.x". Die x-Komponente des elektrischen Feldes einer Punktladung bei (x_1; 0) wird berechnet. In Reihe 3 und in Spalte G ist der Index außerhalb des erlaubten Bereichs (B4:F8, siehe a)

=(x-x.1)/r.0^3 als Matrixformel

	H	I	J	K	L	M	N	O	P
15									
16		-0,1	-0,1	0,0	0,1	0,1	#NV	#NV	
17		-0,2	-0,3	-0,1	0,4	0,2	#NV	#NV	
18		-0,2	-0,8	###	1,2	0,3	#NV	#NV	
19		-0,2	-0,3	-0,1	0,4	0,2	#NV	#NV	
20		-0,1	-0,1	0,0	0,1	0,1	#NV	#NV	
21		#NV	#NV	#NV	#NV	#NV	#NV	#NV	
22									

Abb. 2.35 (T) Aufruf von benannten Variablen in einer Matrix

▶ Zaubergriff zum Abschluss von Matrixfunktionen: Ψ
   STRG + Umschalt + Eingabe

Im Bereich I16:O21 wird auf den Matrixbereich r_0 im Tabellenblatt „Dist"
(Abb. 2.34a (T)) zugegriffen. Sinnvolle Werte entstehen nur im Bereich I16:M20,
der der Größe von r_0 entspricht.

Mathematische Matrixoperationen, wie z. B. die Multiplikation eines Vektors
mit einer Matrix, werden in Abschn. 5.8 behandelt.

2.9 Fragen zu Kurvenscharen

Zellbezüge

1. Was besagt die Besenregel Ψ *Der Dollar macht's absolut*?
2. Welche Formel muss in Zelle B5 der Abb. 2.36 (T) geschrieben werden, mit
   absoluten und relativen Bezügen, damit durch Kopieren dieser Formel in den
   Bereich B5:E25 vier Sinusfunktionen entstehen?
3. Welche drei Bereiche müssen wie benannt werden, damit die Formel in G5 im
   gesamten Bereich B5:E25 definiert ist, wenn sie dort eingeschrieben wird?

	A	B	C	D	E	F	G	H
1		1	2	3		4 Amplitude		
2		4	3	2		1 Kreisfrequenz		
3								
4		F.1	F.2	F.3	F.4			
5		0					=A*COS(w*t)	
6		1						
25		20						

Abb. 2.36 (T) Γ-Aufbau einer Tabelle zur Darstellung von vier Sinusfunktionen

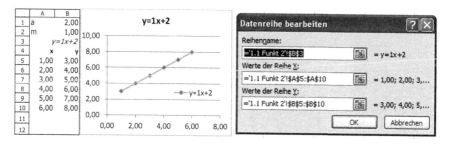

Abb. 2.37 **a** (links, T) Eine Gerade wird in der Tabelle definiert und im Diagramm dargestellt.
b (Mitte) Standarddiagramm der Daten in a. **c** (rechts) Dialogfeld ENTWURF/DATEN AUSWÄHLEN/
DATENREIHE/DATENREIHE BEARBEITEN, mit dem die Datenreihe *x, y* aus a in das Diagramm eingefügt wird

Diagramme

In Abb. 2.37a (T) sehen Sie Datenreihen x und y, in Abb. 2.37b das zugehörige Diagramm und in Abb. 2.37c das Dialogfeld, mit dem die Datenreihe in dieses Diagramm eingefügt wurde.

4. In welchen Tabellenbereichen stehen REIHENNAME, WERTE DER REIHE $\underline{X}$ und WERTE DER REIHE $\underline{Y}$?
5. Wie wurde der Ausdruck $y = 1x + 2$ in der Tabelle erzeugt und wie wurde er als Legende in das Diagramm eingefügt?

Schieberegler

In Abb. 2.38 (T) sehen Sie zwei Einstellungen eines Schiebereglers.

6. Welches ist die verknüpfte Zelle (LINKED CELL)?
7. Welches sind die minimalen und maximalen Werte des Schiebereglers?
8. Die Formel in F27 greift auf die Zelle D27 zu. Wie lautet sie?
9. In einer Zelle steht die Formel =(A5 − 500)/100, um mit einem Schieberegler Dezimalzahlen zwischen −5 und 5 mit dem Abstand 0,1 zu erzeugen. Welches ist die verbundene Zelle (LINKED CELL) und welche Werte stehen für MIN und MAX des Schiebereglers?

Polarkoordinaten

10. Die Koordinaten eines Kreises werden am besten in Polarkoordinaten mit dem Winkel ϕ und dem Radius r angegeben. Wie erhält man die kartesischen Koordinaten x und y, die für ein xy-Diagramm gebraucht werden?

	A	B	C	D	E	F
27	◄		►		0		-5,00

	A	B	C	D	E	F
27	◄		►		999		4,99

Abb. 2.38 (T) Zwei Einstellungen eines Schiebereglers

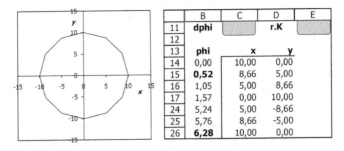

	B	C	D	E
11	dphi		r.K	
12				
13	phi	x	y	
14	0,00	10,00	0,00	
15	0,52	8,66	5,00	
16	1,05	5,00	8,66	
17	1,57	0,00	10,00	
24	5,24	5,00	-8,66	
25	5,76	8,66	-5,00	
26	6,28	10,00	0,00	

Abb. 2.39 **a** (links) Darstellung eines Kreises mit 12 Strecken. **b** (rechts, T) Koordinaten für den Kreis in a

Die Figur in Abb. 2.39a wurde durch die Tabellenorganisation in der Abb. 2.39b (T) erzeugt. Die Zellen C11 und E11 wurden mit den links danebenstehenden Namen versehen. Der Spaltenbereich B14:B26 erhält den Namen *phi*.

11. Wie groß sind diese Zahlen?

Setzen Sie in den folgenden drei Antworten Namen ein, wenn sie definiert sind!

12. Welche Formeln stehen in den Zellen B15 und B26?
13. Welche Formel steht in Spalte C unterhalb *x*?
14. Welche Formel steht in Spalte D unterhalb *y*?

Dopplereffekt und machscher Kegel

15. Ein Flugzeug befindet sich bei $t = 0$ am Ort (0,0). Es ist mit der Geschwindigkeit 800 km/h unter einem Winkel von 30° zur Horizontalen geflogen. Wo befand sich das Flugzeug zur Zeit $t = -5$ s (Ortsangaben für x und y in m)?
16. Eine Schallquelle befindet sich gegenwärtig (bei $t = 0$) an der Position (0; 0) und hat sich vorher mit konstanter Geschwindigkeit $v_S = 600$ km/h längs der x-Achse bewegt. Vor 10 s hat sie einen Schallpuls ausgesendet. Welchen Radius r_c hat der Wellenkamm dieses Schallpulses gegenwärtig und wo ist sein Mittelpunkt x_c?

Exponentialfunktion

17. Um eine Exponentialfunktion freihändig auf Papier zu zeichnen, beginnt man zweckmäßigerweise mit einer Geraden als Hilfslinie. Wie wird diese Gerade durch die Parameter der Exponentialfunktion, Amplitude A und Zeitkonstante τ, bestimmt?
18. Eine Exponentialfunktion wächst von 1 auf 2, wenn das Argument von $t = 0,0$ auf 0,1 s erhöht wird. Wie stark wächst sie, wenn das Argument von 0,0 auf 0,2 s erhöht wird? Denken Sie binär! Wie stark wächst sie, wenn das Argument von $t = 0,8$ auf 1,0 s erhöht wird? Erstellen Sie zwei Skizzen von derselben Exponentialfunktion, jedes Mal mit der t-Achse von 0 bis 1,2, aber mit einer y-Achsen-Skalierung für die erste Skizze von 0 bis 4 und für die zweite

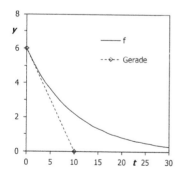

	A	B	C	D	E	F	G
1	tau	10			8,44 =D4/C2		
2	A	6		5,70 =SUMME(Akt)			
3					=SUMMENPRODUKT(C7:C36;D7:D36)		
4					48,10		Gerade
5	t	f	Akt	t.m		t	y
6	0	6,00					
7	1	5,43	0,57	0,5			
8	2	4,91	0,52	1,5			
35	29	0,33	0,03	28,5			
36	30	0,30	0,03	29,5			

Abb. 2.40 **a** (links) Restmenge einer radioaktiven Substanz. **b** (rechts, T) Daten für a

Skizze von 0 bis 16 × 4! Was sieht man in der zweiten Skizze, das in der ersten Skizze nicht ins Auge fällt?

Radioaktiver Zerfall
Die Kurven im Diagramm Abb. 2.40a wurden mit der Tabelle in Abb. 2.40b (T) erstellt.

19. Die Restmenge einer radioaktiven Substanz ist 130 bei $t = 10$ s und 110 bei $t = 12$ s. Wie groß ist die Aktivität in diesem Zeitabschnitt? Über welchem Zeitpunkt t_m sollte man diese Aktivität in einem Diagramm darstellen?
20. Wie lautet die Formel im Spaltenbereich B6:B36?
21. Welche Formeln stehen im Bereich F6:G7?
22. Wie groß ist die Fläche unter der Geraden in Abb. 2.40a (exakt, numerisch und formelmäßig)?
    Wie groß ist die Fläche unter der Exponentialfunktion in Abb. 2.40b (T) (geraten, formelmäßig)?
23. In D1 wird die mittlere Lebensdauer aus den numerischen Daten im Bereich C:D berechnet. Interpretieren Sie die Formeln im Bereich D:E!
24. In welcher Zelle wird eine gewichtete Summe und in welcher Zelle ein gewichteter Mittelwert berechnet?
25. Theoretisch wird erwartet, dass nach hinreichend langer Zeit die Werte in B1 und D1, sowie in B2 und C2 gleich groß sind. Begründen Sie diese Erwartung! Warum sind die experimentellen Werte D1 und C2 kleiner als erwartet?

Kosinusfunktionen
In Abb. 2.41a und b werden zwei Kosinusfunktionen dargestellt.

26. Wie groß sind die Amplituden und Periodendauern der oben dargestellten Funktionen Cos_1 und Cos_2?
27. Wie groß sind die Kreisfrequenzen der beiden Funktionen?
28. Was sind Obertöne zum Grundton mit der Frequenz $f = 100$ Hz?

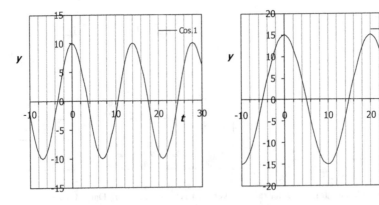

Abb. 2.41 **a** (links) Kosinusfunktion Cos_1. **b** (rechts) Kosinusfunktion Cos_2

29. Wie Interpretieren Sie die Besenregel: Ψ *Cos plus Cos = Mittelwert mal halbe Differenz?*

30. Eine Kosinusfunktion wird zu einer zweiten Kosinusfunktion mit $f = 100$ Hz addiert. Welche Frequenz muss die erste Kosinusfunktion haben, damit eine Schwebung von 1 Hz entsteht?

Tabellenfunktion INDIREKT

31. Betrachten Sie die Einträge in acht Zellen einer Tabelle: A1 = 5; B2 = K; E1 = 5; K5 = 7; W1 = „E"&1; W2 = INDIREKT(W1); W3 = B2&A1; W4 = INDIREKT(W3). Welche Zahlen erscheinen in den Zellen W2 und W4?

Formelwerk und gesteuerte Diagramme

3

Wir üben übersichtliches Rechnen mit Formeln. Es sollen:

- Formeln in Zellen den mathematischen Formeln ähnlich sein, was dadurch erreicht wird, dass Variablen mit Namen bezeichnet und aufgerufen werden,
- unabhängige und abhängige Variablen deutlich voneinander getrennt werden,
- die Ergebnisse Schritt für Schritt in einer Tabelle von oben nach unten dokumentiert und mit Diagrammen begleitet werden, sodass die Ergebnisse während des Einsetzens der Formeln überprüft werden und der Rechenweg noch nach Wochen leicht nachvollziehbar ist.

Für die drei Aufgaben:

- Bildkonstruktion für Sammel- und Streulinsen,
- Kräfte beim Durchfahren einer Kurve und
- Dopplereffekt

sollen die Tabellen so aufgebaut werden, dass alle Fälle systematisch erfasst und durch Parameterwahl ausgewählt werden. Der Dopplereffekt wird auch für den Fall behandelt, dass der Empfänger abseits der Bahn des Senders steht. Mathematisch spielen Geradengleichung und Vektorrechnung eine herausragende Rolle.

3.1 Einleitung: Regeln für guten Aufbau einer Tabelle

Physikalische Aufgaben mit Formelwerken

Viele Aufgaben in der Sekundarstufe II und in Übungen für Physikvorlesungen an Fachhochschulen oder als Nebenfach an Universitäten beruhen darauf, dass einfache Formeln zur Lösung von praktischen Aufgaben angewandt werden. In diesem Kapitel

© Springer-Verlag GmbH Deutschland 2017
D. Mergel, *Physik mit Excel und Visual Basic,*
DOI 10.1007/978-3-642-37857-7_3

	A	B	C	D	E	F
1	Bezeichnung	Formel-zeichen	Wert oder Formel	Einheit	x	y
2	Breite	b	2	m	-1	-1,5
3	Höhe	h	3	m	-1	1,5
4					1	1,5
5	Fläche	F	=h*b	m²	1	-1,5
6					-1	-1,5

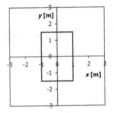

Abb. 3.1 **a** (links, T) Berechnung der Fläche eines Rechtecks; unabhängige Variablen in B2:D3; Koordinaten, in den Spalten E und F werden *x*, *y* für die Darstellung in b berechnet. **b** (rechts) Rechteck aus a, symmetrisch zum Nullpunkt des Koordinatensystems

wollen wir solche Aufgaben mithilfe der Tabellenkalkulation lösen: Bildkonstruktionen für optische Linsen, Vektordarstellungen der Kräfte beim Durchfahren einer Kurve und der Dopplereffekt an einer Rennbahn. Dazu müssen Formelwerke aufgebaut werden, in denen Formeln systematisch aufeinander aufbauen.

Schritt für Schritt lösen und mathematisch niederschreiben
Der Student soll lernen, die Übersicht zu behalten, indem er die Lösung schrittweise entwickelt und die Ergebnisse grafisch darstellt, z. B. als Vektordiagramm von Kräften oder als Strahlenkonstruktion in der geometrischen Optik. Die Tabellenrechnungen sollen noch nach Wochen leicht nachvollziehbar sein.

Jeder Gedanke und jede Zwischenrechnung soll in einer eigenen Zeile stehen. Typischerweise wird eine Rechnung in vier Spalten dargelegt: Bezeichnung der Größe, Formelzeichen als Name für Zellen, Wert und Einheit. Ein einfaches Beispiel wird in Abb. 3.1 (T) gegeben, in dem die Fläche eines Rechtecks und seine Koordinaten in der *xy*-Ebene berechnet werden.

In den Spalten E und F werden die Koordinaten für die grafische Darstellung in Abb. 3.1b berechnet.

Variablen mit Namen, Formelwerk
Die Ergebnisse einer Formel werden als Variable in andere Formeln eingesetzt. Es entsteht ein Formelwerk. Dabei ist es wichtig, die Übersicht zu behalten und alle Variablen mit Buchstaben aufzurufen, sodass sich Zellenformeln wie mathematische Formeln schreiben lassen, im Beispiel Fläche $F = h * b =$ Höhe mal Breite. Wenn Sie „$= h * b$" in Zelle C4 einschreiben, C4 = [= h * b], dann erscheint nach Eingabe sofort „6". Dazu müssen Zellen und Zellbereiche mit Namen versehen werden. Ein gutes Formelwerk muss nicht nur richtig, sondern auch übersichtlich sein!

Alle unabhängigen Variablen sollen in einem Block oben links in der Tabelle angegeben werden, hier in C2:C5 mit Namen und Einheiten in A2:D5. Wenn eine dieser Variablen verändert wird, dann sollen die gesamte Rechnung und alle Diagramme folgen, ohne dass irgendwo anders in der Tabelle nachgebessert werden muss. Einen entsprechenden Aufbau der Tabelle bezeichnen wir als Formelwerk. Oftmals ist es sinnvoll, unabhängige Variablen mit Schiebereglern zu verändern, mit denen schnell ein Wert durchgefahren werden kann, um den Trend der Lösung zu erkennen.

Zellbereiche mit Namen versehen

Es gibt verschiedene Möglichkeiten, Zellbereiche mit Namen zu versehen. Wir haben sie im letzten Kapitel kennengelernt und in Abschn. 2.8 noch einmal erweitert. Informieren Sie sich darüber auch in der EXCEL-Hilfe unter dem Stichwort „Namen erstellen". Wir nutzen bevorzugt die Variante NAMEN AUS AUSWAHL ERSTELLEN. Die EXCEL-Hilfe sagt dazu:

Sie können vorhandene Zeilen- und Spaltenbeschriftungen in Namen konvertieren.

- Markieren Sie den zu benennenden Bereich, einschließlich der Zeilen- oder Spaltenbeschriftungen.
- Klicken Sie auf der Registerkarte FORMELN in der Gruppe DEFINIERTE NAMEN auf AUS AUSWAHL ERSTELLEN.
- Aktivieren Sie im Feld NAMEN AUS AUSWAHL ERSTELLEN eines der Kontrollkästchen OBERSTER ZEILE, LINKER SPALTE, UNTERSTER ZEILE oder RECHTER SPALTE, um anzugeben, welche Beschriftung für den Namen verwendet werden soll.

Dieses Verfahren hat den Vorteil, dass die Namen, die in der Tabelle vergeben werden, dort auch sichtbar sind und so zur Übersichtlichkeit der Rechnung beitragen.

Lösung im Diagramm überprüfen

Zur Darstellung des Rechtecks in einem Diagramm, hier Abb. 3.1b, werden die Koordinaten x, y aus den Maßen für Breite und Höhe berechnet. Die Zeichnungen sollen sich automatisch an jede Veränderung der Parameter in der Aufgabenstellung anpassen. Die Spalten E und F enthalten also Formeln und nicht nur Werte. Die Einträge für b und h steuern alle Rechnungen in der Tabelle und alle Abbildungen.

Es hat sich gezeigt, dass es für viele Studenten ein besonderer Ansporn ist, die Aufgaben so lange zu bearbeiten, bis das Diagramm „auf Befehl gehorcht". Bei unübersichtlicheren Aufgaben erkennt man so auch leichter, ob das Formelwerk richtig ist.

Fragen

Wie lauten die Formeln für x und y in Abb. 3.1a (T)?[1]

Mathematische Techniken

Wir verwenden in diesem Kapitel drei mathematische Techniken: Geradengleichungen für Bildkonstruktionen der geometrischen Optik, Zerlegung und Zusammensetzen von Vektoren zur Berechnung und grafischen Darstellung von Kräften und Differenzieren zur Berechnung der Geschwindigkeiten beim Dopplereffekt.

---

[1] $x = +b/2$ oder $x = -b/2$; $y = +h/2$ oder $y = -h/2$, immer richtig kombiniert.

3.2   Bildkonstruktion bei Abbildung mit Sammel- und Streulinsen

Wir konstruieren mit drei Konstruktionsstrahlen den Bildpunkt, den eine Linse von einem Gegenstandspunkt erzeugt. Wir nutzen dazu die Abbildungsgleichung nach DIN 1335, die, mit unterschiedlichen Vorzeichen für die Brennweite, sowohl für Sammellinsen als auch für Streulinsen gilt. Ψ *Linsengleichung mit Plus und Minus.* Wir setzen schließlich eine Blende vor die Linse und zeichnen das Strahlenbündel ein, welches tatsächlich zum Bildpunkt beiträgt. Nach dieser Übung sollte der Leser die Geradengleichung im Schlaf beherrschen. :-)

3.2.1   Geradengleichung (G)

In dieser Vorübung soll eine Gerade durch zwei Punkte (x_1, y_1) und (x_2, y_2) festgelegt und die Koordinaten eines dritten Punktes (x_3, y_3) sollen so gewählt werden, dass der dritte Punkt auf der Geraden liegt. Ein Beispiel sieht man in Abb. 3.2a. Der Tabellenaufbau zur Bestimmung der zugehörigen Koordinaten steht in Abb. 3.2b (T).

Der y-Wert y_1 des ersten und der x-Wert x_2 des zweiten definierenden Punktes werden in die Zellen B2 bzw. B4 geschrieben. Die zugehörigen Werte x_1 und y_2 in B1 bzw. B5 werden mithilfe der beiden Schieberegler in D1:F1 bzw. D5:F5 festgelegt. Der x-Wert x_3 des dritten Punktes in B7 wird mit dem Schieberegler in D7:F7 gewählt. Der zugehörige y-Wert y_3 in B8 wird mit der Geradengleichung ermittelt, die in der Box Geradengleichung noch einmal erläutert wird. Die drei Punkte werden in Abb. 3.2a abgebildet.

Geradengleichung
Wenn zwei Punkte (x_1, y_1) und (x_2, y_2) einer Geraden gegeben sind, dann lautet die Geradengleichung:

$$y(x) = y_1 + m \cdot (x - x_1) \tag{3.1}$$

oder

$$y(x) = y_2 + m \cdot (x - x_2), \tag{3.2}$$

beide Male mit $m = \frac{y_2 - y_1}{x_2 - x_1}$.
Die Punkte (x_1, y_1) in der ersten bzw. (x_2, y_2) in der zweiten Geradengleichung nennen wir *Bezugspunkte* der Geraden.

Im Bereich B11:C13 von Abb. 3.2b (T) werden die Koordinaten der Geraden durch die beiden Punkte für x-Werte –10 und 10 außerhalb des Bereichs der x-Achse in Abb. 3.2a berechnet, in der die Gerade dargestellt wird (WERTE DER

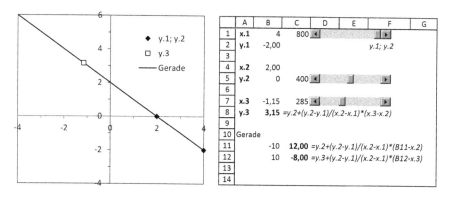

Abb. 3.2 a (links) Der Punkt „y.3" soll auf einer Geraden liegen, die durch die zwei Punkte „y1; y2" festgelegt wird. **b** (rechts, T) Tabellenaufbau für das Diagramm in a

REIHE X: (B11:B12), DER REIHE Y: (C11:C12)); die Gerade soll nämlich durch das ganze Bild gehen.

Fragen

Fragen zu Abb. 3.2b (T):

Welches sind die verbundenen Zellen (LINKED CELL in EXCEL 2010, ZELL-VERKNÜPFUNG in EXCEL 2016) für die drei Schieberegler?[2]

Welcher Zahlenbereich wird wohl vom Schieberegler in D1:F1 abgedeckt?[3]

Die mit Schiebereglern einstellbaren Koordinaten sollen Werte von –4 bis 4 annehmen können. Wie lauten dann die Formeln in den Zellen B1, B5 und B7, mit denen die Koordinaten aus den mit den Schiebereglern verbundenen Zellen berechnet werden?[4]

In C11 und C13 werden die y-Koordinaten der Geraden mit zwei verschiedenen Formeln berechnet. Warum beschreiben beide Formeln dieselbe Gerade?[5]

Wenn wir alles richtig gemacht haben, dann passt sich die Darstellung in Abb. 3.2a mit jeder Änderung der Werte für y_1 und x_2 und mit jeder Änderung der drei Schieberegler an und jedes Mal liegen die drei Punkte auf der Geraden. Achtung: Y2 ist eine Zelladresse, y.2 ist ein von uns vergebener Name.

---

[2]Die verbundenen Zellen sind C1, C5 und C7.

[3]Der Zahlenbereich aller Schieberegler geht von 0 bis 800.

[4]B1 = [=(C1 − 400)/100]; B5 = [=(C5 − 400)/100]; B7 = [=(C7 − 400)/100].

[5]Die Steigungen sind bei beiden Geradengleichungen gleich. Als Bezugspunkt wurde in C11 (x_2, y_2) und in C13 (x_3, y_3) gewählt. Da beide auf der Geraden liegen, liegt der dritte Punkt auch auf derselben Geraden.

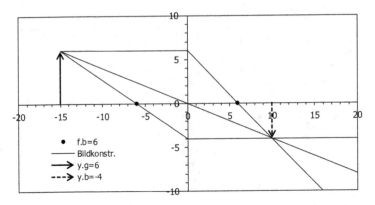

Abb. 3.3 Bildkonstruktion für eine Sammellinse mit Parallelstrahl, Mittelpunktstrahl und Brennpunktstrahl

3.2.2 Geometrische Bildkonstruktion für eine Sammellinse

In Abb. 3.3 sehen Sie eine übliche Bildkonstruktion für eine Sammellinse mit Parallelstrahl, Mittelpunktstrahl und Brennpunktstrahl.

Für die geometrische Konstruktion des Strahlengangs in der xy-Ebene wird eine dünne Linse durch ihre Hauptebene und ihre Brennweite gekennzeichnet. Die Form der Linse spielt keine Rolle. Die x-Achse ist die optische Achse, die Hauptebene ist die Ebene $x = 0$, in der die y-Achse liegt.

Fragen

Wie verläuft der Parallelstrahl in einer Bildkonstruktion?[6]

3.2.3 Abbildungsgleichung für Linsen nach DIN 1335

▶ **Mag** Kennen Sie die Abbildungsgleichung für Linsen?

▶ **Alac** Klar, die habe ich schon in der Schule gelernt:

$$\frac{1}{g} + \frac{1}{b} = \frac{1}{f};$$ (3.3)

g ist dabei die Gegenstandsweite, b die Bildweite und f die Brennweite.

---

[6]Der Parallelstrahl verläuft vom Gegenstandspunkt aus parallel zur x-Achse (der optischen Achse) bis $x = 0$ und dann durch den bildseitigen Brennpunkt.

▶ **Mag** Diese Gleichung ist für handgefertigte geometrische Konstruktionen brauchbar. Für die analytische Berechnung in einem kartesischen Koordinatensystem müssen wir aber eine genauere verwenden, nämlich Gl. 3.4, in der zwei Änderungen gegenüber Gl. 3.3 eingeführt wurden. Jetzt gilt: f' („f-Strich") ist die bildseitige Brennweite, a' die Bildweite und a die Gegenstandsweite. Die Gegenstandsweite ist grundsätzlich negativ, weil sich der Gegenstand links im Bild befinden soll.

▶ **Alac** Mit der alten Gleichung kamen aber immer die richtigen Werte für Bildweite und Bildgröße raus.

▶ **Mag** Ja, die Beträge werden richtig berechnet. Es werden aber keine Vorzeichen berücksichtigt. Wenn sich der Gegenstand links von der Linse befindet, dann ist die Gegenstandsweite negativ zu nehmen. Das Bild steht oft auf dem Kopf. Das wird in Gl. 3.5, der Gleichung zur Berechnung der Bildgröße y' aus der Gegenstandsgröße y, ebenfalls mit Vorzeichen anzugeben, automatisch berücksichtigt. Außerdem gilt die Gl. 3.4 *auch für eine Streulinse*, wenn man eine negative bildseitige Brennweite einträgt, $f' < 0$.

Abbildungsgleichung für Linsen
Für die analytische Berechnung von Abbildungen mit Linsen muss die Abbildungsgleichung mit Vorzeichen geschrieben werden:

$$-\frac{1}{a} + \frac{1}{a'} = \frac{1}{f'} \tag{3.4}$$

Die x-Achse ist die optische Achse. Die Hauptebene der Linse befindet sich in der Ebene $x = 0$, die Gegenstandsweite a ist negativ. Die bildseitige Brennweite f' ist positiv für Sammellinsen und negativ für Streulinsen. Die Bildweite a' kann positiv oder negativ sein. Der Abbildungsmaßstab ist:

$$\frac{a'}{a} = \frac{y'}{y} \tag{3.5}$$

Dabei sind y die Gegenstandsgröße und y' die Bildgröße. Der Abbildungsmaßstab kann positiv oder negativ sein.

Zeichnerische Bildkonstruktion

▶ **Mag** Erinnern Sie sich, wie Sie den Bildpunkt eines Gegenstandspunktes geometrisch ermittelt haben?

▶ **Alac** Ja, wie in Abb. 3.3. Wir haben vom Gegenstandspunkt ausgehend zwei Strahlen gezeichnet, einen durch den Mittelpunkt der Linse und einen anderen parallel zur optischen Achse bis zur Linse und dann durch den Brennpunkt auf der anderen Seite der Linse. Der Bildpunkt ist dort, wo sich die beiden Strahlen schneiden.

▶ **Mag** So kann man es machen. Ihre Konstruktion gilt für eine Sammellinse. Eine Linse hat aber zwei Brennpunkte, einen bildseitigen und einen gegenstandsseitigen. Sie haben ausgenutzt, dass alle Strahlen, die parallel zur optischen Achse einfallen, durch den *bildseitigen Brennpunkt* gehen.

▶ **Tim** Wir haben oft noch einen dritten Strahl vom Gegenstandspunkt ausgehend durch den Brennpunkt links von der Linse fallen lassen. Das ist dann wohl der *gegenstandsseitige Brennpunkt*. Dieser Strahl wird nach Durchgang durch die Linse parallel und geht ebenfalls durch den Bildpunkt.

▶ **Mag** Genau, alle drei Konstruktionsstrahlen schneiden sich im Bildpunkt, wie in Abb. 3.3. Das wollen wir mit einer Tabellenrechnung nachvollziehen.

Bildkonstruktion nach DIN 1335 (Achtung Vorzeichen!)
In Abb. 3.3 wird die Bildkonstruktion für eine Sammellinse mit den Hauptstrahlen (Parallelstrahl, Mittelpunktstrahl und Brennpunktstrahl) in einem kartesischen Koordinatensystem dargestellt. Die x-Achse ist definitionsgemäß die optische Achse. Der optische Mittelpunkt und die optische Hauptebene der Linse befinden sich im Nullpunkt des Koordinatensystems, bzw. in der Ebene $x = 0$. Wir verwenden für die Darstellung und Berechnung des Strahlengangs die DIN-Norm 1335. In dieser Norm soll sich der Gegenstand immer links von der Linse befinden, die Gegenstandsweite also negativ sein.

Wir wissen (aus Physikkursen), dass ein umgekehrtes reelles Bild rechts von der Linse entsteht, wenn die Gegenstandsweite dem Betrag nach größer als die Brennweite ist. Wenn die Gegenstandsweite dem Betrag nach kleiner als die Brennweite ist, dann entsteht ein aufrechtes virtuelles Bild links von der Linse. Die Abbildungsgleichung für Linsen nach DIN-Norm 1335 berücksichtigt diese Zusammenhänge durch Vorschriften für die Vorzeichen der Größen, die in die Abbildungsgleichung eingehen, Gl. 3.5. Sie müssen also immer auf das Vorzeichen achten!

▶   Ψ *Linsengleichung mit Plus und Minus!*

3.2.4   Abbildung durch eine Sammellinse und durch eine Streulinse

Abbildung durch eine Sammellinse, $f' > 0$
Wir berechnen die Koordinaten des Strahlengangs für die Abbildung mit einer Sammellinse mithilfe einer Tabellenkalkulation und erzeugen danach eine Bildkonstruktion, die sich bei jeder Veränderung der Parameter automatisch anpassen soll. Dazu müssen Sie die Geradengleichung beherrschen, siehe Box

„Geradengleichung". Die Koordinaten der Definitionspunkte der konstruierenden Strahlen sind in Abb. 3.4b angegeben.

Wir wollen die geometrische Bildkonstruktion nachvollziehen, also nicht schon voraussetzen, dass sich alle drei Strahlen im mit Gl. 3.4 und 3.5 berechneten Bildpunkt (a', y') treffen. Das soll erst das Ergebnis der Konstruktion sein, wenn wir alle Formeln richtig in die Tabelle eingetragen haben. Ein möglicher Tabellenaufbau sieht dann zum Beispiel wie in Abb. 3.4a (T) und 3.5 (T) aus.

Die fünf Parameter (Brennweite, Gegenstandsweite und Gegenstandshöhe, sowie die beiden davon abhängigen Parameter Bildweite und Bildgröße) werden mit den Namen in Spalte B der Abb. 3.4a versehen, so wie es in Abschn. 3.1 und 2.8 erläutert wird, mit denen sie dann in die Abbildungsgleichungen und in die Berechnungen für die Koordinaten der Konstruktionsstrahlen in Abb. 3.5 (T) eingesetzt werden.

	A	B	C
1	**Vorgaben**		
2	bildseitige Brennweite	**f.b**	3.00
3	Gegenstands-Weite	**a.g**	-6.00
4	Gegenstands-Höhe	**y.g**	4.50
5			
6	**Abbildungsgleichung**		
7	Bild-Weite	**a.b**	6.00
8	Bild-Höhe	**y.b**	-4.50

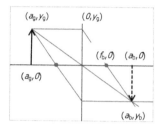

Abb. 3.4 a (links, T) Abbildungsgleichung für eine Sammellinse; die Formeln für die Zellen C7 und C8 stehen in Abb. 3.7a (T). Die gegenstands- und bildbezogenen Größen werden hier mit den Indizes *g* bzw. *b* bezeichnet. **b** (rechts) Definitionspunkte der konstruierenden Strahlen

	E	F	G	H
1	**x**			**y**
2	Bildkonstr.			
3	**Parallelstr.**			
4		-6	=a.g	4,5
5		0	0	4,5
6		3	=f.b	0
7		180	=30*a.b	-265,5
8	**Mittelpunkt-Strahl**			
9		-6	=a.g	4,5
10		0	0	0
11		180	=30*a.b	-135
12	**Brennpunkt-Strahl**			
13		-6	=a.g	4,5
14		-3	=-f.b	0

	E	F	G	H
15		0	0	-4.5
16		180	=3*a.b	-4.5
17				
18		**x**		**y**
19	**G und B**			
20		-6	=a.g	0
21		-6	=a.g	4.5
22				
23		6	=a.b	0
24		6	=a.b	-4.5
25				
26	**Brennpunkte**			
27		3	=f.b	0
28		-3	=-f.b	0

Abb. 3.5 (T) Fortsetzung von Abb. 3.4a (T); Zeilen 4 bis 16: Bildkonstruktion mit den Parametern aus Abb. 3.4a (T); Zeilen 20 bis 28: Koordinaten des Gegenstandes und des Bildes sowie der Brennpunkte; die Formeln in Spalte H stehen in Abb. 3.7b (T) und c (T). Erratum: Es gilt G16 = [= 30*a.b]

Aufgabe
Überlegen Sie sich die Formeln für C7 und C8 von Abb. 3.4a und vergleichen Sie diese mit Abb. 3.7a (T)!

Die Formeln für die x-Koordinaten der Konstruktionsstrahlen stehen in Abb. 3.5 (T) rechts neben den Zellen in Kursivschrift. Die Lösungen für die y-Werte in Spalte H sollen Sie selbst ergänzen. Bei Bedarf finden Sie sie im Anhang in Abb. 3.7b (T) und c (T).

   Die Spalten F und H in Abb. 3.5 (T), die die Koordinaten der Brennpunkt-, Mittelpunkt- und Parallelstrahlen enthalten, werden als Datenreihen in Abb. 3.6a und b eingesetzt. Sie können als Werte der Reihe x den Spaltenbereich F4:F14 und als Werte der Reihe y den Spaltenbereich H4:H14 eintragen. Es werden dann drei getrennte Geraden gezeichnet, weil ihre Koordinaten in den Spalten F und H durch Leerzeilen voneinander getrennt sind. Beachten Sie: Die Bezeichnungen „G", „B" und „Brennpunkte" stehen in Spalte E, nicht etwa in Spalte F.

▶   Ψ *Leere Zeilen trennen Kurven.*

Beachten Sie, dass in den meisten Zellen eine Formel steht. Sie können also nicht einfach die Zahlenwerte aus den hier abgebildeten Tabellen für Ihre Rechnung übernehmen. Ihre Aufgabe besteht darin, diese Formeln aus der Abbildungsgleichung zu entwickeln. Wenn Sie das richtig bewerkstelligt haben, dann sollte ein Bild wie in Abb. 3.6a oder b herauskommen, welches sich automatisch anpasst, wann immer Sie die Parameter Brennweite, Gegenstandsweite oder Gegenstandshöhe verändern.

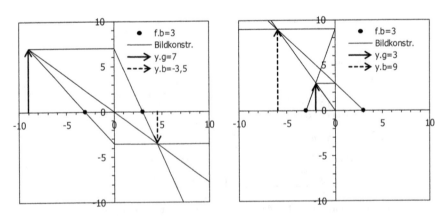

Abb. 3.6 a (links) Reelles, umgekehrtes Bild für eine Gegenstandsweite außerhalb der doppelten Brennweite. **b** (rechts) Virtuelles, aufrechtes vergrößertes Bild für eine Gegenstandsweite innerhalb der Brennweite; entspricht einer Lupe beim Blick von rechts

Tabelle mit allen Formeln

	D
7	=(1/f.b+1/a.g)^-1
8	=y.g*a.b/a.g

	I
1	
2	
3	
4	=y.g
5	=y.g
6	0
7	=y.g-y.g/f.b*F7
8	
9	=y.g
10	0
11	=y.g/a.g*F11
12	
13	=y.g
14	0

	I
15	=y.g-y.g/(a.g+f.b)*a.g
16	=H15
17	
18	
19	
20	0
21	=y.g
22	
23	0
24	=y.b
25	
26	
27	0
28	0

Abb. 3.7 a (links, T) Formeln für Abb. 3.4 (T). **b** (Mitte, T) Formeln für die Spalte H in Abb. 3.5 (T). **c** (rechts, T) Fortsetzung von b

Abbildung durch eine Streulinse, $f' < 0$

Für die Bildkonstruktion mit einer Streulinse kann man dasselbe Rechenmodell, Abb. 3.5 (T), verwenden. Man muss lediglich eine negative bildseitige Brennweite f' eintragen. Zwei Beispiele sehen Sie in Abb. 3.8a und b.

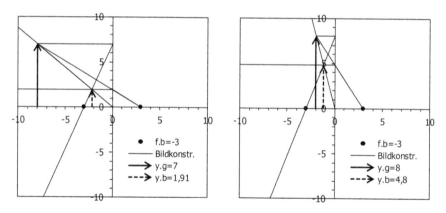

Abb. 3.8 a (links) Abbildung mit einer Streulinse, Konstruktion ebenfalls wie für eine Sammellinse mit Gl. 3.4, aber mit negativer bildseitiger Brennweite; reelles aufrechtes Bild für eine Gegenstandsweite größer als die Brennweite. **b** (rechts) Wie a, aber mit einer Gegenstandsweite innerhalb der Brennweite

3.2.5 Strahlenbündel, welches tatsächlich das Bild erzeugt

▶ **Mag** Für die geometrischen Konstruktionen mit der Sammellinse, die Sie richtig gemacht haben, sieht man keinen Querschnitt der Linse. Was können Sie über die Linse sagen?

▶ **Alac** In jedem Fall ist die Mitte dicker als der Rand, sonst wäre es keine Sammellinse.

▶ **Tim** Die Hauptebene der Linse befindet sich in der Ebene $x = 0$. Der Mittelpunkt ist im Nullpunkt des Koordinatensystems.

▶ **Mag** Wie groß sollte denn der Durchmesser sein, z. B. in Abb. 3.6a?

▶ **Alac** Ich würde die Linse von $y = -7$ bis $y = 7$ einzeichnen, damit die drei Strahlen durch die Linse gehen. Der Durchmesser wäre dann etwa wie bei den Linsen, die in Vorlesungsversuchen eingesetzt werden.

▶ **Mag** Denken Sie an Fotoapparate! Dort ist der Linsendurchmesser viel kleiner als z. B. der Baum, den Sie fotografieren.

▶ **Tim** Das stimmt. Also müssen die Konstruktionsstrahlen wohl gar nicht durch die Linse gehen?

▶ **Mag** Nein, sie existieren grundsätzlich nur in Gedanken und dann auf dem Papier. Welche Strahlen tragen denn bei dieser Linse tatsächlich zum Bildpunkt bei?

▶ **Alac** Nur der Mittelpunktstrahl oder vielleicht noch andere Strahlen, die durch die Linse fallen.

▶ **Mag** Der Bildpunkt entsteht durch ein Strahlenbündel, welches wir jetzt zeichnen werden. Die Linse ist in den bisher besprochenen Bildern nicht zu sehen. Der Durchmesser der Linse ist unerheblich für die Bildkonstruktion, man benötigt nur die Hauptebene und die Brennweite. Die sind notwendig und hinreichend, wenn der Bildpunkt konstruiert wird.

Querschnitt der Linse

Wir wollen die geometrischen Bildkonstruktionen durch Halbkreise für den Querschnitt der Linse ergänzen. Dazu müssen wir zwei Kreissegmente konstruieren. Das geschieht beispielhaft in Abb. 3.9a (T). Parameter sind die Koordinate x_0 des

	A	B	C	D	E
1	Mittelpunkt des Kreises	x.0	8,00		
2	Radius des Kreises	r.K	9,00		
3	Durchmesser der Linse	D.L	6,00		
4		dy	0,60		
5			x.0=8	="x.0="&x.0	
6		=x.0-WURZEL(r.K^2-y^2) =C8+dy		=-B9	
7		x	y	-x	
8		-0,49	-3,00	0,49	
9		-0,67	-2,40	0,67	
18		-0,49	3,00	0,49	
19					

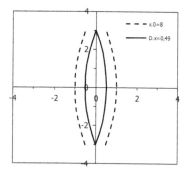

Abb. 3.9 a (links, T) Zeichnen eines Kreissegments. **b** (rechts) Querschnitt einer Sammellinse (bikonvex)

Mittelpunktes des Kreises auf der x-Achse, der Radius r_K des Kreises sowie der Durchmesser D_L der Linse. Wir nutzen die Gleichung:

$$r_K^2 = (x - x_0)^2 + y^2$$

$$x = x_0 \pm \sqrt{r_K^2 - y^2}$$

Mit der Wahl von $dy = D_L/10$ in C4 legen wir fest, dass das Kreissegment mit 11 Strecken von $y = -D_L/2$ bis $+D_L/2$ gezeichnet wird.

Im ersten Ansatz haben wir $x_0 = 8$ und $r_K = 9$ gewählt und erhalten die gestrichelten Kurven in Abb. 3.9b. Radius und Mittelpunkt sind nicht aufeinander abgestimmt. Das Kreissegment ist noch 0,49 cm von der Hauptebene entfernt (siehe D8).

▶ **Alac** Dann ändern wir eben die Verschiebung des Kreissegmentes x_0 in $x_0 = 8,49$ und erhalten die durchgezogene gewünschte Kontur.

▶ **Mag** Gut! Sie gehen pragmatisch vor.

▶ **Tim** Man kann die Parameter doch sicherlich auch durch Überlegen herausbekommen.

▶ **Mag** Ja, dann haben Sie eine allgemein gültige Lösung. Überlegen Sie, ob sich der Aufwand lohnt!

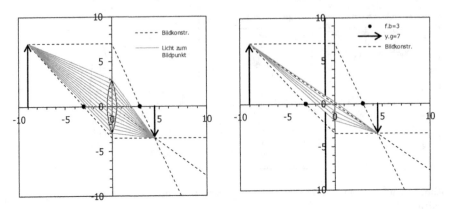

Abb. 3.10 a (links) Bildkonstruktion mit den drei ausgezeichneten Strahlen und das Strahlenbündel, das tatsächlich zur Bildentstehung beiträgt; vielfache Anwendung der Geradengleichung. **b** (rechts) Wie a, aber das Strahlenbündel wird durch eine Blende eingeengt. Die Strahlen werden von der Blendenöffnung ausgehend konstruiert, d. h., wir bestimmen zuerst die Koordinaten der Strahlen in der Blendenöffnung und ergänzen die Strahlen dann zum Gegenstandspunkt und über die Hauptebene zum Bildpunkt

Fragen

Fragen zu Abb. 3.9a (T):

Welche Formel steht in C4 und welche in C8?[7]

Welcher Parameter in Abb. 3.9a (T) muss wie verändert werden, damit die Linse in Abb. 3.9b

- von $y = -2$ bis 2 geht,[8]
- in der Mitte dünner wird?[9]

Strahlenbündel durch die Linse

Die vollständige Zeichnung, Bildkonstruktion, Linse und Strahlenbündel, ist in Abb. 3.10a zu sehen.

Der Parallelstrahl und der Brennpunktstrahl laufen außerhalb der Linse vorbei. In der physikalischen Realität existieren sie also gar nicht.

Wir wollen jetzt das Strahlenbündel zeichnen, das tatsächlich zum Bild beiträgt. Dazu definieren wir zunächst sieben Punkte innerhalb der Linse auf der y-Achse mit $x = 0$, in gleichen Abständen und verbinden sie nach links mit

---

[7]C4 = [= D.L/10] = dy, der Abstand zwischen benachbarten der insgesamt 11 Punkte; C8 = [=–D.L/2], die untere Kante der Linse.

[8]$D_L = 4$.

[9]Der Radius r_K des Linsenquerschnitts muss größer werden; x_0 muss angepasst werden.

dem bekannten Gegenstandspunkt und nach rechts mit dem bekannten Bildpunkt. Einen Tabellenaufbau findet man in Abb. 3.11a (T). Dieses Tabellenblatt wurde neu angelegt. In den Rechnungen wird auf Variablen zurückgegriffen, z. B. a_g, y_g, a_b, y_b und D_L, die in anderen Tabellenblättern (Abb. 3.4 (T) und 3.9 (T)) festgelegt werden.

Alle Strahlen fangen am Gegenstandsort (a_g, y_g) an (Reihen 7, 11, …in Abb. 3.11a), laufen dann zu einem Punkt in der Linse, also immer zu $x = 0$ (Reihen 8, 12, …). Der y-Wert in der Linse ist für jeden Strahl verschieden. Der tiefste Strahl trifft die Hauptebene der Linse bei $y = -D_l/2$ in Zelle C8, also einen halben Linsendurchmesser unterhalb der optischen Achse. Der Abstand der Strahlen bei $x = 0$ wird in C4 festgelegt. Da wir sieben Strahlen zeichnen wollen, ist dieser Abstand ein Sechstel des Durchmessers, C4 = [= $D_l/6$]. Der y-Wert für den zweiten Strahl von unten wird dann mit der Formel C12 = [= C8 + C$4] berechnet.

Im Bereich A11:C13 stehen nun die Koordinaten für den zweiten Strahl von unten. Wenn wir diesen Bereich in den Bereich A15:C17 kopieren, dann erhalten wir ohne weitere Änderung die Koordinaten für den dritten Strahl von unten, denn wir haben ja in kluger Voraussicht den Bezug auf Zelle C4 mit einem Dollar versehen. Ψ *Der Dollar macht's absolut.*

Wir können dann einfach weiter kopieren, in A19:C21, A23:C25 usw., bis wir alle Strahlen bis zur Oberkante der Linse erfasst haben. Dabei lassen wir zwischen den Koordinaten für zwei benachbarte Strahlen immer eine Zeile frei, damit die Strahlen nicht miteinander verbunden werden.

	A	B	C	D
3	Lichtbündel zum Bildpunkt			
4	mit 7 Strahlen		1	=D.L/6
5				
6	x		y	
7	-9	=a.g	7	=y.g
8	0	0	-3	=-D.L/2
9	4,5	=a.b	-3,5	=y.b
10				
11	-9		7	
12	0		-2	=C8+C$4
13	4,5		-3,5	
14				
15	-9		7	
16	0		-1	=C12+$C$4
17	4,5		-3,5	
18				
19	-9		7	

	A	B	C	D
1	Position der Blende	x.B	-1	
2	Durchmesser	D.B	2	
3	Abstand der Strahlen	dy.B	0,5	
4				
5				
6		x		y
7			0	
8		-9	=a.g	7
9		-1	=x.B	-1
10		0	0	-2
11		4,5	=a.b	-3,5
12				
13			1	
14		-9		7
15		-1		-0,5
16		0		-1,4375
17		4,5		-3,5

	B	C	D
19		2	
20	-9		7
21	-1		0
22	0		-0,875
23	4,5		-3,5
24			
25		3	
26	-9		7
27	-1		0,5
28	0		-0,3125
29	4,5		-3,5
30			
31		4	
32	-9		7
33	-1		1
34	0		0,25
35	4,5		-3,5

Abb. 3.11 a (links, T) Strahlen vom Gegenstandspunkt durch die Linse zum Bildpunkt; die Größen a_g, y_g, a_b und y_b wurden in einem anderen Tabellenblatt, nämlich in Abb. 3.4a (T) festgelegt. **b** (Mitte, T) Anderes Tabellenblatt als in a; Strahlen vom Gegenstandspunkt durch die Blende, dann gerade zur Linse und dann zum Bildpunkt; die Formeln in Spalte D stehen in Abb. 3.12 (T). **c** (rechts, T) Fortsetzung von b; in C7:C31 stehen Parameter, die in die y-Koordinaten der 4 Strahlen, innerhalb der Blende eingehen

Wie groß ist die Steigung der Geraden durch die Punkte (7; 3) und (4; 5)?[10]

Warum wird in der Formel in D12, die für Zelle C12 gilt, C12 = [= C8 + C$4], in C$4 ein Dollar vor die Zeilennummer gesetzt und warum wird in C8 kein Dollar gesetzt?[11]

▶ **Tim** Die Geradengleichung (siehe Abschn. 3.2.1) kann ich jetzt fast im Schlaf anwenden.

▶ **Mag** Das können Sie gleich unter Beweis stellen. Wir setzen nämlich vor die Linse eine Blende mit veränderlichem Abstand und veränderlichem Durchmesser, siehe Abb. 3.10b.

Strahlbündelbegrenzung durch eine Blende zum Üben der Geradengleichung :-)
Konstruktionsprinzipien für Abb. 3.10b:

- Fünf Strahlen als eine Datenreihe (in zwei Spalten) schreiben. Ψ *Leere Zeilen trennen Kurven.*
- Geraden links der Linse mit zwei Punkten festlegen, nämlich dem Gegenstandspunkt und dem Punkt innerhalb der Blendenöffnung.
- Die Punkte innerhalb der Blendenöffnung sind von den Koordinaten der Blende abhängig, müssen also als Formeln eingegeben werden.

Die Strahlen verlaufen jetzt vom Gegenstandspunkt (1. Punkt) aus gerade durch die Öffnung der Blende (2. Punkt) zur Hauptebene (3. Punkt) und dann gebrochen weiter bis zum Bildpunkt (4. Punkt), den wir ja schon kennen. Für die Fortsetzung des Strahls bis zum dritten Punkt muss die Geradengleichung genutzt werden, wobei die Steigung des Strahls aus den ersten beiden Punkten ermittelt wird.

Einen möglichen Tabellenaufbau finden Sie in Abb. 3.11b (T) und c (T). Die Koordinaten der Strahlen in der Blende werden aus den drei Blendenparametern (Abstand zur Linse, Größe der Blendenöffnung) abgeleitet. Wenn diese geändert werden, dann sollte sich auch die Zeichnung automatisch anpassen. Noch zwei Hinweise: D9 = [= −D . B/2 + C7 * dy . B] greift auf C7 und die Formel in D15 greift auf C13 zu.

---

[10]$m = (5 - 3)/(4 - 7) = -2/3$.

[11]Weil dann beim Kopieren dieser Formel immer auf C$4 zugegriffen wird, in der der Abstand der Strahlen definiert wird. Vor C muss kein Dollar gesetzt werden (kann aber), weil die Formel nur innerhalb derselben Spalte kopiert wird. C8 enthält kein Dollar, weil sich dieser Wert immer auf den y-Wert des vorher bestimmten Strahls beziehen soll.

Fragen

Stellen Sie sich vor, dass wir die Blende wieder entfernen und dann die obere Hälfte der Linse abschneiden. Wie verändert sich das Bild?

a. Es gibt kein erkennbares Bild mehr.
b. Die untere Hälfte des Bildes verschwindet.
c. Das Bild wird dunkler.

Lösung[12]

▶ **Tim** In Abb. 3.10b ist die Blende so klein, dass nicht einmal der Mittelpunktstrahl der geometrischen Konstruktion zum Bildpunkt beiträgt. Das war mir bisher nicht klar.

▶ **Alac** Es ist schon ziemlich stumpfsinnig, die vielen Formeln in Abb. 3.11 (T) von Hand einzuschreiben. Das wird noch viel schlimmer, wenn wir noch mehr Strahlen zeichnen. Alle Formeln sind von derselben Struktur, beziehen sich nur manchmal auf andere Zellen.

▶ **Mag** Das stimmt. Es gibt eine elegantere Lösung, die Sie in Kap. 4 (Makros) kennenlernen werden: Das Formelwerk kann mit einer Formelroutine eingeschrieben werden. Damit können Sie auch leicht die Anzahl der Strahlen ändern.

Ausgeblendete Formeln (Abb. 3.12)

	F
8	=y.g
9	=-D.B/2+C7*dy.B
10	=y.g+(E9-E8)/(B9-B8)*(B10-B8)
11	=y.b
12	
13	
14	=y.g
15	=-D.B/2+C13*dy.B
16	=y.g+(E15-E14)/(B15-B14)*(B16-B14)
17	=y.b
18	
19	
20	=y.g
21	=-D.B/2+C19*dy.B

	F
22	=y.g+(E21-E20)/(B21-B20)*(B22-B20)
23	=y.b
24	
25	
26	=y.g
27	=-D.B/2+C25*dy.B
28	=y.g+(E27-E26)/(B27-B26)*(B28-B26)
29	=y.b
30	
31	
32	=y.g
33	=-D.B/2+C31*dy.B
34	=y.g+(E33-E32)/(B33-B32)*(B34-B32)
35	=y.b

Abb. 3.12 (T) Die Formeln für Spalte D in Abb. 3.11b (T) und c (T)

---

[12]Antwort c. ist richtig. Das Bild wird dunkler, weil es durch weniger Licht entsteht. Die Abbildungseigenschaften der Linse bleiben erhalten.

3.3   Kräfte beim Durchfahren einer Kurve

Wir üben die vektorielle Darstellung der Kräfte beim Durchfahren einer Kurve. Es treten auf: Gewichtskraft (senkrecht), Zentrifugalkraft (waagrecht), umzurechnen in Kräfte in der Bahnebene und normal zu ihr.

Welche Kräfte greifen in welcher Richtung an?

Ein Rennwagen fährt mit der Geschwindigkeit v in eine Kurve mit dem Krümmungsradius R_a und dem Neigungswinkel der Fahrbahn α, siehe Abb. 3.13a.

Wiederholen Sie die Gleichungen für:

- die Gewichtskraft F_g,
- die Zentrifugalkraft F_z,
- die resultierende Kraft (vektoriell),

Machen Sie sich dann klar, wie die Schwerkraft und die Zentrifugalkraft bei gegebenem Neigungswinkel der Fahrbahn in Komponenten senkrecht und parallel zur Bahnoberfläche zerlegt werden und geben Sie Gleichungen an für:

- die Kraft F_b, mit der der Wagen auf die Fahrbahn gedrückt wird,
- die Tangentialkraft F_t quer zur Fahrbahn,
- die Reibungskraft F_r für einen Haftreibungskoeffizienten $\mu_H = 0{,}5$.

Lösungen finden Sie bei Bedarf in Abb. 3.15 (T) und 3.17 (T).

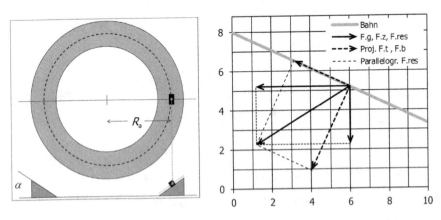

Abb. 3.13 a (links) Fahrzeug auf einer kreisförmigen Fahrbahn; oben Draufsicht, unten Querschnitt. **b** (rechts) Vektorielle Darstellung der Kräfte beim Durchfahren einer Kurve für $v = 280$ km/h; $R_a = 500$ m, $\alpha = +25°$; Skalierung und Länge der Achsen werden zu Beginn festgelegt, sodass die Abbildung immer winkeltreu ist. Ansatzpunkt und Länge der Vektoren werden in der Tabellenrechnung so gewählt, dass die Vektorpfeile gut ins Bild passen

Der Wagen hält sich auf der Fahrbahn, wenn die Reibungskraft F_r dem Betrag nach größer ist als die Kraft parallel zur Fahrbahnoberfläche: $|F_r| > |F_t|$.

Um diese Aufgabe lösen zu können, sollten Sie mit den Grundlagen der Vektorrechnung, insbesondere mit der Zerlegung eines Vektors in Komponenten parallel und senkrecht zu einer Geraden vertraut sein, so wie es in Abb. 3.13b durchgeführt wird. In Abschn. 5.4 „Vektoren in der Ebene" und Abschn. 5.5 „Zerlegung von Vektoren" wird der Umgang mit den nötigen Techniken geübt.

Fragen

Beschreibt die Abb. 3.13a die Lage in einer Linkskurve oder in einer Rechtskurve?[13]

Beschreibt die Abb. 3.13b die Lage in einer Linkskurve oder in einer Rechtskurve?[14]

Wie groß ist die Projektion F_p der Schwerkraft auf die Oberfläche einer Straße, die um ihre Achse um den Winkel α gegen die Waagrechte geneigt ist? Wie groß ist die Projektion F_s der Schwerkraft senkrecht zur Straßenoberfläche?[15]

Wie groß sind die Projektionen parallel und senkrecht zur Straßenoberfläche für die Zentrifugalkraft F_z?[16]

Aufgabe

Erstellen Sie in einem Diagramm eine maßstabsgerechte Skizze des Bahnquerschnitts und der Kraftvektoren! Ein Beispiel sehen Sie in Abb. 3.13b.

▶ **Alac** Hey, Abb. 3.13b entspricht ja nicht der Skizze in Abb. 3.13a. Die Kraftvektoren setzen an einem einzelnen Punkt auf der Fahrbahn an. In Wirklichkeit wirken die Kräfte auf ein Fahrzeug, das über der Fahrbahn fährt.

▶ **Mag** Sie haben Recht. Die Darstellung in Abb. 3.13b ist idealisiert. Das Fahrzeug wird durch seinen Schwerpunkt dargestellt.

▶ **Alac** Der dann auch noch unmittelbar auf der Fahrbahn liegen soll?

▶ **Mag** Nein, die geneigte Gerade in Abb. 3.13b ist genau genommen die Parallele zur Fahrbahnoberfläche durch den Schwerpunkt des Fahrzeugs.

---

[13]Das hängt von der Fahrtrichtung ab. Wenn das Fahrzeug (schwarzer Kasten rechts im Bild von Abb. 3.13a „nach oben" fährt, dann ist es eine Linkskurve.

[14]Die Zentrifugalkraft ist nach links gerichtet. Es handelt sich also um eine Rechtskurve.

[15]$F_p = mg \cdot \sin(\alpha)$ und $F_s = mg \cdot \cos(\alpha)$.

[16]$F_p = F_z \cdot cos(\alpha)$ und $F_p = F_z \cdot \sin(\alpha)$.

	A	B	C	D
1	Erdbeschleunigung	g	9,81	m/s²
2	Radius der Kurve	R.a	300	m
3			25	°
4	Neigungswinkel der Kurve	alpha	0,44	rad
5	Masse des Wagens	m.W	1000	kg
6			250,0	km/h
7	Geschwindigkeit des Wagens	v.W	69,44	m/s
8	Reibungskoeffizient	my	0,5	

Abb. 3.14 (T) Parameter für die Kräfte; durch die Beschreibungen in Spalte A sollte die Tabelle auch nach Monaten noch leicht lesbar sein. Alle Zellen in Spalte C erhalten die Namen in Spalte B

	A	B	C	D
10	Schwerkraft	F.g	-9810	N
11	Zentrifugalkraft	F.z	-16075	N
12	Resultierende Kraft	F.res	18832	N
13	Winkel der res.Kraft gegen die Horizontale	w.res	-2,12	rad
14				
15	Kraft in der Fahrbahn-Oberfläche	F.p	10423	N
16	Kraft senkrecht zur Fahrbahn-Oberfläche	F.s	-15685	N
17	Prüfung mit Pythagoras	F.res	18832	N
18	Reibungskraft	F.r	-7842	N

Abb. 3.15 (T) Berechnung der Kräfte, wenn ein Auto in eine Kurve fährt. Die Formeln in Spalte C stehen in Abb. 3.17 (T), Spalte E; schauen Sie nur bei Bedarf nach!

Projektionen der Kräfte auf die Fahrbahn

Die physikalischen Größen für diese Aufgabe werden in Abb. 3.14 (T) festgelegt. Eine mögliche Tabellenorganisation zur Lösung der Aufgabe mit den Parametern aus Abb. 3.14 (T) sehen Sie in Abb. 3.15 (T). Zur Berechnung der abgeleiteten Größen ist es zweckmäßig, die Parameter mit Namen zu versehen und sie dann in den entsprechenden Formeln mit diesen Namen einzusetzen.

In dieser Beispielrechnung wurde der Winkel α der Bahn zur Horizontalen positiv angesetzt, um die Situation in Abb. 3.13b wiederzugeben. Sie können ihn auch negativ ansetzen und die Formeln entsprechend umgestalten.

Es gibt zwei Möglichkeiten, die Kräfte senkrecht und tangential zur Fahrbahn zu bestimmen.

1. Wir projizieren die resultierende Kraft auf die Fahrbahn und auf eine Senkrechte zur Fahrbahn. Dazu muss vorher der Winkel der resultierenden Kraft gegen die Fahrbahn berechnet werden.
2. Wir projizieren die Schwerkraft und die Zentrifugalkraft jede für sich auf die Fahrbahn und auf die Senkrechte zur Fahrbahn und addieren die beiden jeweiligen Komponenten. Dazu muss nur der Winkel α eingesetzt werden.

Die Koordinaten für die vektorielle Darstellung werden in den Spalten F und G in Abb. 3.16 (T) ausgerechnet.

	F	H		F	H		F	H		F	H
1	x	y	12	F.g, F.z, F.res		22	Proj. F.t , F.b		29	Parallelogr. F.res	
2	Bahn		13	6,00	5,20	23	6,00	5,20	30	Spitze von F.z, F.g	
3	0	8,00	14	6,00	2,26	24	3,17	6,52	31	1,18	2,26
4	10	3,34	15			25			32		
6	Angriffsp. der Kräfte		16	6,00	5,20	26	6,00	5,20	33	3,17	6,52
7		0,6	17	1,18	5,20	27	4,01	0,94	34	1,18	2,26
8	6,00	5,20	18			28			35	4,01	0,94
9			19	6,00	5,20						
10	scal	0,0003	20	1,18	2,26						

Abb. 3.16 (T) Koordinaten für die Vektoren in Abb. 3.13b. In H4 steht eine Geradengleichung: $y = y_0 - x \cdot m$. In H7 steht eine Zahl, die angibt, an welcher Stelle der Bahn die Vektorpfeile ansetzen. Die Tabelle wird in Abb. 3.18 (T), Abb. 3.19 (T), Abb. 3.20 (T) mit eingeblendeten Formeln angegeben

Angriffspunkt und Skalierung der Kraftvektoren

Der Bahnquerschnitt wird in F3:H4 definiert und im Diagramm, Abb. 3.13b, durch eine dicke graue Linie dargestellt. Die x-Achse geht von 0 bis 10, die y-Achse von 0 bis 8,6. Als Angriffspunkt (F8, G8) für die Kräfte in diesem Diagramm haben wir mit H7 = 0,6 etwa die Mitte der dargestellten Fahrbahn gewählt, wodurch sich ein Wert von $x = 10 \times 0,6 = 6$ in F8 und daraus in H8 $y = 5,20$ ergibt.

▶ **Tim** Warum müssen wir diese Skalierungen einführen? Wir können doch die Diagramme sich automatisch skalieren lassen.

▶ **Mag** Die Abbildung soll winkeltreu sein. Dazu muss man die Skalierung der Achsen fest wählen und ihre Länge entsprechend abmessen. In Abb. 3.13b wurden zunächst Breite und Höhe des Diagramms festgelegt und dann die Skalierung der x- und der y-Achse so gewählt, dass die Einheitslängen auf beiden Achsen gleich groß sind.

Am Punkt (F8, H8) sollen Vektoren angesetzt werden, die den oben bestimmten Kräften entsprechen. In Abb. 3.16 (T) stehen die Koordinaten dieser Vektoren in F13:H20. Der Skalierungsfaktor SCAL in H10, hier SCAL = 0,0003, wird gebraucht, um die Vektoren auf eine „handliche" Länge zu bringen, sodass sie gut in das Diagramm hineinpassen. Näheres zu *scal* finden Sie in Abschn. 5.4. In F23:H27 stehen die Koordinaten für die auf die Bahn und ihre Senkrechte projizierten Vektoren und in F33:H35 steht das zugehörige Parallelogramm der Kräfte.

Fragen

Was müssen Sie machen, um eine winkeltreue Grafik zu bekommen, wenn die x-Achse von −2 bis 8 km und die y-Achse von 10 bis 15 km skaliert ist?[17]

---

[17]Der dargestellte Abschnitt der x-Achse im Diagramm muss doppelt so lang sein wie der dargestellte Abschnitt der y-Achse.

Aufgabe

Prüfen Sie in Ihrer Tabelle nach:

- v oder r werden verändert $\rightarrow F_z$ ändert sich,
- α wird verändert $\rightarrow$ nur die Projektionen auf die Fahrbahn verändern sich,
- m wird verändert $\rightarrow$ die Längen aller Vektoren ändern sich, die Verhältnisse zueinander und damit die Winkel bleiben gleich.

Aufgabe

Ändern Sie die Parameter der Aufgabe so, dass der Wagen a) aus der Kurve fliegt, b) quer zur Fahrbahn runterrutscht!

Pfeile in Diagrammen

In Abb. 3.13b werden die Vektoren durch Pfeile dargestellt. Ab EXCEL 2007 ist das durch Formatieren der entsprechenden Datenreihen möglich, die Menüfolge ist: DATENREIHEN FORMATIEREN/LINIENART/ENDTYP.

Ausgeblendete Formeln (Abb. 3.17, 3.18, 3.19 und 3.20)

	B	E			B	E
4	alpha	=C3/180*PI()		12	F.res	=WURZEL(F.g^2+F.z^2)
5	m.W			13	w.res	=ARCTAN2(F.g;F.z)
6				14		
7	v.W	=C6/3.6		15	F.p	=-F.z*COS(alpha)+F.g*SIN(alpha)
8	my			16	F.s	=F.z*SIN(alpha)+F.g*COS(alpha)
10	F.g	=-m.W*g		17	F.res	=WURZEL(F.t^2+F.b^2)
11	F.z	=-m.W*v.W^2/R.a		18	F.r	=F.s*my

Abb. 3.17 (T) Formeln für die Berechnungen in Spalte C von Abb. 3.15 (T)

	F	G	H	I
1	x		y	
2	Bahn			
3		0	8,00	
4		10	3,34	=H3-F4*TAN(alpha)
6	Angriffsp. der Kräfte			
7			0,6	
8		6,00	=F4*H7	5,20 =H3-H7*F4*TAN(alpha)
9				
10	scal		0,0003	

	F	G	H	I
12	F.g, F.z, F.res			
13	6,00	=F8	5,20	=H8
14	6,00	=F8	2,26	=H8+F.g*scal
15				
16	6,00	=F8	5,20	=H8
17	1,18	=F8+F.z*scal	5,20	=H8
18				
19	6,00	=F8	5,20	=H8
20	1,18	=F17	2,26	=H14

Abb. 3.18 (T) Wie Abb. 3.16 (T), Zeilen 1 bis 20, aber mit Formeln; (F8, H8) ist der Ansatz-punkt der Vektoren (Angriffspunkt der Kräfte)

	F	G	H	I
22	Proj. F.t , F.b			
23	6,00	=F8	5,20	=H8
24	3,17	=F8-F.p*COS(alpha)*scal	6,52	=H8+F.p*SIN(alpha)*scal
25				
26	6,00	=F8	5,20	=H8
27	4,01	=F8+F.s*SIN(alpha)*scal	0,94	=H8+F.s*COS(alpha)*scal

Abb. 3.19 (T) Wie Abb. 3.16 (T), Zeilen 22 bis 27, aber mit Formeln; (F8, H8) ist der Ansatz-punkt der Vektoren

	F	G	H	I
29	Parallelogr. F.res			
30	Spitze von F.z		Spitze von F.g	
31	1,18	=F17	2,26	=H14
32				
33	3,17	=F24	6,52	=H24
34	1,18	=F30	2,26	=H30
35	4,01	=F27	0,94	=H27

Abb. 3.20 (T) Wie Abb. 3.16 (T), aber Zeilen 29 bis 38 mit Formeln

3.4 Dopplereffekt

Bewegen sich eine Tonquelle und ein Empfänger relativ zur Luft, dann hört der Beobachter eine andere Frequenz als gesendet wird. Wir werden den Zusammenhang zwischen Frequenzen und Geschwindigkeiten der Quelle und des Empfängers erstens nutzen, um Frequenzen und Geschwindigkeiten in einander umzurechnen, wenn sich Sender und Empfänger auf derselben Geraden bewegen und zweitens, um den Frequenzverlauf zu bestimmen, den ein Empfänger abseits der Bahn des Senders vernimmt.

3.4.1 Eine Formel für alle Fälle

Leicht zu merken

Bewegen sich eine Tonquelle (im Weiteren als Sender S bezeichnet) und ein Beobachter (im Weiteren als Empfänger E bezeichnet) auf einer sie verbindenden Geraden, dann hört der Beobachter eine andere Frequenz als gesendet wird (Dopplereffekt). Der Zusammenhang zwischen Frequenzen f und Geschwindigkeiten v ist durch folgende Formel gegeben:

$$\frac{f_E}{f_S} = \frac{c \pm |v_E|}{c \mp |v_S|} \tag{3.6}$$

Dabei bezeichnen die Buchstaben f, c und v die Frequenz, die Schallgeschwindigkeit bzw. die Geschwindigkeit der Beteiligten relativ zur Luft. Das obere Vorzeichen gilt, wenn der Betrachtete auf den Anderen zufährt. Merken Sie sich, dass über den Bruchstrichen Größen mit Index E und unter den Bruchstrichen Größen mit Index S stehen.

▶ Ψ *Dopplereffekt mit Plus und Minus.*

Am besten überlegt man sich in jedem Einzelfall anschaulich, welche Vorzeichen einzusetzen sind. Ein Beispiel: S → E →; der Sender fährt auf den Empfänger zu, Frequenzerhöhung; der Empfänger entfernt sich vom Sender, Frequenzerniedrigung; also $f_E/f_S = (c - v_E)/(c - v_S)$.

Wie vereinfacht sich die Gl. 3.5, wenn der Empfänger ruht und der Sender auf ihn zufährt?[18]

Welche Frequenz hört der Empfänger, wenn er mit gleicher Geschwindigkeit a) vor b) hinter dem Sender herfährt?[19]

In Abb. 3.21 (T) werden in D:E zehn Situationen aufgelistet, in denen sich Sender und Empfänger nach links oder nach rechts bewegen oder einer von ihnen steht, außerdem wird unterschieden, ob sich der Sender links oder rechts vom Empfänger befindet. In Spalte F wird das Frequenzverhältnis nach Gl. 3.6 berechnet, wobei für jede Formel überlegt wurde, welche Vorzeichen einzusetzen sind.

Wir wollen Gl. 3.6 auf zwei Situationen anwenden:

1. um Frequenzen oder Geschwindigkeiten zu berechnen, wenn sich Sender und Empfänger auf einer Linie bewegen (Abschn. 3.4.2, reine Formelrechnung),
2. um den Frequenzverlauf des Motorgeräuschs zu bestimmen, den ein Zuschauer neben einer Rennstrecke wahrnimmt, wenn ein Rennwagen vorbeifährt, Abschn. 3.4.3. Dabei geht es darum, längs der aktuellen Verbindungsgeraden zu differenzieren.

Kartesisch korrekt (für mathematisch Interessierte)
In einer Tabellenrechnung kann man die Verläufe $x_S(t)$ und $x_E(t)$ angeben und daraus die Geschwindigkeiten v_S und v_E berechnen. Kann man dann eine allgemeine Formel angeben, in der die Vorzeichen automatisch richtig sind? Wir prüfen folgende Formel, in der die Geschwindigkeiten mit Vorzeichen stehen sollen:

$$\frac{f_E}{f_S} = \frac{c - v_E \cdot sgn(x_E - x_S)}{c - v_S \cdot sgn(x_E - x_S)} \tag{3.7}$$

Die mathematische Funktion sgn („signum") steht als Tabellenfunktion VORZEICHEN zur Verfügung, siehe I2 in Abb. 3.21 (T). Um die Formel besser mit den bisherigen Rechnungen vergleichen zu können, schreiben wir sie mit den Beträgen der Geschwindigkeiten um:

$$\frac{f_E}{f_S} = \frac{c - |v_E| \cdot sgn(v_E) \cdot sgn(x_E - x_S)}{c - |v_S| \cdot sgn(v_S) \cdot sgn(x_E - x_S)} \tag{3.8}$$

und setzen sie in Spalte M in Abb. 3.21 (T) ein. In allen zehn Fällen kommt dasselbe Ergebnis heraus wie bei unseren Einzelüberlegungen in Spalte F.

---

[18] $f_E/f_S = c/(c - v_S)$, die empfangene Frequenz wird höher.
[19] a) $f_E/f_S = (c_S - v_E)/(c_S - v_E) = 1$; b) $f_E/f_S = (c_S + v_E)/(c_S + v_E) = 1$; die empfangene Frequenz ist in beiden Fällen gleich der gesendeten.

	A	B	C	D	E	F	G	H	I	J	K	L	M
1													=(c.s-v.E*s.vE*s.x)/(c.s-v.S*s.vS*s.x)
2													=VORZEICHEN(x.E-x.S)
3						f.E/f.s		s.vE	s.vS	x.S	x.E	s.x	
4	c.s	340 m/s		S-->	E*	1,05	=(c.s)/(c.s-v.S)	0	1	-1	1	1	1,05
5	v.S	17 m/s		E*	S-->	0,95	=(c.s)/(c.s+v.S)	0	1	1	-1	-1	0,95
6	v.E	10 m/s		S*	E-->	0,97	=(c.s-v.E)/(c.s)	1	0	-1	1	1	0,97
7				E-->	S*	1,03	=(c.s+v.E)/(c.s)	1	0	1	-1	-1	1,03
8				S-->	E-->	1,02	=(c.s-v.E)/(c.s-v.S)	1	1	-1	1	1	1,02
9				E-->	S-->	0,98	=(c.s+v.E)/(c.s+v.S)	1	1	1	-1	-1	0,98
10				S-->	<--E	1,08	=(c.s+v.E)/(c.s-v.S)	-1	1	-1	1	1	1,08
11				<--E	S-->	0,92	=(c.s-v.E)/(c.s+v.S)	-1	1	1	-1	-1	0,92
12				<--S	E-->	0,92	=(c.s-v.E)/(c.s+v.S)	1	-1	-1	1	1	0,92
13				E-->	<--S	1,08	=(c.s+v.E)/(c.s-v.S)	1	-1	1	-1	-1	1,08

Abb. 3.21 (T) Frequenzverhältnis für zehn Fälle, in Spalte F berechnet mit Gl. 3.6 mit individuellen Überlegungen für jeden Fall, in Spalte M berechnet mit der allgemeinen Formel Gl. 3.8

▶ **Tim** So eine Formel könnte ich nie entwickeln. Ich würde immer ein Vorzeichen falsch setzen oder die Reihenfolge vertauschen.

▶ **Mag** Ich auch. Ich habe so lange rumprobiert, bis die Ergebnisse in Spalte M mit denjenigen in Spalte F übereinstimmten.

▶ **Alac** Beweise durch Probieren? Das geht in Mathe schon mal gar nicht!

▶ **Mag** Beweisen geht nicht, aber es können schon mal grobe Fehler aufgedeckt werden. Den Beweis kann man sich danach überlegen.

3.4.2 Sender und Empfänger bewegen sich auf derselben Geraden

Erstellen Sie eine Tabellenkalkulation, mit der man die drei Fälle

1. ruhender Empfänger, vorbeifahrender Sender,
2. ruhender Sender, vorbeifahrender Empfänger,
3. Sender überholt fahrenden Empfänger

mithilfe der Gl. 3.6 berechnen kann.

Zunächst sollen aus den bekannten Geschwindigkeiten die Frequenzen berechnet werden. Ein mögliches Kalkulationsmodell für den Fall, dass Empfänger (Fall 1.) oder Sender (Fall 2.) stehen, finden Sie in Abb. 3.22 (T).

Abb. 3.23 (T) behandelt den Fall c, in dem der Sender den Empfänger überholt.

Im Fall (3) der Abb. 3.23 (T) fährt der Sender vor dem Überholen auf den Empfänger zu und erhöht dadurch die empfangene Frequenz (Minuszeichen im Nenner). Der Empfänger fährt vor dem Sender weg und verkleinert so die Frequenz (Minuszeichen im Zähler):

	A	B	C	D
1	**Berechnung der Frequ. aus den Geschw.**			
2	Frequenz des Senders	**fS**	355 Hz	
3	Schallgeschwindigkeit	**cS**	340 m/s	
4	**(1) E in Ruhe**			
5	Geschw. des Senders		60 km/h	
6		**vS.1**	16,7 m/s	
7	Geschw. des Empfängers		0 km/h	
8		**vE.1**	0 m/s	
9	Frequenz beim Empfänger			
10	Annäherung	**fA.1**	373 Hz	
11	Entfernung	**fE.1**	338 Hz	

	A	B	C	D
12	**(2) S in Ruhe**			
13	Geschw. des Senders		0 km/h	
14		**vS.2**	0 m/s	
15	Geschw. des Empfängers		30 km/h	
16		**vE.2**	8,3 m/s	
17	Frequenz beim Empfänger			
18	Annäherung	**fA.2**	364 Hz	
19	Entfernung	**fE.2**	346 Hz	

Abb. 3.22 (T) Anwendung der Gl. 3.6 zur Berechnung der wahrgenommenen Frequenz bei Bewegung von Sender oder Empfänger auf einer Geraden. Die Formeln in Spalte C sollen Sie selbst entwickeln, Sie finden sie aber auch in Abb. 3.24a (T)

	A	B	C	D	E
20	**(3) E und S bewegen sich**				
21	Geschwindigkeit des Senders		60 km/h		
22		**vS.3**	16,7 m/s		=$C$21/3,6
23	Geschwindigkeit des Empfängers		30 km/h		
24		**vE.3**	8,3 m/s		=$C$23/3,6
25	Frequenz beim Empfänger				
26	vor dem Überholen	**fv.3**	364 Hz		=fS*(cS-vE.3)/(cS-vS.3)
27	nach dem Überholen	**fn.3**	347 Hz		=fS*(cS+vE.3)/(cS+vS.3)

Abb. 3.23 (T) Gl. 3.6 für den Fall, dass der Sender den Empfänger überholt

$$\frac{f_{Ev}}{f_S} = \frac{c - |v_E|}{c - |v_S|}$$

Nach dem Überholen ist es genau umgekehrt: Der Sender fährt weg, der Empfänger fährt drauf zu und im Zähler und Nenner ist beide Male das Pluszeichen zu nehmen:

$$\frac{f_{En}}{f_S} = \frac{c + |v_E|}{c + |v_S|}$$

Zur Erinnerung: $|v_E|$ und $|v_S|$ sind die Beträge der Geschwindigkeiten.

Ausgeblendete Formeln (Abb. 3.24)

	B	E
5		**(1) E in Ruhe**
6	**vS.1**	=$C$5/3,6
7		
8	**vE.1**	=$C$7/3,6
9		
10	**fA.1**	=fS*(cS+vE.1)/(cS-vS.1)
11	**fE.1**	=fS*(cS+vE.1)/(cS+vS.1)

	B	E
13		**(2) S in Ruhe**
14	**vS.2**	=$C$13/3,6
15		
16	**vE.2**	=$C$15/3,6
17		
18	**fA.2**	=fS*(cS+vE.2)/(cS-vS.2)
19	**fE.2**	=fS*(cS-vE.2)/(cS-vS.2)

Abb. 3.24 (T) Formeln der Abb. 3.22 (T)

3.4.3 Der Empfänger steht abseits der Bahn des Senders

Abb. 3.25a beschreibt die Fahrt eines Autos auf einer geraden Straße, auf der Linie $y = 0$ von $x = -100$ m bis $x = 100$ m. Im Abstand von 30 m zur Straße steht ein Beobachter auf Position $(0, 30)$. Das Auto als Schallquelle Q sendet permanent einen Ton von $f_Q = 200$ Hz aus. Welchen Frequenzverlauf $f_S(x)$ nimmt der Beobachter B bei der Vorbeifahrt wahr?

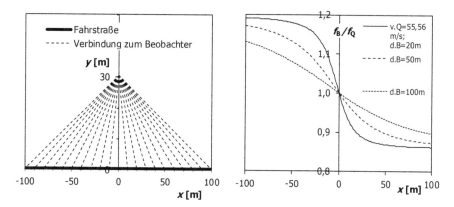

Abb. 3.25 a (links) Ein Beobachter an der Stelle (0; 30) hört ein Auto auf der x-Achse (hier gestaucht gezeichnet) vorbeifahren. Die Geschwindigkeit längs der aktuellen Verbindungslinie (gestrichelte Geraden) bestimmt die gehörte Frequenz. **b** (rechts) Gehörte Frequenz, relativ zur Frequenz der Quelle, wenn eine Schallquelle mit der Geschwindigkeit v_Q in verschiedenen Abständen am Empfänger vorbeifährt

	A	B	C	D	E	F	G	H	I
1			200,00 km/h						
2	Geschwindigkeit der Quelle	v.Q	55,56 m/s						
3	Frequenz der Quelle	f.Q	200,00 Hz						
4	Schallgeschwindigkeit	c.S	340,00 m/s						
5	Abstand des Beobachters	d.B	20,00 m		v.Q=55,56m/s; d.B=20m				
7									
8		=B10+1	=C10+(B11-B10)/v.Q	=WURZEL(x^2+d.B^2)	=(D11-D10)/(C11-C10)	=f.Q/(1+v/c.S)	=f/f.Q	=(B11+B10)/2	
9		x	t	dist	v	f	f.norm	x.d	
10		-100	0	101,98					
11		**-99**	0,02	101,00	**-54,47**	238,15	1,19	**-99,50**	
210		100	3,60	101,98	54,47	172,38	0,86	99,50	

Abb. 3.26 (T) Eine Schallquelle fährt auf der x-Achse im Abstand d_B an einem Beobachter vorbei. Die x-Position in Spalte B ist hier die unabhängige Variable. Daraus wird die Zeit (Spalte C), der Abstand Quelle-Beobachter (Spalte D), die Geschwindigkeit in Richtung der Verbindungslinie (Spalte E) und die beobachtete Frequenz (F, G) berechnet. Achtung: Die Zeit in Spalte C hängt von der Geschwindigkeit der Quelle ab!

Die Größen v_E (Empfänger = Beobachter) und v_S (Quelle = Sender) in Gl. 3.6 sind die Geschwindigkeitskomponenten auf der aktuellen Verbindungslinie zwischen Empfänger und Quelle, also auf den gestrichelten Geraden in Abb. 3.25a. Die Geschwindigkeiten müssen in der Tabellenrechnung mit den richtigen Vorzeichen versehen sein. Dabei gilt das obere Vorzeichen in der Formel für Annäherung und das untere Vorzeichen für Entfernung. Für die oben geschilderte Situation ist die Geschwindigkeitskomponente des Autos in Richtung des ruhenden Beobachters zu bestimmen. Ein mögliches Tabellenmodell sieht wie in Abb. 3.26 aus. Dort wurde der Ort x des Autos als unabhängige Variable gewählt. Sie können genauso gut die Zeit als unabhängige Variable wählen.

Fragen

Wie lautet die Formel in E9 von Abb. 3.26 (T) wenn Zellbezüge, wenn möglich, durch Namen ersetzt werden?[20]

In Spalte E wird die Geschwindigkeitskomponente v des Autos in Richtung des Empfängers durch numerische Differenziation bestimmt. Die Formel in E8, die für die Zelle E11 gilt, liefert für $x < 0$ ein negatives und für $x > 0$ ein positives Vorzeichen für die Geschwindigkeit, sodass in beiden Fällen folgende Gleichung gilt:

$$\frac{f_E}{f_Q} = \frac{c}{c + v} \text{ oder } f_E = \frac{f_Q}{1 + v/c} \tag{3.9}$$

die in Spalte F eingesetzt wurde. Das Ergebnis sieht man in Abb. 3.25b für drei verschiedene Abstände des Empfängers zur Bahn.

▶ **Mag** Über welchen Ortskoordinaten tragen Sie die berechneten Frequenzen auf? Übernehmen Sie die eins-zu-eins aus Spalte B?

▶ **Tim** Wenn Sie schon so fragen, dann wahrscheinlich nicht. Ich erinnere mich: Wir nehmen die Mitten der betrachteten Streckenintervalle, weil die Geschwindigkeiten mit den (t, x)-Koordinaten der Intervallgrenzen berechnet wurden.

▶ **Mag** Genau. Die Mitten der Intervalle werden als x_d in Spalte H berechnet.

Das Interessante an dieser Übung ist, dass der zeitabhängige Abstand des Senders zum Empfänger (mit Pythagoras) an jeder Intervallgrenze berechnet wird und daraus dann durch numerische Differenziation die Geschwindigkeitskomponente auf der Verbindungslinie erhalten wird. Auf diese Weise lassen sich auch kompliziertere Geometrien behandeln, z. B. wenn der Sender mit ungleichmäßiger

---

[20]Die Formel in F9 könnte lauten: $= (dist - D10)/(t - C10)$. Damit wäre klar, dass eine Strecke durch eine Zeit geteilt wird.

Geschwindigkeit auf einer Kreisbahn fährt oder wenn sich Sender und Empfänger auf verschiedenen Bahnen bewegen.

3.5 Fragen zur Formelrechnung

Hinweis: Die Markierung (AK) bedeutet, dass diese Frage nicht zum Grundkurs, sondern zum Aufbaukurs gehört.

Besenregeln

1. Erläutern Sie die Besenregeln:

Ψ Linsengleichung mit Plus und Minus
Ψ Leere Zeilen trennen Kurven.
Ψ Doppler-Effekt mit Plus und Minus

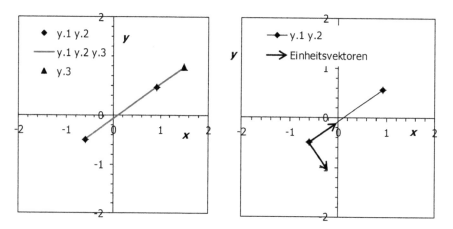

Abb. 3.27 **a** (links) Die durch zwei Punkte (x_1, y_1) und (x_2, y_2) definierte Strecke wird bis zu einem dritten Punkt verlängert, dessen x-Koordinate x_3 beliebig wählbar ist. **b** (rechts) An die Strecke der Abb. a werden am linken Punkt Einheitsvektoren in Richtung der Strecke und senkrecht zur Strecke angeheftet

	A	B	C	D	E	F	G	H	I	J	K	M	N
1	Drei Punkte auf einer Geraden							Einheitsvektoren					
2	x.1	-0,6	y.1	-0,5					längs der Geraden				
3	x.2	0,92	y.2	0,57	92 ◄			►		x.1	-0,6	y.1	-0,5
4	x.3	1,5	**y.3**	**0,98**	57 ◄			►		**x.p**	-0,03	**y.p**	-0,1
5									senkrecht zur Geraden				
6	Länge der Strecke 1-2				Steigung der Strecke 1--> 2					x.1	-0,6	y.1	-0,5
7	l.12	2,66			m.12	0,70				**x.v**	-0,2	**y.v**	-1,07

Abb. 3.28 (T) Tabellenaufbau, mit dem die Koordinaten für Abb. 3.27a und b erstellt werden

Geradengleichung
Eine Gerade sei durch zwei Punkte (x_1, y_1) und (x_2, y_2) definiert, siehe Abb. 3.27a.

2. Wie lang ist die Strecke zwischen den beiden Punkten?
3. Mit welcher Formel muss zu einem vorgegebenen Wert x_3 der zugehörige Wert y_3 gefunden werden, sodass (x_3, y_3) auf der Geraden liegt?
4. Wie ergibt sich aus den Koordinaten der beiden Punkte der auf die Länge 1 normierte Richtungsvektor (R_x, R_y) der Geraden? (AK)
5. Wie ergibt sich aus den Koordinaten der beiden Punkte der auf die Länge 1 normierte Vektor (S_x, S_y) senkrecht zur Geraden (Abb. 3.28)? (AK)
6. Welches sind die verbundenen Zellen sowie MIN und MAX der Schieberegler in F3:H4 in Abb. 3.28?
7. Welche Formeln stehen in B3 und D3 in Abb. 3.28?

Bildkonstruktion mit Sammel- und Streulinsen
8. In der Schule lernt man gewöhnlich die Gleichung $1/f = 1/g + 1/b$ für die Abbildung mit Sammellinsen. Wie wird diese Abbildungsgleichung nach DIN 1335 verändert und damit zur Berechnung in Tabellen für Sammel- und Zerstreuungslinse geeignet?
9. Wie ist der Vergrößerungsmaßstab nach DIN 1335 definiert?
10. Wodurch ist eine Sammellinse in der Abbildungsgleichung charakterisiert?
11. Wodurch ist eine Streulinse in der Abbildungsgleichung charakterisiert?
12. Zeichnen Sie in Abb. 3.29 die Strahlen zur Bildkonstruktion!
13. Wie groß ist die bildseitige Brennweite?
14. Zeichnen Sie das Strahlenbündel, das tatsächlich zur Bildentstehung beiträgt!

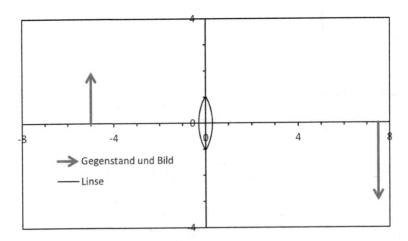

Abb. 3.29 Unvollständige Bildkonstruktion für die Abbildung mit einer Sammellinse

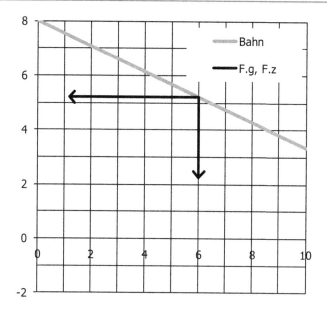

Abb. 3.30 Schwerkraft und Zentrifugalkraft beim Durchfahren einer Kurve

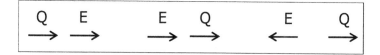

Abb. 3.31 Eine Schallquelle Q und ein Schallempfänger E bewegen sich auf einer Geraden

Kräfte beim Durchfahren einer Kurve

15. Wie lauten die Formeln für die Schwerkraft F_g und die Zentrifugalkraft F_c auf einen Wagen der Masse m, der mit der Geschwindigkeit v eine Kurve mit dem Radius r durchfährt?

16. Was müssen Sie machen, um eine winkeltreue Darstellung zu bekommen, wenn die x-Achse von – 2 bis 8 km und die y-Achse von 10 bis 15 km skaliert ist?

17. Wie ist die Haftreibungskraft definiert? Was besagt ein Haftreibungskoeffizient $\mu = 0{,}5$?

18. Zeichnen Sie in Abb. 3.30 mit einem Geodreieck die resultierende Kraft, die Kraft in der Bahnebene und die Kraft senkrecht zur Bahnebene! Welche Kraft bestimmt die Haftreibung?

Dopplereffekt

$$\frac{f_E}{f_Q} = \frac{c \pm v_E}{c \mp v_Q} \tag{3.10}$$

19. Wofür stehen die Buchstaben in Gl. 3.10 und welche Vorzeichen sind wann zu nehmen? Passen Sie die Formel für die drei Fälle in Abb. 3.31 an!

Ein Auto fährt längs der x-Achse. Seine Position zum Zeitpunkt t wird in einem Spaltenbereich mit Namen x_S angegeben. Ein Fußgänger bewegt sich mit der Geschwindigkeit v_E längs der y-Achse auf die x-Achse zu. Seine Position wird in einem Spaltenbereich mit Namen y_R angegeben.

20. Wie groß ist der Abstand d_{SR} zwischen Auto und Fußgänger, formuliert als Tabellenfunktion?
21. Wie lautet die Tabellenformel für die Berechnung von v_{SR} in Richtung der Verbindungslinie? Zur Beantwortung dieser Frage müssen Sie festlegen, in welchen Tabellenbereichen x_R, y_R und d_{SR} stehen.

Makros mit Visual Basic

4

Wir üben die *Grundstrukturen der Programmierung:* Schleifen, Verzweigungen, Unterroutinen (FOR, IF, SUB), wobei besonderer Wert auf den Datenaustausch zwischen Tabellen und Programmen gelegt wird. Wir lernen, wie man die Befehlsfolgen für EXCEL-typische Tabellenoperationen erhält, indem man die zugehörigen Tabellenbefehle mit einem *Makrorekorder* aufzeichnet. Mit diesen Kenntnissen

- zeichnen wir die Aufsicht auf dichtest gepackte Kristallebenen,
- decodieren wir Protokolle von Messgeräten und erstellen übersichtliche Zusammenfassungen der Ergebnisse,
- verändern wir mit *Protokoll-* und *Steuerroutinen* systematisch die Parameter von Rechenmodellen und schreiben die Ergebnisse der Berechnungen fortlaufend in einen anderen Bereich der Tabelle,
- lagern wir komplizierte Formeln in *benutzerdefinierte Tabellenfunktionen* aus, um die Tabellen übersichtlicher zu gestalten,
- erstellen wir ein Formelwerk aus einer *Formelroutine* heraus, welches eine Tabelle systematisch mit Formeln (nicht mit Zahlen) beschreibt.

4.1 Einleitung

Tim sorgt sich, Alac prahlt

▶ **Mag** In diesem Kapitel werden wir programmieren lernen und Makros mit Tabellenrechnungen wechselwirken lassen.

▶ **Tim** Das klingt ganz schön anspruchsvoll. Ist das denn überhaupt für Anfänger wie mich zu schaffen?

© Springer-Verlag GmbH Deutschland 2017
D. Mergel, *Physik mit Excel und Visual Basic,*
DOI 10.1007/978-3-642-37857-7_4

▶ **Mag** Ganz klar: Ja. Das haben schon viele geschafft, sogar Studierende, die vorher noch keine Programmzeile geschrieben hatten. VISUAL BASIC ist eine gutmütige Programmiersprache, die nicht viele Kenntnisse verlangt, jedenfalls nicht für die Aufgaben, die wir bearbeiten wollen. Dieses Kapitel wird Ihnen nicht nur die Angst vor dem Programmieren nehmen, sondern Sie werden sogar Spaß daran finden, Programme zu schreiben, die witzige Sachen machen.

▶ **Tim** Na ja, Leute, die den Kurs gerade beendet haben, haben erzählt, dass sie sich mit Routinen, Makros, Programmen, Prozeduren herumschlagen mussten.

▶ **Mag** Keine Sorge, wir machen dabei keine Unterschiede und benutzen diese Bezeichnungen alle synonym. In unsere Programme werden sowohl EXCEL-typische Befehlsfolgen eingebaut als auch klassische algorithmische Strukturen eingesetzt.

▶ **Alac** Ich habe keine Angst vor VISUAL BASIC, schließlich habe ich schon einen Kurs über eine andere Programmiersprache gemacht und dabei lustige Programme geschrieben.

▶ **Mag** Das ist sicherlich eine gute Voraussetzung für schnelleren Erfolg. Sie werden es leichter haben als Tim. Nehmen Sie die Aufgaben trotzdem nicht auf die leichte Schulter. In unserem Kurs werden Programmieraufgaben mit physikalischen Übungen verknüpft (Schluss mit nur lustig :-)). Ich habe es öfter erlebt, dass reine Programmierer über ihren geringen Fortschritt bei dieser Art des Programmierens enttäuscht waren und aufgegeben haben.

▶ **Alac** Dann lerne ich also im Wesentlichen mehr Physik?

▶ **Mag** Nicht nur, Sie sollen natürlich nach dem Kurs mehr von Physik verstehen als vorher. Die Übungen werden Ihnen aber auch Regeln für gutes Programmierhandwerk beibringen: Systematisch entwickeln, sorgfältig dokumentieren (Sie brauchen nicht die Augen zu verdrehen), Fehler suchen.

▶ **Tim** Noch eine Frage. Für viele Arbeitsplätze werden Programmierkenntnisse in speziellen Programmiersprachen gefordert. Soll ich dann nicht besser von vornherein solche Sprachen lernen?

▶ **Mag** Keine Sorge, Sie können in unseren Aufgaben mit VISUAL BASIC genug Fehler machen, aus denen Sie lernen können, sodass Sie sich dann als Computerexperte ausgeben können. Die algorithmischen Konstruktionen sind in allen Programmiersprachen gleich. Wichtiger, als früh Spezialkenntnisse zu erwerben, ist es, dass Sie mit „harten" Programmieraufgaben zurechtkommen und sich die Regeln für gutes Programmieren zu eigen machen.

Wie gehen wir vor?

Dieser Kurs kann keine allgemeine Einführung in das Programmieren geben. Dazu müsste zu viel wiederholt werden, was schon in anderen Büchern gut beschrieben ist. Wir machen wie in Kap. 2 eine Grundübung, die Sie Schritt für Schritt nachvollziehen und in ein eigenes Programm umsetzen sollen. In ihr kommen alle Befehle und Konstruktionen vor, die wir später brauchen werden, aber auch nicht viel mehr. Diese Grundkenntnisse werden Sie jedoch in die Lage versetzen, sich in der EXCEL-Hilfe zurecht zu finden und sich ein für Sie geeignetes Lehrbuch über das Programmieren mit VISUAL BASIC auszusuchen. Um einen Einblick in die Möglichkeiten von VBA zu geben, steht in Abschn. 4.11 ein Auszug aus dem VISUAL-BASIC-Sprachverzeichnis.

Wenige algorithmische Konstruktionen

Wir setzen in unseren Programmen Konstruktionen ein, die in allen algorithmischen Sprachen gleich sind: Schleifen, logische Verzweigungen, Unterprogramme (FOR, IF, SUB). Spezielle Befehle, z. B. zum Umgang mit Dateien oder zur Erstellung von Zeichnungen, erhalten wir mit dem MAKRO-REKORDER, der Befehle aufzeichnet, die der Benutzer macht, wenn er eine Tabellenrechnung erstellt.

Drei Typen von Programmen werden wir in den folgenden Kapiteln immer wieder einsetzen: Protokollroutinen, Formelroutinen und benutzerdefinierte Funktionen.

Protokollroutine

Zwei Hilfsmittel kann man bei jeder Aufgabe sinnvoll einsetzen: Schieberegler und Protokollroutinen. Mit einem Schieberegler kann man schnell von Hand Variablen in einer Tabelle ändern und sehen, wie sich die Ergebnisse ändern, so wie wir es schon in der Grundübung Abschn. 2.2 gelernt haben. Eine *Protokollroutine* verändert systematisch unabhängige Variable in der Tabelle und schreibt die Ergebnisse der Tabellenrechnung fortlaufend in einen anderen Bereich der Tabelle. Das Programm in Abb. 4.5 (P) ist ein einfaches Beispiel. In Kap. 7, 8 und 9 werden Protokollroutinen eingesetzt, um Zufallsexperimente zu wiederholen.

Formelroutine

Eine *Formelroutine* schreibt Formeln in Zellen, keine Zahlen. Das kann z. B. nötig sein, wenn während der Tabellenrechnung der Inhalt einer Zelle, in der eine Formel steht, systematisch überschrieben wird. Das klingt verrückt und sieht wie ein Programmfehler aus. Aber so etwas gibt es tatsächlich und ist dann auch sinnvoll, z. B. beim Einsatz einer Solverfunktion, die wir in Kap. 5 kennenlernen werden.

Schwieriger wird es, wenn verschiedene Formeln in viele Zellen geschrieben werden müssen. Als Beispiel nehmen wir die grafische Darstellung der Wellenfronten einer bewegten Quelle. In Abschn. 2.5 musste jede Wellenfront als eigene Datenreihe in ein Diagramm eingefügt werden. In Abschn. 4.7 wird mit einer Formelroutine ein Formelwerk erzeugt, welches die Koordinaten für die acht Wellenfronten in zwei Spalten für x und y überträgt, die dann als eine Datenreihe dargestellt werden können.

In fortgeschrittenen Kapiteln in Band II werden vollständige Tabellenrechnungen mit festgelegter Struktur, aber mit unterschiedlicher Größe von Zellbereichen vollständig aus einer Formelroutine heraus aufgebaut. Es wird z. B. ein zweidimensionales Schema für die Lösung der Laplace-Gleichung und der Poisson-Gleichung mit komplizierten Randbedingungen erstellt, welches in einem kleinen Bereich getestet wird, der schnell berechnet werden und dann für den Nachtbetrieb des Rechners hochskaliert werden kann.

Benutzerdefinierte Funktionen

Wir empfehlen grundsätzlich, Rechnungen möglichst Schritt für Schritt in mehreren Reihen oder Spalten durchzuführen. Wenn das Rechenmodell fehlerfrei läuft, kann man Tabellenplatz und Rechenzeit sparen, wenn man diese Rechnung in einer benutzerdefinierten Tabellenfunktion durchführt, mit Werten, die aus der Tabelle ins Programm übernommen werden und mit Werten, die von der Funktion in die Tabelle geschrieben werden genauso, wie wir es mit den eingebauten Tabellenfunktionen kennengelernt haben, z. B. Cos(x) oder Sin(x). Genau diese beiden Kreisfunktionen werden wir selbst bauen, mit einer rabiaten Näherung, die erstaunlich genaue Werte liefert.

Andere Beispiele für benutzerdefinierte Tabellenfunktionen mit mehr als einer Eingabe und mehr als einer Ausgabe sind: Vektorprodukt von zwei dreidimensionalen Vektoren in Kap. 5 oder die Integration der newtonschen Bewegungsgleichung in einem Zeitintervall in einem fortgeschrittenen Kapitel in Band II, bei der Ort und Geschwindigkeit aus der Tabelle eingelesen und, mit Kenntnis der Kraft, zum Ende eines Zeitintervalls berechnet und in die Tabelle ausgegeben werden.

4.2   Grundübung: For-Schleifen (G)

Wir lernen den Visual-Basic-Editor kennen und üben, wie Zellinhalte gelesen und Zellen beschrieben werden. Wir setzen For-Schleifen ein, um Aufgaben nacheinander mit systematisch veränderten Parametern auszuführen. Dabei wird oftmals ein ganzzahliger Laufindex in der Schleife hochgezählt, der eine Zellposition in der Tabelle angibt. Ψ *In den Schleifen weiterzählen!*

4.2.1   Visual-Basic-Editor

Klicken Sie im Menüband (Abschn. 1.7) auf die Hauptregisterkarte Entwickler-Tools und dann auf die Registerkarte Visual Basic (Abb. 4.1). Es erscheint das Fenster „… – Mappe1".

Doppelklicken Sie jetzt auf die Zeile TABELLE1 in den Microsoft Excel-Objekten! Der graue Bereich in Abb. 4.1 wird jetzt weiß. Befehle, die Sie in dieses Blatt im Visual-Basic-Editor hineinschreiben, werden in TABELLE1 ausgeführt.

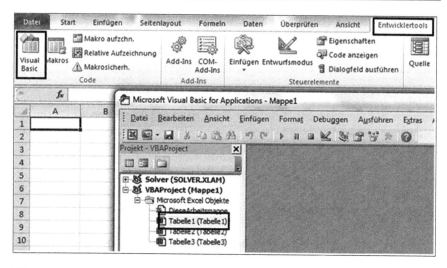

Abb. 4.1 Tabellenblatt und zugeordnetes VISUAL-BASIC-Blatt nach Aktivieren von ENTWICKLER-TOOLS/VISUAL BASIC (EXCEL 2010)

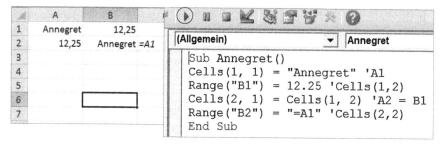

Abb. 4.2 SUB *Annegret* beschreibt den Bereich A1:B2. Text nach Apostroph' wird vom VBA-Interpreter als Kommentar und nicht als Programm-Code interpretiert

4.2.2 Programmieren

Zellen mit Werten und Formeln beschreiben

Schreiben Sie SUB *Name* in die erste Zeile des weißen Bereichs! Für „Name" setzen Sie Ihren eigenen Namen ein. Der Editor ergänzt eine Zeile END SUB. Zwischen SUB *Name* und END SUB können sie jetzt Anweisungen schreiben. In Abb. 4.2 wurde eine SUB *Annegret* mit vier Anweisungen erstellt.

Die Zelle B1 in einer Tabelle kann auf zwei Arten adressiert werden, mit CELLS (1,2) oder mit RANGE(„B1"). CELLS(r,c) spricht die Zelle in der r-ten Reihe und c-ten Spalte an. Zelle A1 (=CELLS(1,1)) wird mit einem Text beschrieben, der in Anführungszeichen steht, hier mit „Annegret". Sie sollen natürlich Ihren eigenen Namen verwenden.

Einzelne Zellen lassen sich auch mit Anweisungen der Art [RANGE(„A1") = ...] beschreiben wie in den Zeilen 3 und 5 des Makros in Abb. 4.2. Die Adressierung mit CELLS(r,c) kann besser in Schleifen eingesetzt werden, wenn z. B. der Reihenindex r oder der Spaltenindex c systematisch durchlaufen werden soll.

Aufgabe
Schreiben Sie zunächst nur diese eine Zeile, [CELLS(1,1) =„Annegret"], in die Routine und starten Sie das Programm, indem Sie den Startknopf ▸ (im Kreis in Abb. 4.2) drücken. Der Zeiger | muss dabei irgendwo in der Subroutine stehen.

Aufgabe
Fügen Sie dann nacheinander die anderen Zeilen der Abb. 4.2 ein, starten Sie nach jeder Zeile das Makro und beobachten Sie, was in der Tabelle passiert!

- Zelle B1 wird mit einer Zahl beschrieben, hier mit 12,25 (in VISUAL BASIC gilt der Punkt als Dezimaltrennzeichen).
- [CELLS(2,1) = CELLS(1,2)] bedeutet, dass Zelle A2 (CELLS(2,1)) mit dem Inhalt von Zelle B1 (CELLS(1,2)) beschrieben wird. Der Inhalt von A2 wird vom Programm einmal aus B1 übertragen und bleibt bestehen, auch wenn der Inhalt von B1 später verändert wird.
- In die Zelle B2 wird Text eingeschrieben, nämlich „=A1". In der Tabelle wird dieser Text als Tabellenformel gedeutet und die entsprechende Zelle mit dem Inhalt der Zelle A1 beschrieben, B2 = [=A1]. Wenn Sie jetzt in der Tabelle den Inhalt von A1 ändern, dann erscheint die Änderung auch in Zelle B2.

Aufgabe
Löschen Sie noch einmal alle Einträge in der Tabelle und laufen Sie das Programm dann schrittweise durch, indem Sie den Cursor | in das Programm setzen und wiederholt die *Funktionstaste F8* (In Abb. 4.21 unter DEBUGGEN/EINZELSCHRITT erläutert) drücken. Schritt für Schritt erscheinen dann wieder die vorher gelöschten Einträge.

FOR-Schleifen
Die Tabelle in Abb. 4.3 (T) wird von den Makros in Abb. 4.4 (P), 4.5 (P) und 4.6 (P) beschrieben, in denen FOR-Schleifen eingesetzt werden.

SUB *Protoc1* in Abb. 4.4 (P) beschreibt die Spalte A. Zeile 2: In A1 wird der Text „x" geschrieben.

In der FOR-Schleife wird die Variable x von 3 bis 9,5 in Schritten von 0,25 hochgezählt und in Zellen der Spalte A geschrieben. Die Variable x nimmt als ersten Wert 3 an und wird dann mit jedem Durchlaufen der Schleife um 0,25 erhöht, bis der Wert 9,5 erreicht ist. Die Variable der FOR-Schleife, hier x, bezeichnen wir als *Schleifenindex*.

Wir haben einen *Laufindex* r_2 eingeführt, der die Reihe angibt, in die geschrieben werden soll. Er wird vor Beginn der Schleife in Zeile 2 zu 2 gesetzt und am Ende jedes Schleifendurchlaufs in Zeile 6 um 1 hochgezählt, sodass die Werte von

	A	B	C	D	E	F	G	H	I	J	K
1	**x**		9,50		**x**	**Cos(x)**	**Sin(x)**	**Tan(x)**			
2	3,00		-1,00	=COS(C1)	3,00	-0,99	0,14	-0,14		3	9,50
3	3,25		-0,08	=SIN(C1)	3,25	-0,99	-0,11	0,11		4	
4	3,50		0,08	=TAN(C1)	3,50	-0,94	-0,35	0,37		5	x
5	3,75				3,75	-0,82	-0,57	0,70		6	Cos(x)
6	4,00				4,00	-0,65	-0,76	1,16		7	Sin(x)
7	4,25				4,25	-0,45	-0,89	2,01		8	Tan(x)
8	4,50				4,50	-0,21	-0,98	4,64			
23	8,25				8,25	-0,39	0,92	-2,39		3	0,08
24	8,50				8,50	-0,60	0,80	-1,33		4	=TAN(C1)
25	8,75				8,75	-0,78	0,62	-0,80		5	3,50
26	9,00				9,00	-0,91	0,41	-0,45		6	-0,94
27	9,25				9,25	-0,98	0,17	-0,18		7	-0,35
28	9,50				9,50	-1,00	-0,08	0,08		8	0,37

Abb. 4.3 (T) Spalte A wird von Sub *Protoc1* aus Abb. 4.4 (P) beschrieben; aus der Tabellenrechnung in C1:C4 wird mit Sub *Protoc2* aus Abb. 4.5 (P) die Liste in den Spalten E:H erzeugt. Der Bereich C1:H4 wird durch Sub *ScanCopy* in Abb. 4.6 (P) in die beiden Spalten J und K umgeschrieben

```
1 Sub Protoc1()                    Cells(r2, 1) = x              5
2 Cells(1, 1) = "x"                r2 = r2 + 1                   6
3 r2 = 2                           Next x                        7
4 For x = 3 To 9.5 Step 0.25       End Sub                       8
```

Abb. 4.4 (P) Sub *Protoc1* beschreibt die Spalte A in Abb. 4.3 (T). Syntax für den Aufruf einer Zelle: Cells(Reihe, Spalte)

```
1 Sub Protoc2()                       Cells(r2, 6) = Cells(2, 3) '6 = Spalte F    7
2 r2 = 2 'Laufindex für das Schreiben Cells(r2, 7) = Cells(3, 3) '7 = Spalte G    8
3 Cells(1, 6) = "Cos(x)"              Cells(r2, 8) = Cells(4, 3) '8 = Spalte H    9
4 For x = 3 To 9.5 Step 0.25          r2 = r2 + 1                                 10
5   Cells(1, 3) = x 'Spalte C         Next x                                      11
6   Cells(r2, 5) = x 'Spalte E        End Sub                                     12
```

Abb. 4.5 (P) Sub *Protoc2* verändert den Wert in Zelle C1 (Zeile 5) und schreibt die Funktionswerte aus C2:C4 fortlaufend in die Spalten F (6. Spalte) bis H (8. Spalte) der Tabelle Abb. 4.3 (T)

```
1 Sub ScanCopy()                  Cells(r2, c2 + 1) = Cells(r, c)    7
2 r2 = 2 'Reihe 2                 r2 = r2 + 1                        8
3 c2 = 10 'Spalte J               Next c                             9
4 For r = 1 To 4 'Reihen 1 bis 4  r2 = r2 + 1                        10
5   For c = 3 To 8 'Spalten C bis H Next r                           11
6     Cells(r2, c2) = c           End Sub                            12
```

Abb. 4.6 (P) Sub *ScanCopy* schreibt die Inhalte des Bereichs A1:F4 von Abb. 4.3 (T) fortlaufend in die Spalten J und K derselben Tabelle. Cells(2,3) entspricht C2 in der Tabelle

x fortlaufend in die Zeilen 2 bis 28 geschrieben werden. Solche Strukturen werden wir häufig anwenden und prägen sie uns mit einer Besenregel Ψ ein.

▶   Ψ *In den Schleifen weiterzählen!*

Tabellenrechnung in C2:C4
In die Zellen C2:C4 von Abb. 4.3 (T) werden von Hand Formeln mit den Kreis-funktionen cos, sin und tan mit dem Argument in C1 geschrieben, also z. B. C1 = [9,50] und C2 = [= Cos(C1)].

Sub *Protoc2* beschreibt die Spalten E:H
Sub *Protoc2* in Abb. 4.5 (P) ist eine typische Protokollroutine. Sie verändert einen Parameter in einer Tabellenrechnung und schreibt das Ergebnis der Rechnung in einen anderen Bereich der Tabelle.

Sub *Protoc2* verändert in der ($x =$)-Schleife den Wert in Zelle C1, der als Argument in die Funktionen in C2:C4 eingeht und überträgt die Ergebnisse der Tabellenrechnung aus C2:C4 (untereinander stehend) in die Spalten F bis H (nebeneinanderstehend).

Die Anweisung in Zeile 3 lautet: Cells(1,6) = „Cos(x)". Die Anführungszei-chen geben wieder an, dass dazwischen ein Text steht, der als solcher in die Zelle geschrieben werden soll. Eine Anweisung Cells(1,6) = Cos(x) würde bewirken, dass das Programm zunächst den Kosinus der Variablen x berechnet, der man irgendwo vorher im Programm einen Wert zugewiesen haben müsste, und das Ergebnis, eine Zahl, in die Zelle schreibt.

Alle Zellbezüge mit festen Reihen- und Spaltenindizes könnten auch mit Range ausgedrückt werden, z. B. Range(„C2") statt Cells(2,3).

Fragen

Fragen zu Sub *Protoc2,* Abb. 4.5 (P):
Wie lauten die Anweisungen in den Zeilen 3 und 5, wenn mit Range adressiert werden soll?[1]
Um welche Anweisungen muss der Code ergänzt werden, um die Über-schriften in G1 und H1 von Abb. 4.3 (T) zu schreiben?[2]

Verschachtelte Schleifen
Sub *ScanCopy* in Abb. 4.6 (P) überträgt den Bereich ($r = 1$ to 4: $c = 3$ to 8), d. h. C1:H4 der Tabelle, in die Spalten J und K der Abb. 4.3 (T).

Der Bereich C1:H4 wird zeilenweise waagrecht gelesen und mit der ($c =$)-Schleife fortlaufend senkrecht in die Spalte K ($c_2 + 1 = 11$) geschrieben; Zeile 7: Der Laufindex r_2 wird hochgezählt und zeigt die nächste freie Reihe in der Tabelle an.

---

[1]Range(„F1") =„Cos(x)": Range(„C1") = x.
[2]Range(„G1") =„Sin(x)": Range(„H1") = „Tan(x)", Anführungszeichen nicht vergessen!

Zum Lesen muss der Bereich mit den beiden Koordinaten Reihennummer r (von 1 bis 4) und Spaltennummer c (von 3 bis 8) abgefahren werden, wobei die Zellen mit Cells(r,c) angesprochen werden. Das geschieht mit zwei verschachtelten Schleifen, der äußeren Schleife For $r =$ und der inneren Schleife For $c =$, die innerhalb von For $r =$ aufgerufen und auch in Zeile 9 mit Next c beendet wird. Sub *ScanCopy* schreibt außerdem den Index c in die Spalte J (Zeile 6, $c_2 = 10$ aus Zeile 3).

Der Zeilenindex r_2 wird am Ende jeder der beiden Schleifen For $c =$ und For $r =$ um eins erhöht. Die Erhöhung in der inneren Schleife (For $r =$) bewirkt, dass die nebeneinanderstehenden Einträge in einer Reihe der Tabelle, z. B. C1:H1, fortlaufend untereinander in die Reihen 2 bis 7 der Spalte J, J2:J7, geschrieben werden. Die Erhöhung am Ende der äußeren Schleife (For $c =$) bewirkt, dass eine Reihe, z. B. Reihe 8 in der Tabelle von Abb. 4.3 (T), übersprungen wird.

Fragen

Erläutern Sie anhand der Variablen x und r_2 in Sub *Protoc2* in Abb. 4.5 (P) die Besenregel: Ψ *In den Schleifen weiterzählen!*[3]

Es wäre einfacher gewesen, die Spalten in Sub *ScanCopy* in Abb. 4.6 (P) als Zahl in die angesprochenen Zellen zu schreiben, also Cells$(r_2, 11)$ statt Cells$(r_2, c_2 + 1)$. Hat die Schreibweise Cells$(r_2, c_2 + 1)$ auch Vorteile?[4]

Warum wird J8:K8 in Abb. 4.3 (T) nicht beschrieben?[5]

Auf welchem Wert steht r_2 am Ende von Sub *ScanCopy*?[6]

Wie geht es weiter?

In dieser Grundübung haben wir gelernt, wie man Werte von Zellen in Tabellen einliest und wie man Werte in Zellen einschreibt. Außerdem sind wir mit For-Schleifen vertraut geworden. In den nächsten Übungen in diesem Kapitel werden wir Aufrufe von Unterroutinen (Sub) und logische Abfragen (If) kennenlernen. For, Sub, If sind dann auch schon die wesentlichen Grundstrukturen der Programmierung, die wir in den folgenden Kapiteln anwenden werden.

---

[3]In den geschachtelten For-Schleifen werden die Zeilen von $r = 1$ bis 4 und die Spalten von $c = 3$ bis 8 durchlaufen. Die 24 eingelesenen Werte werden in aufeinanderfolgenden Zeilen abgelegt. Der Index dieser Zeilen, r_2, muss in der inneren For-Schleife nach jedem Eintrag weitergezählt werden.

[4]Wenn die Daten in einen anderen Bereich der Tabelle ausgegeben werden sollen, dann muss außer dem Anfangswert von r_2 nur ein Parameter für die Spalten, nämlich c_2, angepasst werden.

[5]Weil im Ausgabebereich von ScanCopy Abb. 4.6 (P) am Ende der Schleife For R = 1 to 4 der Index r_2 weitergezählt wird, ohne dass vorher in die Zeile Daten geschrieben wurden.

[6]Am Ende von ScanCopy gilt: $r_2 = 2$ (Anfangswert) $+ [4 \times 6 = 24]$ (c-Schleife) $+ [4$ (r-Schleife)$] = 30$.

4.3   Programmgesteuerte Zeichnungen mit FOR, SUB, IF (G)

Mit einem Makro sollen gefüllte Kreise mit variablem Durchmesser an verschiedenen Stellen der Tabelle gezeichnet werden. Die benötigten Anweisungen erhält man, indem man Makros aufzeichnet, die erzeugt werden, wenn ein Kreis als Form von Hand eingefügt und formatiert wird. Sie werden dann in einer Subroutine zusammengefasst, die von einem Hauptprogramm aus aufgerufen wird, welches die Lage der Kreise festlegt. Ähnlich erhalten wir die Anweisungen zum Zeichnen von Rechtecken und Dreiecken. Die drei Arten von Formen werden in einem Schachbrettmuster angeordnet. Wir üben die Grundstrukturen der Programmierung: FOR, SUB, IF.

4.3.1   Makrorekorder

Wir zeichnen die Befehle auf, die ablaufen, wenn wir eine Ellipse in ein Tabellenblatt einfügen und formatieren. Das aufgezeichnete Makro wird in eine Subroutine umgewandelt, die von einem Hauptprogramm mehrfach mit veränderten Koordinaten aufgerufen wird.

In Abb. 4.7a sieht man eine dekorative Spirale, so wie sie gezeichnet werden kann, wenn wir diese Übung mit MAKRO AUFZEICHNEN und Veränderungen des aufgezeichneten Programmcodes durchgearbeitet haben. In Abb. 4.7b (P) steht ein MAKRO, das aufgezeichnet wurde, als eine Ellipse eingefügt und formatiert wurde.

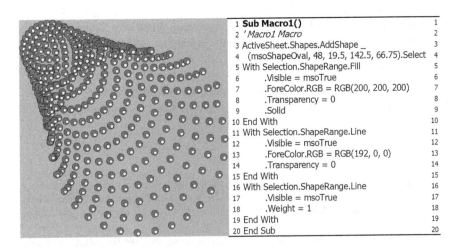

```
 1 Sub Macro1()                                                  1
 2 'Macro1 Macro                                                 2
 3 ActiveSheet.Shapes.AddShape _                                 3
 4   (msoShapeOval, 48, 19.5, 142.5, 66.75).Select               4
 5 With Selection.ShapeRange.Fill                                5
 6        .Visible = msoTrue                                     6
 7        .ForeColor.RGB = RGB(200, 200, 200)                    7
 8        .Transparency = 0                                      8
 9        .Solid                                                 9
10 End With                                                     10
11 With Selection.ShapeRange.Line                               11
12        .Visible = msoTrue                                    12
13        .ForeColor.RGB = RGB(192, 0, 0)                       13
14        .Transparency = 0                                     14
15 End With                                                     15
16 With Selection.ShapeRange.Line                               16
17        .Visible = msoTrue                                    17
18        .Weight = 1                                           18
19 End With                                                     19
20 End Sub                                                      20
```

Abb. 4.7 a (links) Dekorative Spirale, von einem Makro gezeichnet. **b** (rechts, P) Makro, das der MAKRO-REKORDER aufgezeichnet hat, während eine Ellipse in das Tabellenblatt eingefügt wurde. Überflüssige Anweisungen wurden gestrichen. Schreiben Sie einen solchen Code möglichst nicht von Hand! Besorgen Sie ihn sich über ENTWICKLERTOOLS/MAKROS AUFZEICHNEN und verändern Sie ihn nach Ihrem Bedarf!

Was lernen wir in dieser Übung?

▶ **Mag** Wenn Sie diese Aufgabe bearbeitet haben, dann können Sie Bilder wie in Abb. 4.7a erstellen.

▶ **Alac** Fantastisch. Das bringt meine Freunde zum Staunen!

▶ **Mag** Sie beherrschen dann VISUAL-BASIC-Anweisungen wie in Abb. 4.7b (P).

▶ **Tim** Furchtbar kompliziert! So etwas werde ich mir nie merken können.

▶ **Mag** Das sollen Sie auch gar nicht. Abb. 4.7b (P) enthält eine Reihe von Anweisungen, die der Makro-Rekorder aufgezeichnet hat, als eine Ellipse von Hand gezeichnet wurde.

▶ **Alac** Dann wird also alles durch den MAKRO-REKORDER erledigt?

▶ **Mag** Nein, Sie sollen den aufgezeichneten Code verändern, Variablen einführen und die grundlegenden Programmkonstruktionen lernen: Schleifen (FOR $i = 1$ TO 10), logische Verzweigungen (IF THEN … ELSE) und Unterroutinen (CALL SUB (a,b,c)).

Die Registerkarte ENTWICKLERTOOLS/MAKRO AUFZEICHNEN
Wir wollen mit einem VBA-Makro eine Reihe von gefüllten Kreisen zeichnen. Dazu müssen wir uns zunächst die Elementarbefehle zum Zeichnen eines Kreises besorgen. Die findet man prinzipiell in Handbüchern für VISUAL BASIC FOR APPLICATIONS. Wir machen uns das Leben aber einfacher und setzen die Makro-Aufzeichnungsfunktion ein. Man findet sie in der Hauptregisterkarte ENTWICKLERTOOLS, siehe Abb. 4.8. Weitere Erläuterungen findet man in der EXCEL-Hilfe unter dem Stichwort MAKRO AUFZEICHNEN.

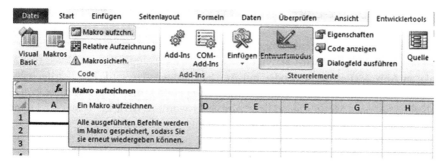

Abb. 4.8 Die Registerkarte ENTWICKLERTOOLS/MAKRO AUFZEICHNEN zeichnet alle Anweisungen auf, die mit den vom Benutzer ausgeführten Tabellenoperationen verbunden sind. Die Schaltfläche VISUAL BASIC (ganz links) aktiviert den VISUAL-BASIC EDITOR

In EXCEL 2007 werden die Befehle für das Zeichnen nicht aufgezeichnet, in allen anderen Versionen schon. Wenn Sie mit EXCEL 2007 arbeiten, dann müssen Sie die Befehle von Abb. 4.7b (P) abschreiben.

Falls die Hauptregisterkarte ENTWICKLERTOOLS in Ihrem Menüband nicht auftaucht, dann müssen Sie diese in den EXCEL-Optionen aktivieren, mit DATEI/OPTIONEN/MENÜBAND ANPASSEN/HAUPTREGISTERKARTEN/☑ ENTWICKLERTOOLS.

Kreise, Quadrate, Dreiecke, von Hand und mit Makro
Nachdem wir die Makro-Aufzeichnungsfunktion angeschaltet haben, zeichnen wir einen Kreis von Hand (EINFÜGEN/FORMEN/) und formatieren ihn. Wir wählen zum Beispiel die Farbe der Füllung und Stärke und Farbe des Randes. Nach Fertigstellung der Zeichnung beenden wir die Makroaufzeichnung mit einem Klick auf den Schaltknopf AUFZEICHNUNG BEENDEN, der anstelle von MAKRO AUFZEICHNEN erscheint.

VBA ist die Abkürzung für „Visual Basic for applications". Der Zusatz „for applications" zeigt an, dass die Befehle der Anwendung, hier EXCEL, als interne Anweisungen zur Verfügung stehen, z. B. ACTIVESHEET.SHAPES.ADDSHAPE, mit denen eine geometrische Form in das Tabellenblatt eingefügt wird.

Objekte markieren und gemeinsam bearbeiten
Sie können Objekte mit einem Pfeil markieren. Dazu müssen Sie in der Registerkarte SUCHEN UND AUSWÄHLEN den Eintrag ⇑OBJEKTE MARKIEREN ganz rechts im Menüband auswählen. Mit gedrücktem Mauszeiger können Sie dann ein Rechteck aufspannen, innerhalb dessen alle Zeichenobjekte markiert werden. Sie können diese Menge von Objekten gemeinsam bearbeiten, z. B. färben, zu einem Objekt gruppieren oder löschen.

Innerhalb eines VBA-Makros wählen Sie mit dem Befehl ACTIVESHEET. DRAWINGOBJECTS.SELECT alle Zeichenobjekte im aktiven Tabellenblatt aus. Mit SELECTION.DELETE werden alle Objekte gelöscht.

4.3.2 VISUAL-BASIC-Editor

Wir können uns das Ergebnis unserer Makroaufzeichnung im VISUAL-BASIC-Editor ansehen. Dieser Editor wird aktiviert, wenn ENTWICKLERTOOLS/VISUAL BASIC (ganz links in Abb. 4.8) angeklickt oder mit ALT F11 aufgerufen wird. Ein Fenster wie in Abb. 4.9 erscheint, wenn zusätzlich per Doppelklick die Programmseite einer Tabelle oder eines Moduls angeklickt wird. Hier wurde TABELLE 1 angeklickt, in dem schon SUB *Annegret* aus Abschn. 4.2.2 steht.

Wenn wir auf den Reiter „Ansicht" klicken, dann öffnet sich ein Menü, das in Abb. 4.9 über SUB *Annegret* gelegt wurde.

Wir klicken auf die Schaltfläche PROJEKT-EXPLORER, und es erscheint das Unterfenster PROJEKT – VBAPROJEKT, in dem jedem Tabellenblatt (TABELLE1, TABELLE2, TABELLE3) ein VBA-Blatt zugeordnet wird, in das VISUAL-BASIC-

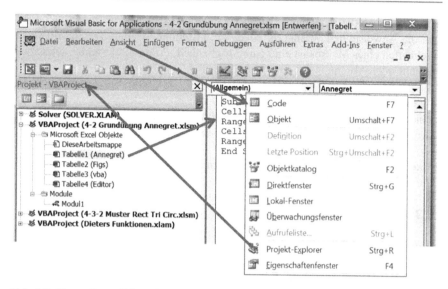

Abb. 4.9 Visual-Basic-Editor. Sie müssen den Projekt-Explorer aktivieren (mit Ansicht/Pro-jekt-Explorer), um alle offenen Dateien zu sehen. Das aufgezeichnete Makro befindet sich in Modul 1 des Vba-Projektes (4–2 Grundübung Annegret). Es ist noch eine weitere Datei 4-3-2 Muster … geöffnet, mit der wir zunächst nichts zu tun haben. Außerdem stehen zwei Add-Ins zur Verfügung: Solver.xlam und *Dieters Funktionen*.xlam

Programme geschrieben werden können. In Abb. 4.9 wurde auf Tabelle1 geklickt und im Editor erscheint das Makro *Annegret* aus Abschn. 4.2.2.

Da wir bereits ein Makro aufgezeichnet haben, erscheint ein weiteres Objekt Modul1. Es enthält den Programm-Code Sub Macro1, den wir in Abb. 4.7b (P) übertragen haben, mit vier Anweisungen:

- Zeilen 3 und 4: Eine Ellipse (msoShapeOval) wurde erzeugt. Die ersten beiden Zahlen in der Argumentliste sind die x- und die y-Koordinate, beide von der lin-ken oberen Ecke des Tabellenblatts aus gemessen. Die nächsten beiden Zahlen in der Liste sind die beiden Durchmesser der Ellipse.
- Zeile 7: Die Fläche innerhalb der Ellipse wird gefärbt.
- Zeile 13: Der Rand der Ellipse wird gefärbt.
- Zeile 18: Die Stärke des Randes der Ellipse wird eingestellt.

Sie können die Makro-Befehle im Editor wie gewöhnlichen Text bearbeiten. Die Syntax muss natürlich den Regeln des vba-Interpreters genügen.

Debuggen/Einzelschritt

Lassen Sie das Makro erneut laufen, am besten schrittweise! Wenn Sie im Visual-Basic-Editor den Cursor in ein Programm setzen und die Funktions-taste F8 drücken, dann wird jeder Schritt des Programms einzeln ausgeführt (Debuggen/Einzelschritt). Sie können dann genau verfolgen, was passiert und kontrollieren, ob die Zeichnung sich so verändert, wie Sie es erwarten. Sie können auch die Anweisungen verändern, bevor sie ausgeführt werden. Das schrittweise Durchlaufen eines Makros ist eine gute Möglichkeit, Programmierfehler aufzuspüren, siehe auch Abschn. 4.5.2 zum *Debuggen* (Fehler aufspüren).

Aufgabe
Verändern Sie die Koordinaten und die Größe der Durchmesser, indem Sie die Anweisungen verändern!

▶ **Mag** Jetzt fängt das richtige Programmieren an, mit Schleifen und Unterroutinen!

4.3.3 Programmierelemente

Variablen statt Zahlen
Wir ersetzen die aktuellen Zahlen in ADDSHAPE durch Variablen x, y, dx und dy, denen wir in den Zeilen 2 bis 5 Werte zuweisen, SUB MACRO2 in Abb. 4.10 (P). Lassen wir dieses Makro laufen, dann entsteht das Bild in Abb. 4.11a (T) oder ein ähnliches, wenn andere Werte gewählt wurden.

Die Farben in den Zeilen 9, 12, 32 und 35 werden über RGB aus roten, grünen und blauen Anteilen (Intensität jeweils zwischen 0 und 255) zusammengesetzt.

Fragen

Welche Farbe entsteht mit RGB(180, 0, 0)?[7]
   Welche Farbe entsteht mit RGB(220, 220, 220)?[8]
   Woran erkennt man, dass in SUB *Disc* eine Kreisscheibe aufgerufen wird?[9]

Unterroutinen
Wir wollen die relevanten Befehle in einer Unterroutine „Disc" zusammenfassen, welche die Koordinaten *(x, y)* des Mittelpunktes des Kreises in der Parameterliste im Prozedurkopf enthält, *Disc(x, y)*, und von einem Hauptprogramm aus mit verschiedenen Werten für *x* und *y* aufrufen. Abb. 4.10b (P) schlägt eine Lösung für diese Aufgabe vor, mit dem Hauptprogramm SUB *Circles* und dem Unterprogramm SUB *Disc*.

Der Durchmesser der Kreisscheibe wird in der SUB *Disc* auf $d = 50$ festgelegt (Zeile 28). Als Füllfarbe wird jetzt ein Grau gewählt, Zeilen 31, 32. Die Strichstärke bleibt wie vorher (… LINE.WEIGHT $= 1$). Diese Parameter können vom

---

[7]RGB(180, 0, 0) ist ein kräftiges Rot, Intensität 180 von 255.

[8]RGB(220, 220, 220) ist ein helles Grau, Rot, Grün und Blau sind gleich stark vertreten.

[9]In Zeilen 29,30 ACTIVESHEET.SHAPES.ADDSHAPE(….,., *d, d*) wird für beide Diagonalen der Ellipse dieselbe Variable *d* eingesetzt.

```
 1 Sub Macro2()                              Sub Circles()                      20
 2 x = 400                                   For i = 1 To 3                     21
 3 y = 20                                        Call Disc(i * 50 + 60, i * 25) 22
 4 dx = 100                                   Next i                            23
 5 dy = 50                                    End Sub                           24
 6 ActiveSheet.Shapes.AddShape(msoShapeOval, _                                  25
 7     x, y, dx, dy).Select                   Sub Disc(x, y)                    26
 8 With Selection.ShapeRange.Fill             'x and y are the coordinates of the center  27
 9     .ForeColor.RGB = RGB(220, 220, 220)    d = 50 'diameter of the circle    28
10 End With                                   ActiveSheet.Shapes.AddShape(msoShapeOval, _  29
11 With Selection.ShapeRange.Line                 x - d / 2, y - d / 2, d, d).Select  30
12     .ForeColor.RGB = RGB(180, 0, 0)        With Selection.ShapeRange.Fill    31
13     .Weight = 1                                .ForeColor.RGB = RGB(220, 220, 220)  32
14 End With                                   End With                          33
15 End Sub                                    With Selection.ShapeRange.Line    34
16                                                .ForeColor.RGB = RGB(180, 0, 0)  35
17 Private Sub CommandButton1_Click()            .Weight = 1                     36
18 Call Circles                               End With                          37
19 End Sub                                    End Sub                           38
```

Abb. 4.10   a (links, P) Variablennamen wurden eingeführt, Macro1() aus Abb. 4.7b (P) wird zu Makro2(). Das Makro Sub CommandButton1 wird von der Befehlsschaltfläche in Abb. 4.11b ausgelöst. **b** (rechts, P) Macro2() wurde zu einer Unterroutine Disc(x,y) umgearbeitet, die vom Hauptprogramm Circles mit verschiedenen Werten für x und y wiederholt aufgerufen wird

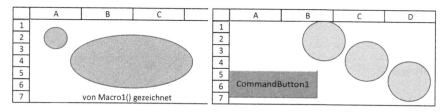

Abb. 4.11   a (links, T) Kreis und Ellipse nach Ablauf von Sub Macro2 in Abb. 4.10b (P). **b** (rechts, T) Ergebnis der Prozedur Circles aus Abb. 4.10b (P)

Hauptprogramm nicht verändert werden, weil sie nicht im Prozedurkopf stehen. Überflüssige Spezifikationen des aufgezeichneten Makros wurden gestrichen.

Bei der Platzierung der Kreisscheibe im Tabellenblatt ist zu berücksichtigen, dass im Routinenkopf (Sub Disc(x,y)) der Mittelpunkt des Kreises übergeben wird, im Befehl zum Zeichnen aber die linke obere Ecke der Form angegeben werden muss.

Das Verhältnis der Skalierung in Visual Basic zu dem Rastermaß im Tabellenblatt ist aus folgenden Angaben ersichtlich:

- Ein Kreis mit dem Durchmesser 100 Punkte hat einen Durchmesser von 3,53 cm.
- 28,4 Punkte entsprechen 1 cm.
- 28,5; 28,6; 28,7 Punkte entsprechen alle 1,01 cm.
- 28,8 Punkte entsprechen 1,02 cm.

Übergabe von Parametern an Unterroutinen

Ein Prozedurkopf in Abb. 4.10b (P) lautet: SUB *Disc(x,y)*. Die Subroutine wird in SUB *Circles()* mit CALL *Disc(i * 50 + 60, i * 25)* aufgerufen. Dabei wird der erste Eintrag in SUB *Disc* als *x* und der zweite Eintrag als *y* übernommen. Oftmals nennen wir die Variablen im Hauptprogramm wie in der Unterroutine. Wir könnten also schreiben: *x = i * 50 + 60* und *y = i * 25* und dann CALL *Disc (x,y)* aufrufen, mit demselben Ergebnis wir oben.

▶ Bei der Übergabe von Parametern an Unterroutinen entscheidet die Reihenfolge in der Argumentliste im Prozedurkopf; es entscheiden nicht die Namen.

Wenn wir CALL *Disc(y, x)* aufrufen, dann wird der erste Eintrag, hier also *y* aus dem Hauptprogramm, im Unterprogramm als *x* interpretiert und der zweite Eintrag als *y*. Die Reihe der drei Kreisscheiben würde dann etwa bei A8 anfangen und steiler nach unten gehen. Wir könnten im Hauptprogramm auch ganz andere Variablennamen wählen, z. B. *a* und *b*, und dann mit CALL *Disc(a, b)* oder CALL *Disc(b, a)* aufrufen.

▶ Nennen Sie die Variablen so, dass Sie am besten die Übersicht behalten!

Fragen

Welche Kreismittelpunkte werden in SUB *Circles* von Abb. 4.10b (P) an SUB *Disc(x,y)* übergeben?[10]
Welches Argument in CELLS*(a,b)* steht für den Reihenindex in der Tabelle?[11]

Hauptprogramme

Ein Hauptprogramm ist dadurch gekennzeichnet, dass es keine Parameter im Prozedurkopf enthält. Nur Hauptprogramme können als ausführbare Programme aufgerufen werden. Unterprogramme enthalten im Allgemeinen Parameter im Kopf, die durch ein übergeordnetes Programm mit Werten belegt werden müssen. Beispiele:

- SUB *CIRCLES()* in Abb. 4.10b (P) ist ein Hauptprogramm; es kann vom Benutzer gestartet werden.
- SUB *DISC(X,Y)* in Abb. 4.10b (P) ist ein Unterprogramm mit *x* und *y* im Prozedurkopf. Es kann nicht eigenständig ablaufen, sondern nur von einem anderen Programm mit Werten für die Parameter *x* und *y* aufgerufen werden.

---

[10]*(x, y) = (110, 25), (160, 50)* und *(210, 75)*.
[11]Das erste Argument, *a*, steht für die Reihe. Es gilt CELLS(Reihe, Spalte).

Aufgabe

Verändern Sie das Programm so, dass zusätzlich zu den Koordinaten des Mittelpunktes der Durchmesser des Kreises und die Stärke des Randes im Hauptprogramm gewählt werden und als Parameter im Prozedurkopf an die Subroutine übergeben werden können!

FOR-Schleife

Das Hauptprogramm *Circles* ruft die Subroutine *Disc* in der Schleife (FOR $i =$) dreimal auf. Die Mittelpunkte der Kreisscheiben wurden für $i = 1, 2, 3$ auf (110, 25), (160, 50) und (210,75) festgelegt. Die sich aus diesen Angaben ergebende Zeichnung sieht man in Abb. 4.11b

Im Makro *Circles* wird eine FOR-Schleife eingesetzt. Die allgemeine Syntax für eine FOR-Schleife ist:

$$\text{FOR } x = xmin \text{ TO } xmax \text{ STEP } delta\_x$$
$$\{\text{LIST OF COMMANDS}\}$$
$$\text{NEXT } x$$

Ein Beispiel mit ganzen Zahlen:

$$r2 = 10$$
$$\text{FOR } n = -211 \text{ to } 453 \text{ STEP } 12$$
$$\text{CELLS}(r2, 2) = n$$
$$r2 = r2 + 1$$
$$\text{NEXT } n$$

Wenn diese Schleife ausgeführt wird, dann nimmt der Schleifenindex n die Werte −211, −199, …, 437, 449 an. Die Zellen CELLS(10,2) bis CELLS(65,2) werden beschrieben. Im Argument von CELLS steht an erster Stelle die Reihennummer und dann die Spaltennummer. Es werden also die Zellen B10 bis B65 mit −211, −199,…., 449 beschrieben.

Ein weiteres Beispiel ist die Schleife in SUB *Circles()*, in der die Unterroutine *Disc* dreimal aufgerufen wird:

$$\text{FOR } i = 1 \text{ to } 3$$
$$\text{CALL } Disc\left(i^*50 + 60, \, i^*25\right)$$
$$\text{Next } i$$

Aufgabe

Entwickeln Sie ein Makro zum Zeichnen von Rechtecken! „Entwickeln" soll heißen, dass Sie sich die Anweisungen mit MAKRO AUFZEICHNEN besorgen und das aufgezeichnete Makro mit Variablen, Subroutinen und Schleifen umgestalten.

Aufgabe

Schreiben Sie ein Makro, welches eine (4×4)-Matrix von gefüllten Kreisen zeichnet, deren Farben aus Anteilen von Rot und Grün zusammengesetzt sind, wobei in jeder Reihe der Grünanteil und in jeder Spalte der Rotanteil systematisch zunehmen soll!

Befehlsschaltfläche

In Abb. 4.11b wurde in A6:B6 eine Befehlsschaltfläche eingefügt, mit der Anweisung ENTWICKLERTOOLS/EINFÜGEN/ACTIVEX-STEUERELEMENTE/BEFEHLSSCHALTFLÄCHE.

In der Eigenschaften-Karte (EXCEL 2010) wird ihr COMMANDBUTTON1 sowohl als Name (NAME) als auch als Inschrift (CAPTION) zugewiesen. Wie bei Steuerelementen üblich, können bei eingeschaltetem Entwurfsmodus (in der Hauptregisterkarte ENTWICKLERTOOLS auf Taste ENTWURFSMODUS klicken, siehe Abb. 4.1 und 1.2 von Abschn. 1.7) die Eigenschaften geändert werden, z. B. Name und Inschrift. Bei ausgeschaltetem ENTWURFSMODUS (noch einmal klicken) kann das Steuerelement betätigt werden. In EXCEL 2016 erscheint ein deutschsprachiges Menü für dieselben Eigenschaften.

Der Befehlsschaltfläche soll das Programm SUB COMMANDBUTTON1_CLICK in Abb. 4.10a (P) zugeordnet werden. Im Einzelnen geht man dabei folgendermaßen vor. Im VISUAL-BASIC-EDITOR, Abb. 4.9, klickt man auf den Pfeil ▼ bei (ALLGEMEIN). Es öffnet sich eine Liste, in der SUB COMMANDBUTTON1 auftaucht. Dieser Eintrag wird durch Anklicken aktiviert, außerdem wird auf den Pfeil ▼ bei der Zelle geklickt, in der in Abb. 4.9 „Annegret" steht. Es öffnet sich eine Liste, in der neben anderen Einträgen auch CLICK auftaucht. Diesen Eintrag klicken wir an und sofort wird SUB COMMANDBUTTON1 zu SUB COMMANDBUTTON1_CLICK ergänzt. In der oberen Zeile des VBA-Editors steht dann: COMMANDBUTTON1 ▼; CLICK.

In unserem Fall der Abb. 4.10a (P) wird nur SUB *Circles* aufgerufen. Wir könnten SUB COMMANDBUTTON1_CLICK einsparen, wenn wir der Befehlsschaltfläche den Namen *Circles* gäben und SUB *Circles()* zu SUB *Circles*_CLICK() ergänzten. Wir müssten dazu aber den NAMEN ändern, der von der CAPTION, der Beschriftung der Schaltfläche, unabhängig ist.

4.4 Ein Schachbrett-Muster aus Rechtecken, Dreiecken und Kreisen

Wir verschaffen uns die VBA-Befehle zum Zeichnen von geometrischen Elementarformen durch Aufzeichnen von Makros und erstellen eine Subroutine, die die Zeichnung in der gewünschten Form ausführt. Die Lage der Form im Tabellenblatt wird im Prozedurkopf oder über globale Variablen übergeben. Die jeweilige Form sowie die Farbe ihres Randes und ihres Inneren werden zufällig ausgewählt.

4.4.1 Schachbrettmuster, gleichfarbig und bunt

Schachbrettmuster mit gleichfarbigen Formen

In dieser Übung soll ein Schachbrettmuster aus Rechtecken, Dreiecken und Kreisen wie in Abb. 4.12a gezeichnet werden. Das Programm dazu finden Sie in Abb. 4.13 (P).

SUB *DRAWI1* in Abb. 4.13 (P) ist das Hauptprogramm, welches zehnmal in jeder von acht Reihen zufällig eine der Unterroutinen *Rect, Ova* oder *Tria* aufruft, die ein Rechteck, eine Ellipse oder ein Dreieck an der aktuellen Position von x und y in der Argumentliste der ausgewählten Unterroutine zeichnen.

Die Variable *ROT* in SUB *DRAWI1* bestimmt, ob ein Rechteck (RECTANGLE), eine Ellipse (OVAL) oder ein Dreieck (TRIANGLE) gezeichnet werden soll. In Zeile 5 wird der Variablen *ROT* zufällig ein Wert 0, 1 oder 2 zugeordnet. Der Zufall wird durch die Funktion RND() hereingebracht. RND() erzeugt eine Zufallszahl zwischen 0 und 1, die dann mit 3 multipliziert wird. INT (integer) macht aus einer reellen Zahl eine ganze Zahl: $INT(0,75*3) = INT(2,25) = 2$; $INT(0,22*3) = INT(0,66) = 0$; $INT(0,54*3) = INT(1,53) = 1$.

In den Zeilen 6 bis 8 entscheidet sich durch logische IF-Abfragen, welche Form gezeichnet wird. Nachdem die Form gezeichnet wurde, wird der x-Wert um 15 erhöht (Zeile 9). Die drei Bedingungen in den Zeilen 6 bis 8 könnten auch mit einer CASE-Anweisung wie in Abb. 4.46 (P) in Abschn. 4.10.1 abgefragt werden.

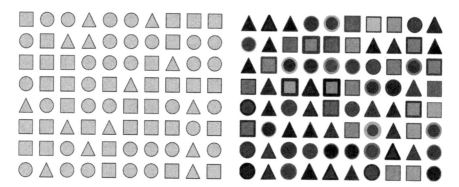

Abb. 4.12 a (links) Ein Schachbrettmuster aus Rechtecken, Kreisen und Dreiecken, alle gleich formatiert, gezeichnet mit SUB *drawi1* in Abb. 4.13 (P). **b** (rechts) wie a, aber unterschiedlich formatierte Formen, mit verschiedenen Farben gefüllt und mit verschieden starken und verschiedenfarbigen Rändern umgeben, gezeichnet mit SUB *drawi* in Abb. 4.14 (P)

1 **Sub drawi1()**	If ROT = 2 Then Call Tria(x, y)　　8
2 x = 100: y = 100	x = x + 15　　9
3 For k = 1 To 8 *'next row*	Next i　　10
4 　For i = 1 To 10 *'within row*	x = 100 *'reset left position*　　11
5 　　ROT = Int(Rnd() * 3) *'0, 1 or 2*	y = y + 15 *'advance top position*　　12
6 　　If ROT = 0 Then Call Rect(x, y)	Next k　　13
7 　　If ROT = 1 Then Call Ova(x, y)	End Sub　　14

Abb. 4.13 (P) Programm SUB *drawi1*, mit dem Abb. 4.12a gezeichnet wurde

Aufgabe

Zeichnen Sie zunächst nur eine Reihe, indem Sie die Schleife FOR $k =$ weglassen! Die Subroutinen *Rect(x,y)*, *Ova(x,y)* und *Tri(x,y)* müssen Sie nach dem Vorbild von SUB *Disc(x,y)* in Abb. 4.10b (P) selbst schreiben. Außer MSSHAPEOVA tritt noch MSSHAPERECTANGLE und MSSHAPETRIANGLE auf

Aufgabe

Zeichnen Sie das volle Schachbrettmuster!

Ein zufällig bunteres Schachbrettmuster

Wir zeichnen 8 Reihen mit je 10 Formen wie in der Aufgabe oben. Das Format der Formen, nämlich Farbe der Füllung und Farbe und Stärke des Randes sollen jetzt aber mithilfe einer Zufallszahl bestimmt werden. Außerdem sollen die Lagen (*Left, Top*) der Formen nicht im Prozedurkopf an die Unterroutinen übergeben werden, sondern über globale Variablen. Ein Ergebnis findet man in Abb. 4.12b, das Programm dazu in Abb. 4.14 (P).

4.4.2 Globale Variablen

Globale Variablen müssen vor den Routinen als PRIVATE oder PUBLIC deklariert werden, siehe die Zeile 1 in Abb. 4.14 (P). Variablen vom Typ PRIVATE stehen nur in dem Modul zur Verfügung, in dem sie deklariert wurden. Die Lagen (*Left, Top*) der Formen sollen in globalen Variablen x und y gespeichert werden, die von jeder Subroutine abgerufen und verändert werden können.

Der Datentyp SINGLE in Zeile 1 von Abb. 4.14 (P) bezeichnet eine Gleitkommazahl mit einfacher Genauigkeit, die in 4 Bytes gespeichert wird. Dezimalzahlen vom Datentyp DOUBLE werden in 8 Bytes gespeichert. Über weitere Datentypen können Sie sich in der EXCEL-Hilfe im VBA-EDITOR erkundigen.

▶   Schreiben Sie die Makros nicht einfach ab, wenn Sie schon etwas Übung im Programmieren haben! Vollziehen Sie die Anweisungsfolge

```
 1 Private x, y As Single                    If ROT = 0 Then Call Rect      10
 2 'Position of the shape to be currently drawn   If ROT = 1 Then Call Ova       11
 3                                            If ROT = 2 Then Call Tria      12
 4 Sub drawi()                                Next i                         13
 5 x = 100 'left position                     x = 100 'reset left position   14
 6 y = 100 'top position                      y = y + 15 'advance top position  15
 7 For k = 1 To 8 'next row                   Next k                         16
 8   For i = 1 To 10 'within row              End Sub                        17
 9     ROT = Int(Rnd() * 3) '0, 1 or 2                                       18
```

Abb. 4.14 (P) SUB *drawi* ist das Hauptprogramm, welches 20-mal in jeder von zehn Reihen eine der Unterroutinen RECT, OVA oder TRIA aufruft, die ein Rechteck, eine Ellipse oder ein Dreieck an der aktuellen Position von x und y zeichnen. Ähnlich Abb. 4.13 (P), aber mit Parameterspeicherung in globalen Variablen x, y

```
1 Sub Rect() 'Draws a rectangle of width 10 and height 10                    1
2 ActiveSheet.Shapes.AddShape(msoShapeRectangle, x, y, 10, 10).Select        2
3 Call Lin(255 * Rnd(), 63 * Rnd(), 63 * Rnd(), 2 * Rnd())) 'Rim of shape    3
4 'Formats rim: Red fully varied, green and blus, half intensity, strength   4
5 Call Interi(63 * Rnd(), 128 + 127 * Rnd(), 63 * Rnd())) 'Interior of shape 5
6 'Formats interior: Green always more intense than 50%                      6
7 x = x + 15 'Advances position in the row                                   7
8 End Sub                                                                    8
```

Abb. 4.15 (P) Sub *Rect* zeichnet ein Rechteck mit fester Größe, aber mit zufällig ausgewählten Farben des Randes (Zeile 3) und des Inneren (Zeile 5). Die Anweisungen zum Färben werden in den Subroutinen *Lin* und *Interi* ausgeführt, Abb. 4.16 (P)

```
1 Sub Lin(r, g, b, d)              Sub Interi(r, g, b)               8
2 'red, green, blue and weight d   'red, green, blue                9
3 With Selection.ShapeRange.Line   With Selection.ShapeRange.Fill  10
4   .ForeColor.RGB = RGB(r, g, b)    .ForeColor.RGB = RGB(r, g, b) 11
5   .Weight = d                    End With                        12
6 End With                         End Sub                         13
7 End Sub                                                          14
```

Abb. 4.16 (P) Sub *Lin* und Sub *Interi* färben den Rand bzw. das Innere der Form gemäß den Variablen *r* (rot), *g* (grün) und *b* (blau). Die Dicke des Randes steht in *d*

> im Geiste nach und besorgen Sie sich die Befehle für das Zeichnen der Formen durch Makro-Aufzeichnung!

In Sub *Rect* in Abb. 4.15 (P) wird ein Quadrat gezeichnet und sein Inneres und sein Rand werden mit den Unterroutinen *Lin* und *Interi* in Abb. 4.16 (P) formatiert.

Fragen

Fragen zu Abb. 4.15 (P):

Der Prozedurkopf von Sub *Rect* ist leer. Woher kennt die Unterroutine die Stelle in der Tabelle, an der das Rechteck gezeichnet werden soll?[12]

Welche Farbe dominiert den Rand der Formen?[13]

4.5   Diagramme mit einem Makro formatieren

Wir zeichnen die Befehle beim Formatieren eines Diagramms auf. Das aufgezeichnete Makro wird so umgeändert, dass jedes aktivierte Diagramm genauso formatiert werden kann. Dazu werden die Namen des Diagramms und des Tabellenblattes abgefragt und in nachfolgenden Anweisungen eingesetzt.

---

[12]Sub Rect greift auf die globalen Variablen *x, y* zurück.

[13]Zeile 5 in Abb. 4.15 (P): Grün = 128 + 127*Rnd() ist mindestens mit der Stärke 128 vertreten, Rot und Blau höchstens mit der Stärke 63.

4.5.1   Diagramm formatieren

In Abb. 4.17 (T) werden in den Bereich A1:C6 die Koordinaten und die Namen von zwei Datenreihen, f_1 und f_2, eingeschrieben. Dieser Bereich wurde angeklickt, und ein standardmäßig formatiertes XY-DIAGRAMM wurde in D1:I12 eingefügt.

Wir kopieren das Diagramm in den Bereich ab Spalte J, schalten den Makrorekorder ein und formatieren das kopierte Diagramm so wie in J1:O13.

Das aufgezeichnete Makro wird verändert
Der Code, der beim Formatieren des Diagramms aufgezeichnet wurde, steht in Abb. 4.18 (P), 4.19 (P) und 4.20 (P). Wenn der Code verändert wurde, dann wird der ursprünglich aufgezeichnete Code als Kommentarzeile in Kursivschrift beibehalten.

In Zeile 3 wird das Diagramm als „Diagramm 1" angesprochen, weil es unter diesem Namen eingefügt wurde. Im allgemeinen Fall kann das aktivierte Dia-

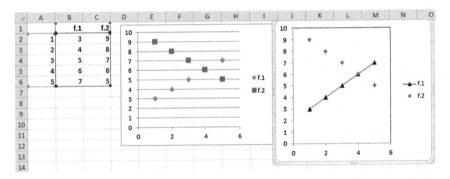

Abb. 4.17 (T) Die Daten in A1:C8 wurden in das standardmäßige XY-Diagramm in D1:I12 eingetragen, das kopiert und bei eingeschaltetem Makrorekorder wie in J1:O13 formatiert wurde

```
 1 Sub Makro3()                                                             1
 2 '(1) No line around shape!                                               2
 3 'ActiveSheet.Shapes("Diagramm 1").Line.Visible = msoFalse                3
 4 'Replace "Diagramm 1" with the name of the active shape.                 4
 5 namdiagram = ActiveChart.Name                                            5
 6 namsheet = ActiveSheet.Name                                              6
 7 les = Len(namsheet)                                                      7
 8 led = Len(namdiagram)                                                    8
 9 namdiagram = Right(namdiagram, led - les - 1)                            9
10 ActiveSheet.Shapes(namdiagram).Line.Visible = msoFalse                  10
11 '(2) Size of shape: Height = 7 cm, Width = 8 cm                         11
12 'ActiveSheet.Shapes("Diagramm 1").Height = 198.4251968504              12
13 'ActiveSheet.Shapes("Diagramm 1").Width = 226.7716535433               13
14 ActiveSheet.Shapes(namdiagram).Height = 198.4251968504                 14
15 ActiveSheet.Shapes(namdiagram).Width = 226.7716535433                  15
```

Abb. 4.18 (P) Makro, das beim Formatieren des Diagramms in Abb. 4.17 (T) aufgezeichnet wurde. Fortsetzung in Abb. 4.19 (P) und 4.20 (P); der Name „Diagramm 1" wird durch die Variable *namdiagram* ersetzt, die den Namen des in der Tabelle aktivierten Diagramms enthält

```
17 ActiveSheet.ChartObjects(namdiagram).Activate                    17
18 '(3) No horizontal grid lines.                                   18
19 ActiveChart.SetElement (msoElementPrimaryValueGridLinesNone)     19
20 '(4) Line around plot area                                       20
21 ActiveChart.PlotArea.Select                                      21
22 With Selection.Format.Line                                       22
23   .ForeColor.ObjectThemeColor = msoThemeColorText1               23
24   .Weight = 1                                                    24
25 End With                                                         25
```

Abb. 4.19 (P) Fortsetzung von Abb. 4.18 (P)

```
26 '(5) Series 1 with black triangles          (6) Series 2 with diamonds                          39
27 ActiveChart.SeriesCollection(1).Select      ActiveChart.SeriesCollection(2).Select              40
28 With Selection                              With Selection                                       41
29   .MarkerStyle = 3                            .MarkerStyle = 2                                    42
30   .MarkerSize = 5                             .MarkerSize = 5                                     43
31 End With                                    End With                                             44
32 With Selection.Format.Fill                                                                       45
33   .ForeColor.ObjectThemeColor = msoThemeColorText1   'Font size for legend                       46
34 End With                                    ActiveChart.Legend.Select                            47
35 With Selection.Format.Line                  Selection.Format.TextFrame2.TextRange.Font.Size = 9  48
36   .Weight = 1                               End Sub                                              49
37   .ForeColor.ObjectThemeColor = msoThemeColorText1                                               50
38 End With                                                                                         51
```

Abb. 4.20 (P) Fortsetzung von Abb. 4.19 (P)

gramm, das formatiert werden soll, einen beliebigen Namen haben. Dieser wird in Zeile 5 abgefragt. In Zeile 6 wird zusätzlich der Name des aktiven Tabellenblattes abgefragt. Die Ergebnisse sind z. B.: *namdiagram* = „Tabelle3 Diagramm 7" und *namsheet* = „Tabelle3". Für die Formatierung muss das Diagramm aber mit „Diagramm 7" aufgerufen werden. Der Text in der Variablen *namdiagram* wird deshalb in Zeile 9 zurechtgestutzt. Die Anweisungen LEN und RIGHT werden in Abschn. 4.8 im Einzelnen besprochen.

In den folgenden Zeilen wird die Größe des Diagramms festgelegt. Die ursprünglich aufgezeichneten Befehle in den Zeilen 12 und 13 werden durch die Befehle in den Zeilen 14 und 15 ersetzt, in denen das aktuelle Diagramm mit seinem Namen *namdiagram* angesprochen wird.

In Abb. 4.19 (P) werden die Gitternetzlinien entfernt und der Zeichenbereich wird mit einem schwarzen Rahmen der Stärke 1 Pt versehen.

In Abb. 4.20 (P) werden die DATENREIHEN 1 in den Zeilen 27 bis 38 und die DATENREIHEN 2 in den Zeilen 40 bis 44 formatiert. In den Zeilen 47 und 48 wird das Format der Schrift der Legende festgelegt.

SUB *Makro3* entspricht einem Makro im engeren Sinne. Der Name MAKRO oder MACRO im Englischen ist eine Verkürzung von „macro instruction" (dt. Befehlszusammenfassung). Es enthält eine Folge von anwenderspezifischen Befehlen, hier zur Formatierung von Diagrammen, die mit einem Aufruf ausgeführt werden. Mit diesem Makro können wir jedes aktivierte (angeklickte) Diagramm genauso formatieren wie in Abb. 4.17 (T).

Wir bezeichnen mit „Makro" alle Programme, die eine Tabelle verändern.

4.5.2 Programm debuggen

In der Menüleiste des Visual-Basic-Editors (Abb. 4.1) gibt es eine Karte Debuggen, die verschiedene Möglichkeiten enthält, ein Programm nur teilweise ablaufen
zu lassen, um Fehler (engl. bugs für (wörtl.) Wanzen, formell mit „Fehlerstelle"
übersetzt) zu finden, siehe Abb. 4.21a.

Haltepunkt

Im Programmcode der Abb. 4.21b (P) wurde vor „*namdiagram* =" ein Haltepunkt
● gesetzt, indem auf derselben Höhe ins linke graue Randband geklickt wurde.
Das Programm wird nach Starten bis zu dieser Stelle ausgeführt und dann ange-
halten.

Man kann im angehaltenen Zustand die Inhalte der Variablen und Funktionen
abfragen, indem man mit dem Cursor auf den abzufragenden Programmcode geht.
In Abb. 4.21b (P) wurde der Cursor I über die Variable *namdiagram* gefahren,
deren Inhalt dann im eingeblendeten Fenster erscheint: [namdiagram = „Makro
aufzeichnen Diagramm 1"]. Der Haltepunkt wird wieder gelöscht, indem man auf
ihn klickt.

Schrittweiser Ablauf

Man kann mit der Funktionstaste F8 das Programm schrittweise ablaufen lassen,
ebenfalls die Inhalte von Variablen abfragen und außerdem Schritt für Schritt
beobachten, was in der Tabelle passiert, in unserem Fall, wie das Diagramm nach
und nach umformatiert wird.

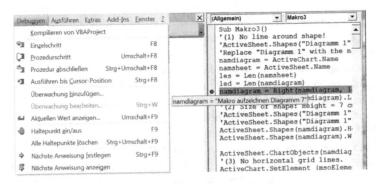

Abb. 4.21 a (links) Hilfsmittel, Fehler in einem Programm zu erkennen (zu „debuggen"). **b**
(rechts, P) Ausschnitt aus einem Programm, welches bis zum Haltepunkt ● gelaufen ist. Die grau
unterlegte Programmzeile wurde noch nicht ausgeführt

4.6   Zeichnen von dichtest gepackten Ebenen; Kristallphysik

Wir zeichnen zwei verschiedene Stapelungen von drei Ebenen mit dichtest gepackten Kugeln, die der kubisch flächenzentrierten bzw. der hexagonal dichtesten Kristallstruktur entsprechen.

Fragen

Wie viele Nachbarn hat eine Kugel in einer dichtest gepackten Ebene?[14]

Wie viele Nachbarn hat eine Kugel in einem dichtest gepackten Ebenenstapel?[15]

Programmstruktur und Geometrie

In dieser Aufgabe soll eine Draufsicht auf dichteste Kugelpackungen gezeichnet werden. Dabei soll eine Programmstruktur entwickelt werden, die auf einer For-Schleife aufbaut, die eine waagrechte Reihe von Kreisen zeichnet, die sich berühren. Eine folgende Kreisscheibe wird gegenüber der vorhergehenden um den Durchmesser d nach rechts versetzt.

In einer übergeordneten Schleife sollen die Reihen nacheinander in der Ebene verschoben werden, sodass sich die Kreisscheiben in einer hexagonalen Anordnung berühren. Das entstandene Makro soll dann in eine Subroutine umgewandelt werden, die eine Ebene zeichnet und der die Anfangskoordinaten von einem Hauptprogramm übergeben werden. In einem Hauptprogramm sollen schließlich drei übereinanderliegende Ebenen gezeichnet werden.

Die Zeichnungen in Abb. 4.22 dienen zur Bestimmung der Koordinaten der Kreismittelpunkte in der ersten und zweiten Ebene.

Die erste Ebene

Die erste Reihe von Kreisscheiben kann an einer beliebigen Stelle der Tabelle gezeichnet werden. Die zweite Reihe wird gegenüber der ersten Reihe in x- und y-Richtung versetzt gezeichnet. Abb. 4.22a gibt eine geometrische Konstruktion an, mit der man die Koordinaten des Mittelpunktes des ersten Kreises der zweiten Reihe ermitteln kann. Wir zeichnen jetzt vier Reihen von Kreisscheiben so, dass sich die Kreisscheiben berühren. Wir können das mit vier aufeinanderfolgenden For-Schleifen erreichen, siehe Sub *DiEb* Abb. 4.25 (P).

Es wird dabei immer dieselbe Subroutine Sub *Disc(x,y)* aufgerufen, der aber individuelle Positionen x, y übergeben werden. Der Durchmesser der Kreisscheiben wird innerhalb der Subroutine zu $d = 100$ festgelegt. In jeder Reihe wird die

---

[14]Sechs nächste Nachbarn.

[15]12 nächste Nachbarn, davon 6 in der eigenen Ebene, 3 drunter und 3 drüber.

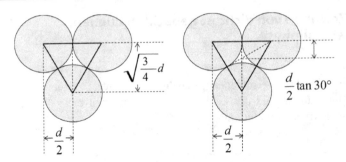

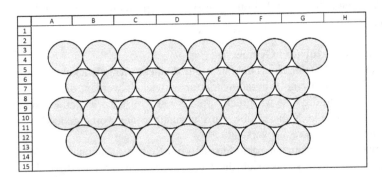

Abb. 4.22 a (links) Geometrie der hexagonalen Packung in einer Ebene, Verschiebung der zweiten Atomreihe gegenüber der ersten. **b** (rechts) Lage eines Atoms in der zweiten Ebene

Abb. 4.23 (T) Dichtest mit Kugeln gepackte Ebene, gezeichnet mit Sub *DiEb* aus Abb. 4.25 (P), hier allerdings in halber Größe

x-Position des folgenden Kreises um den Durchmesser eines Kreises nach rechts verschoben. Die *y*-Position ist für eine Reihe immer dieselbe.

Jede weitere Reihe wird gegenüber der ersten Reihe um bestimmte Stücke d*x* und d*y* verschoben, die aus den geometrischen Konstruktionen in Abb. 4.22 hervorgehen. Das Ergebnis sieht man in Abb. 4.23 (T).

Die zweite Ebene

Jetzt soll eine zweite Ebene über die erste gelegt werden, wobei die Kreisscheiben der zweiten Ebene über Lücken der ersten Ebene liegen sollen. Das kann man bewerkstelligen, indem man aus dem obigen Hauptprogramm *DiEb* eine Subroutine macht (in Abb. 4.26 (P) Sub *Plane(delx, dely)* genannt), der man die Anfangskoordinaten der Ebene übergibt. Die Verschiebungen *delx* und *dely* kann man mithilfe der Abb. 4.22b bestimmen.

Zwei Möglichkeiten für die dritte Ebene

Für die dritte Ebene hat man zwei Möglichkeiten:

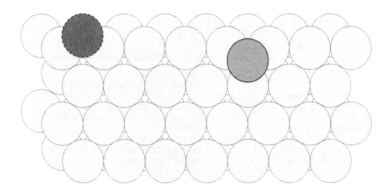

Abb. 4.24 Zwei dichtest gepackte Ebenen und nur zwei „Atome" in der dritten Ebene; dunkelgraues „Atom" mit gestricheltem Rand links oben: Position wie in der hexagonal dichtesten Kugelpackung; hellgraues „Atom" mit schwarzem Rand: Position wie in der kubisch flächenzentrierten Struktur; die Zeichnung wurde mit SUB *hcp_fcc* aus Abb. 4.27 (P) erstellt

1. Sie liegt genau über der ersten Ebene, so wie das in der Kristallstruktur der hexagonal dichtesten Kugelpackung (hdP) der Fall ist. Dann muss man noch einmal *PLANE*(0, 0) aufrufen, siehe Zeile 12 in Abb. 4.27 (P). Für die Zeichnung in Abb. 4.24 wurde nur eine Kreisscheibe in die richtige Position gesetzt (oben links im Bild).
2. Sie liegt über den noch sichtbaren Lücken der ersten Ebene wie in der kubisch flächenzentrierten Kristallstruktur (kfz). Das wurde im konkreten Fall nur für eine Kreisscheibe oben rechts in der Zeichnung (hellgrau, schwarzer Rand in Abb. 4.24) gemacht, siehe Zeile 17 in Abb. 4.27 (P). Die Verschiebung der dritten gegenüber der ersten ist dann in x- und y-Richtung doppelt so groß wie die Verschiebung der zweiten Ebene.

Formen gruppieren und kopieren

Um die Formen zu einem Gesamtbild zu gruppieren, aktivieren Sie in der Registerkarte SUCHEN UND AUSWÄHLEN (ganz rechts in der EXCEL-Startleiste, Abb. 1.2 in Abschn. 1.7) den weißen Pfeil OBJEKTE MARKIEREN, ziehen das Markierungsrechteck um die Zeichenobjekte und betätigen dann FORMAT/GRUPPIEREN. Die Gruppe können Sie dann als Gesamtgrafik in andere Anwendungen, z. B. in eine WORD-Datei oder eine POWER-POINT-Datei kopieren.

Aufgabe

Gruppieren Sie Ihre Zeichnung zu einem Bild und kopieren Sie dieses Bild im png-, tif- oder einem anderen Bildformat in einen anderen Bereich der Tabelle oder in eine andere Anwendung, z. B. in eine POWERPOINT-Datei! Dazu markieren Sie das Objekt, klicken KOPIEREN, gehen an eine andere Stelle in der Tabelle, klicken EINFÜGEN/INHALTE EINFÜGEN und wählen das gewünschte Format.

Vollständige Routinen

```
 1 Sub DiEb()                                    '3rd row of discs                            16
 2 x0 = 100                                       dx = 0 'shift with respect to 1st row       17
 3 y0 = 100                                       dy = d * Sqr(3 / 4) * 2                      18
 4 d = 100 'diameter of the disc                  For i = 0 To 7                              19
 5 '1st row of discs                                Call Disc(x0 + dx + i * d, y0 + dy)       20
 6 For i = 0 To 7                                 Next i                                       21
 7   Call Disc(x0 + i * d, y0)                    '4th row of discs                           22
 8 Next i                                         dx = d / 2 'shift with respect to 1st row   23
 9 '2nd row of discs                              dy = d * Sqr(3 / 4) * 3                      24
10 dx = d / 2 'shift with respect to 1st row      For i = 0 To 6                              25
11 dy = d * Sqr(3 / 4)                              Call Disc(x0 + dx + i * d, y0 + dy)       26
12 For i = 0 To 6                                 Next i                                       27
13   Call Disc(x0 + dx + i * d, y0 + dy)          End Sub                                      28
14 Next i
```

Abb. 4.25 (P) Sub *DiEb* zum Zeichnen einer Ebene; die vier Atomreihen werden mithilfe von vier Schleifen gezeichnet, Ergebnis in Abb. 4.23 (T)

```
 1 Sub Plane(delx, dely)                          dx = 0 + delx                               16
 2 x0 = 100 'offset to left upper corner          dy = d * Sqr(3 / 4) * 2 + dely              17
 3 y0 = 100 'of the worksheet                     For i = 0 To 7                              18
 4 d = 100 'diameter of the disc                    Call Disc(x0 + dx + i * d, y0 + dy)       19
 5 dx = delx                                      Next i                                       20
 6 dy = dely                                      dx = d / 2 + delx                           21
 7 For i = 0 To 7                                 dy = d * Sqr(3 / 4) * 3 + dely              22
 8   Call Disc(x0 + dx + i * d, y0 + dy)          For i = 0 To 6                              23
 9 Next i                                           Call Disc(x0 + dx + i * d, y0 + dy)       24
10 dx = d / 2 + delx                              Next i                                       25
11 dy = d * Sqr(3 / 4) + dely                     End Sub                                      26
12 For i = 0 To 6                                                                              27
13   Call Disc(x0 + dx + i * d, y0 + dy)                                                       28
14 Next i
```

Abb. 4.26 (P) Sub *DiEb* wurde umgewandelt in eine Subroutine *Plane;* der die Anfangskoordinaten von einem übergeordneten Programm übergeben werden

```
 1 Sub hcp_fcc()                                  dy = 0                                       10
 2 x0 = 100                                       dx = 100 * 1                                 11
 3 y0 = 100                                       Call Disc(x0 + dx, y0 + dy)                  12
 4 Call Plane(0, 0)                               'kfz                                         13
 5 delx = 100 / 2                                 dy = 100 * Sqr(3 / 4) - 100 / 2 * Tan(30 _   14
 6 dely = 100 / 2 * Tan(30 _                               / 180 * 3.14159265)                 15
 7         / 180 * 3.14159265)                    dx = 100 * 5                                 16
 8 Call Plane(delx, dely)                         Call Disc(x0 + dx, y0 + dy)                  17
 9 'hdp                                           End Sub                                      18
```

Abb. 4.27 (P) Hauptprogramm, welches Sub *Plane* zwei Mal aufruft, zwei Atome oben drauf setzt (mit Sub *Disc* aus Abb. 4.10b (P)) und so das Bild in Abb. 4.24 zeichnet

1 **Sub Circles()**	Cells(r2, c2 + 1) = Cells(r, c + 9)	7
2 r2 = 13	r2 = r2 + 1 *'Continue counting!*	8
3 c2 = 23	Next r	9
4 For c = 2 To 9 *'columns C to I*	r2 = r2 + 1 *'Continue counting!*	10
5 For r = 13 To 43	Next c	11
6 Cells(r2, c2) = Cells(r, c) *'x*	End Sub	12

Abb. 4.28 (P) Sub *Circles* schreibt die x-Koordinaten der Spalten B bis I ($c = 2$ to 9) und die zugehörigen y-Koordinaten in den Spalten K bis R ($c + 9 = 11$ to 18) untereinander in die Spalten W und X ($c_2 = 13$ und $c_2 + 1 = 14$)

4.7 Formelroutine: Wellenfronten

Wir übertragen die in einer Tabelle mit Γ-Struktur berechneten Koordinaten von acht Kreisen in zwei Spalten, sodass sie als *eine* Datenreihe in einem Diagramm dargestellt werden können. Dabei werden einmal mit einem Makro nur Zahlen übertragen und ein zweites Mal mit einer Formelroutine Formeln mit relativen Zellbezügen aus dem Makro heraus in Zellen geschrieben.

Rückblick auf Abschn. 2.5

In Abschn. 2.5 haben wir in einer Tabelle mit typischem Γ-Aufbau die Wellenfronten von Schallwellen berechnet, die von einer bewegten Schallquelle ausgehen, sodass die Koordinaten *(x, y)* jedes Kreises, der einen Wellenkamm darstellt, in zwei Spalten stehen. Überträgt man die insgesamt acht Kreise in ein Diagramm standardmäßig als acht Datenreihen, dann erhalten sie zunächst verschiedene Farben. Da diese Farben keine besondere Information tragen, haben wir alle Kreise von Hand schwarz eingestellt.

In dieser Übung sollen die Koordinaten aller acht Kreise in zwei Spalten übertragen werden, sodass sie als eine Datenreihe in einem Diagramm dargestellt werden können.

Ergebnisse (Zahlen) übertragen

Wir können mit einem Makro wie in Abb. 4.28 (P) die Koordinaten aller acht Kreise in zwei Spalten kopieren und nach dem letzten Eintrag für einen Kreis eine Leerzeile einfügen.

Das Ergebnis sieht man in Abb. 4.29 (T) in den Spalten W und X.

Wir können jetzt W13:X267 als Werte für eine Datenreihe in ein XY-Diagramm eintragen. Wenn wir die Parameter unseres Formelwerks verändern, dann muss das Makro Sub *Circles* neu gestartet werden, weil immer nur Zahlen als Ergebnis der Tabellenrechnung übertragen werden.

Formeln in Zellen schreiben

Wir verändern Sub *Circles* so, dass in die Spalten Z und AA von Abb. 4.29 (T) Formeln geschrieben werden, die die Koordinaten aus der Tabelle übernehmen. Das Programm dazu steht in Abb. 4.30 (P).

	W	X	Y	Z	AA	AB	AC
11	$-159{,}83$	$-16{,}13$		=B14	=K14		
12				x	y		
13	-152,4	-86,8		-152,4	-86,8		
14	**-159,8**	**-16,1**		**-159,8**	**-16,1**		
43	-152,4	-86,8		-152,4	-86,8		
44							
45	-304,8	-173,6		-304,8	-173,6		
46	-319,7	-32,3		**-319,7**	**-32,3**	=C14	=L14
75	-304,8	-173,6		-304,8	-173,6		
76							
77		-260,5		0,0	-260,5		
78	-479,5	-48,4		**-479,5**	**-48,4**	=D14	=M14
107	-457,2	-260,5		-457,2	-260,5		
108							
237	-1219,2	-694,6		-1219,2	-694,6		
238	-1278,7	-129,1		**-1279**	**-129,1**	=I14	=R14
267	-1219,2	-694,6		-1219,2	-694,6		

Abb. 4.29 (T) Die Spalten W und X werden von Sub *Circles* in Abb. 4.28 (P) mit Zahlen beschrieben, die Spalten Z und AA von Sub *CirclesF* in Abb. 4.30 (P) mit Formeln

```
14 Sub CirclesF()                                      Cells(r2, c2 + 1) = _                        24
15 r2 = 13 'first row to be written in                    "=R[" & r3 & "]C[" & c4 & "]" 'y           25
16 c2 = 26 'column Z                                    r2 = r2 + 1                                  26
17 r3 = 0                                             Next r                                         27
18 c3 = -24 'first circle, x-coord. in column B       r2 = r2 + 1 'empty row between curves          28
19 c4 = -16 'first circle, y-coord. in column K       r3 = r3 - 32 'coordinates start in row 13      29
20 For c = 2 To 9 'columns B to I                     c3 = c3 + 1 'next circle, x-coord.             30
21    For r = 13 To 43                                c4 = c4 + 1 'next circle, y-coord.             31
22       Cells(r2, c2) = _                           Next c                                          32
23          "=R[" & r3 & "]C[" & c3 & "]" 'x         End Sub                                         33
```

Abb. 4.30 (P) Sub *CirclesF* beschreibt die Spalten Z ($c_2 = 26$) und AA ($c_2 + 1 = 27$) mit Formeln, die die Koordinaten der acht Kreise übernehmen

```
1 Sub Makro4()                                                               1
2    Range("Z14").Select                                                     2
3    ActiveCell.FormulaR1C1 = "=RC[-24]"        Z14 = B14                     3
4    Range("AA14").Select                                                     4
5    ActiveCell.FormulaR1C1 = "=RC[-16]"        AA14 = K14                    5
6 End Sub                                                                     6
```

Abb. 4.31 (P) Sub Makro4 wurde aufgezeichnet, als Z14 = [= B14] und AA14 = [= K14] geschrieben wurde

Die Schreibbefehle in den Zeilen 23 und 25 wurden über Makro aufzeichnen gewonnen, als Z14 = [= B14] und AA14 = [=K14] geschrieben wurde, siehe Abb. 4.31 (P).

Die Formeln in den Zeilen 3 und 5 setzen relative Bezüge ein.

Relative Bezüge in VBA

In Abb. 4.31 (P) wurden relative Bezüge der Art „= RC[–24]" und „= RC[–16]" aufgezeichnet. Wenn nur die Koordinaten des ersten Kreises aufgezeichnet werden sollten, dann könnte man diese Formeln einfach in die Zeilen $r_2 = 13$ bis 43 der Spalten $c_2 = 26$ und $c_2 + 1 = 27$ schreiben. Für die nächsten Kreise muss aber immer wieder auf die Zeilen 13 bis 43 der Γ-Tabelle zurückgegriffen werden, obwohl der Reihenindex r_2 für die zu schreibenden Koordinaten bereits größer ist. Die Formel muss deshalb auch die Reihe explizit ansprechen, z. B. Z46 = C14 oder mit relativen Bezügen = R[−32]C[−24].

In Sub *CirclesF* in Abb. 4.30 (P) werden zwei Reihenindizes und drei Spaltenindizes verwendet, r_2 und c_2 für die Adresse der Zelle, in die geschrieben werden soll (CELLS(r_2,c_2) für x, und CELLS($r_2,c_2 + 1$) für y); sodann r_3 sowie c_3 und c_4 für die Adresse der Zelle, aus der gelesen werden soll (Spalten c_3 für x, c_4 für y). Die Indizes r_3, c_3 und c_4 werden in relativen Zellbezügen eingesetzt, z. B. in der Schleife mit R[r_3]C[c_3], wobei r_3 und c_3 dann die entsprechenden Werte haben müssen. Nachdem die Koordinaten eines Kreises übertragen worden sind, wird $r_3 = r_3 − 32$ gesetzt (Zeile 29), weil die Koordinaten des nächsten Kreises immer in Reihe 13 anfangen.

In den Zeilen 30 und 31 werden die Spaltenindizes c_3 und c_4 um 1 erhöht, weil ja jetzt der nächste Kreis übertragen werden soll, dessen Koordinaten in der Γ-Tabelle jeweils eine Spalte weiter rechts stehen. Die Anweisungen in den Zeilen 23 und 25 werden aus Text und Variablen zusammengesetzt.

Schleifenindex und Laufindex

Die (For $r =$)-Schleife wird innerhalb der (For $c =$)-Schleife ausgeführt („verschachtelte Schleifen"). Wir bezeichnen r und c als *Schleifenindizes*. Der Reihenindex r_2 der Zelle in die geschrieben werden soll, wird nicht formelmäßig aus r und c berechnet, sondern nach jedem Eintrag um eins erhöht, Zeile 26. Wir bezeichnen ihn als *Laufindex*. Nachdem die Koordinaten für einen Kreis geschrieben worden sind, wird der Laufindex noch einmal um 1 erhöht, Zeile 28, damit die Koordinaten für verschiedene Kreise durch eine Leerzeile voneinander getrennt sind und im Diagramm als zwei getrennte Kreise erscheinen. Die Laufindizes für die Spalten c_3 und c_4, in denen die einzulesenden Koordinaten des nächsten Kreises stehen, werden ebenfalls um 1 erhöht.

Solche Programmabläufe werden wir häufig anwenden und merken uns dafür die folgende Besenregel.

▶   Ψ *In den Schleifen weiterzählen!*

Innerhalb einer Schleife, die von Schleifenindizes gesteuert wird, wird ein Laufindex weitergezählt.

4.8 **Bearbeitung von Texten**

In diesem Abschnitt werden Operationen an Zeichenfolgen (Texten) geübt. Mithilfe der VBA-Anweisungen LEN, SPLIT, JOIN, LEFT, RIGHT und MID vertauschen wir Buchstaben in Wörtern.

4.8.1   Textverarbeitung

Buchstabenverwirbelung
Es wird bthauepet, dsas man einen Txet auch leesn knöne, wenn man in jdeem
Wort nur den Anfangs- und den End-Bcuh-staebn stehen lässt und alle mtitlreen
Buch-staben vwreiebrlt. Gbeulan Sie das oedr haldent es sich um eine Snipnerei?

Aufgabe
Scieehbrn Sie ein Prgormam, wehcles zshäcnut einen Text aus eneim Tlaeblen-
btlat einlseit. Dsieer Text slol dnan in Wörter zeelrgt wdreen. Die eilnzenen
Wterör wedren dann umoremfgt, sodsas der Afnangs- und der Enhductbsabe an
ierhm Pltaz beilben, innere Bcuh-sebtan aber zillfäug vcsuhtreat wreden.
  Wir wollen also ein Programm schreiben, das in einem ursprünglich korrekt-
geschriebenen Text Buchstaben vertauscht. Ein solches Programm hat bereits die
ersten beiden Absätze dieser Beschreibung verwirbelt. Anzahl der Buchstabenver-
tauschungen in obigem Text: 2 (erster Absatz), 4 (zweiter Absatz).

Klartext der ersten beiden Absätze
Es wird behauptet, dass man einen Text auch lesen könne, wenn man in jedem
Wort nur den Anfangs- und den Endbuchstaben stehen lässt und alle mittleren
Buchstaben verwirbelt. Glauben Sie das oder handelt es sich um eine Spinnerei?

Aufgabe
Schreiben Sie ein Programm, welches zunächst einen Text aus einem Tabellenblatt
einliest. Dieser Text soll dann in Wörter zerlegt werden. Die einzelnen Wörter
werden umgeformt, sodass Anfangs- und Endbuchstaben an ihrem Platz bleiben,
innere Buchstaben aber zufällig vertauscht werden.

VBA-Anweisungen zur Textverarbeitung
Wir benötigen folgende VBA-Anweisungen, die Zeichenketten betreffen:
  LEN, SPLIT, JOIN, LEFT, RIGHT und MID.
  Informieren Sie sich über diese Anweisungen in der VBA-Hilfe! Über die
MID-Funktion erfahren Sie dort z. B.:

Mid-Funktion
Gibt einen Wert vom Typ VARIANT (STRING) zurück, der eine bestimmte Anzahl von
Zeichen aus einer Zeichenfolge enthält.

Syntax
MID (STRING, START [, LENGTH])
  STRING Erforderlich. Zeichenfolgenausdruck, aus dem Zeichen zurückgegeben
werden.
  START Erforderlich; Wert vom Typ LONG. Position in STRING, an der der zurück-
zugebende Abschnitt beginnt.
  LENGTH Optional; Wert vom Typ VARIANT (LONG). Anzahl der zurückzugebenden
Zeichen.

Textverarbeitung in in Vba

Split(string,…) zerlegt einen Zeichenfolgenausdruck String in Wörter und speichert sie in einem Feld ab. Wenn nichts Anderes angegeben wird, dann wird das Leerzeichen als Trennzeichen zwischen Wörtern aufgefasst.

Len(string) bestimmt die Länge einer gegebenen Zeichenfolge.

Left(string, length), (Right(string, length)) schneidet aus einer Zeichenfolge *von links* ausgehend (*von rechts* ausgehend) ein Stück der Länge length aus.

Mid(string, start, length) schneidet aus einer Zeichenfolge von der Position start ausgehend und rechts davon ein Stück der Länge length aus.

Join(Feld) verbindet die Komponenten des Eingabefeldes zu einer Zeichenfolge.

Fragen

Die Variable *Tx* enthalte den Text „Wir schneiden aus." Mit welchen Anweisungen erhalten Sie das erste, das letzte und das vierte Zeichen von *Tx?* Wie kopieren Sie das Wort „schneiden" von *Tx* in eine neue Variable *Wd?*[16]

4.8.2 Programmablauf

Im Folgenden wird Ihnen zunächst ein vollständiges Programm vorgestellt (Hauptprogramm *Scramble* und Unterroutine *XWord*), das die Aufgabe löst. Schreiben Sie es nicht ab, sondern lesen Sie weiter! Danach wird das Programm nämlich in Test-Makros Schritt für Schritt entwickelt, sodass Sie die Wirkung der einzelnen Anweisungen verfolgen können; dabei werden auch die neuen vba-Konstrukte erläutert.

Beachten Sie im folgenden Fließtext, dass gemäß unserer Schreibweise die Wörter in Kapitälchen vba-interne Begriffe sind, während die *kursiv* gedruckten vom Programmierer ausgedacht wurden.

Split(*Sentence*)

Das Hauptprogramm *Scramble()*, Abb. 4.32 (P), liest aus der Zelle A1 der Tabelle einen Satz ein (*Sentence* = Cells(1,1)), zerlegt ihn in Wörter (*Words* = Split(*Sentence*), Zeile 3) und übergibt die Wörter einzeln an die Unterroutine *XWord(Word)* (Zeile 13). Die Variable *Words* wird durch die Anweisung automatisch zu einem Feld. Zum Datentyp des Feldes siehe Abschn. 4.8.4. *Words* ist ein Feld, *Word* ist eine einfache Variable.

Die Unterroutine *XWord(Word)*, Abb. 4.33 (P), zerlegt das Wort in einzelne Buchstaben, vertauscht zufällig innere Buchstaben und gibt das veränderte Wort,

---

[16]Left(*Tx*, 1) → "W"; Right(*Tx*, 1) → "." (Punkt), Mid(*Tx*, 4, 1) → " " (Leerzeichen), *Wd* = Mid(*Tx*, 5, 9).

welches in den Zeilen 38 bis 40 zusammengesetzt wird, an die übergeordnete Routine zurück, von der sie aufgerufen wurde.

JOIN(*Sentence*)

Das Hauptprogramm SUB *Scramble* in Abb. 4.32 (P) setzt die veränderten Wörter wieder zu einem Satz zusammen (*newSentence* = JOIN(*Words*, „ „), Zeile 15) und schreibt ihn in die Zelle A2 (CELLS(2,1) = *newSentence*). Der zweite Eintrag „ „ in JOIN bewirkt, dass nach jedem Element des Feldes *Words* ein Leerzeichen eingefügt wird.

VBA-Begriffe und benutzerdefinierte Variablennamen

In den Programmen *Scramble* und *XWord* kommen Begriffe vor, denen VBA eine *genau vorgegebene Bedeutung* zumisst:

- CELLS(1,2); Zelle in der ersten Reihe und der zweiten Spalte der aktuellen Tabelle,
- FOR … TO …; DO WHILE … LOOP; ON ERROR GOTO;
- Die Funktionen SPLIT(…); JOIN(…); INT(…); RND().

Solche Begriffe werden im Text mit KAPITÄLCHEN bezeichnet.

Es kommen ferner elf *Variablennamen* vor, die der Programmierer *sich selbst ausgedacht* hat:

- *Sentence, Words, lSent, newSentence, lWord, letter,* n_1, n_2, L_0, x, n.

Er hätte genauso gut elf Buchstaben nehmen können:

- *a, b, c, d, e, f, g, h, i, j, k,*

oder elf Kombinationen von Buchstaben und Zahlen:

- *a1, a2, a3, a4, b5, b6, b7, b8, x1, x2, x3.*

Solche Namen werden im Text kursiv gesetzt. Als Variablennamen sind alle Kombinationen von Buchstaben und Zahlen erlaubt; das erste Zeichen muss aber ein

```
1 Sub Scramble()                      Loop                                    10
2 Sentence = Cells(1, 1)              Ex: lSent = i - 1 '#words in the sentence 11
3 Words = Split(Sentence)             For IS = 1 To lSent                      12
4 'Count the words!                       Call XWord(Words(IS)) 'letters are exchanged 13
5 i = 0                               Next IS                                  14
6 Do While Err = False               newSentence = Join(Words, " ")           15
7    W = Words(i)                     Cells(2, 1) = newSentence                16
8    On Error GoTo Ex                 End Sub                                  17
9    i = i + 1                                                                 18
```

Abb. 4.32 (P) SUB *Scramble* liest einen Satz aus Zelle A1 ein, zerlegt ihn in Wörter, die im Feld *Words* abgespeichert werden, und reicht die Worte einzeln an die Unterroutine *XWord* weiter. Die Wörter, die von *XWord* zurückgegeben werden, werden in Zeile 15 zu einem neuen Satz zusammengefügt und in die Zelle B1 (CELLS(2,1)) der Tabelle ausgegeben

```
19 Sub XWord(Word)                              n1 = Int(Rnd() * (lWord - 2)) + 2        31
20 Dim Letter(20) As String                     n2 = Int(Rnd() * (lWord - 2)) + 2        32
21 lWord = Len(Word) '#letters in the word      'random positions within the word        33
22 If lWord >= 4 Then                            L0 = Letter(n1)                          34
23    Letter(0) = Left(Word, 1)                  Letter(n1) = Letter(n2)                  35
24    Letter(lWord) = Right(Word, 1)             Letter(n2) = L0                          36
25    'First and last letter unchanged.        Next x                                    37
26    For n = 2 To lWord - 1                    For n = 1 To lWord                        38
27       'Letters are singled out.                 Word = Join(Letter, "")               39
28       Letter(n) = Mid(Word, n, 1)           Next n                                    40
29    Next n                                   End If                                    41
30    For x = 1 To 2 'exchange of letters      End Sub                                   42
```

Abb. 4.33 (P) Sᴜʙ *XWord* erkennt die Länge des übergebenen Wortes (Zeile 21), zerlegt es in Buchstaben (Zeilen 26–29), vertauscht innere Buchstaben (Zeilen 30–37) und setzt das veränderte Wort wieder zusammen (Zeilen 38–40)

Buchstabe sein. Um das Programm übersichtlich zu halten, sollte man Variablennamen wählen, denen man ihre Bedeutung für das Programm leicht ansieht.

Achtung: *l* (kleines el) und *I* (großes ie) können leicht verwechselt werden! Variablennamen an verschiedenen Stellen des Programms sehen dann gleich aus, bezeichnen aber zwei verschiedene Variablen. Man setzt also besser ein großes *L* ein: *LWord* statt *lWord*.

Fragen

Wie müssten die Zeilen 2 und 16 von Abb. 4.32 (P) lauten, wenn die Anweisung mit Rᴀɴɢᴇ statt Cᴇʟʟs formuliert wird?[17]

Welche Variablennamen in Abb. 4.32 (P) hat sich der Programmierer selbst ausgedacht?[18]

Welche Variablennamen in Abb. 4.33 (P) hat sich der Programmierer selbst ausgedacht?[19]

4.8.3 Schritt für Schritt programmieren

Wir entwickeln Schritt für Schritt ein Programm, das die in Abschn. 4.8.2 angeführte Textverwirbelung durchführt. Es wechselwirkt mit der Tabelle, d. h., es liest aus Zellen und schreibt in Zellen hinein, siehe Abb. 4.34 (T).

Im Makro *SplitWord_Test()*, Abb. 4.35 (P), wird zunächst der Satz aus Zelle A1 eingelesen, *Sentence* = cᴇʟʟs(1,1), und mit Sᴘʟɪᴛ(*Sentence*) in seine Wörter zerlegt.

---

[17]*Sentence* = Rᴀɴɢᴇ(„A1"); Rᴀɴɢᴇ(„A2") = *newSentence*.

[18]*Sentence, Words, W, i, lSent, lS, newSentence*.

[19]*Letter, lWord, n, x, n_1, n_2, L_0*.

	A	B	C	D
1	Ein Satz soll zerlegt werden.	Ein	z	l
2		Satz	e	e
3		soll	r	r
4		zerlegt	l	z
5		werden.	e	e
6			g	g
7	Ein Satz soll lerzegt werden.		t	t
8				

Abb. 4.34 (T) In A1 steht der zu zerlegende Satz, der vom Programm eingelesen wird. Die Spalten B, C, D sowie die Zelle A7 werden vom Programm beschrieben. Die einzelnen Wörter stehen in Spalte B, die einzelnen Buchstaben des vierten Wortes in Spalte C, diejenigen des verwirbelten Wortes in Spalte D

```
1 Sub SplitWord_Test()                  On Error GoTo Ex                              9
2 Sentence = Cells(1, 1)                i = i + 1                                    10
3 Words = Split(Sentence)               Loop                                        11
4 'The sentence is split into words.    Ex: lSent = i  '#words in the sentence      12
5 i = 0                                 Call XWord_Test(Words(3)) 'letters are exchanged  13
6 Do While Err = False                  newSentence = Join(Words, " ")              14
7   'output of single words             Cells(7, 1) = newSentence                   15
8   Cells(i + 1, 2) = Words(i)          End Sub                                     16
```

Abb. 4.35 (P) Die Subroutine *SplitWord_Test* zerlegt den Satz (in der Variablen *Sentence*) in einzelne Wörter, die wiederum in die Tabelle, Spalte B, ausgegeben werden. Die Anzahl *i* (und *lSent*) der Wörter wird bestimmt (Zeilen 6 bis 12). Das dritte Wort des Satzes wird an Sub *XWord_Test* übergeben

Mit der Anweisung *Words* = Split(*Sentence*) wird die Variable *Words* automatisch zu einem Feld *Words(i)*, das alle Wörter von *Sentence* enthält. *Words* muss also nicht vorher als Feld deklariert werden. In Zeile 13 wird die Subroutine *XWord_Test(Word)* aufgerufen, in der die einzelnen Wörter in Buchstaben zerlegt werden.

In der Subroutine *XWord_Test(Word)*, Abb. 4.36 (P), wird ein einzelnes Wort, das vom Hauptprogramm übergeben wird, mit der Mid-Funktion in seine Buchstaben zerlegt, die dann in ein Feld *Letter* und in die dritte Spalte (C in der Tabelle) geschrieben werden.

Im zweiten Teil der Subroutine ab Zeile 25 werden zwei Buchstaben aus dem Feld *Letter* zufällig ausgewählt und miteinander vertauscht. Das geschieht zweimal, weil die (For *x* =)-Schleife zweimal durchlaufen wird.

Im dritten Teil werden die Buchstaben aus dem Feld *Letter* mit der Funktion Join wieder zu einem Wort zusammengefügt, Zeile 36, und in die Variable *Word* geschrieben, die im Prozedurkopf steht. Damit wird das veränderte Wort an das Hauptprogramm zurückgegeben.

Im Hauptprogramm Sub *SplitWord_Test* der Abb. 4.35 (P) wird mit der Anweisung Join(*Words*, „ „), Zeile 14, in der Variablen *newSentence* eine neue Zeichenfolge aus dem Feld *Words* erzeugt. Nach jedem Wort wird gemäß dem zweiten Eintrag ein Leerzeichen gesetzt, damit die Zeichenfolge wie ein Satz aussieht. Der neue Satz wird dann in Zelle A7 von Abb. 4.34 (T) ausgegeben.

17 **Sub XWord_Test(Word)**	'Random positions within the word 28
18 Dim Letter(20) As String	'Debug.Print n1, n2 29
19 lWord = Len(Word) '#letters in the word	L0 = Letter(n1) 30
20 For n = 1 To lWord 'letters are singled out	Letter(n1) = Letter(n2) 31
21 Letter(n) = Mid(Word, n, 1)	Letter(n2) = L0 32
22 Cells(n, 3) = Letter(n)	Next x 33
23 'letters are put out into column 3	For n = 1 To lWord 34
24 Next n	Cells(n, 4) = Letter(n) 35
25 For x = 1 To 2 'exchange of letters	Word = Join(Letter, "") 36
26 n1 = CInt(Rnd() * (lWord - 1)) + 1	Next n 37
27 n2 = CInt(Rnd() * (lWord - 1)) + 1	**End Sub** 38

Abb. 4.36 (P) Die Subroutine *XWORD_TEST* zerlegt ein Wort in seine einzelnen Buchstaben und vertauscht zweimal ($x = 1$ to 2) zwei der inneren Buchstaben

Mit der Anweisung *newSentence* = JOIN(*WORDS*, „ „) wird der Variablen *newSentence* automatisch der Typ STRING zugewiesen.

Fragen

Der Satz in Zelle A7 von Abb. 4.34 (T) endet mit einem Leerzeichen. Mit welchen Befehlen lässt sich das schon in der Subroutine entfernen?[20]

Nachdem wir diese Makros daraufhin überprüft haben, ob sie das machen, was wir beabsichtigen, formen wir sie um in ein Programm, welches einen Satz aus Zelle A1 einliest und den veränderten Satz in A2 ausgibt, wie z. B. SUB *Scramble* in Abb. 4.32 (P). Wir vertauschen jetzt nur Buchstaben aus dem Innern des Wortes, lassen also den Anfangs- und den Endbuchstaben stehen.

Aufgabe
Machen Sie diese Übung auch mit anderen Texten und überraschen Sie Ihre Freunde mit launigen Briefen!

4.8.4   VBA- Konstrukte

Der Datentyp Feld (ARRAY)
Felder werden in VBA folgendermaßen deklariert:

DIM Variablenname (Länge) AS Datentyp

Mit z. B. [DIM *Fel*(2) AS DOUBLE] wird ein Feld mit drei Zellen (zu adressieren mit 0, 1, 2) definiert, wobei jede Zelle eine reelle Zahl vom Typ DOUBLE aufnehmen kann.

---

[20] g = LEN(*NewSentence*); *NewSentence* = LEFT(*NewSentence*, g-1).

1 **Sub Scramble_Test()**	For i = 1 To 20	5
2 Sentence = Cells(1, 1)	W = Words(i)	6
3 Words = Split(Sentence)	Next i	7
4	End Sub	8

Abb. 4.37   (P) Zerlegung eines Satzes ohne Abfrage des Satzendes

Do while … loop

In Sub *Splitword.Test()* in Abb. 4.35 (P) wird eine für uns neue Art von Schleife eingesetzt: Do While … Loop. Eine solche Schleife wird solange durchlaufen, wie die Bedingung nach While wahr ist. In unserem Fall wird abgeprüft, ob kein Fehler auftritt (While Err = False).

Der Befehl Split hat den Satz in der Variablen *Sentence* in Wörter zerlegt und die einzelnen Wörter im Feld *Words* abgelegt. Wir kennen die Länge des Feldes *Sentence* nicht. Deshalb erhöhen wir in der Do While … Loop-Schleife den Index *i*, bis auf ein Element des Feldes zugegriffen werden soll, welches nicht existiert, weil kein Wort eingeschrieben wurde. Dann wird eine Fehlermeldung ausgegeben und das Programm verlässt die Schleife.

Zur Erläuterung der Funktion dieser While-Schleife lassen wir ein verändertes Programm laufen, Abb. 4.37 (P).

Es erscheint eine Fehlermeldung „Laufzeitfehler 9; Index außerhalb des gültigen Bereichs", weil die Schleife von 1 bis 20 läuft, der Satz aber weniger als 20 Wörter enthält. Der vba-Interpreter hat das Programm unterbrochen und Err = True gesetzt.

Aufgabe

Informieren Sie sich in der Excel-Hilfe über die Do … loop-Anweisungen Do While … Loop und Do … Loop Until!

On error goto *Ex*

In Sub *SplitWord_Test* wird innerhalb der Schleife abgefragt, ob Err = True ist. Wenn das zutrifft, dann wird die Schleife mit On Error GoTo *Ex* verlassen. *Ex* ist eine Marke im Programm, zu der dann gesprungen wird („Sprungmarke"). Marken bestehen aus einem Namen, der mit einem Doppelpunkt abgeschlossen wird, siehe Zeile 12 in Abb. 4.35 (P). Den Namen *Ex* hat sich der Programmierer selbst ausgedacht.

4.9   Aufbereitung eines maschinellen Messprotokolls als nützliche Arbeit

Die bei der Bearbeitung von Texten erworbenen Kenntnisse werden eingesetzt, um in von Messgeräten erstellten Messprotokollen Text und Zahlen zu trennen, Codewörter zu erkennen und die wesentlichen Ergebnisse übersichtlich in Tabellen darzustellen. Fließtext wird zerlegt und in Tabellen eingeordnet.

4.9.1   Protokoll eines Messgeräts

Viele Messgeräte geben als Messprotokoll eine Textdatei aus, in der sowohl Text als auch Zahlen stehen. Als Beispiel geben wir die Zusammensetzung von vier Nb-dotierten TiO_2-Schichten auf einem Siliziumsubstrat an, so wie sie nach einer chemischen Analyse mit RBS (Rutherford Back Scattering) ausgegeben wird, Abb. 4.38 (T). Jede Schicht enthält unterschiedliche Anteile von Ti, O, Nb und Ar.

Wir werden die Ausgabe des Analyseprogramms in eine Tabelle wie in Abb. 4.39 (T) umschreiben.

4.9.2   Erkennen von Codewörtern

Die Informationen in einer Spalte von Abb. 4.38 (T) sollen dekodiert und in einer Zeile von Abb. 4.39 (T) abgelegt werden. Die Hauptaufgabe besteht dabei darin, bestimmte Codewörter zu erkennen, die angeben, auf welche physikalische oder technische Größe sich die folgenden Zahlen beziehen. Einen Auszug aus dem vollständigen Decodierprogramm, Abb. 4.41 (P), finden Sie in Abb. 4.40 (P).

	A	B	C	D
1	T1.lay	T2.lay	T3.lay	T4.lay
2	!----------------	!----------------	!----------------	!----------------
3	d=0.20E18	d=0.25E18	d=0.30E18	d=0.35E18
4				
5	Ti#,1	Ti#,1	Ti#,1	Ti#,1
6	O#,2.5	O#,2.4	O#,2.3	O#,2.2
7	Nb#,0.03	Nb#,0.05	Nb#,0.07	!----------------
8	Ar#,0.01	!----------------	Ar#,0.008	s=
9	!----------------	s=	!----------------	Si#,1
10	s=	Si#,1	s=	
11	Si#,1		Si#,1	

Abb. 4.38 (T) Protokoll von RBS-Messungen, in eine EXCEL-Tabelle übertragen; Zeile 1 = Namen für vier verschiedene Proben; Parameter: d = Anzahl der Atome pro cm^2; Ti, O, Nb, Ar = Elemente, die in der Schicht gefunden wurden mit ihren Indizes in der chemischen Formel; diese Tabelle soll in eine andere Tabelle in einem Tabellenblatt mit Namen „RBSdata" umsortiert werden, in eine Form wie in Abb. 4.39 (T)

	A	B	C	D	E	F
1						
2	SampNam	NAtoms	Ti	O	Nb	Ar
3	T1	2,00E+17	1	2,5	0,03	0,010
4	T2	2,50E+17	1	2,4	0,05	
5	T3	3,00E+17	1	2,3	0,07	0,008
6	T4	3,50E+17	1	2,2		
7						

Abb. 4.39 (T) Die Daten aus Abb. 4.38 (T) wurden in diese Tabelle im Tabellenblatt mit Namen „TabLay" geschrieben. Jede Probe erhält eine eigene Zeile. Die erste Zeile wird freigelassen, um später einen Index für die nächste freie Reihe einzufügen

Der Datensatz für eine Schicht wird zeilenweise eingelesen. Die Ausdrücke „d=0.20E18" und „Ti#,1" enthalten Informationen über die Anzahl der Atome pro cm^2 bzw. den Titan-Anteil in der Probe. Wenn das Programm die Datei abarbeitet, dann ist nicht von vornherein klar, welche Art von Datenzeile gerade vorliegt. Zur Decodierung werden deshalb nacheinander die ersten Teile der Datenzeile abgetrennt (Zeile 39 in Abb. 4.40 (P)), und es wird abgefragt, ob dieser Teil „d=" (Zeile 40) ist, (oder „Ti#," oder eines der anderen Codewörter, Zeilen 41 bis 46 in Abb. 4.42 (P)). Wenn eine Übereinstimmung gefunden ist, dann wird die nachfolgende Zahl in die zugehörige Variable geschrieben, für „d=" ist das *NAtoms* (Zeile 40 in Abb. 4.40 (P)).

Das vollständige Programm steht in Abb. 4.41 (P) und 4.42 (P).

Sub *DecodeRBS* in Abb. 4.41 (P) und 4.42 (P) liest nacheinander die Reihen 3 bis 30 aus der Tabelle „RBSData" ein (Zeile 24), bestimmt die letzte Reihe der nützlichen Daten (Zeile 26), decodiert sie (For-Schleife in den Zeilen 36 bis 47) und schreibt sie dann zeilenweise in die Tabelle „TabLay" (Zeilen 49 bis 55).

Da die Codewörter unterschiedlich lang sind („d=" hat zwei Buchstaben, „Ti#," hat vier Buchstaben), werden in den Zeilen 39, 41 und 43 nacheinander zwei, drei, vier Buchstaben vom Wortanfang abgetrennt, und es wird überprüft, ob sie einem der Codewörter entsprechen. Der nachfolgende Teil des Wortes enthält eine Zahl, die mit Right(..) abgetrennt und der entsprechenden Variablen (z. B. *NAtoms; Ti*) zugeordnet wird.

36	For r = 3 To r2	cll = Left(cl, 2) *'take first two letters*	39
37	cl = Cells(r, sample) *'e.g.: d=0.20E18*	If cll = "d=" Then NAtoms = Right(cl, Le - 2)	40
38	Le = Len(cl) *'length of the string*	Next r	47

Abb. 4.40 (P) Trennt die ersten beiden Buchstaben einer Textzeile ab (Zeile 39) und prüft, ob dies das Codewort „d=" ist

1	**Sub DecodeRBS()**	**For sample = 1 To 4**	15
2	*'Original data in sheet "RBS-data"*	Sheets("RBS-data").Select *'original data*	16
3	*'Table with sample characteristics in "TabLay"*	*'Get sample name!*	17
4	Dim cl, cll As String	SampNam = Cells(1, sample) *'sample name*	18
5	*'Write headers!*	Le = Len(SampNam) *'length of the name*	19
6	r3 = 2	SampNam = Left(SampNam, Le - 4)	20
7	Sheets("TabLay").Select	*' ".lay" is removed*	21
8	Cells(r3, 1) = "SampNam"	*'Identify range with information on sample!*	22
9	Cells(r3, 2) = "NAtoms"	For r1 = 3 To 30 *'scans rows 3 to 30*	23
10	Cells(r3, 3) = "Ti"	cl = Cells(r1, sample) *'Content of cell*	24
11	Cells(r3, 4) = "O"	cll = Left(cl, 5)	25
12	Cells(r3, 5) = "Nb"	If cll = "!----" Then r2 = r1 - 1	26
13	Cells(r3, 6) = "Ar"	*'r2 = last row of information on the sample*	27
14	r3 = r3 + 1 *' next free row for output*	Next r1	28

Abb. 4.41 (P) Vollständiges Programm zum Umsortieren der Rohdaten aus Abb. 4.38 (T) in eine Tabelle wie in Abb. 4.39 (T); Fortsetzung des Programms in Abb. 4.42 (P)

29	'Remove old information!
30	NAtoms = Empty
31	O = Empty
32	Ti = Empty
33	Nb = Empty
34	Ar = Empty
35	'Decode information in rows 3 to r2!
36	For r = 3 To r2
37	cl = Cells(r, sample) 'e.g.: d=0.20E18
38	Le = Len(cl) 'length of the string
39	cll = Left(cl, 2) 'take first two letters
40	If cll = "d=" Then NAtoms = Right(cl, Le - 2)
41	cll = Left(cl, 3) 'take first three letters
42	If cll = "O#," Then O = Right(cl, Le - 3)
43	cll = Left(cl, 4) 'take first four letters

If cll = "Ti#," Then Ti = Right(cl, Le - 4)	44
If cll = "Nb#," Then Nb = Right(cl, Le - 4)	45
If cll = "Ar#," Then Ar = Right(cl, Le - 4)	46
Next r	47
'Write decoded data into a different sheet!	48
Sheets("TabLay").Select	49
Cells(r3, 1) = SampNam	50
Cells(r3, 2) = NAtoms	51
Cells(r3, 3) = Ti	52
Cells(r3, 4) = O	53
Cells(r3, 5) = Nb	54
Cells(r3, 6) = Ar	55
r3 = r3 + 1 'next free row	56
Next sample	57
End Sub	58

Abb. 4.42   (P) Fortsetzung von Abb. 4.41 (P)

Fragen

Nach welchem Codewort wird in Abb. 4.40 (P) gefragt?[21]
Welche Codewörter in Abb. 4.42 (P) haben die Länge 4?[22]

Da das Programm SUB *DecodeRBS* mit SHEETS(„RBS-data") .SELECT und SHEETS(„TabLay") .SELECT in zwei verschiedenen Tabellen arbeitet, muss es in einem Modul stehen. Wenn es im VBA-Blatt für eine Tabelle steht, dann arbeitet es mit den Anweisungen CELLS(r,c)= auch nur in dieser Tabelle.

VBA-Schlüsselwort EMPTY

In den Zeilen 26 bis 47 von Abb. 4.42 (P) wird der Inhalt von *O, Ti, Nb* und *Ar* nur dann beschrieben, wenn die zugeordneten Codewörter im ursprünglichen Messprotokoll vorkommen. Wenn ein Codewort bei der aktuellen Probe nicht vorkommt, dann wird der Inhalt der zugehörigen Variable nicht überschrieben. In dieser Variablen bleibt dann der alte Wert stehen. Damit das nicht passiert, haben wir durch die Anweisungen in den Zeilen 30 bis 34, z. B. *Nb* = EMPTY dafür gesorgt, dass die Variablen keinen Wert enthalten. EMPTY ist ein VBA-Schlüsselwort.

Probe T4 enthält kein Nb, die Zelle E5 in Abb. 4.39 (T) bleibt deshalb leer. Hätten wir vor der Dekodierung nicht *Nb* = EMPTY gesetzt, dann enthielte Nb noch den Wert 7,00E-02 der vorigen Probe und würde fälschlicherweise in die Tabelle eingetragen. Schwerer inhaltlicher Fehler!

---

[21]Es wird nach „d=" gefragt.
[22]Die Codewörter „Ti#,"; „Nb#," und „Ar#," haben die Länge 4.

4.9.3 Fortsetzung der Tabelle beim nächsten Aufruf des Makros

▶ **Tim** Das vorgestellte Programm sortiert die Daten von genau 4 Proben in eine andere Tabelle um. Was ist, wenn ein neuer Probensatz kommt und die Tabelle fortgesetzt werden soll? Kann sich das Programm den Wert des Indexes r_3 für die nächste freie Reihe merken und beim nächsten Aufruf einsetzen?

▶ **Mag** Nein, das Programm vergisst die Werte der Variablen, wenn es durchgelaufen ist.

▶ **Alac** Dann passe ich vor jedem neuen Aufruf einfach den Code an. In Zeile 14 wird für r_3 die nächste freie Reihe in der Tabelle von Abb. 4.39 (T) eingetragen, also 7, und für den letzten FOR-Schleifenindex in Zeile 15 setze ich dann die aktuelle Anzahl der Proben ein.

▶ **Mag** Das ist schon mal ganz pragmatisch gedacht und klappt auch. Es geht aber auch eleganter, wie mit den folgenden beiden Programmstücken.

Man kann die erste Reihe in Abb. 4.39 (T), die ja noch leer ist, nutzen, um die Informationen zu speichern, z. B. die Zelle A1, um die nächste freie Reihe anzuzeigen und die Zelle D1, um die Anzahl der neuen Proben anzugeben. Diese Informationen werden dann eingelesen, $r_3 =$ RANGE(„A1") in Zeile 14 und … To RANGE(„D1") in Zeile 15. Die Zelle A1 wird dann mit einer neuen Anweisung am Ende von SUB *DecodeRBS* mit dem Wert von r_3 beschrieben. Die Anzahl der neuen Proben muss in D1 von Hand eingetragen werden, oder der Programmierer denkt sich eine Abfrage aus, mit der die Anzahl der Proben in den Rohdaten von Abb. 4.38 (T) automatisch bestimmt wird.

Die nächste freie Reihe kann auch bestimmt werden, indem man in einer Schleife die erste Spalte abfragt, ob die aktuelle Zelle leer ist:

$$\text{DO}$$
$$r_3 = r_3 + 1$$
$$\text{LOOP UNTIL CELLS}(r_3, 1) = \text{EMPTY}$$

Ein Ratschlag
Verdienen Sie sich mit den Kenntnissen aus dieser Übung ein kleines Zubrot als Hilfskraft in wissenschaftlichen Projekten!

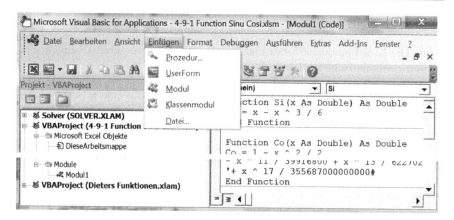

Abb. 4.43 Projekt-Explorer-Fenster; die benutzerdefinierten Tabellenfunktionen stehen in Modul1

4.10 Benutzerdefinierte Funktionen

Wir programmieren eigene Funktionen in Visual Basic, die wir dann als Tabellenfunktionen einsetzen. Als Beispiele entwickeln wir Sinus und Kosinus als Polynom dritten bzw. zweiten Grades sowie die Vektoroperationen Skalarprodukt und Kreuzprodukt mit dreikomponentigen Vektoren als Argumente und mit einem Skalar bzw. einem Vektor als Ausgabewert.

Benutzerdefinierte Funktionen müssen in einem Modul stehen, siehe Abb. 4.43. Man erhält ein Modul durch Einfügen/Modul im Projekt-Explorer.

4.10.1 Sinus und Kosinus

Wir erstellen benutzerdefinierte Funktionen für die Berechnung des Sinus und des Kosinus. Dazu werden die Kreisfunktionen im Argumentbereich 0 bis π/4 mithilfe von Polynomen berechnet und Funktionswerte für andere Argumente durch Verschiebung in diesen Bereich und manchmal Spiegelung an der x- oder y-Achse gewonnen. Bereits eine Näherung mit zwei Gliedern ist brauchbar.

Unsere besten Freunde

▶ **Tim** Die Kreisfunktionen Sinus und Kosinus werden in unseren Übungen sehr oft für trigonometrische Rechnungen eingesetzt.

▶ **Mag** Das liegt daran, dass viele physikalische Phänomene durch sie beschrieben werden.

▶ **Alac** Sinus und Kosinus sind unsere besten Freunde. Wir stünden ganz schön blöd da, wenn sie durch einen bösen Virus lahmgelegt würden!

▶ **Mag** Dann werden wir uns schon zu wissen helfen.

Unendliche Summen werden nach dem 2. Glied abgebrochen
Die Kreisfunktionen Sinus und Kosinus können als unendliche Summe geschrieben werden:

$$\text{Sin}(x) = \sum_0^\infty \frac{x^{2n+1}}{(2n+1)!} = x - \frac{x^3}{6} + \frac{x^5}{120} - \frac{x^7}{5040} + \ldots \qquad (4.1)$$

$$\text{Cos}(x) = \sum_0^\infty \frac{x^{2n}}{(2n)!} = 1 - \frac{x^2}{2} + \frac{x^4}{24} - \frac{x^6}{720} + \frac{x^8}{40320} - \ldots \qquad (4.2)$$

In numerischen Berechnungen wird die Summe nach endlich vielen Gliedern abgebrochen. Das Ergebnis für nur zwei Glieder

$$Si(x) = x - \frac{x^3}{6} \text{ und } Co(x) = 1 - \frac{x^2}{2} \qquad (4.3)$$

sieht man in Abb. 4.44a.

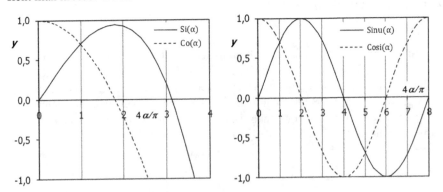

Abb. 4.44 a (links) Die Funktionen *Si* und *Co*, der Argumentbereich geht von 0 bis π. **b** (rechts) Die Funktionen *Sinu* und *Cosi;* der Argumentbereich geht von 0 bis 2π. Die Funktionen selbst sind für alle Werte von *x* definiert

	A	B	C	D	E	F	G	H	I	J	K	L
2							=MAX(G6:G40)				=MAX(K6:K40)	
3	0,2						1,55E-02				1,55E-02	
4	=A6+$A$3	=Si(A7*PI()/4)	=Co(A7*PI()/4)		=sinu(A7*PI()/4)	=SIN(A7*PI()/4)	=ABS(E7-F7)		=Cosi(A7*PI()/4)	=COS(A7*PI()/4)	=ABS(I7-J7)	
5	x	Si(a)	Co(a)		Sinu(α)	Sin			Cosi(α)	Cos		
6	0	0,00	1,00		0,00	0,00	0,00E+00		1,00	1,00	0,00E+00	
7	0,2	0,16	0,99		0,16	0,16	7,96E-07		0,99	0,99	2,53E-05	
46	8	-35,06	-18,74		0,00	0,00	6,46E-15		1,00	1,00	0,00E+00	

Abb. 4.45 (T) Tabellenaufbau, mit dem die Funktionen in Abb. 4.44a und b gezeichnet werden; es werden die benutzerdefinierten Funktionen *Si*, *Co* (Spalten A und B) sowie *Sinu* (Spalte E) und *Cosi* (Spalte I) aufgerufen, und ihre Werte werden mit denen der Tabellenfunktionen Sin und Cos verglichen (maximale absolute Abweichung in G3 und K3); die Abweichung für *Sinu* und *Cosi* ist kleiner als 0,02

1 **Function Si(x)**	Case 0: Sinu = Si(x)	11
2 Si = x - x ^ 3 / 6	Case 1: Sinu = Co(Pi / 2 - x)	12
3 **End Function**	Case 2: Sinu = Co(x - Pi / 2)	13
4	Case 3: Sinu = Si(Pi - x)	14
5 **Function Sinu(x1)**	Case 4: Sinu = -Si(x - Pi)	15
6 Dim x As Double	Case 5: Sinu = -Co(3 * Pi / 2 - x)	16
7 Pi = 3.14159265358979	Case 6: Sinu = -Co(x - 3 * Pi / 2)	17
8 x = x1 - 2 * Pi * Int(x1 / 2 / Pi)	Case 7: Sinu = -Si(2 * Pi - x)	18
9 n = Int(x * 4 / 3.14159265358979)	End Select	19
10 Select Case n	**End Function**	20

Abb. 4.46 (P) Die Function *Sinu*(x_1) berechnet den Sinus mit dem Polynom dritten Grades in Function *Si(x)* und dem Polynom zweiten Grades in Function *Co(x)* (in Abb. 4.47 (P))

Auf der *x*-Achse wird $x = 4\alpha/\pi$ aufgetragen, wobei α der Winkel sein soll. Es gilt $x = 4$ für $\alpha = \pi$ und $x = 1$ für $\alpha = \pi/4 = 2\pi/8$. Die Einteilung der *x*-Achse entspricht somit Achtelperioden.

Der Tabellenaufbau, mit dem die Funktionen in Abb. 4.44a und b gezeichnet werden, steht in Abb. 4.45 (T).

Die Funktionen in Abb. 4.44a sehen für $x = 4\alpha/\pi \le 1$, also für $\alpha \le \pi/4$ schon wie Sinus und Kosinus aus, weichen für größere Werte von α aber deutlich davon ab.

Eine Achtelperiode reicht für die Berechnung

In Abb. 4.44b sieht man je eine Periode der Sinus- und der Kosinusfunktion. Die Periodendauer von 2π wird dabei in 8 Teilstücke zerlegt. In jedem Teilstück findet man eine Kurve aus dem ersten Teilstück, $x \le 1$, d. h. $\alpha \le \pi/4$, wieder, möglicherweise gespiegelt an senkrechten Geraden oder an der waagrechten Achse. Wir können also zwei Funktionen entwickeln, *Sinu* und *Cosi,* die die Kreisfunktionen mit den Polynomen *Si* und *Co* berechnen.

Sinu und *Cosi* stehen in einem Modul, Modul1 in Abb. 4.43. Sie können von anderen Makros oder als benutzerdefinierte Tabellenfunktion in einer Zelle eines Tabellenblattes aufgerufen werden, siehe Abb. 4.45 (T). Die Kurven in Abb. 4.44b wurden bereits mit diesen Funktionen berechnet.

Die Programme für die Sinusfunktion stehen in Abb. 4.46 (P), die für die Kosinusfunktion in Abb. 4.47 (P).

Als Argument x_1 für die Funktion *Sinu* kann eine beliebige reelle Zahl eingegeben werden. Sie wird in Zeile 8 von Abb. 4.46 (P) in den Bereich 0 bis 2π verschoben; das neue Argument ist *x*. In Zeile 9 wird bestimmt, in welcher der Achtelperioden 0 bis 7 (je $\pi/4$ breit) das neue Argument *x* liegt. Die SELECT-CASE-Anweisung in den Zeilen 10 bis 19 ruft dann die Funktionen *Si* oder *Co* mit dem richtigen Argument und dem richtigen Vorzeichen auf.

Aufgabe

Schreiben Sie eine benutzerdefinierte Tabellenfunktion für den Kosinus! Eine Variante finden Sie in Abb. 4.47 (P).

SELECT-CASE-Anweisung

Die SELECT-CASE-Anweisung führt je nach Wert des Testausdrucks (mit SELECT CASE ausgewählt) eine andere Anweisungsliste aus. In unserem Beispiel ist der Testausdruck *n* eine ganze Zahl zwischen 0 und 7. Je nach dem Wert von *n* wird eine Anweisung der Art *Sinu = ±Si(± x ± aπ) oder Sinu = ±Co(±x ± aπ)* ausgeführt.

Aufgabe

Informieren Sie sich in der VBA-Hilfe über die SELECT-CASE-Anweisung!

Cosi-Funktion; mathematische Ergänzung

```
21 Function Co(x)                   Case 0: Cosi = Co(x)                    31
22 Co = 1 - x ^ 2 / 2               Case 1: Cosi = Si(Pi / 2 - x)           32
23 End Function                     Case 2: Cosi = -Si(x - Pi / 2)          33
24                                  Case 3: Cosi = -Co(Pi - x)              34
25 Function Cosi(x1)                Case 4: Cosi = -Co(x - Pi)              35
26 Dim x As Double                  Case 5: Cosi = -Si(3 * Pi / 2 - x)      36
27 Pi = 3.14159265358979            Case 6: Cosi = Si(x - 3 * Pi / 2)       37
28 x = x1 - 2 * Pi * Int(x1 / 2 / Pi)   Case 7: Cosi = Co(2 * Pi - x)       38
29 n = Int(x * 4 / 3.14159265358979)    End Select                         39
30 Select Case n                    End Function                           40
```

Abb. 4.47 (P) Die benutzerdefinierte Tabellenfunktion *Cosi* berechnet den Kosinus mit einem Polynom zweiten Grades in *Co*

Aufgabe

Erweitern Sie die Polynome in *Si* und *Co* um weitere Glieder und prüfen Sie, wann der Unterschied zu den Tabellenfunktionen SIN und COS verschwindet!

Bis ins 15. Glied

Wir entwickeln die endliche Summe in unseren Funktionen *Si* und *Co* gemäß Gl. 4.1 und 4.2 weiter und bestimmen die maximale Abweichung zu den Standard-Funktionen SIN und COS. In den folgenden Klammern steht an erster Stelle die Anzahl der Glieder in den Polynomen und an zweiter Stelle die maximale Abweichung: (2; 1,55E-02); (3; 3,22E-04); (4; 3,57E-06); (5; 2,45E-08); (6; 1,15E-10); (7; 3,92E-13); (8; 4,62E-15); (9; 4,62E-15). Wenn *Co* bis x^{14} und *Si* bis x^{15} entwickelt wird, dann ist die Abweichung unserer Tabellenfunktionen von den Standard-Tabellenfunktionen SIN und COS am geringsten. Eine weitere Entwicklung führt zu keiner besseren Übereinstimmung.

4.10.2 Skalarprodukt und Vektorprodukt

Wir entwickeln Funktionen für das Skalarprodukt und das Vektorprodukt von zwei dreidimensionalen Vektoren. Die Argumente der Funktionen sind Zellbereiche. Das Skalarprodukt gibt eine Zahl in eine Zelle aus. Das Vektorprodukt gibt einen *Reihenbereich* oder einen *Spaltenbereich* mit drei Komponenten aus.

Definitionen

Wir betrachten zwei dreidimensionale Vektoren:

$$\vec{r_1} = (x_1, y_1, z_1) \text{ und } \vec{r_2} = (x_2, y_2, z_2)$$

Ihr Skalarprodukt ist definiert als:

$$\vec{r_1} \cdot \vec{r_2} = x_1 \cdot x_2 + y_1 \cdot y_2 + z_1 \cdot z_2. \tag{4.4}$$

Ihr Vektorprodukt ist definiert als:

$$\vec{r_1} \times \vec{r_2} = (y_1 z_2 - y_2 z_1, z_1 x_2 - z_2 x_1, x_1 y_2 - x_2 y_1). \tag{4.5}$$

Diese beiden Produkte werden in den zwei benutzerdefinierten Tabellenfunktionen *Scl* und *Crs* in Abb. 4.48 (P) berechnet.

Fragen

Wie viele Komponenten hat das Feld *cs(2)* in Abb. 4.48 (P)?[23]

Wodurch unterscheiden sich die Felder mit Namen *cs* in den Funktionen *Crs* und *Crsm* in Abb. 4.48 (P)?[24]

---

[23]Das Feld DIM *cs(2)* hat die drei Komponenten *cs(0)*, *cs(1)*, *cs(2)*.
[24]In *Crs* wird ein eindimensionales Feld *cs(2)* beschrieben, in *Crsm* das zweidimensionale Feld *cs(2,2)*.

1 **Function Scl(r1 As Range, r2 As Range)**	**Function Crsm(r1 As Range, r2 As Range)** 12
2 Scl = r1(1) * r2(1) + r1(2) * r2(2) + r1(3) * r2(3)	Dim cs(2, 2) 13
3 End Function	cs(0, 0) = r1(2) * r2(3) - r1(3) * r2(2) 14
4	cs(1, 0) = r1(3) * r2(1) - r1(1) * r2(3) 15
5 **Function Crs(r1 As Range, r2 As Range)**	cs(2, 0) = r1(1) * r2(2) - r1(2) * r2(1) 16
6 Dim cs(2)	cs(0, 1) = cs(1, 0) 17
7 cs(0) = r1(2) * r2(3) - r1(3) * r2(2)	cs(0, 2) = cs(2, 0) 18
8 cs(1) = r1(3) * r2(1) - r1(1) * r2(3)	Crsm = cs 19
9 cs(2) = r1(1) * r2(2) - r1(2) * r2(1)	End Function 20
10 Crs = cs	21
11 End Function	22

Abb. 4.48 (P) Benutzerdefinierte Funktionen für das Skalarprodukt (*Scl*) und das Vektorprodukt (*Crs*) von zwei dreidimensionalen Vektoren $\vec{r_1}$ und $\vec{r_2}$; die Funktion *Crsm* kann sowohl Spalten- als auch Zeilenvektoren verarbeiten und ausgeben

	A	B	C	D	E	F	G	H	I	J	K	L
1	a	b							12	=Scl(A2:A4;B2:B4)		
2	1	2	c_		1	2	3		12	=Scl(A2:A4;E3:G3)		
3	2	2	d		2	2	2		12	=Scl(a;b)		
4	3	2							12	=Scl(c_;d)		
5									12	=Scl(a;d)		

Abb. 4.49 (T) In Spalte I stehen die Ergebnisse der benutzerdefinierten Tabellenfunktion *Scl*, die das Skalarprodukt von zwei dreidimensionalen Vektoren berechnen soll

Skalarprodukt

Das Skalarprodukt ist eine einfach zu programmierende Funktion, die sich in einer Zeile ausrechnen lässt (Zeile 2 in Abb. 4.48 (P)). Als Argument müssen zwei dreidimensionale Zellbereiche eingegeben werden. Das können Spaltenbereiche oder Reihenbereiche oder ein Spalten- und ein Reihenbereich sein, siehe Abb. 4.49 (T). Die Variablen im Prozedurkopf müssen als Bereich, As RANGE, erklärt werden.

Vektorprodukt

Das Ergebnis eines Vektorproduktes ist wiederum ein Vektor. In Abb. 4.50 (T) werden im Bereich A2:B4 zwei Spaltenvektoren *a* und *b* definiert. Die Zeilenvektoren *c_* und *d* im Bereich B6:D7 enthalten dieselben Koeffizienten wie *a* und *b*. In Spalte D wird das Kreuzprodukt $\vec{a} \times \vec{b}$ mit Tabellenformeln berechnet.

In den Spalten G bis I wird die Funktion *Crs* angewandt. Wie an den Ergebnissen zu sehen ist, akzeptiert diese Funktion Zeilen- und Spaltenvektoren als Eingabe, liefert aber nur richtige Werte, wenn sie als Zeilenvektor (G8:J8) ausgegeben werden.

In den Spalten L bis N wird die Funktion *Crsm* aus Abb. 4.48 (P) angewandt, die das Ergebnis sowohl als Zeilenvektor (z. B. L6:N6) als auch als Spaltenvektor (z. B. L2:L4) ausgeben kann. Das liegt daran, dass in dieser Funktion eine 3×3-Matrix in das mit DIM *cs*(2,2) erklärte Feld eingeschrieben wird, von der aber nur eine Zeile oder eine Spalte ausgegeben werden, wenn nur ein Zeilenbereich bzw. ein Spaltenbereich in der Tabelle aktiviert worden sind.

Die Funktionen *Crs* und *Crsm* müssen als Matrixfunktion aufgerufen werden. In Abb. 4.50 (T) wurde z. B. der Bereich G2:G4 aktiviert, die Formel gemäß G1 eingeschrieben und mit dem Zaubergriff Ψ *Ctl Shift Return* $= \Psi$ *Strg Hoch Abschluss* abgeschlossen. In L2:L4 wurde ein Spaltenbereich und in L6:N6 ein Reihenbereich

	A	B	C	D	E	F	G	H	I	J	K	L	M	N	O
1	a	b		a x b			=crs(a;b)	=crs(c_;d)	=crs(c_;b)			=crsm(a;b)	=crsm(c_;d)	=crsm(c_;b)	
2	3,0	-2,0		-10,0	=A3*B4-B3*A4		-10,0	-10,0	-10,0			-10,0	-10,0	-10,0	
3	2,0	8,0		-20,0	=A4*B2-B4*A2		-10,0	-10,0	-10,0			-20,0	-20,0	-20,0	
4	2,5	5,0		28,0	=A2*B3-B2*A3		-10,0	-10,0	-10,0			28,0	28,0	28,0	
5															
6	c_	3,0	2,0	2,5			-10,0	-20,0	28,0	=crs(a;b)		-10,0	-20,0	28,0	=crsm(a;b)
7	d	-2,0	8,0	5,0			-10,0	-20,0	28,0	=crs(c_;d)		-10,0	-20,0	28,0	=crsm(c_;d)
8							-10,0	-20,0	28,0	=crs(a;d)		-10,0	-20,0	28,0	=crsm(a;d)

Abb. 4.50 (T) Das Vektorprodukt $\vec{a} \times \vec{b}$ wird in Spalte D mit Tabellenformeln berechnet; im Bereich G2:I8 stehen Ergebnisse der benutzerdefinierten Funktion *crs*, die nur Zeilenvektoren ausgeben kann; im Bereich L2:N8 stehen Ergebnisse der benutzerdefinierten Tabellenfunktion *crsm*, die Zeilen- und Spaltenvektoren ausgeben kann

aktiviert, sodass in beiden Fällen Vektoren mit drei Komponenten ausgegeben werden.

Fragen

Warum reicht $cs(2,2)$ in FUNCTION *Crsm* als Feld für eine 3×3-Matrix aus?[25]
Wie können mit dieser Funktion Zeilenvektoren und Spaltenvektoren in eine Tabelle ausgegeben werden?[26]

4.10.3 Benutzerdefinierte Funktionen als ADD-IN

Wenn man benutzerdefinierte Funktionen in jeder EXCEL-Datei einsetzen möchte, dann müssen diese Funktionen als ADD-IN gespeichert werden. Dazu erstellt man eine EXCEL-Datei, in deren VBA-Modulen der Code der Funktionen eingetragen wird, und speichert sie als Add-In ab: SPEICHERN UNTER/EXCEL-ADD-IN.

In den EXCEL-Optionen beim darauffolgenden erstmaligen Aufruf einer EXCEL-Datei muss dieses Add-In aktiviert werden mit: DATEI/OPTIONEN/ADD-INS/GEHEZU. Es erscheint eine Liste, in der ein Eintrag „□ Dieters Funktionen" auftaucht, siehe Abschn. 5.9, der aktiviert werden muss, indem das Kästchen angeklickt wird ☑. Im VBA-EDITOR taucht fortan unter Projekt auch *Dieters Funktionen*.xlam auf, siehe Abb. 4.9.

4.11 Visual-Basic-Sprachverzeichnis

In diesem Kapitel sind wir auf einem schmalen Pfad durch die Welt von VISUAL BASIC FOR APPLICATIONS gewandert und haben dabei die für uns wichtigen Begriffe und auch schon manche Fallen und Tricks beim Programmieren kennengelernt.

---

[25]DIM $cs(2,2)$ ist eine $(0, 1, 2) \times (0, 1, 2)$-Matrix. Die Indizes fangen bei 0 an.
[26]Siehe Erläuterungen zu Abb. 4.50 (T)!

Die folgenden Abbildungen, Abb. 4.51, bis Abb. 4.54, sollen einen Gesamteindruck der Möglichkeiten von VBA vermitteln.

Mit der Folge: VISUAL BASIC-EDITOR/EXCEL-HILFE/VISUAL BASIC-SPRACHVERZEICHNIS kommt man zum VISUAL-BASIC-SPRACHVERZEICHNIS, welches Sie auszugsweise in der linken Spalte von Abb. 4.51 sehen. Die Inhaltsverzeichnisse der Themen DATENTYPEN, GRUPPEN und OPERATOREN werden in derselben Abbildung gelistet.

Die Inhaltsverzeichnisse der Themen ANWEISUNGEN, SCHLÜSSELWÖRTER und FUNKTIONEN finden Sie in Abb. 4.52, 4.53 und 4.54.

▶ **Mag** Lesen Sie sich die Tabellen durch und raten Sie, was hinter den Begriffen steht, die nicht weiter erläutert werden!

▶ **Tim** Bei Bedarf sollen wir im Sprachverzeichnis nachsehen?

Visual Basic-Sprachverzeichnis	Datentypen	Gruppen	Operatoren	
Konstanten	Benutzerdefiniert	Abgeleitete mathem. Funktionen	&	Like
Datentypen -->	Boolean	Arithmetische Operatoren	*	Mod
Anweisungen	Byte	Datentypen (Zusammenfassung)	+	Not
Ereignisse	Currency	Logische Operatoren	-	Or
Funktionen	Date	Mathematische Funktionen	/	Xor
Gruppen -->	Decimal	Operatoren (Zusammenfassung)	\	
Indizes/Listen	Double	Operatorvorrang	^	
Schlüsselwörter	Integer	Umwandlungsfunktionen	=	
Methoden	Long	Verkettungsoperatoren	AddressOf-Operator	
Verschiedenes	Object		And	
Objekte	Single		Vergleichsoperatoren	
Operatoren -->	String		Eqv	
Eigenschaften	Variant		Imp	
			Is	

Abb. 4.51 VISUAL-BASIC-SPRACHVERZEICHNIS; die fett gedruckten Themen werden in weiteren Tabellen ausgeführt

Anweisungen M-Z

Mid	Open	Property Get	ReDim	Seek	*Sub*
MidB	Option Base	Property Let	Rem	*Select Case*	*Time*
MkDir	Option Compare	Property Set	Reset	SendKeys	*Type*
Name	Option Explicit	Public	*Resume*	Set	Unload
On Error	Option Private	Put	RmDir	SetAttr	Width #
On...GoSub	Print #	RaiseEvent	RSet	Static	While...Wend
On...GoTo	*Private*	*Randomize*	SaveSetting	Stop	*With*

Abb. 4.52 Mit ANWEISUNGEN weist man VISUAL BASIC an, einen Programmschritt auszuführen. In dieser Tabelle stehen Anweisungen, die mit den Buchstaben M bis Z anfangen, von denen diejenigen *kursiv* gesetzt sind, die wir in unseren Übungen einsetzen

Schlüsselwörter

As	Empty	Input	Mid	Option	"PtrSafe"	Step
Binary	Error	Is	New	Optional	Public	String
ByRef	False	Len	**Next**	ParamArray	Resume	Then
ByVal	For	Let	Nothing	Print	Seek	Time
Date	Friend	Lock	Null	Private	Set	To
Else	Get	Me	On	Property	Static	True
						WithEvents

Das Schlüsselwort _Next_ wird in folgenden Zusammenhängen verwendet:

Anweisungen:	For...Next	On Error	Resume	For Each...Next

Abb. 4.53 Schlüsselwörter werden in VISUAL-BASIC-Programmen in Definitionen und Anweisungen eingesetzt; von uns verwendete sind _kursiv_ gesetzt

Funktionen A-C

Abs	Array	Asc	AscB	AscW	Atn	CallByName

Mathematische Funktionen

Abs	Cos	Fix	Log	Sgn	Sqr	Abgeleitete
Atn	Exp	Int	Rnd	Sin	Tan	

Eine abgeleitete Funktion ist z.B. der Logarithmus zur Basis N: $LogN(X) = Log(X) / Log(N)$

Abb. 4.54 Die Funktionen sind in der EXCEL-HILFE alphabetisch aufgelistet. Es gibt nur 12 in VISUAL BASIC integrierte mathematische Funktionen. „Abgeleitete Funktionen" muss der Anwender selbst aus den integrierten Funktionen ableiten

▶ **Mag** Nicht nur bei Bedarf. Stöbern Sie in der VBA-Hilfe und kaufen Sie sich das für Sie aufgrund der bisher erworbenen Kenntnisse passende Buch über VBA für EXCEL!

▶ **Mag** Welche Schlüsselwörter sehen für Sie interessant aus?

▶ **Alac** NOTHING.

▶ **Tim** FRIEND. Was bedeuten sie?

▶ **Mag** Sehen Sie in der EXCEL-Hilfe nach und probieren Sie sie aus! So können Sie Ihre Kenntnisse erweitern.

4.12 Fragen und Aufgaben zu Makros

Hinweis: Der Vermerk (AK) bedeutet, dass diese Frage nicht zum Grundkurs, sondern zum Aufbaukurs gehört.

Programm-gesteuerte Zeichnungen

1. Schreiben Sie ein Makro, welches die Zahlen 1 bis 20 in eine Diagonale einer Tabelle schreibt, z. B. in die Zellen A1, B2, usw.
2. Wie viele Nachbarn hat eine Kugel in einer dichtest gepackten Ebene?
3. Wie viele Nachbarn hat eine Kugel in einem dichtest gepackten Ebenenstapel?
4. Was bedeutet die Besenregel Ψ *Leere Zeilen trennen Kurven?*

Makro aufzeichnen

Das Diagramm in Abb. 4.55 (T) wurde bei eingeschaltetem Makrorekorder erstellt. Den Programmcode findet man in Abb. 4.56 (P). Das Diagramm wurde mit den Programmen in Abb. 4.57 (P) und 4.58 (P) formatiert.

5. Von welcher Art ist das Diagramm in Abb. 4.55 (Linie, Balken oder Punkt XY)?
6. Analysieren Sie die Erstellung des Diagramms mit dem Programmtext von Sub Makro5 in Abb. 4.56 (P) und deuten Sie die Programmzeilen 2, 5 (+ 7), 8 (+ 9), 10 (+ 11)!
7. Sub Makro6 in Abb. 4.57 (P) hat die Befehle aufgezeichnet, die durchgeführt wurden, um die Datenreihe im Diagramm der Abb. 4.55 (T) zu formatieren. Deuten Sie die Anweisungen, die auf die drei Befehle With Selection folgen!
8. Sub Makro7 in Abb. 4.58 (P) hat die Befehle aufgezeichnet, die durchgeführt wurden, um die *x*-Achse im Diagramm der Abb. 4.55 (T) zu formatieren. Deuten Sie die Anweisungen, die auf die zwei Befehle With Selection folgen!

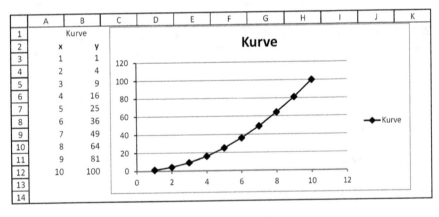

Abb. 4.55 (T) Diagramm der Daten in den Spalten A und B

```
1 Sub Makro5()                                    "=Tabelle1!$B$1"                    7
2 ActiveSheet.Shapes.AddChart.Select      ActiveChart.SeriesCollection(1).XValues = _  8
3 ActiveChart.ChartType = xlXYScatterLines          "=Tabelle1!$A$3:$A$12"           9
4 ActiveChart.SeriesCollection.NewSeries   ActiveChart.SeriesCollection(1).Values = _  10
5 ActiveChart.SeriesCollection(1).Name = _           "=Tabelle1!$B$3:$B$12"          11
6                                                  End Sub                            12
```

Abb. 4.56 (P) Befehle, die vom Makrorekorder aufgezeichnet wurden, als das Diagramm in Abb. 4.55 (T) erstellt wurde

```
13 Sub Makro6()                                              msoThemeColorText1        21
14 ActiveChart.SeriesCollection(1).Select       End With                              22
15 With Selection                               With Selection.Format.Line            23
16     .MarkerStyle = 2                             .ForeColor.ObjectThemeColor = _   24
17     .MarkerSize = 7                                    msoThemeColorText1          25
18 End With                                          .Weight = 1.5                    26
19 With Selection.Format.Fill                    End With                             27
20     .ForeColor.ObjectThemeColor = _          End Sub                               28
```

Abb. 4.57 (P) In Sub Makro6 stehen die Befehle, die vom Makrorekorder aufgezeichnet wurden, als die Datenreihe für das Diagramm in Abb. 4.55 (T) formatiert wurde

```
30 Sub Makro7()                                 ActiveChart.Axes(xlCategory).Select    37
31 ActiveChart.Axes(xlValue).Select             With Selection.Format.Line             38
32 With Selection.Format.Line                       .Visible = msoTrue                 39
33     .ForeColor.ObjectThemeColor = _              .Weight = 1.5                      40
34             msoThemeColorText1               End With                               41
35     .Weight = 1                              End Sub                                42
36 End With
```

Abb. 4.58 (P) Sub Makro7 enthält Befehle, die vom Makrorekorder aufgezeichnet wurden, als das Diagramm in Abb. 4.55 formatiert wurde

	A	B	C	D	E	F	G	H	I	J	K	L
1	x	0,5	1,0		1,5	2,0		2,0	1,5		1,0	0,5
2	y	1,5	2,0		2,0	1,5		1,0	0,5		0,5	1,0

Abb. 4.59 (T) Koordinaten für Strecken in der xy-Ebene

Textverarbeitung

Die Variable Tx enthalte den Text „Wir schneiden aus."

9. Mit welchen Befehlen erhalten Sie den ersten, den letzten und der 4. Buchstaben von Tx?
10. Wie kopieren Sie das Textstück „neid" von Tx in eine neue Variable Wd?
11. Welchen Typs sind die Variablen A, B, C und D in den Befehlen $A = $ Split(B) und $C = $ Join(D)?

Ψ In der Schleife weiterzählen!

12. Schreiben Sie ein Makro Sub $XY1()$, das alle Produkte $x \cdot y$ von $x = 1$ bis 10 und y von 1 bis 5 nacheinander in eine Spalte schreibt, wenn x und y ganze Zahlen sind!
13. Machen Sie dasselbe in einem anderen Makro Sub $XY2()$, wenn x und y halbganze Zahlen (1, 3/2, 2, 5/2, …) sind!
14. Machen Sie dasselbe wie in SUB $XY2()$ in einem neuen Makro Sub $XY3()$, fügen Sie aber nach jedem dritten Eintrag in die Spalte eine Leerzeile ein!
15. Fertigen Sie eine Handskizze von Strecken in der xy-Ebene an, mit den x-Werten in Zeile 1 und den y-Werten in Zeile 2 von Abb. 4.59!

Protokollroutine

In der Abb. 4.60a wird ein Kreis dargestellt, der in der Tabelle Abb. 4.61 (T) in den Spalten G:I berechnet wird. Abb. 4.60b stellt vier Kreise dar, deren Koordinaten aus der Tabelle in Abb. 4.61 (T) mit einer Protokollroutine gewonnen wurden, die den Mittelpunkt und den Radius systematisch verändert hat.

16. Welches sind die Radien und die Koordinaten der Mittelpunkte der Kreise in Abb. 4.60b?
17. Die Koordinaten des Kreises sollen, von einer Protokollroutine gesteuert, in der Tabelle viermal mit veränderten Parametern berechnet werden und nacheinander in die Spalten Q und R (Spaltennummern 17 bzw. 18) der Tabelle niedergelegt und in einem Diagramm als *eine* Datenreihe grafisch dargestellt werden, siehe Abb. 4.60b. Die Koordinaten der Mittelpunkte stehen in den Spalten N und O (Spaltennummern 14 bzw. 15). Der Radius des Kreises soll

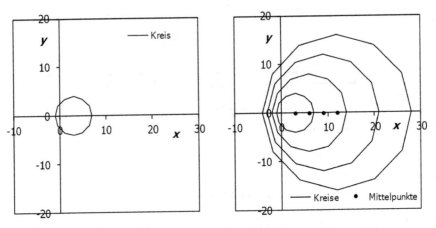

Abb. 4.60 a (links) Ein Kreis mit $r_0 = 4$ und $x_0 = 3$. **b** (rechts) Der Kreis aus a wurde dreimal vergrößert und längs der x-Achse verschoben; im Diagramm werden alle vier Kreise als eine Datenreihe dargestellt

	A	B	C	D	E	F	G	H	I	J	K	L	M	N	O
1	r.0	4,00	c.s	4,00											
2	x.0	3,00	v.F	3,00			Kreis				Kreise			Mittelpunkte	
4		30 °					phi	x	y		x	y		x.M	y.M
5	dphi	0,524					0,00	7,00	0,00		7,00	0,00		3	0
6							0,52	6,46	2,00		6,46	2,00		6	0
17							6,28	7,00	0,00		7,00	0,00			

Abb. 4.61 (T) Tabellenrechnung für Abb. 4.60a und b. Die Größen c_s und v_F sind die Faktoren, mit denen der Radius des Kreises vergrößert bzw. der Mittelpunkt des Kreises auf der x-Achse verschoben wird

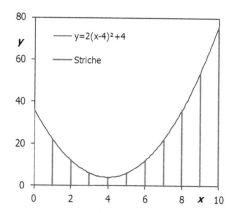

Abb. 4.62 a (links, T) Polynom $y = a_1(x - b_1)^2 + c_1$ in den Spalten A und B; Koordinaten x_s, y_s für die senkrechten Striche in den Spalten D und E. **b** (rechts) Darstellung der Daten aus a

mit $r_0 = v_s \cdot t$ wachsen und der Mittelpunkt mit $x_0 = v_F \cdot t$ auf der x-Achse verschoben werden. Schreiben Sie diese Protokollroutine!

Formelroutine (AK)

In Abb. 4.62b sieht man eine Parabel, die mit der waagrechten Achse durch senkrechte Striche verbunden ist. Die Tabellenrechnung für die Koordinaten steht in Abb. 4.62a (T).

18. Der y-Wert der Parabel wird auf die übliche Art mit benannten Zellbereichen berechnet, siehe die Formel in B5. Jeder zehnte Punkt der Parabel soll mit einem senkrechten Strich mit der waagrechten Achse verbunden werden. Schreiben Sie eine Routine, die die Formeln für die Koordinaten der senkrechten Striche in die Spalten D und E schreibt.

Benutzerdefinierte Tabellenfunktionen (AK)

In Abb. 4.63a werden die Ergebnisse von zwei benutzerdefinierten Tabellenfunktionen dargestellt.

a) Auf einer Geraden „G, 2P", die durch zwei Punkte definiert wird, werden weitere Punkte „G, 3.P" eingetragen.

b) Die Punkte „S" im dritten Quadranten werden am Nullpunkt in den ersten Quadranten gespiegelt als Datenreihe „S, gespiegelt".

Die Koordinaten der Punkte in Abb. 4.63a werden in der Tabelle der Abb. 4.63b (T) berechnet.

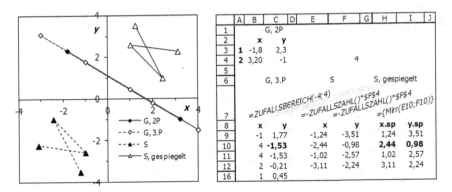

Abb. 4.63 a (links) Zwei Punkte „G, 2P" definieren eine Gerade (18a); die Punkte im dritten Quadranten werden am Nullpunkt in den ersten Quadranten gespiegelt (18b). **b** (rechts, T) Tabellenrechnung für a; die Koordinaten für die Punkte auf der Geraden stehen in den Spalten A und B; die Koordinaten in den Spalten H und I sind die Spiegelung der Koordinaten in den Spalten E und F

19. Wie heißen die beiden Tabellenfunktionen (18a) und (18b) in Abb. 4.63b?
20. Schreiben Sie eine Tabellenfunktion der Art $y_3 = f(x_1, y_1, \ldots)$, die aus den Koordinaten der beiden definierenden Punkte und dem x-Wert x_3 des dritten Punktes den y-Wert y_3 des dritten Punktes berechnet!
21. Schreiben Sie eine Tabellenfunktion der Art $(x_{sp}, y_{sp}) = f(x, y)$, die die Koordinaten x und y eines Punktes am Nullpunkt spiegelt!

Mathematische Grundtechniken

5

In diesem Kapitel lernen wir zwei neue Verfahren kennen: Lineare Gleichungssysteme werden wir mit Matrizenrechnung und nichtlineare Gleichungen mit der SOLVER-Funktion lösen. Mit den in den Kap. 2–4 gelernten
Verfahren üben wir Differenzieren und Integrieren.

5.1 Einleitung

Differenzieren und Integrieren
Wir lernen einfache Techniken kennen, mit denen man in einer Tabellenrechnung
die erste und zweite Ableitung einer Funktion bilden (Abschn. 5.2) und eine Funk-
tion integrieren kann (Abschn. 5.3). Dabei überlegen wir, über welchem Wert das
Ergebnis aufgetragen werden muss: am Anfang, in der Mitte oder am Ende des
Intervalls, in dem gerechnet wurde.

Vektoren in der Ebene
Wir besprechen die Addition und das Skalarprodukt von zwei Vektoren und rechnen ebene kartesische und polare Koordinaten ineinander um (Abschn. 5.4). In
einer weiteren Übung wird die Mittelsenkrechte auf einer durch zwei Punkte vorgegebenen Strecke errichtet.

Lineare Gleichungssysteme
Wir üben, lineare und nichtlineare Gleichungssysteme mit Tabellentechniken zu
lösen. Lineare Gleichungssysteme (mit kleinem Rang) werden gelöst, indem
man sie in Matrixform bringt und die Kehrmatrix der Koeffizientenmatrix bildet
(Abschn. 5.8).

Solver-Funktion
Nichtlineare Gleichungen können mit dem SOLVER-Algorithmus gelöst werden,
dessen Argumente ZIELZELLE und ZU VERÄNDERNDE PARAMETER sind (Abschn. 5.9).

© Springer-Verlag GmbH Deutschland 2017
D. Mergel, *Physik mit Excel und Visual Basic*,
DOI 10.1007/978-3-642-37857-7_5

Die Zielzelle enthält eine reelle Zahl und ist über ein Formelwerk mit allen zu verändernden Parametern verbunden. Die Tabelle muss so aufgebaut werden, dass durch Optimierung (Maximierung oder Minimierung) der Zielzelle das Problem gelöst wird. Typischerweise enthält die Zielzelle die quadratische Abweichung zwischen zwei Größen, die minimiert werden soll.

Mathematische Tabellenfunktionen

In Abschn. 5.11 werden alle mathematischen Tabellenfunktionen zusammen mit der Kurzbeschreibung der EXCEL-Hilfe aufgelistet.

5.2   Differenzieren (G)

In dieser Übung lernen wir, wie die erste und die zweite Ableitung einer Funktion $f(x)$ numerisch mit Differenzenquotienten genähert wird. Die erste Ableitung muss über der Mitte zwischen den Stützstellen, die zweite Ableitung über der mittleren Stützstelle aufgetragen werden.

5.2.1   Erste Ableitung

Die rechtsseitige Ableitung einer Funktion $f(x)$ nach x wird definiert als:

$$\frac{df(x)}{dx} = \lim_{\Delta x \to 0} \frac{f(x + \Delta x) - f(x)}{\Delta x}$$

In einer Tabellenkalkulation kann ein solcher Grenzübergang nicht durchgeführt werden. Wir berechnen stattdessen den Differenzenquotienten zwischen benachbarten Stützstellen i und $i+1$:

$$\frac{df\left(\frac{x_i + x_{i+1}}{2}\right)}{dx} \approx \frac{f(x_{i+1}) - f(x_i)}{x_{i+1} - x_i} \tag{5.1}$$

Das ist eine Näherung für die Ableitung *in der Mitte des Intervalls* von x_i bis x_{i+1}. Als Beispiel differenzieren wir die Sinusfunktion in der Tabelle der Abb. 5.1 (T).

	A	B	C	D	E	F
4	**dx**	0,06				
5	=A7+dx	=SIN(x)	=(sin-B7)/dx	=COS(x)	=(x+A7)/2	
6	**x**	**sin**	**deri**	**cos**	**x.d**	
7	0,00	0,00		1,00		
8	**0,06**	0,06	**1,00**	1,00	**0,03**	
107	6,28	0,00	1,00	1,00	6,25	

Abb. 5.1 (T) Numerische Ableitung *deri* der Sinusfunktion in Spalte B, verglichen mit der Kosinusfunktion in Spalte D; die Koordinate x_d in Spalte E gibt die Mitte zwischen zwei Stützstellen an. Die Spaltenvektoren von Zeilen 7 bis 107 erhalten die Namen in Zeile 6. B4 = [=2*Pi()/100]

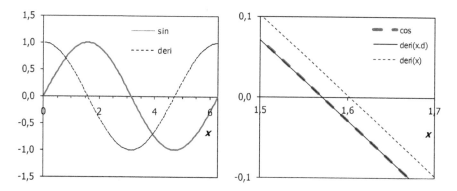

Abb. 5.2 a (links) Die Sinusfunktion und ihre numerisch berechnete erste Ableitung *deri*. **b** (rechts) Die Ableitung der Sinusfunktion in der Nähe der ersten Nullstelle ($\pi/2 = 1,57$); gestrichelt und durchgezogene Kurve: *deri* über den Werten von x bzw. x_d aus Abb. 5.1 (T) aufgetragen, verglichen mit der Kosinusfunktion

Die erste Ableitung des Sinus ist der Kosinus, der in Spalte D mit der Tabellenfunktion Cos berechnet wird.

Der Argumentbereich in A7:A107 geht von 0 bis 2π. Dazu schreiben wir in A7 den Zahlenwert 0 ein und in A8 die Formel A8 = [= A7 + dx], die wir dann bis zu A107 hinunterkopieren. Die Steigung *deri* des Sinus zwischen zwei Stützstellen wird in Spalte C berechnet. Sie gibt die erste Ableitung der Funktion in der Mitte des Intervalls bei x_d an. Die zugehörigen Werte x_d werden in Spalte E berechnet.

Die Sinusfunktion und ihre numerisch ermittelte erste Ableitung werden in Abb. 5.2a aufgetragen.

Die Form des Kosinus ist in der numerisch berechneten Kurve *deri* von Abb. 5.2a deutlich zu erkennen.

In Abb. 5.2b wird die numerische Ableitung der Sinusfunktion in der Nähe der ersten Nullstelle ($\pi/2 = 1,57$) als gestrichelte Kurve fälschlicherweise über dem Ende des Differenzenintervalls aufgetragen. Solch eine Auftragung entsteht, wenn man als WERTE DER DATENREIHE X die x-Werte aus A7:A107 einträgt. Sie stimmt nicht mit der theoretischen Kurve „cos" überein. Wird die numerisch berechnete Ableitung über der Mitte des Differenzenintervalls aufgetragen, *deri(x.d)* in Abb. 5.2b, dann stimmt sie mit der theoretischen Ableitung überein.

Fragen

Über welchen Argumenten, x oder x_d, muss die Funktion cos aus Abb. 5.1 (T) aufgetragen werden, damit sie die erste Ableitung der Funktion *sin* richtig wiedergibt?[1]

---

[1]Cos (berechnet als Cos(x)) muss über x aufgetragen werden, weil es die theoretische erste Ableitung von sin (berechnet als Sin(x)) an der Stelle x ist.

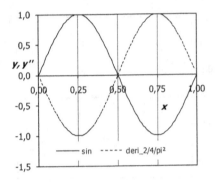

	A	B	C	D	E
4	**dx**		0,01	=2*PI()/100	
5	=A7+dx	=SIN(2*PI()*x)	=(B7+B9-2*sin)/dx^2/4/PI()^2		
6	**x**	**sin**	**deri_2**		
7	0,00	0,00			
8	**0,01**	0,06	**-0,06**		
106	0,99	-0,06	0,06		
107	1,00	0,00			

Abb. 5.3 a (links, T) Tabellenorganisation für die zweite Ableitung von SIN($2\pi t$); die zweite Ableitung in Spalte C wird durch $\pi^2/4$ geteilt. **b** (rechts) $y = f(t) = \text{SIN}(2\pi t)$ und die zweite Ableitung $y'' = d^2f / dt^2$ davon (geteilt durch $4\pi^2$), aufgetragen über der mittleren Stützstelle

Die Sinusfunktion in Abb. 5.2a kann als Auslenkung (Schwingung) eines Masse-Feder-Systems gedeutet werden. Bei welchen x-Werten ist die Geschwindigkeit der Masse am größten? Bei welchen x-Werten verschwindet sie?[2]

Die Formel in C8 von Abb. 5.1 (T) lautet C8 = [= (sin-B7)/dx]. Welchen Wert setzt EXCEL für sin ein?[3]

5.2.2   Zweite Ableitung

Die zweite Ableitung einer Funktion ist die Ableitung der ersten Ableitung, also:

$$\frac{d^2f(x)}{dx^2} = \frac{d}{dx}\left(\frac{d}{dx}f(x)\right) \tag{5.2}$$

Die Differenzengleichung für Stützstellen in gleichen Abständen Δx lautet:

$$\frac{d^2f(x)}{dx^2} \approx \frac{d}{\Delta x}\left(\frac{f(x_{i+1}) - f(x_i))}{\Delta x} - \frac{f(x_i) - f(x_{i-1})}{\Delta x}\right) = \frac{f(x_{i+1}) - 2f(x_1) + f(x_{i-1})}{\Delta x^2} \tag{5.3}$$

Die zweite Ableitung an der Stelle x wird mit Funktionswerten an den Stützstellen $x - dx$, x und $x + dx$ berechnet und muss an der Stelle x, der Koordinate der mittleren Stützstelle, aufgetragen werden. Eine entsprechende Tabellenkalkulation für $f(t) = \text{Sin}(2\pi t)$ sieht man in Abb. 5.3a (T).

---

[2]Die Ableitung der Ortskurve ist gerade die Geschwindigkeit. Bei den Nulldurchgängen der Auslenkung (hier sin) ist die Geschwindigkeit (erste Ableitung) dem Betrage nach am größten, bei den Maxima (den Umkehrpunkten der Bewegung) verschwindet sie.

[3]Für *sin* in C8 wird der Wert aus derselben Reihe im Spaltenbereich mit Namen *sin* eingesetzt, also B8.

Für den Tabellenaufbau in Abb. 5.3a (T) haben wir die Funktion $y = f(t) = \sin(2\pi t)$ gewählt. Die zweite Ableitung ist theoretisch: $f''(t) = -\sin(2\pi t) \cdot 4\pi^2$. In der Tabelle wurde die numerisch berechnete Ableitung durch $4\pi^2$ geteilt und in Abb. 5.3b als Datenreihe über den mittleren Stützstellen aufgetragen. Die Kurve sollte dann also wie $-\sin(2\pi x)$ aussehen und tut das auch. Ihre Nulldurchgänge fallen genau auf die Nulldurchgänge des ursprünglichen Sinus, weil dort seine Krümmung verschwindet.

Schwingung eines Masse-Feder-Systems
Eine Sinusfunktion gibt z. B. die Ortsauslenkung $z(t)$ eines schwingenden Oszillators wieder. Die zweite Ableitung $\ddot{z}$ nach der Zeit ist die Beschleunigung, die wiederum proportional zur rücktreibenden Kraft der Feder ist. Die Krümmung der Ortsauslenkung ist also proportional zur Kraft. Das entspricht der Schwingungsgleichung:

$$F = -k \cdot z = m \cdot a = m \cdot \ddot{z}$$

oder

$$\ddot{z} = -\left(\frac{k}{m}\right) \cdot z$$

Fragen

Fragen zu Abb. 5.3a (T):
Deuten Sie die Formel in C5, die für C8 gilt![4]
Warum ist es vorteilhaft, eine Funktion $f(t) = \sin(2\pi t)$ statt $f(x) = \sin(x)$ aufzutragen?[5]
Warum ist es vorteilhaft, die Werte $f''(t)$ der zweiten Ableitung von $\sin(2\pi t)$ durch $4\pi^2$ zu teilen?[6]

5.3 Integrieren

Das Integral über eine Funktion *f(x)* zwischen den Grenzen x_1 und x_2 entspricht in den einfachen Fällen, die wir behandeln, der Fläche unter der Kurve zwischen diesen beiden Grenzen. Die Fläche zwischen zwei benachbarten Stützstellen wird mithilfe der Trapezregel berechnet.

---

[4]Die Tabellenformel in C5 setzt Gl. 5.3 um.

[5]Eine Periodendauer hat dann die Länge 1, eine Viertel Periodendauer ($\pi/2$) die Länge 0,25, eine halbe Periodendauer (π) die Länge 0,5, also immer bei glatten Dezimalzahlen.

[6]Dann erhält man eine Amplitude der Größe –1, die sich im Diagramm leichter nachprüfen lässt.

Trapezregel

Die Trapezregel zur Bestimmung der Fläche unter einer Kurve zwischen zwei Stützstellen wird in Abb. 5.4a erläutert. Der Abstand zwischen den Stützstellen wurde mit $dx = 0{,}251$ viermal größer gewählt als in der numerischen Berechnung in Abb. 5.5 (T), damit sich die Trapeze deutlich von der Sinuskurve unterscheiden.

Die Fläche eines Trapezes der Breite $\backslash\Delta\, x$ ist

$$F_{\Delta x} = \frac{f(x - \Delta x) + f(x)}{2} \cdot \Delta x \qquad (5.4)$$

Das Integral von x_1 bis x_2 ist die Summe aller Trapeze und muss im Diagramm über x_2, dem Ende des Integrationsbereichs, dargestellt werden. Eine mögliche Tabellenrechnung für die Integration des Sinus steht in Abb. 5.5a (T). Die numerisch berechneten Werte des Integrals, aufgetragen in Abb. 5.4b, weichen im gewählten Maßstab nicht von der theoretischen Kurve, $1 - \cos(x)$, ab.

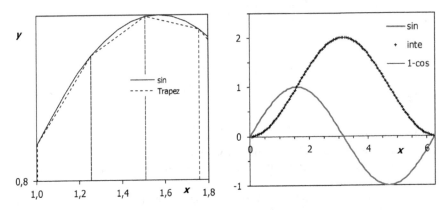

Abb. 5.4 a (links) Numerische Berechnung eines Integrals mit der Trapezregel, $dx = 0{,}251$. **b** (rechts) Numerisch berechnetes Integral *inte* der Sinusfunktion (mit $dx = 0{,}063$), verglichen mit dem theoretischen Integral *1*-cos (beide liegen übereinander)

	A	B	C	D	E	F	G
4	**dx**	0,251					
5	=A7+dx	=SIN(x)	=C7+(sin+B7)/2*dx	=1-COS(x)		Sub Trapez()	
6	**x**	**sin**	**inte**	**1-cos**			**Trapez**
7	0,000	0,000	0	0,00		1,005	0,000
8	**0,251**	0,249	**0,01**	0,03		1,005	0,844
9	0,503	0,482	0,05	0,12		1,257	0,951
10	0,754	0,685	0,14	0,27		1,257	0,000
11	1,005	0,844	0,26	0,46		1,257	0,951
12	1,257	0,951	0,40	0,69		1,508	0,998

```
Sub Trapez()                                    1
r2 = 7                                          2
For r = 11 To 15 Step 1                         3
    Cells(r2, 6) = Cells(r, 1) 'x              4
    Cells(r2, 7) = 0                            5
    r2 = r2 + 1                                 6
    Cells(r2, 6) = Cells(r, 1) 'x              7
    Cells(r2, 7) = Cells(r, 2) 'y              8
    r2 = r2 + 1                                 9
    Cells(r2, 6) = Cells(r + 1, 1) 'x.next    10
    Cells(r2, 7) = Cells(r + 1, 2) 'y.next    11
    r2 = r2 + 1                                12
Next r                                         13
End Sub                                        14
```

Abb. 5.5 a (links, T) Integration (Spalte C) der Sinusfunktion in Spalte B; Spalte D: theoretisches Integral; Spalten F und G: Koordinaten von Trapezen, durch Kopieren von Daten aus den Spalten A und B mit dem Makro in b. **b** (rechts, P) Makro, mit dem aus den Spalten A und C die Koordinaten (in F:G) für die Trapeze in Abb. 5.4a erzeugt werden

In F7:G10 stehen die Koordinaten eines Trapezes; für welches der drei Trapeze in Abb. 5.4a?[7]

Welche Formel steht in C7 von Abb. 5.5 (T)?[8]

Stammfunktion oder bestimmtes Integral?

▶ **Alac** Also die Ableitung von *cos* ist *–sin*. Dann ist *–cos* das Integral von *sin*.

▶ **Tim** Deine Aussage ist nicht ganz richtig. *–cos* ist nicht das Integral, sondern die Stammfunktion von *sin*.

▶ **Mag** Genau. Wir berechnen in unserer Tabelle immer bestimmte Integrale. In denen taucht immer noch eine Integrationskonstante auf. In unserem Falle ist das 1.

▶ **Tim** Warum gerade 1?

▶ **Mag** Wir haben den Anfangswert des Integrals *inte* in C7 von Abb. 5.5 (T) zu Null gesetzt. Unsere Integralfunktion muss also für $x = 0$ verschwinden. Die Funktion $1 - \cos(x)$ erfüllt diese Bedingung, siehe D7.

Koordinaten der Trapeze durch Makro

In Abb. 5.5b steht der Programmcode für ein Makro, das aus den Tabellendaten für *x* und *inte(x)* die Koordinaten für die Trapeze in Abb. 5.4a in die Spalten F und G von Abb. 5.5a (T) schreibt. Die Zeilen 7 bis 12 der Spalten A und C werden mit dem Schleifenindex *r* abgescannt, und bei jedem Schleifendurchlauf werden drei Punkte eines Trapezes übertragen; der Laufindex r_2 muss dabei dreimal hochgezählt werden. Die rechts offene Seite des Trapezes wird im nächsten Schleifendurchlauf vom folgenden Trapez geschlossen.

▶ **Mag** Unser Makro lässt das zuletzt gezeichnete Trapez nach rechts offen. Was kann man machen, wenn man das nicht will?

▶ **Alac** Ich lasse ein Trapez mehr zeichnen und lösche die überflüssigen Koordinaten in der Tabelle.

▶ **Mag** Das ist pragmatisch und gut, wenn man es nur einmal machen muss.

---

[7]Für das erste Trapez von links.

[8]C7 = [0], Wert zu Beginn der Integration.

	A	B	C	D	E	F	G	H	I	J
1	F.1	4,30	=D1/10	43	◄	▮	►	F1.x	3,29	=F.1*COS(a.1)
2	a.1	0,70	=(D2-90)/180*PI()	130	◄	▮	►	F1.y	2,76	=F.1*SIN(a.1)
3	F.2	6,30	=D3/10	63	◄	▮	►	F2.x	2,56	=F.2*COS(a.2)
4	a.2	-1,15	=(D4-90)/180*PI()	24	◄▮		►	F2.y	-5,76	=F.2*SIN(a.2)
5										
6	a.res	1,85	=a.1-a.2					Res.x	5,86	=F1.x+F2.x
7								Res.y	-2,99	=F1.y+F2.y
8	Skp.p	-7,47	=F.1*F.2*COS(a.res)					Skp.c	-7,47	=F1.x*F2.x+F1.y*F2.y

Abb. 5.6 (T) Zwei Vektoren werden durch ihre Polarkoordinaten in B1:B4 festgelegt, mit der Länge F_i und dem Winkel α_i. Die Polarkoordinaten werden in I1:I4 in kartesische Koordinaten umgerechnet. Die Summe $\overrightarrow{Res}$ der beiden Vektoren wird in I6:I7 berechnet, ihr Skalarprodukt Skp zweimal in Zeile 8

▶ **Tim** Wir können auch den Code ergänzen und nach Ablauf der Schleife die Koordinaten für den senkrechten Abschlussstrich anfügen.

5.4 Vektoren in der Ebene

In dieser Übung werden zwei Vektoren addiert, und es wird ihr Skalarprodukt gebildet. Polarkoordinaten und kartesische Koordinaten werden ineinander umgerechnet. Mittelsenkrechten werden auf Strecken errichtet.

Vektoren in polaren und kartesischen Koordinaten

Vektoren haben einen Betrag F und eine Richtung. In der Ebene kann die Richtung durch den Winkel α zur x-Achse bestimmt werden. Alternativ kann ein Vektor durch kartesische Koordinaten F_x und F_y festgelegt werden. In Abb. 5.6 (T) werden zwei Vektoren mit Polarkoordinaten F_1 und α_1 bzw. F_2 und α_2 bestimmt, die mit den vier Schiebereglern in E1:G4 eingestellt werden können. In I1:I4 werden sie in kartesische Koordinaten umgerechnet.

Skalarprodukt, kartesisch oder polar berechnet

Das Skalarprodukt zweier Vektoren $\overrightarrow{F_1}$ und $\overrightarrow{F_2}$ in der Ebene wird durch Multiplikation ihrer x- und y-Komponenten und nachfolgende Addition gebildet:

$$\overrightarrow{F_1} \cdot \overrightarrow{F_2} = F_{1x} \cdot F_{2x} + F_{1y} \cdot F_{2y} \tag{5.5}$$

Eine andere Definition lautet:

$$\overrightarrow{F_1} \cdot \overrightarrow{F_2} = \left|\overrightarrow{F_1}\right|\left|\overrightarrow{F_2}\right| \cdot \cos(\beta) = F_1 \cdot F_2 \cdot \cos(\beta), \tag{5.6}$$

wobei β der von $\vec{F_1}$ und $\vec{F_2}$ eingeschlossene Winkel ist.

Die Skalarprodukte gemäß Gl. 5.5 und 5.6 werden unter dem Namen *Skp.c* bzw. *Skp.p* in Zeile 8 von Abb. 5.6 (T) berechnet. Beide Formeln führen zum selben Ergebnis. Der eingeschlossene Winkel wird dort mit α_{res} bezeichnet, weil er als Differenz der beiden Winkel α_1 und α_2 berechnet wird.

Das Skalarprodukt von $\vec{F_1}$ und $\vec{F_2}$ verschwindet, wenn $\beta = 90°$ oder $270°$. Für kartesische Koordinaten gilt dabei $\vec{F_2} = \left(-F_{1y}, F_{1x}\right)$ oder $\vec{F_2} = (F_{1y}, -F_{1x})$. Das Skalarprodukt ist negativ, wenn $90° < \beta < 270°$.

Fragen

Wie wird der Winkel α_{res} berechnet, der in das Skalarprodukt in B8 von Abb. 5.6 (T) eingeht? Welche anschauliche Bedeutung hat er?[9]

Warum ist das Skalarprodukt *Skp* in Abb. 5.6 (T) negativ?[10]

Darstellung als Pfeile

Vektoren werden meist als Pfeile in der Ebene dargestellt, wie in Abb. 5.7a. Die Pfeile haben ihren Fußpunkt im Ursprung der Ebene und enden in den Koordinaten der Spitzen der Vektoren. Pfeile in Diagrammen erhält man mit DATENREIHEN FORMATIEREN/LINIENART/ENDTYP (oder ANFANGSTYP).

Die Skala der Achsen hat dieselbe physikalische Dimension wie die Vektoren, also z. B. N (Newton), wenn es sich um Kräfte handelt wie in Abb. 5.7a.

Parallelogramm der Kräfte

Die Vektoraddition wird in Abb. 5.7a veranschaulicht. Die Kräfte $\vec{F_1}$ und $\vec{F_2}$ setzen im Nullpunkt an. Für ihre Addition werden die Koordinaten (F_x, F_y) der Endpunkte der Vektoren addiert. Der resultierende Vektor $\vec{Res}$ zeigt auf die dem Nullpunkt entgegengesetzte Ecke des durch $\vec{F_1}$ und $\vec{F_2}$ aufgespannten Parallelogramms *Parallelo*.

In I6:I7 von Abb. 5.6 (T) wird die Vektorsumme (Res_x, Res_y) der beiden Vektoren komponentenweise in kartesischen Koordinaten gebildet. Das ist in Polarkoordinaten nicht möglich.

Aufgabe

Verändern Sie mit den Schiebereglern die Winkel und Beträge der Vektoren und beobachten Sie, ob in Abb. 5.7a das geschieht, was Sie erwarten!

---

[9] $\alpha_{res} = \alpha_1 - \alpha_2$ ist der Winkel, der von den beiden Vektorpfeilen eingeschlossen wird.

[10] $\alpha_{res} = \alpha_1 - \alpha_2 = 130°$ (in D2) $- 24°$ (in D4) $= 106°$; $90° < 106° < 270°$.

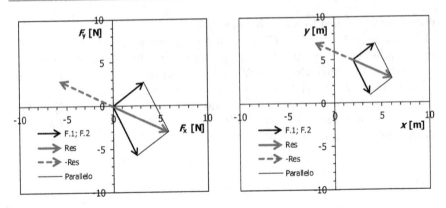

Abb. 5.7 **a** (links) Parallelogramm der Kräfte; zwei Vektoren $\vec{F_1}$ und $\vec{F_2}$ werden addiert und ergeben den Vektor $\vec{Res}$. **b** (rechts) Darstellung in der (x, y)-Ebene; die Kraftvektoren aus a greifen an einem Punkt der Ebene an

---

Fragen

Die Koordinaten der resultierenden Kraft in Abb. 5.7a sind (5,86, −2,99). Wie lauten die Koordinaten der Gegenkraft? Welches sind die Koordinaten des Vektors derselben Länge, der senkrecht auf der Kraft steht?[11]

Vektoren greifen an Orten an

Oftmals wird ein Diagramm benötigt, bei dem die Vektoren an Orten in der Ebene angreifen. Die Achsen dieser Ebene geben Längen an und sind z. B. in m (Meter) skaliert. Die Vektoren, die in einer solchen Ebene gezeichnet werden, haben aber ganz andere Einheiten. Wir setzen die Vektorpfeile deshalb an dem gewählten Angriffspunkt (x_A, y_A) an und lassen Sie bei

$$\left(x_A + F_x^* scal, \ y_A + F_y^* scal\right)$$

enden, wie in Abb. 5.7b. Der Skalierungsfaktor *scal* bestimmt die Länge der Vektorpfeile und vermittelt auch zwischen den verschiedenen Dimensionen. Für Kräfte hat *scal* die physikalische Einheit m/N (Meter pro Newton).

Das Formelwerk für die Koordinaten der Vektoren in der (x, y)-Ebene steht in Abb. 5.8 (T).

---

[11]$-Res = (-5,86; 2,99)$; senkrecht stehende Kraft + oder − (2,99; 5,86).

	M	N	O	P	Q	R	S	T	U	W	X
1	x.A	0		**x**		**y**					
2	y.A	0		F.1; F.2					-Res		
3	scal	1		0,00	=x.A	0,00	=y.A		0,00	**0,00**	=y.A
4				3,29	=x.A+F1.x*scal	2,76	=y.A+F1.y*scal		-5,86	**2,99**	=y.A-Res.y*scal
5											
6				0,00	=x.A	0,00	=y.A		Parallelo		
7				2,56	=x.A+F2.x*scal	-5,76	=y.A+F2.y*scal		3,29	**2,76**	=R4
8				Res					5,86	**-2,99**	=P10
9				0,00	=x.A	0,00	=y.A		2,56	**-5,76**	=R7
10				5,86	=x.A+Res.x*scal	-2,99	=y.A+Res.y*scal				

Abb. 5.8 (T) Die Vektoren $\overrightarrow{F_1}$ und $\overrightarrow{F_2}$ aus Abb. 5.6 (T) werden am Ort (x_A, y_A) angesetzt

Fragen

Welche Bedeutung haben die Formeln in Spalte U von Abb. 5.8 (T) und wie lauten sie? Orientieren Sie sich an Spalte X![12]

5.5 Mittelsenkrechte auf einer Strecke

In dieser Übung sollen an eine Kurve in der *(x, y)*-Ebene Tangenten gelegt und Senkrechten darauf errichtet werden. Die Kurve, z. B. ein Polynom dritten Grades, wird in einer Tabelle berechnet. Die Koordinaten für die Tangenten und Senkrechten werden mit einem Makro ermittelt.

Eine Strecke und ihre Mittelsenkrechte

Wir zeichnen zunächst eine Strecke in der Ebene und errichten auf ihr die Mittelsenkrechte, siehe Abb. 5.9a. Die Endpunkte (x_1, y_1) und (x_2, y_2) der Strecke werden in Abb. 5.10 (T) eingestellt, teilweise mit Schiebereglern.

Der Linienvektor (x_L, y_L) zur eingestellten Strecke soll dieselbe Länge und dieselbe Richtung wie die Strecke haben, aber am Nullpunkt ansetzen wie die gestrichelte Strecke in Abb. 5.9a.

Die Senkrechte auf dem Linienvektor erhält man durch $x_S = -y_L$ und $y_S = x_L$. Diese Senkrechte muss dann so verschoben werden, dass der Mittelpunkt der verschobenen Senkrechten auf den Mittelpunkt der ursprünglichen Strecke fällt.

Aufgabe

Erstellen Sie eine Tabellenrechnung für Abb. 5.9a! Führen Sie die Aufgabe vollständig als Tabellenrechnung aus! Eine mögliche Version wird in Abb. 5.12 (T)

---

[12]U3 = [= x.A], U4 = [= x.A-Res.y*scal], U7 = [= P4] (Spitze von F1); in U8 = [= P10] (Spitze von *Res*), in U9 = [= P7] (Spitze von $\overrightarrow{F_2}$).

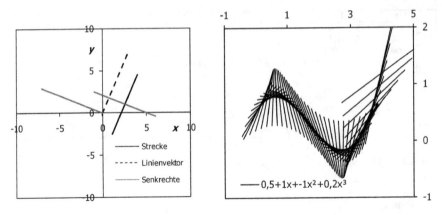

Abb. 5.9 a (links) Senkrechte auf einer Strecke, Daten wie in Abb. 5.10 (T). **b** (rechts) Tangenten und Senkrechte an ein Polynom dritten Grades mit Stützstellen im horizontalen Abstand $\Delta x = 0,1$; Tabellenrechnung in Abb. 5.12 (T)

	A	B	C	D	E	F	G	H	I
1	x.1	0,60	=(D1-50)/10	56	◄	▥	►	x.2	-9,00
2	y.1	2,90	=(D2-50)/10	79	◄	▥	►	y.2	-6,00

Abb. 5.10 (T) Koordinaten für die Strecke der Abb. 5.9a; x_1 und y_1 werden mit den Schiebereglern in E1:G2 eingestellt; x_2, y_2 werden von Hand eingetragen

angegeben. Verändern Sie die Schieberegler in Abb. 5.10 (T) und verfolgen Sie die Änderungen im Diagramm!

Tangenten und Senkrechte eines Polynoms

In der Abb. 5.9b werden Tangenten und Senkrechte an ein Polynom dritten Grades angeheftet. Die Tabellenrechnung und ein Makro dazu sieht man in Abb. 5.11a bzw. b.

Fragen

Warum sieht es in Abb. 5.9b so aus, als stünden die Senkrechten nicht senkrecht auf der Kurve?[13]

Was muss im Diagramm der Abb. 5.9b verändert werden, damit die Senkrechten auch senkrecht auf den Kurven erscheinen?[14]

---

[13]Die Achsen in Abb. 5.9b sind gleich lang. Das entspricht aber nicht den Skalierungen –1 bis 5 und –1 bis 2.

[14]Die y-Achse in Abb. 5.9b muss halb so lang gezeichnet werden wie die x-Achse, sodass die Länge der Achsen ihrer Skalierung (Max.–Min.), also 6 bzw. 3 entspricht.

Aufgabe

Schreiben Sie ein Makro, in dem die Koordinaten für die Tangenten und Senkrechten vollständig aus Tabellendaten $y = f(x)$ gemäß den Formeln in Abb. 5.12 (T) berechnet und wieder in die Tabelle geschrieben werden, sodass Sie Diagramme wie in Abb. 5.9b erhalten! Je nachdem, wie viel Erfahrung Sie schon gesammelt haben schreiben Sie Abb. 5.11b (P) ab, entwickeln ein eigenes Programm nach Analyse von Abb. 5.11b oder schauen sich Abb. 5.11b überhaupt nicht an.

Tabellenaufbau für Abb. 5.9

	A	B	C	D	E	F
1	a.1	0,50		c.1	-1,00	
2	b.1	1,00		d.1	0,20	
3				dx	0,10	
4	=a.1&"+"&b.1&"x+"&c.1&"x²+"&d.1&"x³"					
5	0,5+1x+-1x²+0,2x³					
6	=a.1+b.1*x+c.1*x^2+d.1*x^3					
7	x	y				
8	0,0	0,50		-0,45	0,09	
9	0,1	0,59		0,55	1,00	
10	0,2	0,66				
47	3,9	1,05		0,67	0,28	
48	4,0	1,30		0,63	1,28	

```
 1 Sub TangVert()                              Cells(r2, 5) = ym - dy   16
 2 scal = 5                                    r2 = r2 + 1              17
 3 r2 = 8                                      Cells(r2, 4) = xm + dx   18
 4 For r = 8 To 47                             Cells(r2, 5) = ym + dy   19
 5   x1 = Cells(r, 1)                          r2 = r2 + 2              20
 6   y1 = Cells(r, 2)                        'perpendiculars           21
 7   x2 = Cells(r + 1, 1)                      x2 = Cells(r + 1, 1)    22
 8   y2 = Cells(r + 1, 2)                      Cells(r2, 5) = ym - dx   23
 9 'center                                     r2 = r2 + 1              24
10   xm = (x1 + x2) / 2                         Cells(r2, 4) = xm + dy  25
11   ym = (y1 + y2) / 2                         Cells(r2, 5) = ym + dx  26
12   dx = (x2 - x1) * scal                      r2 = r2 + 2             27
13   dy = (y2 - y1) * scal                    Next r                   28
14 'tangentials                               End Sub                  29
15   Cells(r2, 4) = xm - dx                                            30
```

Abb. 5.11 **a** (links, T) y(x), Polynom dritten Grades; Tangenten und Senkrechten dazu in den Spalten D und E; Verkettung von Text und Variablen in B5. **b** (rechts, P) SUB *TangVert* berechnet aus x und y in den Spalten A und B die Tangenten und die Senkrechten und schreibt ihre Koordinaten in die Spalten D und E von a

	K	L	M	N	O
1			x		y
3	Strecke	1,10	=x.1	-2,50	=y.1
4		4,00	=x.2	4,50	=y.2
6	Mittelpunkt	2,55	=MITTELWERT(L3:L4)	1,00	=MITTELWERT(N3:N4)
8	Linienvektor	0		0	
9		2,9	=x.2-x.1	7	=y.2-y.1
11	Senkrechte	0		0	
12		-7	=-(y.2-y.1)	2,9	=x.2-x.1
14		6,05	=L6-L12/2	-0,45	=N6-N12/2
15		-0,95	=L6+L12/2	2,45	=N6+N12/2

Abb. 5.12 (T) Koordinaten für den Linienvektor (Reihen 8 und 9) und die Senkrechte (Reihen 14 und 15) zur Strecke der Abb. 5.9a mit den Parametern aus Abb. 5.10 (T)

Wie müssen die Formeln in L12 und N12 von Abb. 5.12 (T) verändert werden, damit die Mittelsenkrechte die Länge 1 bekommt?[15]

Was bezeichnen L6 und N6 in den Formeln der Reihen 14 und 15 in Abb. 5.12 (T)?[16]

5.6   Zerlegung von Vektoren

Wir zerlegen zunächst mithilfe trigonometrischer Formeln einen Vektor in einer Geraden in seine waagrechte und senkrechte Komponente und danach einen Vektor in seine Komponenten waagrecht und senkrecht zu einer Geraden. Letzteres führen wir noch einmal mithilfe von Einheitsvektoren parallel und senkrecht zur Geraden durch.

Waagrechte und senkrechte Komponenten, trigonometrisch berechnet
In Abb. 5.13a wird gezeigt, wie ein Vektor (F_x, F_y) in seine senkrechte und waagrechte Komponente zerlegt wird. Die trigonometrischen Beziehungen zwischen den verschiedenen Größen stehen ebenfalls in dieser Abbildung.

In Abb. 5.13b wird ein Vektor in einer schiefen Geraden in seine senkrechte und waagrechte Komponente zerlegt. Die trigonometrischen Beziehungen können aus den Legenden in der Abbildung entnommen werden. Die Steigung der Geraden „Bahn" $y = m \cdot x$ ist $m = \tan\alpha$, wie ebenfalls in Abb. 5.13b vermerkt ist.

Ergänzen Sie für Abb. 5.13a: $F_x = F_y \cdot$?[17]

Komponenten, parallel und senkrecht zu einer Geraden, trigonometrisch berechnet
Als Vorübung zu physikalischen Aufgaben der Kräftezerlegung zerlegen wir einen senkrechten und einen waagrechten Vektor in Komponenten parallel und senkrecht zu einer schiefen Geraden, welche um einen Winkel α gegen die Waagrechte geneigt ist, siehe Abb. 5.14a. In Abb. 5.14b werden die Vektoren aus a addiert.

---

[15]Die Komponenten des senkrechten Vektors müssen durch die Länge der Strecke geteilt werden, hier also durch $\sqrt{7^2 + 2{,}9^2} = \text{WURZEL}((x_2 - x_1)^2 + ((y_2 - y_1)^2)$.

[16]In (L6, N6) von Abb. 5.12 (T) stehen die Koordinaten des Mittelpunktes der vorgegebenen Strecke.

[17]$F_x = F_y / \tan(\beta)$.

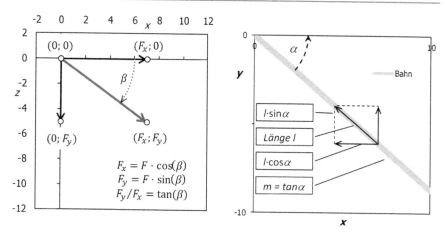

Abb. 5.13 a (links) Zerlegung eines Vektors $(F_x; F_y)$ in eine waagrechte und eine senkrechte Komponente; der Winkel β ist positiv. **b** (rechts) Wie a für einen Vektor in einer Bahn (Gerade in der Abbildung), der Winkel α ist negativ

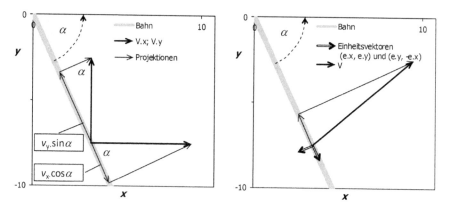

Abb. 5.14 a (links) Ein senkrechter und ein waagrechter Vektor werden in Komponenten parallel und senkrecht zu einer schiefen Geraden zerlegt, die um den Winkel α zur Horizontalen geneigt ist. **b** (rechts) Drei Vektoren als Summe von Vektoren aus a $((v_x, v_y)$, Summe der zur Geraden parallelen und Summe der zur Geraden senkrechten Komponenten) sowie der Einheitsvektor in der Bahn und der senkrecht zu ihr

In der zugehörigen Tabellenrechnung in Abb. 5.15 (T) werden in Spalte B vorgegeben:

- der Winkel α der Geraden gegen die Horizontale,
- die Länge V_x des waagrechten Vektors,
- die Länge V_y des senkrechten Vektors,
- die Länge l_x, bis zu der die Bahn im Diagramm gezeichnet werden soll und

	A	B	C	D	E	F	G	H	I	J
1		-65	°	**Bahn**			V.x; V.y			
2	alpha	-1,13	=B1/180*PI()	0,00	0,00		3,50	=pos*l.x	-7,51	=pos*l.x*TAN(alpha)
3	V.x	6,00		**10,00**	**-21,4**		9,50	=G2+V.x	-7,51	=I2
4	V.y	5,00		=l.x	=TAN(alpha)*l.x					
5	pos	0,35		**l.B**	23,66		3,50	=pos*l.x	-7,51	=pos*l.x*TAN(alpha)
6	l.x	10,00					3,50	=G5	-2,51	=I5+V.y
7				Einheitsvektor der Bahn			V			
8				**e.x**	0,42	=D3/l.B	3,50	=pos*l.x	-7,51	=pos*l.x*TAN(alpha)
9				**e.y**	-0,91	=E3/l.B	9,50	=G8+V.x	-2,51	=I8+V.y

Abb. 5.15 (T) (A:F): Koordinaten der Bahn, des waagrechten Vektors V_x, des senkrechten Vektors V_y und des Einheitsvektors (e_x, e_y) in der Bahn; (G:J): Koordinaten der Vektoren in der (x, y)-Ebene; $\vec{V} = (V_x, V_y)$

- die Position *pos*, an der die Vektoren ansetzen sollen, als Bruchteil von l_x.

Der Skalierungsfaktor für die Vektoren in der *(x, y)*-Ebene wird hier Eins gesetzt und taucht deshalb in den Formeln in G3 und I6 nicht auf.

Aus diesen Angaben werden dann die Koordinaten der Bahn (in D:E) und die Koordinaten der beiden Vektoren (in G:I) berechnet und als zwei Datenreihen „Bahn" und „V.x; V.y" in Abb. 5.14a eingefügt.

▶ Die Datenreihen G2:G9 und I2:I9 dürfen nicht als *x*- und *y*-Werte in ein Diagramm eingetragen werden, weil der Eintrag in G7 die Zuordnung durcheinanderbringt. Wäre der Eintrag z. B. in J7, dann wäre das wohl möglich.

Fragen

Wie lauten die Formeln in G3 und I6 von Abb. 5.15 (T), wenn sie formal richtig mit dem Skalierungsfaktor *scal* formuliert werden?[18]

Komponenten mit Sinus und Kosinus berechnen

Die Koordinaten der Projektionen der beiden Vektoren $\vec{V_x}$ und $\vec{V_y}$ auf die schiefe Gerade werden in den Zeilen 2 bis 6 von Abb. 5.16 (T) berechnet. Die benötigten trigonometrischen Beziehungen können aus Abb. 5.14a abgelesen werden.

Die Länge der Projektion des senkrechten Vektors $\vec{V_y}$ auf die Bahn wird in L2 bestimmt. Es ist die Länge eines Vektors, der in der Bahn liegt, also unter dem Winkel α zur Horizontalen. Wenn man diese Projektion als Vektor in ein Diagramm eintragen möchte, dann müssen seine x- und y-Koordinaten angegeben werden. Aus Länge und Winkel werden deshalb in L3 und N3 die *x*- und die *y*-Komponente bestimmt und damit dann in P2:P6 und R2:R6 die Koordinaten der beiden Vektorpfeile (in der Bahn und senkrecht zu ihr) in Abb. 5.14a., die also dann in Abb. 5.14b an den ausgewählten Punkt der Geraden angeheftet werden.

---

[18] $G3 = [= G2 + scal*V_x]$, $I6 = [= I5 + scal*V_y]$.

Die Länge der Projektion des Vektors $\vec{V_y}$ auf eine Senkrechte zur Bahn wird in L5 bestimmt, daraus dann in L6 und N6 die x- bzw. y-Komponente in kartesischen Koordinaten. Entsprechend werden in L8:S12 die Koordinaten für den waagrechten Vektor $\vec{V_x}$ berechnet.

▶ **Alac** Die Rechnungen in L:O von Abb. 5.16 (T) sind eine wahre Orgie in Sinus und Kosinus!

▶ **Tim** Und immer mit demselben Winkel α!

▶ **Mag** Die Formeln sind eine Konzentrationsübung in Trigonometrie.

▶ **Tim** Wie gut, dass wir im Diagramm überprüfen können, ob wir Sinus und Kosinus immer richtig gewählt und mit den richtigen Vorzeichen eingesetzt haben. Mit den Formeln alleingelassen, hätte ich sicher Fehler gemacht.

▶ **Mag** So erkennen Sie den Vorteil unseres Ansatzes, parallel zu den Rechnungen immer auch Diagramme zu erstellen. Im nächsten Abschnitt wiederholen wir die Rechnungen mit dem Einheitsvektor der Geraden, den wir schon in D8:E9 von Abb. 5.15 (T) berechnet haben. Die entsprechenden Formeln lassen sich mit Einheitsvektoren logisch einfacher verfolgen.

Die vier in den Spalten P und R der Abb. 5.16 (T) berechneten Vektorpfeile können als eine Datenreihe in Abb. 5.14a eingefügt werden, weil ihre Koordinaten durch Leerzeilen (4 und 10) voneinander getrennt werden, die aber in Abb. 5.16 (T) ausgeblendet sind.

	L	M	N	O	P	Q	R	S
1	**Projektionen**				**x**		**y**	
2	-4,53	=V.y*SIN(alpha)			3,50	=pos*l.x	-7,51	=pos*l.x*TAN(alpha)
3	-1,92	=L2*COS(alpha)	4,11	=L2*SIN(alpha)	1,58	=P2+L3	-3,40	=R2+N3
5	2,11	=V.y*COS(alpha)			1,58	=P6+L6	-3,40	=R6-N6
6	-1,92	=L5*SIN(alpha)	0,89	=L5*COS(alpha)	3,50	=pos*l.x	-2,51	=I6
7								
8	2,54	=V.x*COS(alpha)			3,50	=pos*l.x	-7,51	=pos*l.x*TAN(alpha)
9	1,07	=L8*COS(alpha)	-2,30	=L8*SIN(alpha)	4,57	=P8+L9	-9,80	=R8+N9
11	-5,44	=V.x*SIN(alpha)			4,57	=P12+L12	-9,80	=R12+N12
12	-4,93	=-L11*SIN(alpha)	-2,30	=L11*COS(alpha)	9,50	=P8+V.x	-7,51	=pos*l.x*TAN(alpha)

Abb. 5.16 (T) Koordinaten der Projektionen auf die Gerade, siehe Abb. 5.14a; In L2, L5, L8 und L11 werden die Längen der parallelen bzw. senkrechten Projektionen berechnet, in den darunter stehenden Zeilen der Spalten L und N die Koordinaten für die Vektoren. In P und R werden die Koordinaten für die Vektoren berechnet, wenn sie am ausgewählten Punkt der Geraden angeheftet werden. (Fortsetzung von Abb. 5.15 (T))

Wie berechnet man mit *Vektoroperationen* die Komponente eines Vektors senkrecht zur Ebene, wenn die Projektion des Vektors in die Ebene bereits bekannt ist?[19]

In Abb. 5.14b sieht man drei Vektoren, die die Summe von Vektoren aus Abb. 5.14a sind. Die Vektoren $\vec{V_x}$ und $\vec{V_y}$ werden zum Vektor $\vec{V} = (V_x, V_y)$ addiert. Die Längen der Komponenten dieses Vektors parallel und senkrecht zur Geraden entstehen durch Addition der Längen (mit Vorzeichen) der entsprechenden Projektionen.

Berechnung mit Einheitsvektoren

In Abb. 5.14b sind die Einheitsvektoren in der Bahn (e_x, e_y) und senkrecht zur Bahn (e_y, $-e_x$) eingezeichnet, deren Komponenten bereits in Abb. 5.15 (T) berechnet wurden.

Wie berechnet man die Koordinaten des Einheitsvektors einer Geraden, die durch die beiden Punkte (x_1, y_1) und (x_2, y_2) festgelegt wird?[20]

Wir nutzen das Skalarprodukt der Vektoren $\vec{V} = (V_x; V_y)$ mit dem Einheitsvektor $\vec{e_p} = (e_{px}; e_{py})$ der Bahn, um zunächst die Länge der Komponente parallel zur Bahn zu bestimmen:

$$l_p = (V_x, V_y) \cdot (e_x, e_y) \qquad (5.7)$$

Der Einheitsvektor senkrecht zur Bahn hat die Koordinaten:

$$\vec{e_s} = (e_{py}, -e_{px}) \text{ oder } \vec{e_s} = (-e_{py}, e_{px}) \qquad (5.8)$$

Die Komponente der Kraft senkrecht zur Bahn hat demnach die Länge:

$$l_s = (V_x, V_y) \cdot (e_{py}, -e_{px}) \qquad (5.9)$$

In L27 und L30 von Abb. 5.17 (T) werden die Längen der Projektionen parallel und senkrecht zur Bahn mit der Gl. 5.7 bzw. Gl. 5.9 berechnet und daraus dann in den Zeilen 28 bzw. 31 die kartesischen Koordinaten der Projektionen.
   Für den Vektor $\vec{V_p}$ in der Bahn gilt:

---

[19]Die Vektorsumme von zur Ebene senkrechter und zur Ebene paralleler Projektion ergibt den ursprünglichen Vektor. Die zur Ebene senkrechte Komponente ist also die Vektordifferenz des ursprünglichen Vektors und seiner Projektion auf die Ebene.

[20]Länge $l = \sqrt{(x_2 - x_1)^2 + (y_2 - y_1)^2}$; $e_x = (x_2 - x_1)/l$; $e_y = (y_2 - y_1)/l$.

	L	M	N	O	P	Q	R	S
20					**Einheitsvektoren**			
21					3,50	=pos*I.x	-7,51	=pos*I.x*TAN(alpha)
22					2,59	=P21+e.y	-7,93	=R21-e.x
24					3,50	=pos*I.x	-7,51	=pos*I.x*TAN(alpha)
25					3,92	=P21+e.y	-8,41	=R21+e.y
26	**Projektion parallel zur Bahn**				**Zerlegung von V**			
27	-2,00	=V.x*e.x+V.y*e.y			3,50	=pos*I.x	-7,51	=pos*I.x*TAN(alpha)
28	-0,84	=L27*COS(alpha)	1,81	=L27*SIN(alpha)	2,66	=P27+L28	-5,70	=R27+N28
29	**Projektion senkrecht zur Bahn**							
30	-7,55	=V.x*e.y-V.y*e.x			2,66	=P28	-5,70	=R28
31	6,84	=L30*SIN(alpha)	-3,19	=L30*COS(alpha)	9,50	=P30+L31	-2,51	=R30-N31

Abb. 5.17 (T) Zerlegung des Vektors $\vec{V} = (V_x, V_y)$ in Komponenten parallel (Länge mit Gl. 5.7) und senkrecht (Länge mit Gl. 5.8) zur Bahn; e_x und e_y werden in E8:E9 von Abb. 5.15 (T) berechnet. (Fortsetzung von Abb. 5.16 (T))

$$V_{px} = \left|\vec{V_p}\right| \cdot \cos\alpha \text{ und } V_{py} = \left|\vec{V_p}\right| \cdot \sin\alpha \qquad (5.10)$$

Für die kartesischen Komponenten des Vektors $\vec{V_s}$ senkrecht zur Bahn müssen cos und sin vertauscht werden, da α hier den Winkel zur y-Achse angibt, siehe Abb. 5.14a.

in den Spalten P und R von Abb. 5.17 (T) werden aus den Projektionen die Koordinaten der Vektorpfeile im Diagramm berechnet.

5.7   Gewichteter Mittelwert (G)

In dieser Übung lernen wir anhand eines Mobiles die mathematische Konstruktion des gewichteten Mittelwerts kennen. Der Schwerpunkt des Mobiles ist die gewichtete Summe der Koordinaten der Massen, mit den Massen als Gewichte.

Definitionen: Gewichtete Summe und gewichteter Mittelwert
Die *gewichtete Summe* S_w

$$S_w = \sum_{i=1}^{n} w_i S_i \qquad (5.11)$$

enthält die Summanden S_i und die Gewichte w_i. Um den *gewichteten Mittelwert* M_w zu erhalten, muss die gewichtete Summe durch die Summe der Gewichte geteilt werden:

$$M_w = \frac{S_w}{\sum_{i=1}^{n} w_i} \qquad (5.12)$$

Gewichtete Mittelwerte werden in späteren Kapiteln bei der Kombination von Messergebnissen (mit den Kehrwerten der Varianzen als Gewichte, Kap. 8) eingesetzt, und in Band II bei der Berechnung von Schwerpunktkoordinaten (Massen), von Erwartungswerten in der Quantenmechanik (Betragsquadrat der Zustandsfunktion) und Mittelwerten in der statistischen Mechanik (Boltzmann-Faktor).

Ein Mobile mit zwei Armen

In dieser Übung wollen wir ein Mobile konstruieren, das in seinem Schwerpunkt aufgehängt wird. In Abb. 5.18 a sehen wir ein solches Mobile mit zwei Massen m_1 und m_2 an zwei masselosen Fäden, das durch eine Gegenkraft in seinem Schwerpunkt im Gleichgewicht gehalten wird.

Die waagrechte Achse soll masselos sein. Die Pfeile sollen die Kraftvektoren anzeigen, die an der waagrechten Stange (in der Geraden $y = 0$) ansetzen. Die Schwerpunktkoordinaten sind der gewichtete Mittelwert der Koordinaten der Angriffspunkte der, in unserm Fall nach unten ziehenden, Kräfte. Die Gewichte sind die Massen.

Die Tabellenorganisation für dieses Bild findet man in Abb. 5.19 (T).

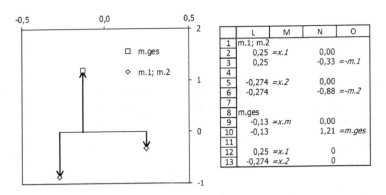

Abb. 5.18 **a** (links) Mobile mit zwei hängenden Armen; die Pfeile sollen die Kräfte (Stärke und Richtung) angeben. Im Bild sind die Fäden, an denen die Massen aufgehängt sind, genauso lang wie die Kraftvektoren. **b** (rechts, T) Koordinaten für die Vektorpfeile in a

	A	B	C	D	E	F	G	H	I	J
1	x.1	0,246	746 ◀		▶	**m.1**	0,33	330 ◀		▶
2	x.2	-0,274	226 ◀		▶	**m.2**	0,878	878 ◀		▶
3	x.m	-0,1319	=(m.1*x.1+m.2*x.2)/m.ges			**m.ges**	1,208	=m.1+m.2		

Abb. 5.19 (T) Die beiden Massen m_1 und m_2 und ihre x-Koordinaten werden in A1:J2 durch vier Schieberegler vorgegeben. Berechnet werden die Gesamtmasse m_{ges} in G3 und die Koordinate des Schwerpunktes x_m in B3

Die beiden Massen m_1 und m_2 und ihre Koordinaten x_1 und x_2 werden in A1:J2 vorgegeben. Alle vier werden durch Schieberegler bestimmt. Die Gesamtmasse m_{ges} in G3 und die Koordinate x_m in B3 des Schwerpunktes werden berechnet.

Die Kräfte, eigentlich $m·g$ mit $g = -9{,}81$ m/s², werden der Einfachheit halber mit den Massen gleichgesetzt und die Koordinaten der entsprechenden Vektorpfeile in Abb. 5.18b (T) mit den richtigen Vorzeichen berechnet. Die Massen m_1 und m_2 ziehen nach unten, m_{ges} soll als Gegenkraft nach oben ziehen.

Koordinaten für die Kraftvektoren

Alle Kräfte werden zunächst als Punkte in Abb. 5.18a eingetragen. Die Koordinaten der Vektorpfeile werden berechnet, z. B. wie in Abb. 5.18b (T), und dann ebenfalls in die Abbildung eingetragen.

Jede Masse hängt senkrecht am waagrechten Balken des Mobiles, sodass der zugehörige Kraftvektor an der x-Position der Masse ansetzt. Der Fußpunkt des Vektors für die Masse m_1 hat also die Koordinaten $(x_1, 0)$; $y = 0$, weil die waagrechte Stange sich an dieser Position befindet. Die Spitze des Vektors hat die Koordinaten $(x_1, -m_1)$; das negative Vorzeichen für die Masse wird gewählt, weil die Gewichtskraft ja nach unten zieht.

Die Koordinaten für die Gesamtmasse m_{ges} werden genauso gebildet, nur dass die Gegenkraft jetzt nach oben zieht.

Vielarmige Mobiles

Für vielarmige Mobiles müssen wir Koordinaten für mehr Massen definieren. Das bewerkstelligen wir aber nicht als Fortsetzung der bisherigen Übung, sondern am besten mit einem Makro von der Art, wie wir sie in Kap. 4 kennengelernt haben.

5.8 Lineares Gleichungssystem, Matrixoperationen

> Lineare Gleichungssysteme mit kleinem Rang werden mit Matrizenoperationen gelöst. Als Beispiel behandeln wir ein elektrisches Netzwerk mit den kirchhoffschen Regeln.

5.8.1 Elektrisches Netzwerk

In Abb. 5.20 wird ein elektrisches Netzwerk mit drei ohmschen Widerständen R_1, R_2 und R_3, einer Konstantstromquelle I_0 und einer Konstantspannungsquelle U_0 dargestellt.

Wir berechnen die Ströme I_1, I_2, I_3 und I_4 in den verschiedenen Zweigen mithilfe einer Matrixrechnung. Die Richtungen dieser Ströme sind willkürlich; sie müssen aber vorher festgelegt werden.

Abb. 5.20 Elektrische
Schaltung mit einer
Stromquelle I_0, einer
Spannungsquelle U_0 und drei
ohmschen Widerständen R_1,
R_2 und R_3

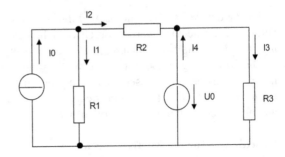

Kirchhoffsche Regeln

Die vier linearen Gleichungen für die vier unbekannten Ströme I_1, I_2, I_3 und I_4
erhält man mithilfe der kirchhoffschen Regeln, nämlich mit zwei Maschenregeln:

$$R_3 \cdot I_3 - U_0 = 0 \text{ und } -R_1 \cdot I_1 + R_2 \cdot I_2 + U_0 = 0 \tag{5.13}$$

und zwei Knotenregeln:

$$-I_1 - I_2 + I_0 = 0 \text{ und } I_2 + I_4 - I_3 = 0 \tag{5.14}$$

Diese vier Gleichungen werden so umgeformt, dass auf den rechten Seiten der
Maschenregeln die bekannte Quellspannung U_0 und auf den rechten Seiten der
Knotenregeln der bekannte Quellstrom I_0 oder 0 steht, und dann in die Form

$$\overline{\overline{M}} \cdot \vec{I} = \vec{Q} \tag{5.15}$$

gebracht. Dabei ist $\overline{\overline{M}}$ eine Matrix mit Komponenten 0 oder 1 oder den Widerständen der Schaltung, $\vec{I}$ ist der Vektor der unbekannten Ströme und $\vec{Q}$ ist ein Vektor,
dessen Koeffizienten Null oder die bekannten Quellspannungen und Quellströme
sind.

Für das Netzwerk der Abb. 5.20 gilt der Tabellenaufbau in Abb. 5.21 (T), in den
Zeilen 2 bis 4 in allgemeiner Form und in den Zeilen 8 bis 11 mit den Werten aus
Spalte B.

Aufgabe

Überprüfen Sie, ob aus der Matrixgleichung D2:K5 die Gl. 5.13 und 5.14 folgen! Beachten Sie dabei, dass die Gleichungen auch gelten, wenn alle Vorzeichen
umgedreht werden!

	A	B	C	D	E	F	G	H	I	J	K	L	M	N
1														
2				1	1	0	0		I.1	=	I.0			
3				0	0	R.3	0	•	I.2	=	U.0			
4				-R.1	R.2	0	0		I.3		-U.0			
5				0	1	-1	1		I.4		0			
6														
7	I.0	0,5 A	Matrix						Ströme		Bekannt			
8	U.0	5 V		1	1	0	0		I.1		0,5			
9	R.1	100 Ω		0	0	90	0	•	I.2	=	5			
10	R.2	68 Ω		-100	68	0	0		I.3		-5			
11	R.3	90 Ω		0	-1	1	-1		I.4		0			
12														

Abb. 5.21 (T) Matrixrechnung für das Schaltbild in Abb. 5.20; Zeilen 1 bis 5 in allgemeiner Form; Zeilen 8 bis 11 mit den konkreten Werten in Spalte B; die senkrechten Striche und die Punkte in Spalte H sollen nur auf die Matrixrechnung hindeuten. Sie haben keine rechnerische Funktion

5.8.2   Matrixoperationen

[Matrixoperationen]
Multiplikation
Die Multiplikation zweier Matrizen wird mit der Tabellenfunktion MMULT durchgeführt, die in der EXCEL-HILFE wie folgt beschrieben wird:

MMULT(MATRIX1; MATRIX2) liefert das Produkt zweier Matrizen. Das Ergebnis ist eine Matrix, die dieselbe Anzahl von Zeilen wie MATRIX1 und dieselbe Anzahl von Spalten wie MATRIX2 hat.

MATRIX1 und MATRIX2 können als Zellbereiche, Matrixkonstanten oder Bezüge angegeben sein.

Formeln, die als Ergebnis eine Matrix ausgeben, müssen als Matrixformeln eingegeben werden.

Kehrmatrix

MINV(Matrix) gibt die Kehrmatrix (Inverse) einer quadratischen Matrix zurück.

MMULT und MINV sind Matrixfunktionen, d. h., vor dem Aufruf muss ein Tabellenbereich aktiviert werden, der die Ergebnisse aufnehmen kann, und der Aufruf muss mit dem „Zaubergriff" Ψ Strg + Umschalt + Eingabe abgeschlossen werden.

▶   Der Begriff „Matrix" hat in EXCEL zwei Bedeutungen. Er bezeichnet erstens Matrizen im engeren mathematischen Sinne, wie sie in dieser Übung verwendet werden, und zweitens einen zusammenhängenden rechteckigen Bereich der Tabelle, der in Tabellenfunktionen wie z. B. SUMME eingesetzt werden kann.

	A	B	C	D	E	F	G	H	I	J	K	L	M	N
13				{=MINV(Matrix)}								=MMULT(UmkM;Bekannt)		
14				UmkM	(Umkehrmatrix)							Ströme		
15				0,40	0,00	-0,01	0,00		I.0		0,2321	I.1		
16				0,60	0,00	0,01	0,00	.	U.0	=	0,2679	I.2		
17				0,00	0,01	0,00	0,00		-U.0		0,056	I.3		
18				-0,60	0,01	-0,01	-1,00		0		-0,212	I.4		
19														

Abb. 5.22 (T) Lösung der Matrixgleichung der Abb. 5.21 (T) mit der Tabellenfunktion MMULT in Spalte K; die Umkehrmatrix *UmkM* in D15:G18 wird auf die bekannten Quellströme und -spannungen *Bekannt* (K8:K11 in Abb. 5.21 (T)) angewendet

Die unbekannten Ströme ermittelt man, indem man die Umkehrmatrix zu $\overline{\overline{M}}$ bildet und auf Gl. 5.15 anwendet (EXCEL-Matrixfunktionen MINV für die Kehrmatrix und MMULT für die Matrizenmultiplikation):

$$\overline{\overline{M}}^{-1} \cdot \overline{\overline{M}} \cdot \vec{I} = \overline{\overline{M}}^{-1} \cdot \vec{Q} \text{ oder } \overline{\overline{M}}^{-1} \cdot \vec{Q} = \vec{I} \tag{5.16}$$

Die Lösung für die Matrixgleichung in Abb. 5.21 (T) steht in Abb. 5.22 (T).

Die Umkehrmatrix wird mit MINV*(Matrix)* in D15:G18 von Abb. 5.22 (T) gebildet und in K15:K18 auf den Spaltenvektor *Bekannt* der vorgegebenen Quellspannungen und Quellströme angewendet, um die unbekannten Ströme I_1 bis I_4 zu berechnen: {K15:K18} = [= MMULT(*UmkM;Bekannt*)]. Die Namen *Matrix*, *UmkM* und *Bekannt* beziehen sich auf Zellbereiche in Abb. 5.21 (T).

5.9 Nichtlineare Gleichungen mit SOLVER lösen

In diesem Abschnitt wird die Analysefunktion SOLVER eingeführt. Mit ihr werden dann die Schnittpunkte eines Polynoms mit einer Geraden bestimmt.

SOLVER-Funktion

Die SOLVER-Funktion ist ein Analysewerkzeug, welches bis zu 200 unabhängige Variablen variiert, sodass der Wert einer Zielzelle als Funktion der veränderbaren Zellen, deren Werte in die Formel der Zielzelle eingehen, optimal wird, je nach Einstellung maximal, minimal oder nahe an einem vorgegebenen Wert.

Die SOLVER-Funktion muss meistens noch in den EXCEL-OPTIONEN/ADD-INS/ EXCEL-ADD-INS aktiviert werden, siehe Abb. 5.23a. Oftmals ist von vornherein die Option ☑ UNEINGESCHRÄNKTE VARIABLEN NICHT-NEGATIV (MAKE UNCONSTRAINED VARIABLES NON-NEGATIVE) aktiviert. Das Häkchen muss entfernt werden, denn für unsere Aufgabe kann die veränderbare Variable x ja auch negativ sein.

Die Solverfunktion optimiert den Wert der ZIELZELLE durch Variation der Werte in den Parameterzellen (VERÄNDERBARE ZELLEN). Die Zielzelle ist durch ein Formelwerk mit Parameterzellen verbunden. Wenn der Wert einer Parameterzelle verändert wird, dann ändert sich auch der Wert der Zielzelle.

Abb. 5.23 a (links) Mögliche Add-Ins, die in den EXCEL-Optionen aktiviert werden können. „Dieters Funktionen" sind benutzerdefinierte Funktionen, die als Add-In abgespeichert wurden, siehe Abschn. 4.10.3. **b** (rechts) Fenster nach Aufruf der SOLVER-Funktion mit DATEN/ANALYSE/SOLVER; der ZIELWERT in der ZIELZELLE wird durch Variation der Werte in den VERÄNDERBAREN ZELLEN maximiert (MAX), minimiert (MIN) oder einem vorgegebenen WERT angeglichen

Als Beispiele wählen wir in dieser Übung die Schnittpunkte einer Geraden mit einer Parabel und in Abschn. 5.10 die Sättigungsmagnetisierung eines Ferromagneten als Funktion der Temperatur, beide Male mit Aufruf der SOLVER-Funktion durch eine VBA-Routine.

Unter VERFÜGBAREN ADD-INS ist auch ☐ *Dieters Funktionen* aufgeführt. Dieses Add-In enthält benutzerdefinierte Funktionen, sieheAbschn. 4.10.3.

Schnittpunkte einer Parabel mit einer Geraden
In Abb. 5.24a werden eine Parabel und eine Gerade gezeigt, deren Schnittpunkte gefunden werden sollen. Das gestellte Problem führt auf eine quadratische Gleichung, die analytisch lösbar ist (*pq*-Formel). Die numerische Methode mit SOLVER ist hier also nicht notwendig, aber sehr bequem und funktioniert auch bei komplizierteren Problemen, die analytisch nicht lösbar sind, z. B. für die Schnittpunkte einer Kosinusfunktion mit einem Polynom dritten Grades.

Gerade y_G und Parabel y_P
Die Geradengleichung und die Parabelgleichung lauten:

$$y_G = c_g + m_g x$$

$$y_P = b_P + a_P x^2$$

Die Parameter dieser Gleichungen werden in A1:F2 von Abb. 5.25 (T) als benannte Zellen gespeichert. Die Funktionen $y_p(x)$ und $y_G(x)$ werden in den Spalten E und F berechnet. Die Werte ab Zeile 10 werden als Kurven in Abb. 5.24a dargestellt.

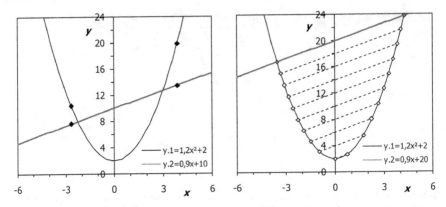

Abb. 5.24 a (links) Die Schnittpunkte der Geraden mit der Parabel sollen gefunden werden. Die aktuell gewählten *x*-Werte sind noch nicht die Lösung. **b** (rechts) Die Schnittpunkte von zehn Geraden mit der Parabel wurden mit einer Protokollroutine bestimmt, in der wiederholt die Sol-ver-Funktion aufgerufen wurde

	A	B	C	D	E	F	G	H	I	J	K
1	**a.p**	1,20	*y.1=1,2x²+2*		**m.g**	0,90	*y.2=0,9x+20*				
2	**b.p**	2,00			**c.g**	20,00					
3	**dx**	0,24								Schnittpunkte	
4							6,24E+01	**6,24E+01**	=G7+G8		
5				$=(C8-500)/100$ $=a.p*x{\wedge}2+b.p$		$=m.g*x+c.g$	$=(y.P-y.G){\wedge}2$			Sub Intersectio -->	
6				**x**	**y.P**	**y.G**				**c.g**	**x.l**	**x.r**
7	◄		886	-3,52	16,84	16,84	4,4E-10		2	0,00	2,00
8	◄		245	**-2,55**	9,80	17,71	6,2E+01			0,75	2,67
9											
10				-6,00	45,20	14,60			4	-0,97	3,13
11				-5,76	41,81	14,82				1,72	5,55
60				6,00	45,20	25,40					

Abb. 5.25 (T) Die Parameter für die Parabel stehen in A1:B2, diejenigen für die Gerade in E1:F2; Argumente und Funktionswerte in D10:F60; im Bereich D7:G8 sollen die beiden Schnitt-punkte bestimmt werden; in den Spalten I bis K werden die Schnittpunkte für zehn verschiedene Geraden mit unterschiedlichem *y*-Achsenabschnitt c_g gespeichert. Die Schaltfläche „Schnitt-punkte" löst die Routine *Intersectio* in Abb. 5.29 (P) aus

In D7:F7 stehen ein *x*-Wert und die beiden zugehörigen *y*-Werte der Parabel und der Geraden. Genauso in D8:F8. Diese *x*-Werte können mit den Schiebereg-lern in A7:C8 (zugeordnete Zellen C7 und C8) eingestellt werden.

Für die aktuell gewählten *x*-Werte weichen die *y*-Werte auf der Geraden und auf der Parabel voneinander ab. Die *x*-Werte sollen so verändert werden, dass die *y*-Werte gleich sind, die quadratischen Abweichungen der beiden *y*-Werte in G7 und G8 also verschwinden.

Schnittpunkte nach Augenmaß

Wir können die x-Werte der beiden Punkte mit dem Schieberegler von Hand so einstellen, dass die y-Werte auf der Geraden und der Parabel übereinstimmen. Die Koordinaten der Schnittpunkte können dann im Bereich D7:F8 abgelesen werden.

Schnittpunkte mit der Solver-Funktion bestimmen

Die Schnittpunkte werden nun mit der Solver-Funktion bestimmt. Dazu öffnen wir das Register Daten (siehe Abb. 1.2 in Abschn. 1.6) und klicken ganz rechts im Block Analyse die Schaltfläche Solver an; Daten/Analyse/Solver. Es erscheint ein Fenster wie in Abb. 5.23b. Wir bestimmen zunächst nur einen Schnittpunkt und geben dazu G7 in Abb. 5.25 (T) als Zielzelle in der Solver-Registerkarte und den x-Wert in Zelle D7 als veränderbare Zelle an. Nach Betätigen der Schaltfläche Lösen rutschen die beiden Punkte auf der Parabel und der Geraden zusammen.

Wir könnten jetzt den linken Schnittpunkt genauso bestimmen, wählen aber eine andere Lösung, bei der beide Schnittpunkte gleichzeitig ermittelt werden. Dazu bilden wir in G4 die Summe der quadratischen Abweichungen der beiden Punkte und geben G4 als zu minimierende Zielzelle und die x-Werte in D7:D8 als Veränderbare Zellen ein. Wenn wir auf Lösen drücken, dann werden die beiden Schnittpunkte vom Solver-Algorithmus gefunden.

Fragen

In F4 von Abb. 5.25 (T) steht eine Funktion, die die quadratische Abweichung berechnet, ohne auf Spalte G zuzugreifen. Welche bisher nicht besprochene Funktion ist das?[21] Ziehen Sie Abschn. 5.11 (Mathematische und trigonometrische Funktionen) zu Rate!

▸   Wenn in Solver die Option Uneingeschränkte Variablen nicht-negativ (E: Make non-restrained variables non-negative) aktiviert ist, dann können keine negativen x-Werte gefunden werden. Diese Option muss dann deaktiviert werden (Häkchen wegnehmen).

Es gibt zwei Möglichkeiten, die veränderbaren Zellen auszusuchen:

1. Der Solver-Algorithmus variiert die Werte in den Zellen D7 und D8 und überschreibt damit die ursprünglich eingeschriebene Formel (siehe D5). Im weiteren Verlauf der Übung wollen wir diese Werte aber wieder mit dem Schieberegler verändern können. Dazu setzen wir die Formel mit einem Makro wieder ein, welches immer dann ausgelöst wird, wenn der Schieberegler betätigt wird, siehe Sub ScrollBar2_Change und Sub ScrollBar3_Change in Abb. 5.26 (P).

---

[21]=SUMMEXMY2(E7:E8;F7:F8).

1 **Private Sub Intersect_Click()**	**Private Sub ScrollBar2_Change()**	8
2 Call Intersectio	Cells(7, 4) = "=(C7-500)/100"	9
3 End Sub	End Sub	10
4		11
5	**Private Sub ScrollBar3_Change()**	12
6	Cells(8, 4) = "=(C8-500)/100"	13
7	End Sub	14

Abb. 5.26 (P) Diese Routinen werden ausgelöst, wenn in Abb. 5.25 (T) die Schaltfläche „Schnitt-punkte" angeklickt (..._CLICK) bzw. einer der Schieberegler verändert (..._CHANGE) wird

2. Wir können die SOLVER-Werte in C7:C8 variieren lassen. Dann bleiben die For-meln in E7:E8 unverändert.

▶ **Mag** Wir wählen die erste Variante.

▶ **Alac** Warum denn das? Die zweite Variante ist doch einfacher, weil kein Makro nötig ist. Gilt etwa: Warum einfach, wenn es auch kompliziert geht?

▶ **Tim** Na ja, bei der ersten lernen wir, wie man ein Makro mit einem Steuerele-ment verknüpft.

▶ **Mag** Genau. Manchmal lernt man auch durch Umwege.

Manchmal erklärt SOLVER denselben x-Wert als Lösung für die beiden Schnitt-punkte. Dann sind die Ausgangswerte ungünstig gewählt worden. Durch die Wahl der Ausgangswerte muss also dafür gesorgt werden, dass auch wirklich zwei ver-schiedene Schnittpunkte gefunden werden und nicht nur zwei identische Schnitt-punkte, was z. B. passiert, wenn die Startwerte für x beide größer als null sind.

Solche Fehlschlüsse sind in allen Optimierungsprogrammen möglich, weil zunächst nur lokale Optima gefunden werden.

▶   Verändern Sie mit den Schiebereglern die Anfangswerte der VERÄNDERBA-REN ZELLEN so, dass schon eine ungefähre Lösung erreicht wird, bevor Sie SOLVER starten!

Fragen

Warum muss mit jeder Veränderung eines der Schieberegler in Abb. 5.25 (T) die Formel in D7 oder D8 neu eingeschrieben werden?[22]

---

[22]Weil die Formeln in diesen Zellen möglicherweise durch die Solver-Funktion überschrieben wurden.

```
1 Sub Makro3()                                                                        1
2 SolverOk SetCell:="$G$4", MaxMinVal:=2, ValueOf:="0", ByChange:="$D$7:$D$8"          2
3 SolverSolve                                                                          3
4 End Sub                                                                              4
```

Abb. 5.27 (P) Aufgezeichnetes Makro nach Aufruf der Solver-Funktion

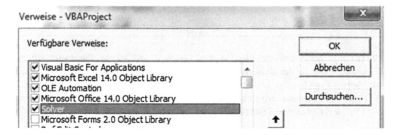

Abb. 5.28 Aktivieren der Solver-Funktion im VBA-Editor mit EXTRAS/VERWEISE

Wie erreicht man das?[23]

Welches sind in Abb. 5.25 (T) die Anfangswerte von x für einen y-Achsen-abschnitt von 20?[24]

SOLVER aus einem Makro heraus aufrufen

Die Solver-Funktion lässt sich aus einem Makro heraus aufrufen.

Um die entsprechenden Befehle zu erhalten, schalten wir die MAKRO-AUFZEICH-NUNG ein, bevor wir SOLVER aufrufen. Das Ergebnis für unser Beispiel steht in Abb. 5.27 (P).

Bevor das Programm gestartet wird, muss im VBA-EDITOR unter EXTRAS/VER-WEISE der Verweis auf die SOLVER-Funktion aktiviert werden, siehe Abb. 5.28.

Die in Abb. 5.27 (P) aufgezeichneten Befehle fügen wir in die geplante Routine ein, wie z. B. in Abb. 5.29 (P).

In einer Schleife wird der Ordinatenabschnitt der Geraden von 2 bis 20 in Schritten von 2 erhöht (Zeile 11) und jedes Mal mit SOLVERSOLVE die SOL-VER-Funktion aufgerufen (Zeile 16). Der Zusatz USERFINISH:=TRUE bewirkt, dass die von SOLVER vorgeschlagene Lösung sofort angenommen wird. Wenn dieser Zusatz fehlt, dann erscheint nach jedem Lösungsvorschlag der SOLVER-Funktion ein Fenster, in dem der Benutzer OK klicken muss.

Die Anfangswerte sind $x = -3$ und $+3$. Sie sind für alle y-Achsenabschnitte gleich, weil sie innerhalb der Schleife $cg =$ in Abb. 5.29 (P) immer neu gesetzt werden. Wenn sie oberhalb der Schleife gesetzt würden, dann wären die bisher

---

[23]Indem Routinen von der Form SUB SCROLLBAR2_CHANGE wie in Abb. 5.28 (P) eingeführt werden.

[24]Die Anfangswerte sind $x = -3$ und $+3$. Sie sind für alle y-Achsenabschnitte gleich, weil sie innerhalb der Schleife „$cg =$" ab Zeile 11 in Abb. 5.27 (P) immer neu gesetzt werden.

5 **Sub Intersectio()**	SolverSolve Userfinish:=True	16
6 r2 = 7	Cells(r2, sp2) = cg	17
7 sp2 = 9	'ordinate section of the straight line	18
8 Range("I7:K400").Clear	Cells(r2, sp + 1) = Cells(7, 4) 'x-	19
9 SolverOk SetCell:="$G$4", MaxMinVal:=2, _	Cells(r2, sp + 2) = Cells(7, 6) 'y.1-	20
10 ValueOf:="0", ByChange:="$D$7:$D$8"	r2 = r2 + 1	21
11 For cg = 2 To 20 Step 2	Cells(r2, sp + 1) = Cells(8, 4) 'x+	22
12 Cells(2, 6) = cg	Cells(r2, sp + 2) = Cells(8, 6) 'y.1+	23
13 Cells(7, 4) = -3 'left x to start	r2 = r2 + 2	24
14 Cells(8, 4) = 3 'right x to start	Next cg	25
15	End Sub	26

Abb. 5.29 (P) Sᴜʙ *Intersectio* definiert in den Zeilen 9 und 10 die Parameter für die Solver-Funktion und wählt in der Schleife Fᴏʀ $cg =$ den Ordinatenabschnitt der Geraden, ruft in Zeile 16 die Solver-Funktion auf und speichert die Koordinaten der Schnittpunkte in der Tabelle Abb. 5.25 (T) im Bereich unterhalb I6:K6, beginnend mit $r_2 = 7$. Die Spezifikationen in den Zeilen 9 und 10 müssen nur einmal festgelegt werden und gelten dann für alle im Makro folgenden Aufrufe

optimierten x-Werte die Anfangswerte für den nächsten y-Achsenabschnitt. Das kann besser sein, weil sie näher an den zu erwartenden x-Werten für den nächsten y-Achsenabschnitt liegen.

Fragen

Welche Wirkung hat die Anweisung $r_2 = r_2 + 2$ in Zeile 24 von Abb. 5.29 (P) auf den Bereich J7:K11 von Abb. 5.25 (T)?[25]

5.10 Temperaturabhängigkeit der Sättigungsmagnetisierung eines Ferromagneten

Langevin-Funktion
Für die Temperaturabhängigkeit der Sättigungsmagnetisierung M eines Ferromagneten gilt die Langevin-Funktion:

$$M = N\mu \cdot \tan h\left(\frac{\mu \lambda M}{k_B T}\right) \tag{5.17}$$

mit:

- $M =$ Sättigungsmagnetisierung,
- $\mu =$ magnetisches Moment einer elementaren Einheit, z. B. eines Spins,
- $\lambda \cdot M = B_E =$ Molekularfeld,

---

[25]Zwischen den Koordinaten der Punkte stehen leere Zellen, z. B. J9:K9.

- k_B = Boltzmannkonstante.

Die Sättigungsmagnetisierung M tritt also auf beiden Seiten der Gleichung auf. Das ist physikalisch dadurch begründet, dass ein magnetischer Dipol sich im Gesamtfeld ausrichtet und auch selbst zum Gesamtfeld beiträgt.

Gl. 5.17 lässt sich durch die reduzierten Variablen:

$$m := \frac{M}{N}\mu \text{ und } t := \frac{k_B T}{N\mu^2\lambda}$$

vereinfachen zu:

$$m = \tanh\left(\frac{m}{t}\right) \tag{5.18}$$

Die reduzierte Magnetisierung m ist proportional zur Magnetisierung M. Die reduzierte Temperatur t ist proportional zur Temperatur T. Die Lösung $m = m(t)$ heißt Langevin-Funktion.

Lösung der nichtlinearen Langevin-Gleichung

Analytisch lässt sich die Gl. 5.18 nicht lösen. *Grafisch* wird die Gleichung gelöst, indem man $y = \tanh(m/t)$ für einen vorgegebenen Wert von t als Funktion von m aufzeichnet und den Schnittpunkt mit der Geraden $y = m$ bestimmt. *Numerisch* lösen wir Gl. 5.18, indem wir einen Wert für t festhalten und den Wert von m mit der SOLVER-FUNKTION variieren, sodass die quadratische Abweichung von m und $\tanh(m/t)$ minimiert wird. Dazu können wir einen Tabellenaufbau wie in Abb. 5.30b (T) verwenden.

Wir bestimmen 18 Punkte auf der Kurve $m(t)$. Unsere Lösung hat zwei Besonderheiten: a) wir optimieren alle Punkte gleichzeitig und b) wir verteilen im ersten Ansatz alle Punkte auf einem Viertelkreis.

Zu (a): Die Langevin-Gleichung kann für jede reduzierte Temperatur t unabhängig von anderen Temperaturen gelöst werden. Wir lösen aber die Gleichung gleichzeitig für 18 Punkte auf der Kurve, indem wir die quadratischen Abweichungen für die 18 Fälle aufsummieren (G3 in Abb. 5.30b (T)) und diese Summe (ZIELZELLE G3) durch Variation der 18 m-Werte (E7:E23 als VERÄNDERBARE ZELLEN) minimieren.

Zu (b): Da wir eine stark gekrümmte Kurve erwarten, die bei $t = 1$ steil gegen null geht, wählen wir die Anfangspunkte vor der Minimierung auf einem Kreisbogen, siehe Abb. 5.30a. In der Tabelle werden die Daten ϕ, t und m_0 in den Spalten A, B und C definiert. Wir kopieren den Bereich m_0 (C6:C23) als Anfangswerte in den Spaltenbereich m in Spalte E (mit EINFÜGEN/INHALTE EINFÜGEN/WERTE). Der Solver-Algorithmus soll dann diese m-Werte variieren, sodass sie mit der Langevin-Gleichung verträglich sind. Das Ergebnis sieht man ebenfalls in Abb. 5.30a. Falls mit der Optimierung etwas schiefläuft, dann können wir mit m_0 wieder neu anfangen.

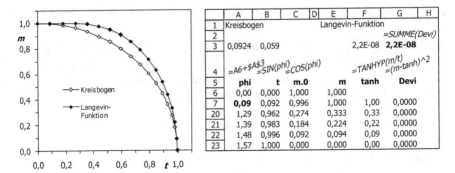

Abb. 5.30 a (links) Langevin-Funktion als variierter Kreisbogen. **b** (rechts, T) Tabellenaufbau, Kreisbogen in den Spalten B und C; Langevin-Funktion in Spalte B (t-Werte) und Spalte E (m-Werte); die Summe der Abweichungen zwischen m und $tanh$ wird in G3 berechnet

---

Fragen

Warum werden Polarkoordinaten mit gleichen Winkelabständen angesetzt, um die Langevin-Funktion zu finden?[26]

Welche Formel kann in F3 von Abb. 5.30b eingesetzt werden, um die quadratische Abweichung von m und $tanh$ zu berechnen, ohne auf *Devi* in Spalte G zuzugreifen?[27]

Physikalische Deutung

Die Langevin-Funktion ist für kleine t viel flacher und für t gegen 1 viel steiler als der Kreisbogen. Die magnetischen Momente stabilisieren sich zunächst gegenseitig in paralleler Ausrichtung. Ab einer gewissen Temperatur bricht die Ordnung dann zusammen.

5.11 Mathematische und trigonometrische Funktionen

In der folgenden Tabelle stehen ausgewählte Informationen der EXCEL-Hilfe zu den mathematischen und trigonometrischen Tabellenfunktionen. Funktionen, die auf Matrizen angewendet werden, sind fett gedruckt.

Funktion	Beschreibung
ABRUNDEN	Rundet die Zahl auf Anzahl_Stellen ab
ABS	Gibt den Absolutwert einer Zahl zurück
ARCCOS	Gibt den Arcuskosinus einer Zahl zurück

---

[26]Benachbarte Punkte auf der Kurve haben dann etwa denselben Abstand zueinander.

[27]F3 = [= SUMMEXMY2(m, $tanh$)].

Funktion	Beschreibung
ARCCOSHYP	Gibt den umgekehrten hyperbolischen Kosinus einer Zahl zurück
ARCSIN	Gibt den Arcussinus einer Zahl zurück
ARCSINHYP	Gibt den umgekehrten hyperbolischen Sinus einer Zahl zurück
ARCTAN	Gibt den Arcustangens einer Zahl zurück
ARCTAN2	Gibt den Arcustangens von x- und y-Koordinaten zurück
ARCTANHYP	Gibt den umgekehrten hyperbolischen Tangens einer Zahl zurück
AUFRUNDEN	Rundet die Zahl auf Anzahl_Stellen auf
BOGENMASS	Wandelt Grad in Bogenmaß (Radiant) um
COS	Gibt den Kosinus einer Zahl zurück
COSHYP	Gibt den hyperbolischen Kosinus einer Zahl zurück
EXP	Potenziert die Basis e mit der als Argument angegebenen Zahl
FAKULTÄT	Gibt die Fakultät einer Zahl zurück
GANZZAHL	Rundet eine Zahl auf die nächstkleinere ganze Zahl ab
GERADE	Rundet eine Zahl auf die nächste gerade ganze Zahl auf
GGT	Gibt den größten gemeinsamen Teiler zurück
GRAD	Wandelt Bogenmaß (Radiant) in Grad um
KGV	Gibt das kleinste gemeinsame Vielfache zurück
KOMBINATIONEN	Gibt die Anzahl der Kombinationen für eine bestimmte Anzahl von Objekten zurück
LN	Gibt den natürlichen Logarithmus einer Zahl zurück
LOG	Gibt den Logarithmus einer Zahl zu der angegebenen Basis zurück
LOG10	Gibt den Logarithmus einer Zahl zur Basis 10 zurück
MDET	Gibt die Determinante einer Matrix zurück
MINV	Gibt die Inverse einer Matrix zurück
MMULT	Gibt das Produkt zweier Matrizen zurück
OBERGRENZE	Rundet eine Zahl auf die nächste Ganzzahl oder auf das kleinste Vielfache von Schritt
PI	Gibt den Wert von π zurück
POLYNOMIAL	Gibt den Polynomialkoeffizienten einer Gruppe von Zahlen zurück
POTENZ	Gibt als Ergebnis eine potenzierte Zahl zurück
POTENZREIHE	Gibt die Summe von Potenzen (zur Berechnung von Potenzreihen und dichotomen Wahrscheinlichkeiten) zurück
PRODUKT	Multipliziert die zugehörigen Argumente
QUADRATESUMME	Gibt die Summe der quadrierten Argumente zurück
QUOTIENT	Gibt den ganzzahligen Anteil einer Division zurück
REST	Gibt den Rest einer Division zurück
RÖMISCH	Wandelt eine arabische Zahl in eine römische Zahl als Text um
RUNDEN	Rundet eine Zahl auf eine bestimmte Anzahl von Dezimalstellen

Funktion	Beschreibung
SIN	Gibt den Sinus eines angegebenen Winkels zurück
SINHYP	Gibt den hyperbolischen Sinus einer Zahl zurück
SUMME	Addiert die zugehörigen Argumente
SUMMENPRODUKT	Gibt die Summe der Produkte entsprechender Matrixkomponenten zurück
SUMMEWENN	Addiert Zahlen, die mit den Suchkriterien übereinstimmen
SUMMEWENNS	Die Zellen, die mehrere Kriterien erfüllen, werden in einem Bereich hinzugefügt
SUMMEX2MY2	Gibt die Summe der Differenz von Quadraten entsprechender Werte in zwei Matrizen zurück
SUMMEX2PY2	Gibt die Summe der Summe von Quadraten entsprechender Werte in zwei Matrizen zurück
SUMMEXMY2	Gibt die Summe der Quadrate von Differenzen entsprechender Werte in zwei Matrizen zurück
TAN	Gibt den Tangens einer Zahl zurück
TANHYP	Gibt den hyperbolischen Tangens einer Zahl zurück
TEILERGEBNIS	Gibt ein Teilergebnis in einer Liste oder Datenbank zurück
UNGERADE	Rundet eine Zahl auf die nächste ungerade ganze Zahl auf
UNTERGRENZE	Rundet die Zahl auf Anzahl_Stellen ab
VORZEICHEN	Gibt das Vorzeichen einer Zahl zurück
VRUNDEN	Gibt eine auf das gewünschte Vielfache gerundete Zahl zurück
WURZEL	Gibt die Quadratwurzel einer Zahl zurück
WURZELPI	Gibt die Wurzel aus der mit Pi (π) multiplizierten Zahl zurück
ZUFALLSBEREICH	Gibt eine Zufallszahl aus dem festgelegten Bereich zurück
ZUFALLSZAHL	Gibt eine Zufallszahl zwischen 0 und 1 zurück
ZWEIFAKULTÄT	Gibt die Fakultät zu Zahl mit Schrittlänge 2 zurück

Umkehrfunktionen

Die oben genannten Funktionen ARCSIN, ARCCOS und ARCTAN stellen die Umkehrfunktionen zu den Kreisfunktionen SIN, COS bzw. TAN dar, die in Abb. 5.31 in grafisch dargestellt werden, für einen Argumentbereich, in dem diese Funktionen eineindeutig sind.

Bei den Umkehrfunktionen wird der Wertebereich zum Argumentbereich. Das ist möglich, weil die Funktionen im dargestellten Argumentbereich ϕ/π eineindeutig sind. In Abb. 5.31 wird die Umkehrfunktion durch Pfeilzüge verdeutlicht.

Der Tabellenaufbau für die Funktionen in Abb. 5.31 steht in Abb. 5.32 (T).

Probieren geht (manchmal) über Studieren

In unseren Übungen setzen wir die Funktion SUMMEXMY2 ein, um die quadratische Abweichung zwischen zwei gleich großen Spaltenbereichen zu berechnen.

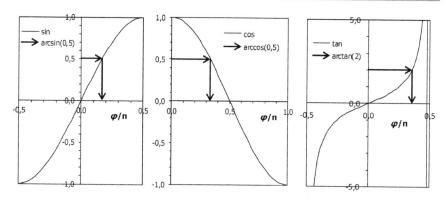

Abb. 5.31 a (links) Sinusfunktion, Arcussinus von 0,5. **b** (Mitte) Kosinusfunktion, Arcuskosinus von 0,5. **c** (rechts) Tangensfunktion, Arcustangens von 2

	A	B	C	D	E	F	G	H	I	J	K
2	dphi	0,07									
3	=A5+dphi	=SIN(phi.s)	=C5+dphi	=COS(phi.c)	=E5+dphi	=TAN(phi.t)	=phi.s/PI()	=phi.c/PI()		=ARCCOS(J6)/PI()	
4	phi.s	sin	phi.c	cos	phi.t	tan					arccos(0,5)
5	-1,57	-1,00	0,00	1,00	-1,57	-1,63E+16	-0,50	0,00		0,50	0,00
6	-1,50	-1,00	**0,07**	1,00	**-1,50**	-14,30	-0,48	0,02		0,50	**0,33**
7	-1,43	-0,99	0,14	0,99	-1,43	-7,12	-0,46	0,04		0,00	0,33
50	1,57	1,00	3,14	-1,00	1,57	-7,87E+14	0,50	1,00			

Abb. 5.32 (T) Tabellenaufbau für die Funktionen in Abb. 5.31

▶ **Tim** Aus der Beschreibung für diese Funktion werde ich einfach nicht schlau, genauso wenig wie aus manchen anderen Beschreibungen.

▶ **Mag** Das macht nichts. Hauptsache, Sie haben mal gesehen, was es für Funktionen gibt. Sie können tiefer in die EXCEL-Hilfe einsteigen und besser noch die Funktionen in der Tabelle ausprobieren. SUMMEXMY2 („(x minus y) hoch 2") wird in Aufgabe 25 in Abschn. 5.12 behandelt.

5.12   Fragen zur mathematischen Technik

Der Vermerk (AK) zeigt an, dass die Frage zum Aufbaukurs gehört.

1. Wie lautet die Tabellenfunktion zur Bildung einer Umkehrfunktion von $y = y(x)$ in EXCEL?[28]

---

[28]Die Umkehrfunktion lautet $x = x(y)$. Man muss in der Tabelle nur die beiden Spalten für x und y vertauschen.

Differenzieren und Integrieren

2. Sie berechnen den Differenzenquotienten zwischen den Grenzen eines Intervalls. Über welchem Wert tragen Sie das Ergebnis auf?

3. Wie lautet die Formel für die numerische zweite Ableitung einer Funktion, die über äquidistanten Stützstellen mit Abstand dx aufgetragen ist?

4. Über welchen Punkten eines Intervalls (Beginn, Mitte, Ende) sollte man Werte für die erste Ableitung, die zweite Ableitung und das Integral auftragen?

5. Was besagt die Trapezregel der Integration?

Vektoren

6. Wie lauten die kartesischen Koordinaten von Vektoren der Länge 1, die in die x-Richtung, die negative y-Richtung und 45° zur x-Achse zeigen?

7. Welches sind die Komponenten eines Vektors, der von $\vec{x_1} = (4, 5)$ nach $\vec{x_2} = (6, 3)$ zeigt?

8. Wie groß sind die Längen der beiden Vektoren, die von (0,0) nach (1,1) bzw. von (0,0) nach (3,4) zeigen?

9. Wie bildet man ein Skalarprodukt von zwei Vektoren $\vec{A}$ und $\vec{B}$, komponentenweise und mit Einsatz des Winkels ϕ zwischen den beiden Vektoren?

10. Wie groß ist der Winkel zwischen zwei Vektoren, wenn das Skalarprodukt null ist?

11. Welches sind die Koordinaten eines Einheitsvektors in Richtung der Strecke zwischen $[x_1, y_1]$ und $[x_2, y_2]$?

12. Welches sind die Koordinaten der Senkrechten zum Vektor (x, y)?

Gleichungssystem (AK)

13. Welche Argumente hat die Funktion MMULT(?), mit der zwei Matrizen miteinander multipliziert werden? Welche Beziehungen gelten zwischen den Breiten und den Höhen der beiden Matrizen?

14. Sie haben ein Gleichungssystem $\overline{\overline{M}} \cdot \vec{I} = \vec{Q}$ aufgestellt, mit bekannter Matrix $\overline{\overline{M}}$ und bekanntem Quellvektor $\vec{Q}$, aber unbekanntem Vektor $\vec{I}$. Durch welche Operation erhalten Sie die Koeffizienten von $\vec{I}$?

Solver (AK)

15. Nennen Sie eine nichtlineare Gleichung!

16. Die Argumente der Solver-Funktion sind ZIELZELLE und ZU VERÄNDERNDE PARAMETER. Welche Verbindung besteht zwischen den beiden Argumenten?

17. Was macht die SOLVER-Funktion?

Funktionsausdrücke

Berechnen Sie die Werte der folgenden Funktionsausdrücke:

18. ARCTAN2(1;1), LOG10(0,001),

19. PRODUKT(2;3;4;5), POTENZ(10;3),

20. RUNDEN(3,74638;2), GANZZAHL(17,453), REST(127;2).

	A	B	C	D	E	F	G	H	I	J	K	L	M	N	O	P	Q	R	S	T	U	V
1																						
2	1	0	1		1	0	0		1	2	3			=MMULT(E2:G4;I2:K4)								
3	0	1	0		0	1	0		4	5	6											
4					0	0	1		7	8	9								=MMULT(A2:C3;I2:K4)			
5																						

Abb. 5.33 (T) Fünf Matrixbereiche

Die folgenden Funktionen beziehen sich auf Abb. 5.33. Welche Werte ergeben sich für:

21. SUMMENPRODUKT(I2:K2;I3:K3), SUMMEXMY2(E2:G4; I2:K4),
22. MMULT(E2:G4;I2:K4), MMULT(A2:C3;I2:J4) = ?

Zusammengesetzte Bewegungen

6

In diesem Kapitel erfahren wir, wie sich komplizierte Bewegungen aus einfachen Bewegungen zusammensetzen lassen, wobei wir uns auf Translationen und Rotationen in einer Ebene beschränken. Wir ehren damit berühmte Personen: *Bernoulli, Foucault, Steiner* und *Ptolemäus.* Es werden systematisch Schieberegler und Makros sowie die SOLVER-Funktion eingesetzt, mit denen wir uns in den vorangegangenen Kapiteln vertraut gemacht haben.

6.1 Einleitung

Einfache Bewegungen

In diesem Kapitel sollen Bewegungen in der Ebene aus zwei einfachen Bewegungen zusammengesetzt werden und zwar:

Translationen T, also geradlinige Bewegungen in einer Richtung, i. A. definiert durch einen dreidimensionalen Geschwindigkeitsvektor (v_x, v_y, v_z). Wir betrachten aber nur Translationsbewegungen in einer Ebene, d. h., mindestens eine Geschwindigkeitskomponente wird null gesetzt.

Rotationen R, also Drehungen in einer Ebene, beschrieben durch eine Winkelgeschwindigkeit $\vec{\omega}$ (das ist ein Vektor). Wir vereinfachen auch hier das Problem, indem wir zwei Komponenten von $\vec{\omega}$ null setzen. Die Rotation findet dann z. B. in der xz-Ebene ($y = 0$) statt, wenn nur die y-Komponente der Winkelgeschwindigkeit von null verschieden ist. Die zweite Kenngröße der Rotationsbewegung ist der Radius der Bahn.

Die Bewegungen werden oftmals zunächst in Polarkoordinaten beschrieben und dann in kartesische Koordinaten umgewandelt, die z. B. addiert und in Diagrammen grafisch dargestellt werden.

© Springer-Verlag GmbH Deutschland 2017
D. Mergel, *Physik mit Excel und Visual Basic,*
DOI 10.1007/978-3-642-37857-7_6

Wurfparabel, T-T

Die Wurfparabel setzt sich, wenn die Reibung nicht berücksichtigt wird, aus zwei linearen Bewegungen zusammen, einer durch die Schwerkraft beschleunigten senkrechten und einer gleichförmigen waagrechten. An einer beliebigen Stelle der Bahn soll ein Geschwindigkeitsvektor samt senkrechter und waagrechter Komponente angesetzt werden.

Es soll eine „Wurfmaschine" entwickelt werden, bei der Höhe, Abfluggeschwindigkeit und -winkel variiert werden können.

Zykloide, Abrollkurve, T-R

Wir betrachten vom Laborsystem aus die Bahn eines schreibenden Punktes auf einem Rad, welches auf einer Ebene abrollt. Sie geht aus einer Bewegung der Radachse auf einer Geraden und einer Drehung um die Radachse hervor, wobei Translationsgeschwindigkeit und Winkelgeschwindigkeit nicht unabhängig voneinander sind.

Die entstehende Kurve, *Wälzkurve*, *Abrollkurve* oder *Zykloide* genannt, hat ferner die Bedeutung der Brachistochrone (schnellster Weg beim Fall von einem Punkt zu einem tiefer gelegenen Punkt), wie von Johann Bernoulli gezeigt wurde. Das wird in Band II im Kapitel „Variationsrechnung" behandelt.

Foucaultsches Pendel, T-R

Welche Spur hinterlässt ein schwingendes Pendel auf einer rotierenden Unterlage? Die Spur entsteht durch Überlagerung der Bewegung der linearen Schwingung im Laborsystem mit einer Drehung der Unterlage, auf der die Bewegung aufgezeichnet wird. Schwingung und Drehung sind voneinander unabhängig.

Dieses Experiment hat historische Bedeutung. Michel Foucault konnte mit einem Pendel im Pantheon in Paris zeigen, dass sich die Erde gegen den Fixsternhimmel bzw. den „absoluten Raum" dreht.

Schwingender Anker, R-R

Wir betrachten einen Anker in Form eines hängenden T, bestehend aus drei Massenpunkten, je einer an den Enden des T und am Verbindungspunkt der beiden Striche. Die Massenpunkte sollen durch masselose Streben verbunden sein. Wir hängen den starren Anker am oberen Stielende auf und lassen ihn pendeln.

Die Bewegung der Punkte des Ankers entsteht durch eine Überlagerung der Drehung eines ausgewählten Punktes des Ankers, z. B. des Schwerpunktes, um den Aufhängepunkt und einer Drehung des Ankers um den ausgewählten Punkt.

Wir berechnen den Schwerpunkt des Ankers sowie, mit dem steinerschen Satz, sein Trägheitsmoment bei Drehung um das obere Stielende.

Planetenbewegungen nach Ptolemäus, R-R-R

Ptolemäus nahm an, dass sich die Planeten auf Kreisbahnen (Epizyklen) bewegen, deren Mittelpunkte sich auf Kreisen (Deferenten) bewegen, deren Mittelpunkte in der Nähe der Erde sind. Die Geschwindigkeit auf dem Deferenten wird durch einen dritten Kreis, den Äquanten bestimmt, dessen Mittelpunkt gegenüber demjenigen des Deferenten verschoben ist.

Mit diesem 3-Kreis-Modell mit genügend anzupassenden Parametern wurden 1500 Jahre lang die Positionen der Planeten vorhergesagt. Wir bilden es mit einer Tabellenrechnung und mit Einsatz der SOLVER-Funktion nach.

Polarkoordinaten

Wir verwenden Polarkoordinaten *(r, φ)* zur Beschreibung von Rotationen und rechnen sie zur grafischen Darstellung in Diagrammen in kartesische Koordinaten *(x, y)* um:

$$x = r \cdot \cos(\phi); \quad y = r \cdot \sin(\phi) \qquad (6.1)$$

Siehe dazu auch Abschn. 2.5.

EXCEL-Techniken

Wir setzen Schieberegler ein, um den zeitlichen Verlauf der Bewegung zu veranschaulichen:

- Geschwindigkeitsvektoren laufen längs der Bahnkurve,
- Räder rollen auf einer Ebene,
- ein Fadenpendel schwingt über einem drehenden Tisch,
- ein Anker pendelt,
- Planeten bewegen sich vor dem Fixsternhimmel.

▶ **Tim** Ich bin gespannt, wie die Schieberegler wirken

▶ **Mag** Man kann damit die Körper direkt in den Diagrammen laufen oder pendeln lassen

▶ **Alac** Dann wird sich die Tabellenarbeit ja lohnen

6.2   Wurfparabel mit Geschwindigkeitsvektoren (T-T)

Wir berechnen und zeichnen die Bahnkurve für einen schiefen Wurf, die sich aus zwei Translationen (T) zusammensetzt. Die Parameter sind Abwurfhöhe, -winkel und -geschwindigkeit. An drei Punkten der Bahnkurve, deren Koordinaten mit Schiebereglern eingestellt werden können, werden Vektoren für die waagrechte, senkrechte und die gesamte Geschwindigkeit angesetzt.

6.2.1   Bahnkurve

In Abb. 6.1a sieht man die Bahnkurve für einen schiefen Wurf mit Geschwindigkeitsvektoren an drei verschiedenen Zeitpunkten. In Abb. 6.1b sieht man zwei Bahnkurven des schiefen Wurfes für zwei verschiedene Abwurfwinkel.

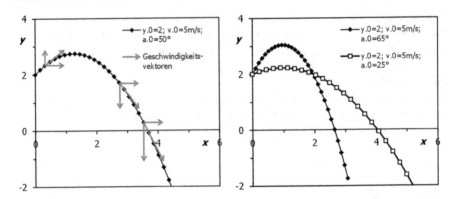

Abb. 6.1 a (links) Wurfparabel, Koordinaten zu verschiedenen äquidistanten Zeitpunkten; Geschwindigkeitsvektoren zu drei verschiedenen Zeitpunkten. **b** (rechts) Zwei Wurfparabeln für zwei verschiedene Abwurfwinkel

	A	B	C	D	E	F
1	**Vorgaben**					
2	Abwurfhöhe	**y.0**	2 m			
3	Abwurfwinkel	**a.0**	50 °	◄	▓	►
4	Abwurfgeschw.	**v.0**	5,00 m/s			
5	Erdbeschl.	**g**	9,81 m/s²			
6	Zeitintervall	**dt**	0,05 s			
7	**Daraus abgeleitet**					
8		**v0.x**	3,21 m/s			
9		**v0.y**	3,83 m/s			

	B	C	D	E	F
11	=″y.0=″&y.0&″m/s; ″&″a.0=″&a.0&″°″				
12	**y.0=2m ; v.0=5m/s; a.0=50°**				
13	=B15+dt	=v0.x*t	=y.0+v0.y*t-g/2*t^2		
14		**t**	**x**	**y**	
15		0	0,00	2,00	
16		**0,05**	0,16	2,18	
44		1,45	4,66	-2,76	

Abb. 6.2 a (links, T) Die Parameter für die Aufgabe werden festgelegt und daraus die waagrechte, v_{0x}, und senkrechte, v_{0y}, Anfangsgeschwindigkeit berechnet. Der Abwurfwinkel wird mit einem Schieberegler festgelegt. **b** (rechts, T) Fortsetzung von a; Koordinaten der Wurfparabel (t, x, y) in äquidistanten Zeitschritten dt in den Spalten B, C und D

Die Bahnkurven sind in allen Fällen nach unten geöffnete Parabeln. In Abb. 6.1b sieht man, dass Wurfhöhe (maximale Höhe) und Wurfweite (maximale Weite) vom Abwurfwinkel abhängen.

Aufgabe
Stellen Sie eine Wurfparabel bei gegebenen Werten für Abwurfhöhe, -winkel und -geschwindigkeit grafisch dar! In Abb. 6.1a wurden $y_0 = 2$ m; $\alpha_0 = 50°$ und $v_0 = 5$ m/s gewählt. Der Zeitabstand der berechneten Punkte beträgt hier 0,05 s. Ein mögliches Kalkulationsmodell sehen Sie in Abb. 6.2 (T).

Die frei wählbaren Kenngrößen Abwurfhöhe, -winkel und -geschwindigkeit stehen in C2:C4. Daraus werden in C8:C9 die horizontale und die vertikale Anfangsgeschwindigkeit, v_{0x} bzw. v_{0y}, berechnet.

Fragen

Welche Formeln stehen in C8 und C9 von Abb. 6.2a (T)?[1]
Wie wird die Legende „y.0 = ..." in Abb. 6.1a erzeugt?[2]

Die Koordinaten der Wurfparabel (ab Zeile 15 in den Spalten C und D von Abb. 6.2b (T)) berechnen sich daraus zu:

$$x(t) = x(0) + v_{0x} \cdot t \tag{6.2}$$

$$y(t) = y(0) + v_{0y} \cdot t - \frac{1}{2}g \cdot t^2 \tag{6.3}$$

In x-Richtung hat man eine gleichförmige Bewegung mit der horizontalen Anfangsgeschwindigkeit v_{0x}. Die Bewegung in y-Richtung ist die Summe einer gleichförmigen Bewegung mit der Geschwindigkeit v_{0y}, die durch die Anfangsgeschwindigkeit bestimmt wird, und der beschleunigten Bewegung durch die Schwerkraft.

Aufgabe
Verändern Sie für eine vorgegebene Geschwindigkeit und eine vorgegebene Abwurfhöhe den Winkel per Schieberegler so, dass a) die erreichte Höhe und b) die erreichte Weite maximal wird!

Aufgabe
Berechnen Sie die Auftreffgeschwindigkeit für die beiden Bahnkurven in Abb. 6.1b!

Aufgabe
Bestimmen Sie maximale Höhe und Weite analytisch und vergleichen Sie diese mit der Simulation!

6.2.2 Geschwindigkeitsvektoren

Aufgabe
Berechnen Sie für eine vorgegebene Zeit t_i die x- und die y-Komponente der Geschwindigkeit! In Abb. 6.3 (T) wurde das für $t = 0,816$ s durchgeführt. Diese Zeit soll mit einem Schieberegler eingestellt werden.

Ab EXCEL 2007 können Strecken in Diagrammen mit Pfeilspitzen versehen werden (DATENREIHEN FORMATIEREN/LINIENART/ENDTYP), so auch unsere Vektorpfeile.

---

[1]v0.x = C8 = [= v.0*cos(a.0/180*PI())]; v0.y = C9 = [= v.0*sin(a.0/180*PI())].
[2]Siehe Zelle B11 in Abb. 6.2b.

	H	I	J	K	L
14	Geschwindigkeits-vektoren				
15	Skalierungsfaktor	**scal**		0,2	
16	**t.i**	**x**		**y**	
17	816	◄		►	
18	**0,816**	2,62	=v0.x*t.i	1,86	=y.0+v0.y*t.i-g/2*t.i^2
19	0,816	3,27	=I18+scal*v0.x	1,02	=K18+scal*(v0.y-g*t.i)
21		2,62	=I18	1,86	=K18
22		3,27	=I19	1,86	=K18
24		2,62	=I18	1,86	=K18
25		2,62	=I18	1,02	=K19

	H	I	J	K
27	0,1	0,32		2,33
28	0,1	0,96		3,10
30		0,32		2,33
31		0,96		2,33
33		0,32		2,33
34		0,32		3,10

Abb. 6.3 a (links, T) Ein Geschwindigkeitsvektor (in I18:K19) und seine senkrechte und waagrechte Komponente zur Zeit t_i, die in H18 festgelegt wird; t_i, x und y sind die Namen für die Bereiche H18:H42, bzw. I18:I42 und K18:K42, die die Koordinaten für die drei Vektoren in Abb. 6.1a enthalten. **b** (rechts, T) Fortsetzung von a; ein weiterer Geschwindigkeitsvektor zur Zeit t_i, diesmal ohne Schieberegler festgelegt in H27; die Formeln entsprechen denen in J18:J25 und L18:L25

Fragen

Fragen zu Abb. 6.3 (T):

Die Zeit, bei der Geschwindigkeitsvektoren berechnet und an die Wurfparabel geheftet werden sollen, wird mit einem Schieberegler eingestellt. Welches ist die verbundene Zelle dieses Schiebereglers und welches sind wahrscheinlich sein MIN und sein MAX? Wie lauten die Formeln in H18 und H19?[3]

Verändern Sie die Zeit t_i mit dem Schieberegler so, dass für Abwurfhöhe und -geschwindigkeit wie in Abb. 6.2a und den Abwurfwinkel 65° gerade die Höhe $y = 0$ erreicht wird. Bei welcher Zeit tritt das ein und mit welcher Geschwindigkeit trifft das Wurfgeschoss auf?[4]

Welche Funktion hat die Größe *scal* in den Formeln in Zeile 19? Wie groß ist sie und welche physikalische Einheit hat sie?[5]

Aufgabe

Setzen Sie an der der Zeit in H18 und H19 entsprechenden Stelle der Bahnkurve den Tangentialvektor der Geschwindigkeit sowie die Zerlegung dieses Vektors in x- und y-Komponenten an. Die Länge der Vektoren in der Abbildung lässt sich über den Skalierungsfaktor *scal* (in Abb. 6.3 (T) K15 = 0,20 s) an das Diagramm anpassen.

---

[3]In Abb. 6.3 (T) ist H17 die mit dem Schieberegler verbundene Zelle (LINKED CELL). MIN = 0, MAX = 1500, wie aus der Stellung des Reiters abgeschätzt werden kann. H18 = H17/1000; H19 = H18.

[4]Das Wurfgeschoss erreicht bei $t_i = 1,25$ s den Boden und trifft mit $v = 8,01$ m/s auf, $v = \sqrt{v_{0x}^2 + \left(v_{0y} - g \cdot t_i\right)^2}$.

[5]*scal* = 0,2 s. Dieser Parameter bestimmt die Länge der Geschwindigkeitsvektoren in der Darstellung der Ebene (x [m], y [m]), siehe dazu Abschn. 5.4. Er steht in einer Gleichung der Art x [m] = x_0 [m] + *scal* * v [m/s]; *scal* hat die Einheit [s].

Ein EXCEL-**Trick**

Wenn Vektoren für mehrere Zeitpunkte ermittelt werden sollen, dann kann der Bereich H18:K25 kopiert werden, wenn die Formeln durch relative und absolute Zellbezüge so gestaltet werden, dass sie beim Kopieren gültig bleiben. In Abb. 6.3 (T) wurde in den Bereich H27:K34 kopiert. In die H18:H19 entsprechenden Zellen H27:H28 wird dann die gewünschte Zeit direkt oder über einen Schieberegler eingetragen. Für Abb. 6.1a wurde der Bereich H18:K25 zweimal kopiert, sodass insgesamt an drei Punkten Vektoren angesetzt werden.

6.3   Zykloide, Abrollkurve (R-T)

Wir betrachten die Bewegung eines Punktes auf einem Rad, das auf einer waagrechten Geraden abrollt. Vom Laborsystem aus betrachtet setzt sie sich aus einer Drehung (Rotation) um die Achse und einer gleichmäßig fortschreitenden Bewegung (Translation) der Achse parallel zur Ebene zusammen. Die Bahngeschwindigkeit des Punktes hängt von seiner aktuellen Höhe über der Bahn ab.

Wir wollen die Bewegung eines Punktes *(schreibender Punkt)* auf einem Rad untersuchen, das auf einer Ebene abrollt. Die Bewegung des rollenden Rades setzt sich aus einer Rotation (R) um seine Achse und einer Translation (T) der Achse parallel zur Unterlage („der Straße") zusammen (R-T). Umlaufsdauer T des Rades und Geschwindigkeit v_M des Mittelpunktes hängen folgendermaßen zusammen:

$$v_M = \frac{2\pi r}{T} \text{ mit } r = \text{Radius des Rades} \qquad (6.4)$$

Während einer Umlaufsdauer T wird das Rad einmal auf der Straße abgerollt, sodass die Achse eine Strecke von der Länge des Umfangs $2\pi r$ zurücklegt.

Kenngrößen der Bewegung

In Abb. 6.4 (T) werden die Kenngrößen der Bewegung in benannten Zellen vorgegeben. Das sind insbesondere der Radius r_R und die Umlaufzeit T_R des Rades.

	A	B	C	D	E	F	G
1	**Vorgaben**						
2	Radius des Rades	**r.R**	5,00 m				
3	Mittelpunkt des Rades bei t=0	**x.R**	0,00 m		0,79	=x.R+v.M*B15	
4	Abstand des Punktes vom Mittelpunkt	**r.P**	5,00 m			B15 = Startzeit	
5	Umlaufzeit des Rades	**T.R**	20,00 s			Rad bei t=0,5	
6	Zeitintervall	**dt**	1,00 s				
7	**Daraus berechnet**						
8	Kreisfrequenz	**w.R**	-0,31 1/s		=-2*PI()/T.R		
9	Mittelpunkt des Rades	**y.R**	5,00 m		=r.R		
10	Geschwindigkeit des M.P.	**v.M**	1,57 m/s		=2*PI()*r.R/T.R		

Abb. 6.4 (T) Parameter für die Abrollkurve in Abb. 6.5

Der Abstand des schreibenden Punktes zur Achse des Rades r_P muss nicht gleich dem Radius r_R des Rades sein. Er kann größer oder kleiner sein. Aus den vorgegebenen Parametern leiten sich dann Kreisfrequenz ω_R, Höhe y_P und Geschwindigkeit v_M des Mittelpunktes ab.

Das Rad soll sich auf der Unterlage nach rechts bewegen, sich also im Uhrzeigersinn drehen. Die Kreisfrequenz, mit der der Polarwinkel berechnet wird, ist deshalb negativ, wie ω_R in Abb. 6.4 (T).

Fragen

Von welcher Achse aus wird bei ebenen Polarkoordinaten der Winkel φ gemessen?[6]

Wie groß ist der Winkel φ, wenn der schreibende Punkt am höchsten Punkt des Rades ist?[7]

Wie groß ist der Winkel φ, wenn der schreibende Punkt auf der Höhe der Achse ist?[8]

Welches Vorzeichen hat ω_R in einem rechtshändigen Koordinatensystem, wenn sich das Rad im Uhrzeigersinn dreht?[9] Vergleichen Sie mit Abb. 6.4 (T)!

Abrollkurve

Eine Abrollkurve für die Kenngrößen der Abb. 6.4 (T), berechnet in Abb. 6.6 (T), sieht man in Abb. 6.5.

In Abb. 6.6 (T) werden die Koordinaten $(x(t), y(t))$ des schreibenden Punktes für 41 Zeitpunkte berechnet und zwar mit Zwischenrechnungen für die Drehung des Punktes um die Drehachse (C:D) und für die Translationsbewegung der Achse (Spalte E).

In den Spalten C und D von Abb. 6.6 (T) werden die Koordinaten des Punktes berechnet, wenn sich das Rad nicht fortbewegt. Die entsprechenden Gleichungen lauten:

$$x_{umM}(t) = r_P \cos(\omega t) + x_R; \; y_{umM}(t) = r_P \sin(\omega t) + y_R$$

Hierbei wird vorausgesetzt, dass sich der schreibende Punkt bei $t = 0$ senkrecht oberhalb der Achse befindet. Ein Beispiel finden Sie in Abb. 6.5. Sie können die Lösung erweitern, wenn Sie zulassen, dass der ausgewählte Punkt bei $t = 0$ eine beliebige Position einnehmen kann. Hinweis: Betrachten Sie die Phasenverschiebung innerhalb der Kreisfunktionen!

In der Spalte E steht die Verschiebung der x-Koordinate des Mittelpunktes des Rades im Laufe der Zeit (Translation in x-Richtung), und in den Spalten F und

---

[6]Der Winkel φ wird von der positiven x-Achse aus gemessen.

[7]$\varphi = \pi/2 = 90°$.

[8]$\varphi = 0 = 0°$.

[9]Die Kreisfrequenz ist negativ, wenn der Punkt im Uhrzeigersinn läuft.

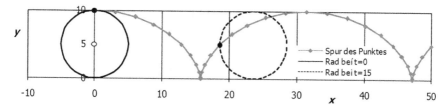

Abb. 6.5 Spur eines schreibenden Punktes beim Abrollen eines Rades, gleiche Zeitabstände zwischen zwei benachbarten Punkten

	B	C	D	E	F	G	H	I	J	K
12							1,289		=H13/v.M	
13						<v>	2,03 m/s		=MITTELWERT(v.t)	
14		Drehung des Punktes um die Radachse		Bewegung des Mittelpunktes Spur des Punktes			Geschw. längs der Bahn Mitte des Zeitabschnittes			
16	t	x.um.M	y.um.M	x.M	x(t)	y(t)	v.t	t.m		
17	0	0,00	10,00	0,00	0,00	10,00	3,13			
18	1	1,55	9,76	1,57	3,12	9,76	3,13	0,5		
57	40	0,00	10,00	62,83	62,83	10,00	3,13	39,5		

Abb. 6.6 (T) Koordinaten eines schreibenden Punktes beim Abrollen des Rades; Drehung des Punktes um die Radachse $(x_{um.M}; y_{um.M})$; Translation der Achse des Rades (x_M); Addition der beiden Bewegungen ergibt $(x(t); y(t))$; Geschwindigkeit längs der Bahn v_t; die Formeln in Zeile 15 sind ausgeblendet und können bei Bedarf in Abb. 6.10 (T) nachgesehen werden

G stehen die Koordinaten des rotierenden Punktes im Laborsystem, berechnet aus der Überlagerung (komponentenweise Addition der kartesischen Koordinaten) der Rotation um die Radachse (x_{umM}, y_{umM}) und der Translation der Achse $(x_M, 0)$:

$$x(t) = x_M + x_{umM}, \ y(t) = y_{umM}$$

Die entstehende Bahnkurve wird Zykloide (Abrollkurve) genannt.

Aufgabe

Stellen Sie das Rad und den schreibenden Punkt zu einem beliebigen Zeitpunkt dar, der sich mit einem Schieberegler einstellen lässt! Mit dem Schieberegler können Sie das Rad rollen lassen. In Abb. 6.7 (T) finden Sie ein Beispiel mit dem Rad bei $t = 15$ s.

Aufgabe

Stellen Sie die Bahnkurve $y = y(x)$ der Zykloide in demselben Diagramm dar!

Aufgabe

Bestimmen Sie die Geschwindigkeit des schreibenden Punktes längs seiner Bahn durch numerische Differenziation!

Brachistochrone

Johann Bernoulli fand 1696 heraus, dass Zykloiden das Brachistochronenproblem lösen. Eine Brachistochrone ist eine Bahnkurve, auf der ein Körper im homoge-

	M	N	O	P	Q	R	S	T	U
14	Punkt bei t = t.2 =v.M*t.2				0,15708	Radumfang bei t = 0		Rad bei t=10	
16	t.2	x.Mt	x(t2)	y(t2)	phi	y.Rad	x.Rad	x.t2	
17	10	15,708	15,71	0,00	0,00	5,00	5,00	20,71	
18	◄ ▮ ►				0,16	5,78	4,94	20,65	
57					6,28	5,00	5,00	20,71	

Abb. 6.7 (T) Lage des Punktes *(x(t₂); y(t₂))* zur Zeit t_2; Rad bei $t = 0$ (x_{Rad}) und $t = t_2$ (x_{t2}); t_2 wird mit dem Schieberegler eingestellt. Die Zeile 15 mit Formeln steht in Abb. 6.11 (T)

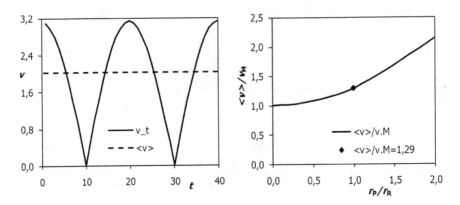

Abb. 6.8 a (links) Bahngeschwindigkeit eines Punktes in [m/s] als Funktion der Zeit in [s], der sich auf dem Umfang des Rades ($r_{\mathrm{P}} = r_{\mathrm{R}} = 5$ m) befindet. **b** (rechts) Mittlere Bahngeschwindigkeit <v> bezogen auf die Geschwindigkeit v_{M} der Achse als Funktion des Abstandes r_{P} des Punktes P zur Radachse bezogen auf den Radius r_{R} des Rades

nen Schwerefeld der Erde am schnellsten von einem Anfangspunkt zu einem tiefer gelegenen Endpunkt reibungsfrei gleitet.

Um solche Bahnkurven mit unserer Tabellenrechnung zu beschreiben, setzen wir ω_{R} positiv und $y_{\mathrm{R}} = -r_{\mathrm{R}}$, sodass das Rad an einer Decke hängend nach rechts abrollt. Die entstehende Wälzkurve ist im Wesentlichen eine Spiegelung der Kurve in Abb. 6.5 ab $t = 10$ s, $x = 15,7$ m an der x-Achse und hat tatsächlich die Eigenschaft einer Brachistochrone, wie wir in Band II im Kapitel „Variationsrechnung" sehen werden.

Bahngeschwindigkeit des schreibenden Punktes
Aufgabe

Bestimmen Sie die *mittlere* Bahngeschwindigkeit des Punktes im Vergleich zur Geschwindigkeit der Achse für verschiedene Abstände des Punktes zur Achse! Eine typische Auswertung sehen Sie in Abb. 6.8a und b. Setzen Sie am besten eine Protokollroutine ein, mit der Sie den Abstand variieren und die mittlere Geschwindigkeit protokollieren!

Wenn der schreibende Punkt den Boden berührt, dann verschwindet seine Bahngeschwindigkeit, hier bei $T = 10$ s und 30 s. Seine Bahngeschwindigkeit ist maximal, wenn er sich an der höchsten Stelle des sich drehenden Rades befindet.

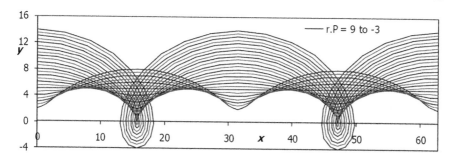

Abb. 6.9 Bahnkurven von schreibenden Punkten auf einem Rad mit verschiedenen Abständen zur Achse

Fragen

An welchen Stellen des Rades ist die Bahngeschwindigkeit des schreibenden Punktes minimal und an welchen maximal?[10]

Wie berechnen Sie numerisch aus $x(t)$ und $y(t)$ die Bahngeschwindigkeit $v_B\ (t)$ zur Zeit t, wenn der Abstand zwischen den Stützpunkten Δt beträgt?[11]

Über welchem x-Wert wird die numerisch berechnete Bahngeschwindigkeit aufgetragen?[12]

In welcher Zelle von Abb. 6.6 (T) wird die mittlere Bahngeschwindigkeit berechnet?[13]

Wie groß ist die Umlaufperiode des Rades in Abb. 6.8a und wie groß ist die Geschwindigkeit der Achse?[14]

Mehrere Bahnkurven mit einer Protokollroutine
Aufgabe
Variieren Sie mit einer Protokollroutine den Abstand r_P des schreibenden Punktes zur Zeit $t = 0$ von der Achse, z. B. wie in Abb. 6.9. Der Abstand kann größer als der Radius und auch negativ sein. Zeichnen Sie die Kurven!

---

[10]Minimale Geschwindigkeit: Punkt auf der Fahrbahn; maximale Geschwindigkeit: am höchsten Punkt des Rades.

[11]$\vec{v_B} = \left(v_x\ ;\ v_y \right) = ((x(t) - x(t - \Delta t))/\Delta t\ ;\ (y(t) - y(t - \Delta t))/\Delta t)$ also $|v_B| = \sqrt{v_x^2 + v_y^2}$.

[12]Die Bahngeschwindigkeit wird über dem Mittelwert der Stützstellen aufgetragen, mit denen die Geschwindigkeit numerisch berechnet wird.

[13]Die mittlere Bahngeschwindigkeit $<v>$ wird in H13 von Abb. 6.6 (T) berechnet.

[14]$T = 20$ s, Periodendauer des Geschwindigkeitsverlaufs, Geschwindigkeit der Achse $= 2 \cdot \pi \cdot 5/20 = 1{,}57$ [m/s].

Tabellenrechnung mit eingeblendeten Formeln

	B	C	D	E	F	G	H	I	J	K
15	=B17+dt	=r.P*COS(w.R*t+PI()/2)+x.R	=r.P*SIN(w.R*t+PI()/2)+y.R	=v.M*t	=x.um.M+x.M	=y.um.M	=WURZEL((F18-F17)^2+(G18-G17)^2)/dt	=(B18+B17)/2		
16	t	x.um.M	y.um.M	x.M	x(t)	y(t)	v.t	t.m		
17	0	0,00	10,00	0,00	0,00	10,00	3,13			
18	1	1,55	9,76	1,57	3,12	9,76	**3,13**	**0,5**		

Abb. 6.10   (T) Formeln aus Abb. 6.6 (T)

	M	N	O	P	Q	R	S	T	U
15	=v.M*t.2	=r.P*COS(w.R*t.2+PI()/2)+x.Mt	=r.P*SIN(w.R*t.2+PI()/2)+y.R	=Q17+Q$14	=r.R*SIN(phi)+y.R	=r.R*COS(phi)+x.R	=x.Rad+x.Mt		
16	t.2	x.Mt	x(t2)	y(t2)	phi	y.Rad	x.Rad	x.t2	

Abb. 6.11   (T) Formeln aus Abb. 6.7 (T)

6.4   Foucaultsches Pendel (T-R)

Wir berechnen die Spur eines im Laborsystem schwingenden Pendels (T) auf einer rotierenden Unterlage (R).

Beschreibung eines Vorlesungsversuchs

In Abb. 6.12a und b sieht man Spuren, die ein im Laborsystem schwingendes Pendel auf einer rotierenden Unterlage schreibt.

Im Vorlesungsversuch zum foucaultschen Pendel lässt man ein Fadenpendel über einem drehenden Teller schwingen und dabei eine Spur auf dem Teller schreiben. Das Pendel schwingt im Laborsystem in einer Ebene und sein Aufhängepunkt befindet sich in der Drehachse des Tellers.

In Abb. 6.12a sehen wir die Spur des Pendels auf dem Tisch für eine Schwingungsdauer von 1,2 s bei einer Umlaufzeit des Tisches von 9 s. Der Teilkreis „Spur Stift" stellt die Spur eines im Laborsystem ruhenden Stiftes auf dem drehenden Teller dar.

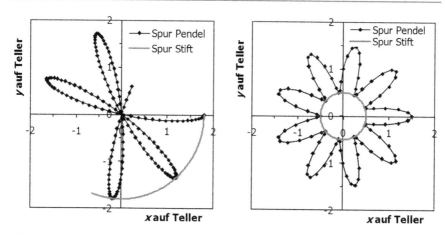

Abb. 6.12 a (links) Spuren eines im Laborsystem schwingenden Pendels ($T_p = 1{,}2$ s) und eines im Laborsystem ruhenden Stiftes auf einem drehenden Teller ($T_T = 9$ s), Aufhängepunkt des Pendels in der Drehachse des Tellers; die Längeneinheit ist 1 cm, wie in weiter unten begründet wird **b** (rechts) Geschlossene Spur eines Pendels, dessen Aufhängepunkt sich nicht in der Drehachse befindet ($T_p = T_T/9$)

Fragen

Ein Fadenpendel hat eine Schwingungsdauer von 12,7 s. Wie lang ist das Pendel?[15]

In welcher Zeit dreht sich die Erde um $1°$?[16]

Wie groß sind in Abb. 6.12b die Amplitude des Pendels und die waagrechte Verschiebung des Aufhängepunktes gegen die Drehachse?[17]

Unter welcher Bedingung entstehen beim Vorlesungsversuch zum foucaultschen Pendel geschlossene Spuren? Wie lautet konkret die Bedingung in Abb. 6.12b?[18]

Zur Vereinfachung nehmen wir an, dass die Spur des Pendels auf dem *ruhenden Teller* oder allgemeiner ausgedrückt im *Laborsystem* durch.

$$x_P = A_p \cdot \cos(\omega_P t) \tag{6.5}$$

beschrieben wird. Wir drehen den Teller dann um seine senkrechte Achse. Die Spur des Pendels auf dem sich drehenden Tisch setzt sich aus der Pendelbewegung

---

[15]$T = 12{,}7$ s, $\omega = 2\pi/T = \sqrt{g/l}$, Länge l des Pendels = 40 m.

[16]Die Erde dreht sich an einem Tag um $360°$, in 4 min um $1°$, denn $\Delta t = 1°/360°*24*60*60$ s = 240 s.

[17]Der Ausschlag des Pendels geht von 0,5 bis 1,5. Der Aufhängepunkt des Pendels ist um die Strecke 1 gegen den Mittelpunkt verschoben. Die Amplitude ist 0,5.

[18]Das Verhältnis von Periodendauer des Pendels und Umlaufzeit des Tellers ist eine natürliche Zahl. In Abb. 6.12b ist das Verhältnis 9 zu 1. Das Pendel macht neun Schwingungen während einer Umdrehung des Tellers.

in x-Richtung (im Laborsystem) und einer Winkelverschiebung auf dem Tisch entsprechend seiner Drehung zusammen. Die Gleichungen für die Umrechnung der Koordinaten (x_L, y_L) im Laborsystem in die Koordinaten (x_T, y_T) im System des drehenden Tellers lauten:

$$x_T = x_P \cdot \cos(\omega_T t) \quad \text{und} \quad y_T = x_p \cdot \sin(\omega_T t)$$

wobei ω_T die Kreisfrequenz des sich drehenden Tellers ist.

Nachbildung in der Tabelle
Aufgabe
Erstellen Sie eine Tabellenrechnung für den oben beschriebenen Versuch und variieren Sie Schwingungsdauer und Umlaufszeit! Eine mögliche Tabellenorganisation finden Sie in Abb. 6.13 (T).

Simulierte Experimente
Aufgabe
Prüfen Sie, ob die Spur des Pendels Ihrer Erwartung entspricht, wenn die Umlaufszeit groß gegen die Schwingungsdauer ist und wenn Schwingungsdauer und Periodendauer der Drehbewegung identisch sind!

Aufgabe
Verändern Sie die Tabellenrechnung für den Fall, dass sich die Drehachse zwar noch in der Pendelebene befindet, aber nicht mehr durch den Aufhängepunkt des Pendels geht! Ein Beispiel sehen Sie in Abb. 6.12b. In Abb. 6.13 (T) wird eine Verschiebung in x-Richtung durch den Parameter x_{sh} in G3 festgelegt.

	A	B	C	D	E	F	G
1	**Vorgaben**						
2	Amplitude der Schwingung	**A**	1,80				
3	Schwingungsdauer des Pendels	**T.P**	1,20			**x.sh**	0
4	Periodendauer der Drehbewegung	**T.T**	9,00				
5	Zeitintervall der Berechnung	**dt**	0,0173				
6	**Daraus berechnet**						
7	Kreisfrequenz Pendel	**w.P**	5,24	=2*PI()/T.P			
8	Kreisfrequenz Teller	**w.T**	-0,70	=-2*PI()/T.T			
9							
10			Pendel	Spur Pendel		Spur Stift	
12		t	x.P	x.T	y.T	x.St	y.St
13		0,0000	1,80	1,80	0,00	1,80	0,00
14		0,0173	1,79	1,79	-0,02	1,80	-0,02
173		2,7680	-0,63	0,22	0,59	-0,64	-1,68

Abb. 6.13 (T) Unterhalb Γ wird in Spalte C die Pendelbewegung $x_p(t)$ im Laborsystem berechnet. In den Spalten D und E wird diese Bewegung ins Koordinatensystem des drehenden Tellers transformiert. In den Spalten F und G werden die Koordinaten eines im Laborsystem festen Punktes auf dem drehenden Teller berechnet. Die Größe x_{sh} (in F3:G3) legt die Verschiebung des Aufhängepunktes gegen die Drehachse des Tellers fest. Die ausgeblendete Zeile 11 mit den Formeln für die Zellen ab Zeile 13 steht in Abb. 6.14 (T)

Aufgabe

Ergänzen Sie das Diagramm um Punkte, die die Lagen des Pendels und des Stiftes zu einem wählbaren Zeitpunkt wiedergeben! In Abb. 6.12a wurde das für $t = 0{,}2249$ gemacht. Ein Vorschlag: Wählen Sie mit einem Schieberegler eine Zeile von 13 bis 173 aus und kopieren Sie die Koordinaten aus dieser Zeile in einen Bereich, der dann dem Diagramm als Punkte hinzugefügt wird. Sie können dazu den Tabellenbezug INDIREKT verwenden. Eine mögliche Lösung finden Sie in Abb. 6.15 (T).

Wo bleiben denn die Einheiten?

Wie lang ist das Pendel in Abb. 6.13 (T), wenn die Schwingungsdauer in Sekunden angegeben ist?[19]

▶ **Tim** Wir haben in Abb. 6.12 und 6.13 keine physikalischen Einheiten für die Zeiten und die Längen angegeben.

▶ **Alac** Das ist doch kein Problem: Zeiten in Sekunden, Längen in Metern. Das ist Standard.

▶ **Mag** Rechnerisch ist damit alles klar. Aber kommt das auch physikalisch hin? Wie lang ist denn das Pendel?

▶ **Tim** Aus der Schwingungsdauer folgt $l = 36$ cm.

▶ **Mag** Wie passt dazu die Auslenkung?

▶ **Alac** Ich gebe zu: Eine Auslenkung von 1,8 m passt nicht zur Pendellänge. Dann wird das Pendel eben um 1,8 cm ausgelenkt.

▶ **Mag** Das Längenmaß in Abb. 6.12 ist dann 1 cm. Das ist zwar experimentell schwierig aufzuzeichnen, aber wenigstens ist unsere Rechnung dann widerspruchsfrei.

Ausgeblendete Formeln.

	B	C	D	E	F	G	H
11	=B13+dt	=A*COS(w.P*t)+x.sh	=x.P*COS(w.T*t)	=x.P*SIN(w.T*t)	=A*COS(w.T*t)	=A*SIN(w.T*t)	
12	t	x.P	x.T	y.T	x.St	y.St	
13	0,0000	1,80	1,80	0,00	1,80	0,00	
14	0,0173	1,79	1,79	-0,02	1,80	-0,02	

Abb. 6.14 (T) Formeln in Abb. 6.13 (T)

---

[19] $T = 1{,}2$ s, $\omega = 2\pi/T = \sqrt{g/l}$, Länge l des Pendels $= 0{,}36$ m.

	L	M	N	O	P	Q	R
					x		y
12					Pendel		
13	26 ◀ ▮		▶				
14	26	t=0,2249		0,681	=INDIREKT("D"&$L$14)	-0,108	=INDIREKT("E"&$L$14)
15		="t="&INDIREKT("B"&L13)			Stift		
16				1,778	=INDIREKT("F"&$L$14)	-0,281	=INDIREKT("G"&$L$14)

Abb. 6.15 (T) Koordinaten des Pendels und des Stiftes an einem der Zeitpunkte in B13:B173 von Abb. 6.13 (T); mit dem Schieberegler wird eine Zeile ausgesucht

Fragen zu Abb. 6.15 (T):
  Welche Zelle wird in INDIREKT in P14 abgefragt?[20]
  Aus welcher Zelle wird die Zeit in M14 übernommen?[21]

6.5 Pendelnder Anker (R-R)

Die Drehung eines Ankers um seinen Aufhängepunkt setzt sich aus einer Drehung (R) des Schwerpunktes um den Aufhängepunkt und einer Drehung (R) des Ankers um den Schwerpunkt zusammen. Das Trägheitsmoment wird mit dem steinerschen Satz berechnet.

6.5.1 Koordinaten des ausgelenkten Ankers

Wir betrachten die Drehung eines Ankers um einen Aufhängepunkt am oberen Ende des Stieles. Wir vereinfachen den Aufbau des Ankers mit vier Massenpunkten, die an den Enden eines hängenden T angebracht sind, siehe Abb. 6.16a und b.

Wie werden die Koordinaten (x; y) bei einer Drehung des Koordinatensystems um den Winkel α transformiert?[22]

Der Aufbau ist durch vier Punkte gekennzeichnet: den Aufhängepunkt A, den Schnittpunkt M der Stange mit der Querstange, das linke L und das rechte R Ende der Querstange.

---

[20]Zelle D26 wird abgefragt.

[21]Die Zeit in M14 wird aus B26 entnommen, siehe die Formel in M15.

[22]$x_R = x \cdot \cos(\alpha) + y \cdot \sin(\alpha)$ und $y_R = -x \cdot \sin(\alpha) + y \cdot \cos(\alpha)$.

Die Bewegung dieses Ankers in Abb. 6.16a setzt sich aus zwei Teilbewegungen zusammen:

- Der Rotation des Punktes M (Koordinaten x_M, y_M) um den Aufhängepunkt A und
- der Rotation des Querbalkens (Punkte L und R) um den Punkt M.

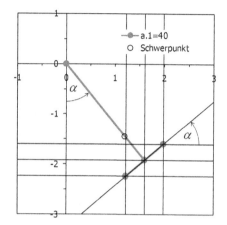 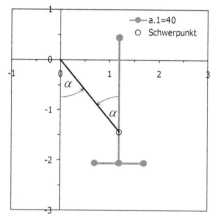

Abb. 6.16 a (links) Ein Anker wird um den Winkel $\alpha_1 = 40°$ ausgelenkt. **b** (rechts) Der Anker wird in seinem Schwerpunkt gefasst und dann um den Winkel $\alpha_1 = 40°$ aus der Ruhelage gelenkt. Die vier charakteristischen Massenpunkte werden mit den Buchstaben A, L-M-R bezeichnet

Die Koordinaten des Punktes M werden gegeben durch:

$$x_M = l \cdot \sin(\alpha) \quad \text{und} \quad y_M = l \cdot \cos(\alpha)$$

wobei $l = A - M$ die Länge der Stange ist. Die Rotation der Punkte L und R *relativ zu* M wird durch den Winkel α beschrieben und in kartesische Koordinaten umgerechnet:

$$x_{R,L} = r_{R,L} \cdot \cos(\alpha) \quad \text{und} \quad y_{R,L} = r_{R,L} \cdot \sin(\alpha)$$

wobei $r_{R,L}$ der Abstand des betrachteten Punktes (L oder R) von M ist, dessen Wert negativ für L und positiv für R ist.

Die Drehbewegung des Ankers um seinen Aufhängepunkt A ist dann die Überlagerung der beiden oben besprochenen Bewegungen:

$$x = x_M + x_{R,L} \quad \text{und} \quad y = y_M + y_{R,L}$$

Eine Abbildung des Ankers erhält man durch einen Zug von vier Strecken vom linken Ende L des Querbalkens zum Punkt M, zum Aufhängepunkt A, zurück zum Punkt M und dann zum rechten Ende des Querbalkens R. Die vollständigen Formeln finden Sie bei Bedarf in Abb. 6.18 (T).

	A	B	C	D	F	G	I	K
1	Länge des Stiels	l.A	2,50 m			**x**	**y**	**m**
2	halbe Länge des Querbalkens	r.A	0,50 m		L	1,22	-2,24	1,00
3	◄ ▌ ▌ ►	220	40,00 °		M	1,61	-1,92	1,00
4		a.1	0,70 rad		A	0,00	0,00	1,00
5	Auslenkwinkel a.1=40°				M	1,61	-1,92	0,00
6					R	1,99	-1,59	1,00

Abb. 6.17 (T) Parameter des Ankers in B1:C4; der Auslenkwinkel α_1 wird mit dem Schiebe-regler in A3 bestimmt (LINKED CELL = B3). Die Koordinaten x, y des Streckenzuges zwischen den charakteristischen Punkten stehen in den Spalten G und I; die Formeln in den ausgeblendeten Spalten E, H und J stehen in Abb. 6.18 (T). Die Massen der vier Massenpunkte in Spalte K wurden alle 1 gesetzt

	E	F	H	J	N
1			**x**	**y**	**I**
2		L	=l.A*SIN(a.1)-r.A*COS(a.1)	=-l.A*COS(a.1)-r.A*SIN(a.1)	=(x^2+y^2)*m
3	=B3-180	M	=l.A*SIN(a.1)	=-l.A*COS(a.1)	=(x^2+y^2)*m
4	=C3/180*PI()	A	=0	0	=(x^2+y^2)*m
5		M	=l.A*SIN(a.1)	=-l.A*COS(a.1)	=(x^2+y^2)*m
6		R	=l.A*SIN(a.1)+r.A*COS(a.1)	=-l.A*COS(a.1)+r.A*SIN(a.1,	=(x^2+y^2)*m
7					
8			=SUMMENPRODUKT(x;m)/SUMME(m)	=(I2+I3+I4+I6)/4	
9					=SUMME(I)

Abb. 6.18 (T) Formeln der Abb. 6.17 (T) und 6.19 (T); Koordinaten (x,y) des Streckenzugs des Ankers nach Drehung um den Winkel α_1; Formel für den Schwerpunkt in J8; Formeln für das Trägheitsmoment I in Spalte N

Aufgabe
Berechnen Sie die Koordinaten des Ankers für die frei zu wählenden Parameter Länge der Stange (A-M), halbe Länge des Querbalkens (M-R oder M-L) und Winkel α! Der Winkel soll mit einem Schieberegler eingestellt werden! Eine mögliche Tabellenorganisation für diese Aufgabe sehen Sie in Abb. 6.17 (T).

Der Anker kann zum Schwingen gebracht werden, indem man mit einem Schieberegler die Zeit t laufen lässt und daraus dann mit $\alpha = A \cdot \cos(\omega \cdot t)$ mit geeigneten A und ω den Auslenkwinkel α berechnet.

6.5.2 Schwerpunkt und Trägheitsmoment

Wir beschreiben die Massenverteilung des Ankers vereinfacht durch Massenpunkte gleicher Masse 1 an den vier charakteristischen Punkten M, A, R und L; Spalte K in Abb. 6.17 (T) und 6.19 (T).

Zur Erinnerung: Das Trägheitsmoment I_m eines Punktes der Masse m ist $I_m = m \cdot r^2$, wobei r der Abstand zur Drehachse ist. In Abb. 6.19 (T) wird in Spalte M das Trägheitsmoment bei Drehung um den Aufhängepunkt A für jeden Punkt einzeln berechnet und dann in M9 zum gesamten Trägheitsmoment I_{ges} summiert. In Q9 wird das Trägheitsmoment mit dem steinerschen Satz berechnet. Wir erhalten in beiden Fällen in M9 und Q9 dasselbe Ergebnis.

	F	K	L		M	O	P	Q	R
1			**m Trägheitsmoment**	**I**			**Schwerpunkt**		
2	L	1,0	**Drehung um A**		6,50		**x.S**	1,21	=SUMMENPRODUKT(x;m)/SUMME(m)
3	M	1,0			6,25		**y.S**	-1,44	=SUMMENPRODUKT(y;m)/SUMME(m)
4	A	1,0			0,00		**Trägheitsmoment bei Drehung um Schwerpunkt**		
5	M	0,0			0,00			5,19	=SUMMENPRODUKT(x-x.S;x-x.S;m)
6	R	1,0			6,50				+SUMMENPRODUKT(y-y.S;y-y.S;m)
7							**+ Drehung des Schwerpunkts**		
8								14,06	=(x.S^2+y.S^2)*SUMME(m)
9			**I.ges**	**19,25**			**I.ges**	**19,25**	=Q5+Q8

Abb. 6.19 (T) Fortsetzung von Abb. 6.17 (T); Trägheitsmoment bei Drehung um den Aufhängepunkt A; Spalte M: einzeln für jeden Massenpunkt berechnete Trägheitsmomente I und deren Summe in M9; die Formeln in der ausgeblendeten Spalte N stehen in Abb. 6.18 (T); Spalte Q: Schwerpunkt in Q2:Q3, Trägheitsmoment mit dem steinerschen Satz in Q5:Q9, mit den Tabellenfunktionen SUMMENPRODUKT und SUMME berechnet

---

Fragen

Warum wird die Masse für den Punkt A in K5 von Abb. 6.19 (T) null gesetzt?[23]

▶ **Mag** Kennen Sie den steinerschen Satz?

▶ **Alac** Das war etwas mit Trägheitsmomenten.

▶ **Tim** Es gibt da zwei Beiträge, die man addieren muss.

▶ **Mag** Genau. Das sind erstens die Trägheitsmomente bei Drehung des Schwerpunktes um die Achse durch den Aufhängepunkt und zweitens bei Drehung des Ankers um eine Achse durch seinen Schwerpunkt parallel zu dieser Achse.

Das Trägheitsmoment unseres Ankers wird in Spalte Q von Abb. 6.19 (T) mit dem steinerschen Satz berechnet. Die Koordinaten des Schwerpunktes (x_S, y_S) lassen sich als *gewichtete Mittelwerte* des Abstandes zum Nullpunkt berechnen:

$$x_s = \frac{\sum_i m_i \cdot x_i}{\sum_i m_i} \text{ und } y_s = \frac{\sum_i m_i \cdot y_i}{\sum_i m_i} \tag{6.6}$$

Das Trägheitsmoment I lässt sich als *gewichtete Summe* der Abstandsquadrate zum Schwerpunkt berechnen:

$$I = \sum_i m_i \left((x_i - x_S)^2 + (y_i - y_S)^2 \right) \tag{6.7}$$

---

[23]Die Masse für den Punkt M wird schon in K3 berücksichtigt. Die Koordinaten in G5:I5 werden nur für den Streckenzug in Abb. 6.16 benötigt.

Die Gewichte sind in beiden Fällen die Massen. Die genannten Formeln lassen sich elegant mit den Tabellenfunktionen SUMMENPRODUKT und SUMME ausführen, siehe Spalte R in Abb. 6.19 (T). Der Schwerpunkt S dieser Anordnung berechnet sich damit als gewichteter Mittelwert der Koordinaten dieser Punkte, z. B. für die x-Koordinate:

$$x_S = \text{Q2} = \big[= \text{SUMMENPRODUKT}(x;\ m)\big/ \text{SUMME}(m)\big]$$

Er wird in Abb. 6.16a und b als offener Kreis dargestellt.

Das Trägheitsmoment wird mit der Funktion SUMMENPRODUKT mit drei Faktoren berechnet:

$$I = \text{Q5} = [= \text{SUMMENPRODUKT}(x - x_S;\ x - x_S;\ m)]$$

Die ersten beiden Faktoren sind identisch, jedes Mal $(x - x_s)$, und sorgen dafür, dass der Abstand der Massenpunkte zum Schwerpunkt quadratisch in das Ergebnis eingeht.

▶ **Tim** Die Masse im Aufhängepunkt A spielt doch für die Berechnung des Trägheitsmoments als Summe der Trägheitsmomente der einzelnen Massen überhaupt keine Rolle, weil sie ja in der Drehachse liegt. Sie geht jedoch bei der Berechnung mit dem steinerschen Satz ein, weil ja um eine Achse gedreht wird, die irgendwo in der Mitte der Verbindung zwischen A und M liegt. Ist das nicht ein Widerspruch?

▶ **Alac** Das liegt wahrscheinlich daran, dass alle Massen 1 gesetzt wurden.

▶ **Mag** Probieren Sie es aus! Wenn Sie die Masse bei A verändern, dann ändert sich das Trägheitsmoment nicht. Wenn Sie eine der anderen Massen verändern, dann bleiben die auf die beiden Arten berechneten Trägheitsmomente, für jeden Punkt einzeln aufsummiert und nach Steiner berechnet, immer gleich.

▶ **Tim** Ich habe die Massen verändert und kann die Aussagen bestätigen. Merkwürdig ist das schon.

▶ **Mag** Die Verteilung der Massen bestimmt nicht nur das Trägheitsmoment, sondern auch den Schwerpunkt. Die beiden Effekte wirken zusammen, sodass der steinersche Satz tatsächlich gilt.

In Abb. 6.16b wird der Schwerpunkt S des Ankers mit einer Stange der Länge A-S mit dem Aufhängepunkt A verbunden und dann um den Winkel α ausgelenkt. Die Auslenkung des Ankers bei Drehung um den Punkt A, wie in Abb. 6.16a, setzt sich dann aus einer Drehung des Schwerpunktes um den Winkel α und einer Drehung um den Schwerpunkt mit dem Winkel $-\alpha$ zusammen. Das Trägheitsmoment für diese Drehung ist gleich dem Trägheitsmoment für die Drehung des Schwerpunktes, also 14,06 [kg·m^2] statt 19,25 [kg·m^2], wenn die Massen in kg und die Abstände in m angegeben werden.

Aufgabe

Wir haben in allen bisherigen Rechnungen die Massen der Massenpunkte 1 gesetzt. Verallgemeinern Sie die Rechnung für beliebige Massen! Setzen Sie für die Berechnung des Schwerpunktes und des Trägheitsmomentes die Tabellenfunktionen SUMMENPRODUKT und SUMME ein!

Fragen

Wie wird in den Formeln in Abb. 6.19 (T) berücksichtigt, dass das Trägheitsmoment proportional zu r^2 ist, die Masse aber nur linear eingeht?[24]

Wie hängt bei einer Schwingung des Ankers der Auslenkwinkel α von der Zeit ab? Welche beiden Kenngrößen bestimmen die Schwingung?[25]

6.6 Das ptolemäische Weltbild (R-R-R)

Wir beschreiben nach den Vorstellungen von Ptolemäus den *Umlauf eines Planeten* um die Erde mit Bewegungen auf zwei Kreisen. Der Planet läuft mit gleichmäßiger Geschwindigkeit auf einem kleinen Kreis, dem Epizykel, dessen Mittelpunkt auf einem größeren Kreis, dem Deferenten, umläuft. Die Bahngeschwindigkeit des Mittelpunktes auf dem Deferenten ist ungleichmäßig, bestimmt durch eine gleichmäßige Geschwindigkeit auf einem dritten Kreis, dem Zeitkreis oder Äquanten, dessen Mittelpunkt gegenüber dem Deferenten verschoben ist.

Deferent, Epizykel, Äquant: drei Kreise bestimmen den Planetenlauf

Im antiken Weltbild steht die Erde im Mittelpunkt des Weltalls und wird von den Planeten und der Sonne auf idealen Kreisbahnen mit gleichmäßiger Geschwindigkeit umlaufen. Für die genaue Berechnung der Stellung der Planeten gegen den Fixsternhimmel, von der Erde aus betrachtet, hat Ptolemäus das System um zwei weitere, in sich wiederum ideale Kreise ergänzt.

Der Planet läuft auf einem kleineren Kreis, dem *Epizykel*, dessen Mittelpunkt auf einem größeren Kreis, dem *Deferenten* läuft. Der Mittelpunkt des Deferenten fällt nicht mit dem Mittelpunkt der Erde zusammen, sondern ist gegen ihn verschoben, siehe Abb. 6.20a.

Entscheidend für das Modell ist das Verhältnis der Radien der beiden Kreise. Die absoluten Größen spielen keine Rolle, weil das Endergebnis ein Winkel ist, unter dem die Planeten gegen den Fixsternhimmel erscheinen.

---

[24]Im Summenprodukt taucht $(x - x_S)$ zweimal als Argument auf, m aber nur einmal: SUMMENPRODUKT$(x - x_S; x - x_S; m)$.

[25]$\alpha = \alpha_{max} cos(\omega t)$; die beiden Kenngrößen Amplitude α_{max} und Kreisfrequenz ω werden so gewählt, dass die Schwingung gut aussieht.

Geschwindigkeit auf dem Deferenten durch den Äquanten

Die Geschwindigkeit auf dem Deferenten kann ungleichmäßig sein. Sie wird durch einen *Zeitkreis* (Äquanten) bestimmt, dessen Mittelpunkt gegenüber dem Mittelpunkt des Deferenten verschoben ist und der mit konstanter Winkelgeschwindigkeit durchlaufen wird, siehe Abb. 6.20b. Der Zeitlauf auf dem Deferenten wird durch die Schnittpunkte von Radialstrahlen des Äquanten mit dem Deferenten bestimmt. Eine Tabellenkalkulation, mit der die Schnittpunkte bestimmt werden, findet man in Abb. 6.21 (T).

Wir bestimmen die Schnittpunkte der Radien des Äquanten mit dem Deferentenkreis in drei Schritten:

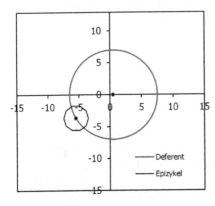 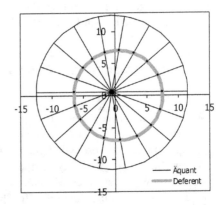

Abb. 6.20 a (links) Scheinbarer Umlauf eines Planeten um die Erde, deren Mittelpunkt bei (0,0) liegt. Der Planet bewegt sich auf einem Epizykel, dessen Mittelpunkt auf einem Deferenten um die Erde läuft. Der Mittelpunkt des Deferenten-Kreises kann gegenüber dem Erdmittelpunkt verschoben sein. **b** (rechts) Die Bahngeschwindigkeit auf dem Deferenten wird durch einen gleichmäßigen Zeitverlauf auf einem Äquanten (Zeitkreis) bestimmt, dessen Mittelpunkt nicht notwendigerweise mit dem des Bahnkreises (und auch nicht mit dem der Erde) übereinstimmt

	A	B	C	D	E	F	G	H	I	J
1	dt	dphi		x.10	y.10	r.2	x.20		Σdelta	
2	1	**0,087**	=2*PI()/	-0,50	0,50	7,00	0,50		0,00	
3		**Äquant**				**Deferent**				
4	=A5+dt	=B5+dphi	12,00	=r.1*COS(phi.1)+x.10	=r.1*SIN(phi.1)+y.10	0,087	=r.2*COS(phi.2)+x.20	=r.2*SIN(phi.2)+y.20	=(x.2-x.1)^2+(y.2-y.1)^2	
5	t	phi.1	r.1	x.1	y.1	phi.2	x.2	y.2	Delta	
6	0	0,00	7,98	7,48	0,50	0,07	7,48	0,50	0,00	
7	1	**0,09**	7,93	7,40	1,19	0,17	7,40	1,19	0,00	
78	72	6,28	7,98	7,48	0,50	6,35	7,48	0,50	0,00	

Abb. 6.21 (T) Die Länge r_1 der 72 Radiusstrahlen des Äquanten und der Polarwinkel ϕ_2 der 72 ausgewählten Punkte auf dem Deferenten sollen so gewählt werden, dass die Endpunkte der Radialstrahlen auf den ausgewählten Punkten liegen. Zu Beginn der Rechnung werden die Radien r_1 zu 12 und die Winkel ϕ_2 im Abstand von $2\pi/72 = 0,09$ gesetzt

	K	L	M	N	O	P	Q	R
1	**r.Epi**	**T.Epi**						
2	4	30						
3	**Epizykel**		**Planet**					
4	=r.Epi*COS(2*PI()/T.Epi*t)	=r.Epi*SIN(2*PI()/T.Epi*t)	=x.2+x.epi	=y.2+y.epi	=ARCTAN2(x.Plan;y.Plan)			
5	**x.epi**	**y.epi**	**x.Plan**	**y.Plan**	**phi.Plan**			**Speichen**
6	4,00	0,00	11,48	0,50	2,49		-0,50	0,50
7	3,91	0,83	11,31	2,02	10,14		7,48	0,50
78	-3,24	2,35	4,25	2,85	33,88			

Abb. 6.22 (T) Fortsetzung von Abb. 6.21 (T), Koordinaten (x_{Epi}, y_{Epi}) des Epizykels mit Radius r_{Epi} und Umlaufzeit T_{Epi}; Koordinaten x_{Plan}, y_{Plan} des Planeten

1. Wir definieren 72 Radiusstrahlen des Äquanten (in B:C), durch äquidistante Winkel ϕ_1, die immer gleichbleiben, und Radien r_1, die zunächst auf $r_1 = 12$ gesetzt, im weiteren Verlauf der Rechnung aber verändert werden. In D:E werden die Polarkoordinaten in kartesische Koordinaten (x_1, y_1) umgerechnet. Jeder vierte dieser Strahlen wird in Abb. 6.20b dargestellt. Die Koordinaten der Strahlen werden mit dem Makro in Abb. 6.24 (P) in die Spalten Q:R (in Abb. 6.22 (T)) übertragen.

2. Wir definieren 72 Punkte auf dem Deferenten, zunächst mit äquidistanten Winkeln ϕ_2 (in F, zunächst identisch mit ϕ_1, aber auf den Mittelpunkt des Deferenten bezogen), die im weiteren Verlauf der Rechnung verändert werden. Die Polarkoordinaten werden in G:H in die kartesischen Koordinaten (x_2, y_2) umgerechnet.

3. Wir verändern die Radien r_1 und die Winkel ϕ_2 so, dass die Punkte (x_2, y_2) auf dem Deferenten und das Ende der Radiusstrahlen (x_1, y_1) zusammenfallen.

Die kartesischen Koordinaten beziehen sich immer auf das System mit der Erde im Ursprung.

Wir können die Gleichheit für jeden Schnittpunkt per Augenmaß mit zwei Schiebereglern einstellen. Die Variable r_1 wird dabei so verändert, dass (x_1, y_1) auf dem Deferenten zu liegen kommt. Die Variable φ_2 wird dann so verändert, dass (x_2; y_2) auf dem Radiusstrahl zu liegen kommt.

Durch Einsatz der Solver-Funktion (siehe Abschn. 5.8) können die Schnittpunkte für alle Zeitpunkte gleichzeitig ermittelt werden. Wir bilden dazu die quadratischen Abweichungen der kartesischen Koordinaten $(x_1 - x_2)^2 + (y_1 - y_2)^2$, siehe *Delta* in Spalte I von Abb. 6.21 (T) und summieren sie für alle 73 gewünschten Schnittpunkte auf (in I2). Diese Summe (als Zielzelle I2 in Solver eingetragen) wird durch Variation der Werte von r_1 in C6:C78 und ϕ_2 in F6:F78 minimiert (zu verändernde Zellen in solver: C6:C78; F6:F78). Das Ergebnis sieht man in Abb. 6.20b, in der die Enden der optimiert verkürzten Radiusstrahlen als Rauten dargestellt werden.

Mit diesen Schnittpunkten kennen wir also den zeitlichen Verlauf der Mittelpunkte der Epizykel auf dem Deferenten in Abb. 6.20a.

Bahnkurve des Planeten und Winkel gegen den Fixsternhimmel

Im ptolemäischen Weltbild läuft ein Planet auf einem Epizykel, dessen Mittelpunkt auf einem Deferenten umläuft. Den zeitlichen Lauf des Mittelpunktes des Epizykels haben wir im vorigen Abschnitt durch die Schnittpunkte der Radiusstrahlen des Äquanten bestimmt. Die Bahnkurve des Planeten wird in Abb. 6.22 (T) vervollständigt.

In den Spalten K und L werden die Koordinaten (x_{Epi}, y_{Epi}) des Epizykels zunächst als Kreis um den eigenen Mittelpunkt als Nullpunkt berechnet. Bei dieser Berechnung wird zum ersten Mal explizit die Zeit t eingesetzt.

In den Spalten M und N werden die Koordinaten (x_2, y_2) des Deferenten zum selben Zeitpunkt (also in derselben Zeile) addiert, um die Koordinaten (x_{Plan}, y_{Plan}) der Planetenbewegung zu erhalten, die dann in Abb. 6.23a dargestellt wird.

Den Winkel φ_{Plan} des Planeten gegen den Fixsternhimmel, hier repräsentiert durch die x- und y-Achsen in Abb. 6.23a, sieht man in Abb. 6.23b. Er wurde in Spalte O von Abb. 6.22 (T) mit der Tabellenfunktion ARCTAN2$(x; y)$ berechnet, die

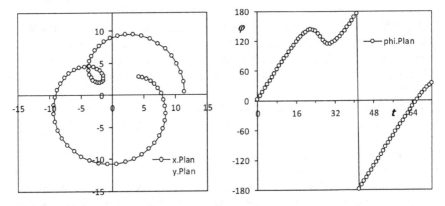

Abb. 6.23 a (links) Bahnkurve des Planeten um die Erde für die Kenngrößen aus Abb. 6.22 (T); der Erdmittelpunkt liegt bei (0; 0). **b** (rechts) Winkel φ_{Plan}, unter dem der Planet von der Erde aus beobachtet wird, im zeitlichen Verlauf; die Länge der Zeitachse beträgt 72, die Umlaufzeit des betrachteten Planeten sollte etwa 65 entsprechen

1 **Sub Spokes()**	Cells(r2, sp2 + 1) = Cells(2, 5) *'center, y* 9
2 r2 = 6	r2 = r2 + 1 10
3 sp2 = 17	Cells(r2, sp2) = Cells(r, 4) *'x.1* 11
4 Range("Q6:R300").ClearContents	Cells(r2, sp2 + 1) = Cells(r, 5) *'y.1* 12
5 Application.Calculation = xlCalculationManual	r2 = r2 + 2 13
6 For r = 6 To 77 Step 4	Next r 14
7 *'spokes*	Application.Calculation = xlCalculationAutomatic 15
8 Cells(r2, sp2) = Cells(2, 4) *'center, x*	End Sub 16

Abb. 6.24 (P) Schreibt die Koordinaten jedes 4. Radiusstrahls in die Spalten Q und R

Werte von $-\pi$ bis π ausgibt. Zwischen den Zeitpunkten 20 und 28 kehrt der Planet seine scheinbare Laufrichtung um.

Die astronomischen Daten für den Mars: Umlaufzeit 687 Tage, die rückläufige Bewegung tritt meist einmal pro Jahr auf und dauert etwa 73 Tage.

Ptolemäus als moderner Computerwissenschaftler

Das ptolemäische Weltbild ist ein schönes Beispiel für ein phänomenologisches Modell, welches durch Parameterwahl an die Wirklichkeit angepasst wird. Diese Anpassung wurde im Laufe der Jahrhunderte so genau, dass es 1300 Jahre lang die Planetenbewegungen genau vorhergesagt hat. Es war daher in der Genauigkeit auch dem kopernikanischen Weltbild mit der Sonne im Mittelpunkt der Kreisbahnen der Planeten überlegen und wurde erst endgültig abgelöst, nachdem Kepler die Planetenbewegung auf Ellipsen mit seinen Gesetzen beschreiben konnte.

Fragen

Fassen Sie alle Zwischenschritte in den Spalten C bis J der Abb. 6.21 (T) zu je einer Formel für x und y zusammen![26]

Welche Kenngrößen des Modells können so verändert werden, dass der zeitliche Verlauf des Winkels, mit dem der Planet gegen den Fixsternhimmel erscheint, der Beobachtung entspricht?[27]

▶ **Tim** Geht die Berechnung der Planetenbahnen nicht eleganter im kopernikanischen Weltbild mit der Sonne im Mittelpunkt?

▶ **Mag** Nein, solange angenommen wird, dass die Planeten Kreisbahnen um die Sonne beschreiben, muss man auch wieder Hilfskreise bemühen, um hinreichende Genauigkeit zu bekommen.

▶ **Tim** Dann sind die beiden Weltbilder also gleichwertig?

▶ **Mag** In der geometrischen Konstruktion schon. Ptolemäus war aber genauer, weil die Parameter seines Modells im Laufe der Jahrhunderte an die Beobachtung angepasst wurden.

▶ **Alac** Wie hat man dann schließlich herausgefunden, dass Kopernikus Recht hat?!

---

[26] $x = r_1 \cdot \cos(\omega_1 t) + r_2 \cdot \cos(\omega_2 t)$; $y = r_1 \cdot \sin(\omega_1 t) + r_2 \cdot \sin(\omega_2 t) + y_{s2}$.

[27] 1) Verhältnis der Radien von Epizykel und Deferent; 2) Verschiebung des Mittelpunktes des Deferenten gegen den Erdmittelpunkt; 3) Verschiebung des Mittelpunktes des Äquanten gegen den Mittelpunkt des Deferenten, 4) Phasenverschiebung der Epizykelbahn gegenüber dem gewählten Zeitnullpunkt oder Wahl des Zeitnullpunktes.

▶ **Mag** Nun, die Sonne als Zentrum zu betrachten ist ein Fortschritt, der aber erst sichtbar wird, wenn die Planetenbahnen mit der newtonschen Mechanik und dem Gravitationsgesetz berechnet werden. Wir werden das in Band II im Kapitel „Bewegungen in der Ebene" numerisch durchführen.

6.7   Fragen zu den zusammengesetzten Bewegungen (AK)

Kap. 6 gehört zum Aufbaukurs.

1. Wie lauten die Polarkoordinaten für die kartesischen Koordinaten (0; 5) und (1; 1)?
2. Wie lauten die kartesischen Koordinaten für die Polarkoordinaten $r = 2$, $\phi = 45°$ und $\phi = 135°$?
3. Die Tabellenformel [= cos(90)] ergibt –0,44807. Wieso kann EXCEL so falsch sein?
4. Gegeben sei der Vektor (3; 4). Sie sollen diesen Vektor sowie seine x- und y-Komponenten als Pfeile an den Punkt (1; 1) anheften. Wie sieht die Datenreihe in der Tabelle aus?
5. Sie sollen die Bahn eines Punktes in der Ebene einzeichnen, der sich mit der Geschwindigkeit v unter einem Winkel von 30° in der xy-Ebene bewegt. Wie lauten die Formeln in Parameterdarstellung $x = x(t)$ und $y = y(t)$?
6. Beschreiben Sie den Umlauf eines Punktes auf einem Kreis um den Nullpunkt mit der Umlaufdauer T in Polarkoordinaten und in kartesischen Koordinaten!
7. Welche Formeln gelten für die kartesischen Koordinaten eines Kreises mit dem Durchmesser d, der mit der Geschwindigkeit v längs der x-Achse verschoben wird?
8. Ein Punkt bewege sich mit der konstanten Geschwindigkeit v längs der y-Achse eines Laborsystems. Wie lauten seine polaren und kartesischen Koordinaten im Laborsystem und in einem bewegten System, das sich relativ zum Laborsystem mit der konstanten Winkelgeschwindigkeit ω_D um eine Achse durch den Nullpunkt des Laborsystems bewegt?

Abb. 6.25 Eine Hantel, links am (masselosen) mittleren Stiel aufgehängt, rechts an zwei Fäden aufgehängt

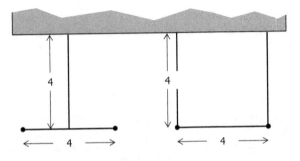

9. Berechnen Sie die Trägheitsmomente der beiden Hanteln in Abb. 6.25! Die beiden Punkte stellen gleich große Massen dar. Die Verbindungen zwischen den Massen und zu den Aufhängungen sollen masselos sein.

10. Erläutern Sie anhand der Abb. 6.16a und b sowie der Abb. 6.25 den steinerschen Satz!

11. Wie berechnet man den Schwerpunkt einer Anordnung von Massenpunkten?

12. Welche Kenngrößen des ptolemäischen Modells können so verändert werden, dass der zeitliche Verlauf des Winkels, mit dem der Planet gegen den Fixsternhimmel erscheint, der Beobachtung entspricht?

Zufallszahlen und Zufallszahlen-Generatoren

7

In diesem Kapitel werden statistische Experimente durchgeführt. Wir bauen Tabellenfunktionen, die gleichverteilte, normalverteilte und cos^2-verteilte Zufallszahlen erzeugen. Wir erstellen Häufigkeitsverteilungen von einer Menge von Zufallszahlen und vergleichen sie mithilfe des Chi^2-Tests quantitativ mit Modellverteilungen, dessen Aussagekraft mit verschiedenen Experimenten erläutert werden soll.

Benötigte und geübte Tabellenfunktionen sind: ZUFALLSZAHL(), HÄUFIGKEIT() als Matrixfunktion, CHIQU.TEST() sowie die logischen Funktionen ZÄHLENWENN, UND und ODER.

Zufallsgeneratoren werden in späteren Kapiteln eingesetzt, um Messungenauigkeiten und Rauschen zu simulieren, z. B. in Kap. 8 (Auswertung von Messungen) und in Kap. 9 (Trendlinien).

7.1 Einleitung: Statistische Experimente statt theoretischer Ableitungen

Generatoren von Zufallszahlen

Die Tabellenfunktion ZUFALLSZAHL() liefert zufällig Zahlen z_z, die zwischen 0 und 1 gleichverteilt sind ($0 \leq z_z < 1$). Andere Verteilungen erhält man, wenn diese Zufallszahlen mit geeigneten Tabellenfunktionen neu verteilt werden, nämlich mit der Umkehrfunktion der Verteilungsfunktion der gewünschten Wahrscheinlichkeitsdichte. Für die Gauß-, Exponential- und Cauchy-Lorentz-Verteilung gibt es diese Umkehrfunktionen als *Tabellenfunktionen:* NORM.INV, LOG und TAN.

Der Zufallsgenerator für eine Verteilung kann manchmal mit einem Linienzug in einer *benutzerdefinierten Tabellenfunktion* verwirklicht werden. Als Beispiel berechnen wir das Beugungsbild von Photonen nach Durchgang durch einen Doppelspalt. Die Photonenhäufigkeit in den Beugungsmaxima soll dabei wie cos^2 verteilt sein.

© Springer-Verlag GmbH Deutschland 2017
D. Mergel, *Physik mit Excel und Visual Basic,*
DOI 10.1007/978-3-642-37857-7_7

Was soll gelernt werden?

Nachdem Sie dieses Kapitel durchgearbeitet haben, sollen Sie mit Folgendem sicher umgehen können:

- Eine Menge von Zufallszahlen erzeugen, die einer vorgegebenen Modellverteilung gehorchen.
- Die Häufigkeitsverteilung eines Datensatzes bestimmen und grafisch darstellen.
- Experimentelle Häufigkeitsverteilungen mit Modellverteilungen quantitativ vergleichen. Wir üben dabei den vorsichtigen Gebrauch des Chi²-Tests, um zu prüfen, ob die beobachteten Häufigkeiten der vermuteten Verteilung entsprechen.

Statistische Experimente statt theoretischer Ableitungen

▶ **Alac** Zahlen, Zahlen, Zahlen. Die ermüden ganz schön. Lohnt sich die Mühsal denn?

▶ **Mag** Ja. Wir üben hier die Grundlagen für die Auswertung von Experimenten.

▶ **Alac** Auswertung von Praktikumsversuchen? Ich bin froh, wenn ich die lästigen Protokolle hinter mir habe. Von den Grundlagen der Auswertung will ich mir nur ein paar Antworten reinziehen, um ungeschoren durch die Prüfungsgespräche zu kommen.

▶ **Mag** Wir üben auch nur das Nötigste. Das gut zu verstehen ist aber ziemlich wichtig, nicht nur für das Physikstudium, sondern für alle empirischen Wissenschaften und für politische Aussagen.

▶ **Alac** Gut verstehen? Müssen wir etwa mathematische Beweise nachvollziehen?

▶ **Mag** Nein. Wir machen statistische Experimente, um die Lehrsätze der Statistik verständlich zu machen.

▶ **Tim** „Statistische Experimente", das klingt schon mal interessant. Wahrscheinlichkeitslehre ist trotzdem nicht so mein Ding. Den Chi²-Test hat in meiner Lerngruppe noch niemand verstanden.

▶ **Mag** Das kann ich verstehen. Der Augenschein trügt oft und keine Aussage ist hundertprozentig sicher. Auf diesem wackligen Boden müssen Sie sich trotzdem bewegen können und in diesem Kapitel fangen wir mit den Gehübungen an.

Wir setzen zwei Arten von statistischen Tests ein, bei denen ein Zufallsexperiment vielfach wiederholt wird:

Tab. 7.1 Funktionsnamen bis Excel 2007, Funktionsnamen ab Excel 2010

CHIINV, CHIQU.INV.RE	Gibt Quantile der Verteilung (1-Alpha) der Chi-Quadrat-Verteilung zurück
CHITEST, CHIQU.TEST	Gibt die Teststatistik eines Chi^2-Unabhängigkeitstests zurück
CHIVERT, CHIQU.VERT.RE	Gibt Werte der rechtsseitigen Verteilungsfunktion (1-Alpha) einer Chi^2-verteilten Zufallsgröße zurück
NORMVERT, NORM.VERT	Gibt Wahrscheinlichkeiten einer normalverteilten Zufallsvariablen zurück
NORMINV, NORM.INV	Gibt Perzentile der Normalverteilung zurück
STABW, STABW.S	Schätzt die Standardabweichung ausgehend von einer Stichprobe
TVERT, T.VERT.2S	Gibt Werte der studentschen t-Verteilung zurück, zweiseitig
TINV, T.INV.2S	Gibt Quantile der studentschen t-Verteilung zurück, zweiseitig
VARIANZ, VAR.S	Schätzt die Varianz auf der Grundlage einer Stichprobe
KOVAR, KOVARIANZ.P	Gibt die Kovarianz einer Grundgesamtheit zurück
KOVARIANZ.S	Gibt die Kovarianz einer Stichprobe zurück

[Der zweite Funktionsname gilt ab Excel 2010; es gilt: KOVARIANZ.S $=$ KOVAR$*n/(n-1)$, wobei n die Zahl der verglichenen Datenpaare ist.]

- Vielfachtest auf Gleichverteilung und
- Vielfachtest auf Irrtumswahrscheinlichkeit.

Der *Vielfachtest auf Gleichverteilung* wird in diesem Kapitel eingesetzt, um zu prüfen, ob die Ergebnisse von Chi^2-Tests gleichverteilt sind, wie es sein soll, wenn die Modellverteilung der Grundgesamtheit entspricht, der die Stichproben entnommen werden.

Der *Vielfachtest auf Irrtumswahrscheinlichkeit* wird im nächsten Abschnitt „Auswertung von Messungen" und im übernächsten „Anpassung von Trendkurven an Messpunkte" angewendet, um zu prüfen, ob die Fehlergrenzen und die Fehlerwahrscheinlichkeiten zueinander passen.

Änderungen an statistischen Tabellenfunktionen ab Excel 2010

In Excel 2010 wurden mehrere statistische Funktionen verbessert und haben einen neuen Namen erhalten. Um Abwärtskompatibilität zu früheren Versionen von Excel zu sichern, sind die verbesserten Funktionen auch weiter unter ihrem alten Namen verfügbar. Ist keine Abwärtskompatibilität erforderlich, sollten Sie mit den neuen Funktionsnamen arbeiten.

Die in Tab. 7.1 aufgeführten Funktionen werden auch in diesem Buch eingesetzt.

7.2   Zufallszahlen, Häufigkeit, Chi²-Test (G)

Die Tabellenfunktion ZUFALLSZAHL erzeugt zufällig Zahlen zwischen 0 und 1. Wir erstellen *Häufigkeitsverteilungen* von solchen Zahlen und prüfen mit dem *Chi²-Test*, ob sie gleichverteilt sind.

7.2.1   Zufallszahlen, gleichverteilt zwischen 0 und 1

Die Tabellenfunktion ZUFALLSZAHL() erzeugt zufällig Zahlen, die zwischen 0 und 1 gleichverteilt sind. In Abb. 7.1 (T) werden mit dieser Funktion im Bereich A3:D1002 4000 Zufallszahlen mit dem Namen *Zfz* erzeugt.

Tabellenfunktion HÄUFIGKEIT
Mit der Tabellenfunktion HÄUFIGKEIT(DATEN; KLASSEN) werden Häufigkeitsverteilungen bestimmt. Für die Variable KLASSEN müssen Intervallgrenzen angegeben werden. Die Funktion zählt dann, wie viele der Daten in den verschiedenen Intervallen liegen.

▶ Der erste Wert gibt die Anzahl der Zahlen in der untersuchten Datenmenge an, die unterhalb der ersten Intervallgrenze liegen, also von $-\infty$ an. Der letzte Wert gibt die Anzahl an, die oberhalb der letzten Intervallgrenze liegen, also bis ∞.

	A	B	C	D	E	F	G	H	I	J	K	L	M	N	O
1	=ZUFALLSZAHL()		=ANZAHL(Zfz)				=HÄUFIGKEIT(Zfz;I.b)	=SUMME(Freq) =$H$4/10	=(Freq-I4)^2/I4		=SUMME(J4:J13) =CHIQU.TEST(G4:G13;I4:I13)				
2	Zfz		4000			I.b	Freq					Chi²			
3	0,72	0,49	0,17	0,83		0	0								
4	0,57	0,67	0,01	0,83		0,1	391	4000	400	0,20	5,35	0,80			
5	0,57	0,81	0,64	0,81		0,2	378		400	1,21					
6	0,30	0,33	0,92	0,91		0,3	382		400	0,81					
7	0,40	0,21	0,12	0,40		0,4	406		400	0,09					
8	0,58	0,98	0,94	0,17		0,5	398		400	0,01					
9	0,83	0,43	0,51	0,30		0,6	396		400	0,04					
10	0,93	0,79	0,61	0,43		0,7	405		400	0,06					
11	0,44	0,37	0,29	0,76		0,8	400		400	0,00					
12	0,32	0,54	0,75	0,79		0,9	432		400	2,56					
13	0,84	0,93	0,27	0,83		1	412		400	0,36					
14	0,97	0,55	0,53	0,87			0								
1002	0,45	0,28	0,94	0,48											

Abb. 7.1   (T) In A3:D1002, benannt mit *Zfz*, werden 4000 Zufallszahlen erzeugt. In G3:G14 wird mit der Tabellenfunktion HÄUFIGKEIT gezählt, wie viele dieser Zufallszahlen in Intervalle fallen, deren Grenzen I_b in F3:F13 angegeben werden. In Spalte I stehen die bei Gleichverteilung erwarteten Häufigkeiten. In den Spalten J, K, L wird χ^2 (Gl. 7.1) berechnet und der Chi²-Test durchgeführt

In G3:G14 von Abb. 7.1 (T), benannt als *Freq,* wird die Häufigkeit der Zufallszahlen *Zfz* bestimmt. Die 11 Intervallgrenzen für die zwölf Intervalle stehen in Spalte F unter dem Namen *I.b.* Die zehn Intervalle zwischen 0 und 1 haben alle dieselbe Breite 0,1. Grundsätzlich können die Intervalle aber unterschiedlich breit sein.

Die Tabellenfunktion HÄUFIGKEIT ist eine *Matrixfunktion.* Bevor sie aufgerufen wird, muss ein Tabellenbereich markiert werden, der alle Ausgabedaten erfassen kann, und der Aufruf muss mit einem *Zaubergriff* :-), siehe Box „Was ist eine Matrixfunktion", abgeschlossen werden.

▶   Ψ *Immer eine mehr! Ja, wovon denn und als was?*[1]

Lesen Sie die Box „Matrixfunktion", um die wichtige Frage zu beantworten!

Was ist eine Matrixfunktion?
Die Funktion HÄUFIGKEIT ist eine Matrixfunktion. Tabellentechnisch heißt das, dass ein Zeilen- oder Spaltenbereich markiert werden muss, der so groß ist, dass er die Anzahl der Ergebnisdaten aufnehmen kann. In der Tabelle der Abb. 7.1 (T) wurde der Bereich G3:G14 markiert. Dann wird die Funktion eingeschrieben (siehe G1) und der Vorgang mit dem „Zaubergriff" für Matrixfunktionen CTL+SHIFT+RETURN (STRG + HOCHSTELLUNG + EINGABE) abgeschlossen.

Fragen

Welche Zahlenmenge wird in Abb. 7.1 (T) eingeordnet?[2]
Welchen Nutzen haben die Formeln in C2 und H4?[3]

7.2.2 Der Chi²-Test als Punktrichter

Wenn die Zufallszahlen gleichmäßig zwischen 0 und 1 verteilt sind, dann erwartet man, dass unterhalb 0 (G3 in Abb. 7.1 (T)) und oberhalb 1 (G14) keine Werte auftreten und in jedem der zehn Intervalle in G4:G13 der Breite 0,1 400 Werte, wie in I4:I13, eingetragen sind. Mit einem Chi²-Test kann geprüft werden, wie gut die erwartete Verteilung mit der beobachteten übereinstimmt. Die Werte eines solchen

---

[1]Für die Ergebnisse der Tabellenfunktion HÄUFIGKEIT muss eine Zelle mehr aktiviert werden als Intervallgrenzen vorgegeben sind.

[2]Die 4000 Zahlen in A3:D1002.

[3]Die Formeln in C2 und H4 von Abb. 7.1 (T) liefern Prüfzahlen, an denen wir sehen, ob unsere Tabellenrechnung Fehler enthält. Im konkreten Fall erkennt man an H4, ob die einzuordnende Zahlenmenge richtig erfasst wurde.

Tests liegen zwischen 0 und 1. Wenn der Chi²-Test Werte von deutlich kleiner als 0,01 ergibt, dann schließt man im Allgemeinen, dass Beobachtung und Erwartung nicht übereinstimmen.

Diese Funktion wird in der Literatur unter verschiedenen Namen aufgeführt: χ^2-Test, Chitest. Wir werden ihn im Folgenden Chi²-Test nennen, weil er auf eine Verteilung der Größe $\chi^2 = $ chi² („chi Quadrat")

$$\chi^2 = \sum_1^N \frac{(A_i - E_i)^2}{E_i} \tag{7.1}$$

zurückgreift, die intern als Maß für die Abweichung zwischen den aktuell beobachteten Häufigkeiten A_i und den theoretisch erwarteten Häufigkeiten E_i berechnet wird. Diese Größe wird in K4 von Abb. 7.1 (T) berechnet.

Excel stellt für den Chi²-Test die Tabellenfunktion CHITEST(BEOB_MESSWERTE; ERWART_WERTE) zur Verfügung. Ab Excel 2010 steht diese Funktion auch unter dem Namen CHIQU.TEST zur Verfügung. Sie wird in L4 von Abb. 7.1 (T) angewendet und ergibt dort einen Wert von 0,8. Es gibt also keinen Grund, daran zu zweifeln, dass die Zufallszahlen gleichverteilt sind.

Was sagt der Chi²-Test genau?

Wenn die Zufallszahlen der Stichprobe tatsächlich mit der Modellverteilung erzeugt werden, mit der verglichen wird, dann gibt das Ergebnis des Chi²-Tests beim Vergleich der theoretischen mit der empirischen Verteilung der aktuellen Stichprobe die Wahrscheinlichkeit an, dass irgendeine andere Stichprobe noch schlechter mit der theoretischen Verteilung übereinstimmt, d. h. der Wert von χ^2 noch größer ist.

Diese Wahrscheinlichkeitsaussage ist erfahrungsgemäß für den Anfänger schwer verständlich. Zur Verwirrung trägt zusätzlich bei, dass falsche Modellverteilungen besser bewertet werden können als die richtige und dass sehr gute Bewertungen auf einem Denkfehler beruhen können. Da hilft nur Üben und Erfahrung sammeln. Wir sind in der vorteilhaften Lage, dass wir mit unseren Zufallsgeneratoren das Zufallsexperiment beliebig oft wiederholen und dann verfolgen können, wie die Häufigkeiten und die Ergebnisse des Chi²-Tests variieren. Das werden wir in den nächsten Übungen durchführen.

Wann kann die Tabellenfunktion CHIQU.TEST eingesetzt werden?

Zunächst führen wir den Chi²-Test noch einmal explizit mit der Tabellenfunktion CHIQU.VERT.RE(Chi^2, f) und dem Wert von χ^2 in K4 durch. Er liefert denselben Wert wie CHIQU.TEST, der direkt auf die Häufigkeiten zugreift. Der Parameter f wird als Freiheitsgrad bezeichnet und hat im Fall der Gleichverteilung den Wert 9, entsprechend den zehn Intervallen, in denen die Häufigkeiten verglichen werden minus 1, weil die Häufigkeit im zehnten Intervall von den anderen Häufigkeiten nicht mehr unabhängig, sondern durch die Gesamtzahl der Ereignisse festgelegt ist.

Wenn die Häufigkeiten im Vorhinein festgelegt werden, ohne dass ein Parameter aus den vorliegenden empirischen Daten geschätzt wird, dann ist der Freiheitsgrad gleich der Anzahl der Intervalle minus eins. Nur in solchen Fällen kann die Tabellenfunktion CHIQU.TEST eingesetzt werden.

Sie darf für andere Modellverteilungen nur eingesetzt werden, wenn die Parameter im Vorhinein festgelegt und nicht aus der Stichprobe geschätzt werden.

7.3 Zufällig in einem Einheitsquadrat verteilte Punkte

Wir erstellen Häufigkeitsverteilungen von Zahlen, die mit der Tabellenfunktion ZUFALLSZAHL() erzeugt werden und prüfen mit dem Chi²-Test, ob sie mit Modellverteilungen verträglich sind. Wir lernen, dabei die zugehörigen Besenweisheiten zu beherzigen:

ZUFALLSZAHL(); Ψ *Der Zufall ist blind und macht Flecken.*
HÄUFIGKEIT(*Daten; Intervalle);* Ψ *Immer eine mehr! Ja, wo von denn und als was?*
CHIQU.TEST(*exp; theo).* Ψ *Entscheide dich! Es wird manchmal falsch sein.*
Wir setzen die logischen Tabellenfunktionen UND und WENN ein.

7.3.1 Erzeugung und Verteilung der Punkte

Mit der Tabellenfunktion ZUFALLSZAHL() werden in den Spalten A und B von Abb. 7.2 (T) je 2000 Zufallszahlen erzeugt, mit x und y bezeichnet und als 2000 Punkte (x, y) in der Ebene dargestellt, Abb. 7.3a.

Bei jeder Veränderung der Tabelle entstehen neue Zufallszahlen und das Diagramm passt sich entsprechend an. Die Veränderung der Tabelle können wir ohne

	A	B	C	D	E	F	G	H	I	J
1	=ZUFALLSZAHL()	=ZUFALLSZAHL()	=MITTELWERT(x)	=STABW.S(x)	=MITTELWERT(y)	=STABW.S(y)	=UND(MWx-SWx<x; x<MWx+SWx)	=UND(MWy-SWy<y; y<MWy+SWy)	=UND(G4;H4)	
2	x	y	MWx	SWx	MWy	SWy	x.in	y.in	xy.in	
3	0,63	0,49	0,50	0,290	0,50	0,286	WAHR	WAHR	WAHR	
4	0,79	0,60					WAHR	WAHR	**WAHR**	
2002	0,45	0,66					WAHR	WAHR	WAHR	

Abb. 7.2 (T) In den Spalten A und B werden je 2000 Zufallszahlen zwischen 0 und 1 erzeugt, und in C3:F3 wird deren Mittelwert und Standardabweichung bestimmt. In den Spalten G bis I wird geprüft, ob die Punkte innerhalb bestimmter Grenzen liegen. Der Name dieses Tabellenblatts ist „calc"

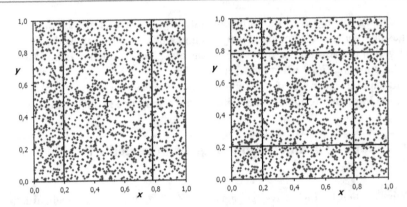

Abb. 7.3 **a** Die 2000 Punkte *(x, y)* aus Abb. 7.2 (T), zufällig verteilt im Einheitsquadrat mit empirisch bestimmtem Mittelwert „+". Die senkrechten Striche markieren die Standardabweichung vom Mittelpunkt in x-Richtung. **b** (rechts) Wie **a**, zusätzlich mit waagrechten Strichen, die die Standardabweichung in y-Richtung markieren

Schaden erreichen, indem wir den Zeiger in eine leere Zelle setzen und dann auf „Entf" drücken. Bei jedem Drücken (= Löschen des Inhalts einer sowieso schon leeren Zelle) verändern sich Tabelleninhalt und Diagramm.

Fragen

Machen die Punkte in Abb. 7.3 den Eindruck, gleichverteilt zu sein?

Stören die weißen Flecken und die Punkthäufungen den Eindruck der Gleichverteilung?

Welcher Anteil an Punkten in Abb. 7.3a liegt innerhalb der senkrechten Striche? Ist er geschätzt mehr oder weniger als 50 %?

Wie viele Punkte liegen innerhalb des Rechtecks in Abb. 7.3b? Sind es mehr oder weniger als 30 %?[4]

Wie können die Zahlenmengen x und y neu erzeugt werden?[5]

Verteilung der Punkte in der Ebene

▶ **Mag** Sehen Sie sich die Abb. 7.3 an, in der die Verteilung der Punkte zufällig sein soll. Sie sollen einen weiteren Punkt setzen, aber so, dass die Verteilung wirklich zufällig aussieht. Wo setzen Sie ihn hin?

---

[4]Lösung in Abb. 7.4 (T), Zelle N3.

[5]Man setzt den Cursor in eine leere Zelle und drückt auf „Entf", löscht also den Inhalt einer sowieso schon leeren Zelle. Dann werden alle Formeln in der Tabelle neu berechnet, also auch die Tabellenfunktion ZUFALLSZAHL().

▶ **Alac** Auf keinen Fall dort, wo sich schon viele Punkte häufen, lieber in weiße Bereiche, wo noch Punkte fehlen.

▶ **Mag** Das dürfen Sie auf keinen Fall tun. Der Zufall ist blind. Er sieht nicht, wo er vorher schon zugeschlagen hat.

▶ **Tim** Jetzt bin ich verunsichert. Damit ich keine Fehler mache, schließe ich die Augen, bevor ich meinen Punkt setze.

▶ **Alac** Dann liegst du aber oft außerhalb des vorgeschriebenen Rechtecks.

▶ **Tim** Dann setze ich eben Punkte, bis du mir sagst, dass ich das Rechteck getroffen habe.

▶ **Mag** Aber auf diese blinde Art können ja noch mehr Häufungen entstehen.

▶ **Tim** Das ist in der Tat eine Möglichkeit, Punkte zufällig innerhalb des vorgeschriebenen Rechtecks zu setzen.

▶ **Mag** Das ist nicht schlimm.

▶   Ψ: *Der Zufall ist blind und macht Flecken.*

7.3.2   Mittelwert und Standardabweichung

In C3:F3 von Abb. 7.2 (T) werden die Mittelwerte und die Standardabweichungen der Datenmengen x und y mit den Tabellenfunktionen MITTELWERT(BEREICH) und STABW.S(BEREICH) bestimmt. Der Index S in STABW.S gibt an, dass die Standardabweichung einer Stichprobe bestimmt wird. Vor EXCEL 2010 lautete diese Funktion STABW(BEREICH). Mit diesem Namen kann sie auch ab EXCEL 2010 aufgerufen werden, um Abwärtskompabilität zu gewährleisten. Falls Sie nicht mehr wissen, wie die Standardabweichung definiert ist, dann können Sie die Definition in Abschn. 8.1 nachlesen.

Der Mittelwert von 2000 zwischen 0 und 1 gleichverteilten Zufallszahlen ist (wenig überraschend) 0,5. Wir haben den Mittelpunkt der zufälligen Punkte *(x, y)* in Abb. 7.3 als Kreuz eingezeichnet. Nach der statistischen Theorie gilt für eine Gleichverteilung zwischen 0 und 1:

$$\text{Mittelwert } \mu = \frac{1}{2}$$

$$\text{Standardabweichung } \sigma = \frac{1}{\sqrt{12}}$$

Die theoretische Standardabweichung ist also 0,288, was etwa mit den Werten in Abb. 7.2 (T) übereinstimmt.

In Abb. 7.3a werden senkrechte und in Abb. 7.3b senkrechte und waagrechte Geraden im Abstand der Standardabweichung vom Mittelwert eingezeichnet, also die vier Geraden $x = MW_x - Stabw_x$, $x = MW_x + Stabw_x$, $y = MW_y - Stabw_y$ und $y = MW_y + Stabw_y$.

Prüfen mit UND

In Spalte G von Abb. 7.2 (T) wird für jede einzelne x-Koordinate geprüft, ob sie weniger als die Standardabweichung nach unten oder oben vom x-Wert des Mittelwerts abweicht. x_{in} ist WAHR oder FALSCH. In Spalte H wird dasselbe für die y-Komponente gemacht. Für diese Prüfungen setzen wir die logische Funktion UND(WAHRHEITSWERT1, [WAHRHEITSWERT2], …) ein. Die Formeln dazu in den Spalten G und H lauten:

$$x_{in} = \text{UND}(MWx - SWx < x;\ x < MWx + SWx)$$
$$y_{in} = \text{UND}(MWy - SWy < y;\ y < MWy + SWy)$$

In Spalte I im Bereich xy_{in} wird mit UND für jeden Punkt geprüft, ob beide Bedingungen zutreffen, z. B.:

$xy_{in} = \text{UND(G4;H4)}$ in I4 von Abb. 7.2 (T)

Das ist genau dann der Fall, wenn der Punkt innerhalb des inneren Rechtecks in Abb. 7.3b liegt.

Achtung Falle

Ein Aufruf UND(x_{in}; y_{in}) liefert WAHR, wenn *alle* Elemente der Spaltenvektoren x_{in} und y_{in} wahr sind. Man muss also z. B. UND(D15;E15) schreiben, wenn man prüfen will, ob die Inhalte der beiden Zellen beide wahr sind.

[Logische Funktionen]

In den bisherigen Übungen haben wir zwei logische Funktionen eingesetzt:

WENN(PRÜFUNG; [DANN_WERT]; [SONST_WERT]), in DANN_WERT und SONST_WERT können Zahlen oder Funktionen stehen, deren Ergebnis dann ausgegeben wird.

UND(WAHRHEITSWERT1, [WAHRHEITSWERT2], …) erwartet als Eingaben logische Werte und gibt WAHR oder FALSCH aus.

Informieren Sie sich in der EXCEL-Hilfe auch über die anderen Funktionen in der Kategorie LOGIK ODER; FALSCH; WAHR; NICHT; WENNFALSCH.

Zählen mit ZÄHLENWENN

Die Tabellenfunktion ZÄHLENWENN(BEREICH;KRITERIEN) zählt die nicht leeren Zellen eines Bereichs, deren Inhalte mit den Suchkriterien übereinstimmen. In K3:M3 von Abb. 7.4 (T) werden die Bereiche mit Namen x_{in}, y_{in} bzw. xy_{in} daraufhin abgefragt,

	K	L	M	N	O	P	Q	R	S	T
1	=ZÄHLENWENN(x.in;WAHR)	=ZÄHLENWENN(y.in;WAHR)	=ZÄHLENWENN(xy.in;WAHR)	=M3/2000	=ZÄHLENWENN(y;"<"&(MWy-SWy))	=ZÄHLENWENN(y;">"&MWx+SWx)	=O3+P3	=2000-Q4	=R3/2000	=S4*S3
2										
3	1148	1159	674	0,337	**419**	422	**841**	1159	**0,58**	
4					423	**429**	852	**1148**	0,57	**0,333**

Abb. 7.4 (T) ZÄHLENWENN wird eingesetzt. Es wird gezählt, wie oft die Daten x und y aus Abb. 7.2 (T) weiter als die Standardabweichung vom Mittelpunkt entfernt liegen, in K:M mit den logischen Daten in x.in, y.in und xy.in. In O3:P4 wird für dieselbe Zählung noch einmal direkt auf die Daten x und y zurückgegriffen

wie oft WAHR in ihren Zellen steht. In N3 steht der Anteil der Punkte innerhalb des inneren Rechtecks in Abb. 7.3b.

Als Suchkriterium kann auch ein logischer Ausdruck als Zeichenfolge eingesetzt werden. In der Formel O3 = [=ZÄHLENWENN(y;"<"&$MW.y-SW.y$)] ist ["<"&$MW.y-SW.y$] das Kriterium. Der Ausdruck ist von der Form Ψ „Text"&Variable. Er setzt sich zusammen aus dem Vergleichszeichen in Anführungszeichen „<" und dem arithmetischen Ausdruck $MW.y-SW.y$.

Mit der Formel in O3 (P3) wird gezählt, wie oft der y-Wert weiter als die Standardabweichung nach unten (nach oben) vom Mittelwert abweicht. In Q3 werden die beiden Zahlen addiert, sodass man die Anzahl der y-Koordinaten erhält, die weiter als die Standardabweichung vom Mittelwert abweichen. Die Differenz zur Gesamtzahl 2000 in R3 gibt dann die Anzahl der y-Koordinaten an, die *innerhalb* einer Standardabweichung vom Mittelwert liegen. Entsprechende Formeln stehen in O4:R4 für die x-Koordinaten. Wir erhalten dieselben Werte wie mit den individuellen Prüfungen in x_{in} und y_{in}: R3 = L3 und R4 = K3.

▶ **Alac** Dann haben wir einmal zu viel gerechnet. Wir hätten uns Arbeit sparen können.

▶ **Mag** Es ist immer gut, zwei Rechenwege zu verfolgen, die dasselbe Ergebnis liefern sollen. Wir können so überprüfen, ob wir logisch gedacht und die Gedanken auch richtig in Tabellenrechnung umgesetzt haben. Das ist insbesondere dann ratsam, wenn wir Funktionen und Formeln zum ersten Mal einsetzen.

Ein praktischer Ratschlag

Bevor Sie Tabellenfunktionen zum ersten Mal ernsthaft einsetzen, prüfen Sie ihre Wirkungsweise mit Beispielen, bei denen Sie das Ergebnis im Kopf berechnen können!

Wie in Spalte S von Abb. 7.4 (T) zu sehen ist, liegen nur 58 % der Punkte innerhalb der beiden waagrechten Striche in Abb. 7.3b, also ein Anteil von 0,58 (=R3/2000). Innerhalb der senkrechten Striche ist der Anteil 0,57. Innerhalb des Rechtecks sind es noch weniger, nach den Regeln der Wahrscheinlichkeitslehre sollte es das Produkt der Wahrscheinlichkeiten sein, innerhalb der senkrechten und waagrechten Striche zu sein. Wir schätzen die Wahrscheinlichkeiten mit den Punkthäufigkeiten zu $(0{,}57 \times 0{,}58) \times 100\,\% = 33\,\%$, siehe T4, was etwa nach individuellem Abzählen in N3 gefunden wird. Die Abweichung zwischen den beiden Anteilen kommt dadurch zustande, dass die Wahrscheinlichkeiten eben nur aus den Anzahlen der Punkte geschätzt werden.

7.3.3 Häufigkeitsverteilung der Koordinaten

Wir benutzen die Tabellenfunktion Häufigkeit(Daten; Klassen), um Häufigkeitsverteilungen zu bestimmen. Für die Variable Klassen müssen Intervallgrenzen angegeben werden. Die Funktion zählt dann, wie viele der Daten in den verschiedenen Intervallen liegen. Achtung: Der erste Wert gibt die Anzahl der Zahlen in der untersuchten Datenmenge an, die unterhalb der ersten Intervallgrenze liegen, also von $-\infty$ an. Der letzte Wert gibt die Anzahl an, die oberhalb der letzten Intervallgrenze liegen.

In der einspaltigen Matrix (anders ausgedrückt in dem Spaltenvektor) *obs* (B4:B13) in Abb. 7.5 (T) wird die Verteilung der 4000 Zufallszahlen aus Abb. 7.2a auf zehn Intervalle bestimmt.

Die neun Intervallgrenzen stehen im Feld I_{gr} (A4:A12). Der erste Wert in *obs* ist die Anzahl der Werte $x \leq 0{,}1$, der zweite Werte ist die Anzahl mit $0{,}1 < x \leq 0{,}2$ usw. bis zum 10. Wert, der die Zahlen $0{,}9 < x$ angibt. Beachten Sie, dass es eine Häufigkeit mehr als Intervallgrenzen gibt. Das ist die Antwort zu: Ψ *Immer eine mehr! Ja, wovon denn und als was?*

	A	B	C	D	E	F	G	H	I	J	K
1		4000	=SUMME(obs)					=ZÄHLENWENN(J4:J1003;WAHR)			58
2		=\{HÄUFIGKEIT(calc!A3:B2002;I.gr)\}			=CHITEST(obs;eql) '=CHITEST(obs;step)					=R16>Q16	
3	I.gr	obs	eql	step				ChiT.eql	ChiT.step		
4	0,1	398	400	380	0,98	0,02		0,88	0,36	FALSCH	
5	0,2	403	400	380				0,57	0,94	**WAHR**	
13		392	400	420				0,44	0,02	FALSCH	
1003								0,27	0,01	FALSCH	

Abb. 7.5 (T) Die Häufigkeiten der 4000 Zufallszahlen im Bereich A3:B2002 des Tabellenblatts „Calc" werden in Intervallen mit den Grenzen I_{gr} bestimmt. Sie werden in Chi²-Tests in E4 und F4 mit zwei Modellverteilungen verglichen, einer Gleichverteilung *eql* und einer Stufenverteilung *step*. Die Ergebnisse stehen in E4:F4 und werden mit einer Protokollroutine fortlaufend im Bereich *ChiT.eql* (Spalte H) und im Bereich *ChiT.step* (Spalte I) protokolliert. Die Tabellenfunktion Chitest wird ab Excel 2010 auch ChiQu.Test genannt. Die Formel für K1 = [=Zählen-Wenn(..)] steht links neben der Zelle

▶**Mag** In B1 summieren wir über *obs* auf, um zu überprüfen, ob wir auch alle 4000 Zufallszahlen erfasst haben.

▶**Alac** Warum? Wir haben doch die 4000 Zufallszahlen selbst in A3:B2002 des Tabellenblatts „calc" eingeschrieben.

▶**Mag** Ψ *Vertrauen ist gut, Kontrolle ist besser.* Sie sollten immer Prüfrechnungen in Ihre Tabellenrechnung einbauen, an deren Ergebnis Sie sehen, ob tatsächlich gemacht wird, was Sie beabsichtigen.

Fragen

Welche Zahlenmenge wird in Abb. 7.5 (T) eingeordnet? In welchem Tabellenblatt steht sie?[6]
  Frage: Welche Zahlen werden aufgrund der Definition der Tabellenfunktion HÄUFIGKEIT in das erste Intervall in B4 von Abb. 7.5 (T) eingeordnet? Antwort: Alle Zahlen zwischen 0 und 0,1. Warum ist diese Antwort falsch?[7]
  Welchen Nutzen hat die Formel in B1 von Abb. 7.5 (T)?[8]
  Über welchem *x*-Wert sollte die Häufigkeit im Abschnitt 0,5 bis 0,6 im Diagramm aufgetragen werden?[9]

▶   Die folgende Anweisung zur Tabellenfunktion HÄUFIGKEIT wird oft überlesen oder falsch verstanden. Es ist eine *Matrixfunktion*. Also: Sorgfältig lesen und richtig umsetzen!

Eine kleine Prüfung

▶**Mag** Was bedeutet die Zahl 403 in Zelle B5 von Abb. 7.5 (T)?

▶**Tim** Es gibt 403 Zahlen zwischen 0,1 und 0,2.

▶**Mag** Richtig. Und was bedeutet die Zahl 398 in B4?

---

[6]Die 4000 Zahlen in A3:B2002 des Tabellenblatts „calc" werden eingeordnet.

[7]Es werden definitionsgemäß alle Zahlen gezählt, die kleiner sind als die unterste Intervallgrenze. Im betrachteten Fall wissen nur wir, dass keine Zahlen kleiner als null vorkommen.

[8]Die Formel in B1 von Abb. 7.5 (T) liefert eine Prüfzahl, an der wir sehen, ob unsere Tabellenrechnung bestimmte Fehler enthält.

[9]Die Häufigkeit im Abschnitt sollte über der Mitte des Abschnittes aufgetragen werden, im konkreten Fall also bei 0,55.

▶ **Tim** Es gibt 398 Zahlen zwischen 0 und 0,1.

▶ **Mag** Nein, diese Antwort ist genau genommen falsch. Es ist definitionsgemäß die Anzahl der Zahlen, die kleiner als 0,1 sind. Wir glauben zu wissen, dass keine Zahlen kleiner als null vorkommen, weil wir die Zahlen ja selbst erzeugt haben. Die Funktion HÄUFIGKEIT prüft aber nur, ob Zahlen kleiner als die niedrigste Intervallgrenze vorkommen.

Fragen

Welche Häufigkeiten sind für 100 mit ZUFALLSZAHL() erzeugte Zahlen zu *erwarten,* in Intervallen mit den Grenzen {0,10; 0,30; 0,50; 0,55; 0,60; 0,65; 0,70; 0,75; 0,90}?[10]

Was bedeutet die Aussage, dass die Tabellenfunktion HÄUFIGKEIT Matrixcharakter hat für die Eingabe in eine Tabelle?[11]

Mit welchem Ψ *Zaubergriff* schließt man die Eingabe einer Matrixfunktion ab?[12]

7.3.4 Wir prüfen Modellverteilungen mit dem Chi²-Test

Die Häufigkeiten *obs* in Abb. 7.5 (T) liegen zwischen 352 und 403. Für eine Gleichverteilung erwartet man 400 in jedem Bereich. Sind die beobachteten Häufigkeiten nah genug an 400 dran, um zu beweisen (Vorsicht, Falle!), dass die Funktion ZUFALLSZAHL() tatsächlich eine Gleichverteilung liefert?

Zur Klärung solcher Fragen wird oft die Funktion CHIQU.TEST(BEOBACHT_MESSWERTE; ERWART_WERTE) herangezogen, die die beobachteten Messwerte mit den aufgrund einer Modellverteilung erwarteten Messwerten vergleicht. Die genaue Definition der Funktion CHIQU.TEST() wird in Abschn. 7.7 besprochen.

Da wir mit dieser statistischen Funktion noch nicht vertraut sind, gehen wir von der anderen Seite heran. Wir setzen voraus, dass ZUFALLSZAHL() eine perfekte Gleichverteilung zwischen 0 und 1 liefert und sehen uns an, was CHIQU.TEST über die Übereinstimmung mit den empirisch beobachteten Häufigkeiten sagt.

Dazu werden in den Spaltenvektor mit Namen „eql" in Abb. 7.5 (T) die erwarteten Häufigkeiten für die entsprechenden Intervalle eingetragen; in unserem

---

[10]Es sind zehn Häufigkeiten, nämlich 10 (< 0,1), 20 (zwischen 0,1 und 0,3), 20, 5, 5, 5, 5, 5, 15, 10 zu erwarten.

[11]Es muss ein Zellbereich aktiviert werden, der alle Ausgabewerte der Matrixfunktion fasst, bevor die Formel eingegeben wird. Die Eingabe muss mit dem Ψ *Zaubergriff* abgeschlossen werden.

[12]Die Eingabe einer Matrixfunktion wird mit dem Ψ *Zaubergriff Strg, Umschalt, Eingabe* abgeschlossen.

Beispiel ist das immer 400 (= Gesamtanzahl/Anzahl der gleich breiten Intervalle). Wenn wir in eine Zelle [=CHIQU.TEST(] schreiben, dann ergänzt EXCEL dies zu [=CHIQU.TEST(BEOBACHT MESSWERTE; ERWART_WERTE)]. Für BEOBACHT_ MESSWERTE markieren wir B4:B13 oder setzen *obs* ein, wenn wir vorher B4:B13 so benannt haben, für ERWART_WERTE entsprechend C4:C13 oder *eql*. In E4 von Abb. 7.5 (T) liefert CHIQU.TEST(*obs;eql*) den Wert 0,98.

Chi²-Test und Irrtumswahrscheinlichkeit

Die Werte eines Chi²-Tests liegen zwischen 0 und 1. Je höher der Wert ist, desto besser passen Theorie und Experiment zusammen. Ein Zufallsprozess, der tatsächlich eine Gleichverteilung erzeugt, würde bei CHIQU.TEST = 0,42 in 42 % der Fälle eine Verteilung erzeugen, die schlechter zur theoretischen Verteilung passt. Wenn wir behaupten würden, dass die beobachtete Verteilung nicht von einem Generator für gleichverteilte Zufallszahlen erzeugt werde, dann würden wir uns mit hoher Wahrscheinlichkeit irren. Mehr über den Chi²-Test erfahren Sie in Abschn. 7.7.

Passt auch eine Stufenverteilung?

Wir vergleichen unsere empirische Häufigkeitsverteilung noch mit einer Stufenverteilung mit Werten von 380 in den unteren fünf und 420 in den oberen fünf Intervallen. Eine grafische Darstellung sieht man in Abb. 7.6a.

CHIQU.TEST ergibt für den Vergleich der empirischen Werte mit der Gleichverteilung einen Wert von 0,5 und für die Stufenverteilung einen Wert von 0,02. Das heißt, ein Zufallsgenerator, der theoretisch eine solche Stufenverteilung erzeugt, produziert in 2 % der Fälle eine Verteilung *obs,* die noch stärker von der theoretischen Verteilung abweicht. Wenn wir also sagen: „Die Verteilung *obs* wird nicht vom Zufallsgenerator *step* erzeugt", dann irren wir uns mit geringer Wahrscheinlichkeit.

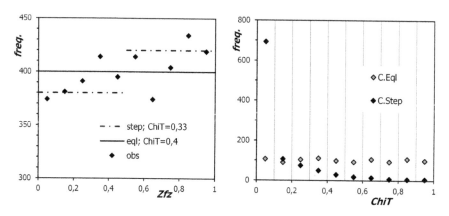

Abb. 7.6 a (links) Vergleich von beobachteten Häufigkeiten *Obs* mit einer Gleichverteilung *Eql* und einer Stufenverteilung *Step*. **b** (rechts) Verteilung der Ergebnisse von 1000 Chi²-Tests des Vergleichs von *Eql* und *Step* mit der Verteilung *obs* der mit ZUFALLSZAHL() erzeugten empirischen Zahlenmenge; Daten aus den Spalten H und I von Abb. 7.5 (T)

	A	L	M	N	O	P	Q
1			1000	1000	=SUMME(L4:L13)		
2					=HÄUFIGKEIT(ChiT.eql;I.gr) =HÄUFIGKEIT(ChiT.step;I.gr) =MITTELWERT(A4:A5)		
3	**I.gr**		**C.Eql**	**C.Step**	**I.m**		
4	0,1		106	693	0,05		
5	0,2		89	106	**0,15**		
13			98	5	0,95		

Abb. 7.7 (T) Häufigkeiten der zweimal 1000 Ergebnisse von Chi^2-Tests in den Spalten H und I von Abb. 7.5 (T); es werden die Grenzen I_{gr} aus Spalte A eingesetzt

▶ **Tim** Der Chi^2-Test liefert für die richtige Verteilung also einen größeren Wert als für die falsche Verteilung.

▶ **Alac** Das kann man ja wohl erwarten. Der Chi^2-Test muss für eine falsche Modellverteilung doch einen niedrigeren Wert liefern als für die richtige!

▶ **Mag** Warten wir es ab! Die richtige Verteilung passt nicht immer am besten.

Vielfachtest auf Gleichverteilung

Wir „löschen" den Inhalt einer leeren Zelle, sodass jedes Mal alle 4000 Zufallszahlen neu erzeugt werden und die Verteilung *obs* neu ermittelt wird. Der Chi^2-Test ergibt manchmal höhere Werte für den Vergleich mit *step* als für den mit *eql*. Mit einer Protokollroutine wiederholen wir das Zufallsexperiment 1000-mal und protokollieren die Ergebnisse der beiden Chi^2-Tests in E4 und F4 in den Spalten H und I von Abb. 7.5 (T). In H5:I5 liefert der Test einen höheren Wert für die Stufenverteilung.

Wir erstellen in den Spalten M und N von Abb. 7.7 (T) wiederum eine Häufigkeitsverteilung, diesmal der Ergebnisse dieser zweimal 1000 Chi^2-Tests.

Für *step* in Spalte I kommen kleine Werte vergleichsweise häufiger vor, z. B. 693 Werte kleiner als 0,1, aber in 58 von 1000 Fällen ergibt *Step* einen höheren Wert als *Eql*, wie in K1 von Abb. 7.5 (T) berechnet wird.

Fragen

In wie viel Prozent der Fälle ergibt der Chi^2-Test in Abb. 7.5 (T) für *Step* einen höheren Wert als für *Eql?*[13]

---

[13]Informationen aus K1 = [58] von Abb. 7.5 (T): 58/1000 = 5,8 %; in J4:J1003 werden 1000 Vergleiche durchgeführt.

Die Ergebnisse des Chi^2-Tests mit den Häufigkeiten *eql*, die bei Gleichverteilung erwartet werden, sind gleichverteilt. Allgemein gilt: Wenn die geprüfte Modellverteilung der Verteilung des Zufallsgenerators entspricht, mit der die Zufallszahlen erzeugt werden, dann liefert der Chi^2-Test zwischen 0 und 1 gleichverteilte Werte.

Beachten Sie: Wir reden zweimal von einer Gleichverteilung, einmal stellt die Tabellenfunktion ZUFALLSZAHL() einen Generator für gleichverteilte Zufallszahlen dar, zum anderen Mal ist das Ergebnis von Chi^2-Tests des Vergleichs der Erzeugnisse dieses Generators gegen die Erwartungswerte einer Gleichverteilung wieder gleichverteilt.

▶ Wenn die vor dem Zufallsexperiment angenommene Modellverteilung und die beobachteten Messwerte miteinander verträglich sind, dann liefert CHIQU.TEST mit gleicher Wahrscheinlichkeit Werte in der Nähe von 0,1 und von 0,9 (und von allen anderen Zahlen zwischen 0 und 1). Ein Wert von 0,9 ist kein besserer Beweis für die Verträglichkeit als 0,1. Nur wenn der Wert kleiner als 1/10 Promille ist, dann kann man die Modellverteilung mit sehr kleiner Irrtumswahrscheinlichkeit ausschließen.

▶**Alac** Warum soll die Modellverteilung vor dem Zufallsexperiment angenommen werden? Wir können uns doch die Ergebnisse erst mal ansehen und dann eine Verteilung raten.

▶**Mag** Das ist im Prinzip richtig. Sie müssen in Ihrem Bericht aber genau beschreiben, was Sie gemacht haben. Sie dürfen nur nicht die Parameter der Verteilung aus der Stichprobe schätzen, weil dann die Freiheitsgrade weniger werden, als bei CHIQU.TEST angenommen wird.

Fragen

Wie viele Zufallszahlen werden in Abb. 7.6a erfasst?[14]

Wie viele Male tauchen in Abb. 7.6b Werte des Chi^2-Tests für die Stufenverteilung zwischen 0 und 0,1 häufiger auf als zwischen 0,1 und 1?[15]

---

[14]10 Intervalle $\times$ 400 Werte = 4000.

[15]Zwischen 0 und 0,1 treten etwa 700 Werte auf, in den restlichen Intervallen $1000 - 700 = 300$, entsprechend einem Verhältnis von 7 zu 3.

7.3.5   Abschluss-Gespräch: Was kann der Chi²-Test?

Welcher Betreuer beschreibt sein Experiment besser? Chi²-Test machen?

▶ **Mag** Zwei Studenten tauschen abends ihre Erfahrungen in einem Projekt aus. Jedem von ihnen wurde ein Experiment zugeteilt, für das sich der jeweilige Betreuer vor dem Experiment eine Modellverteilung der Ergebnisse ausgedacht hatte. Student A hat für den Vergleich seiner Ergebnisse mit der Modellverteilung seines Betreuers mit dem Chi²-Test den Wert 0,05 erhalten, Studentin B für das andere Experiment den Wert 0,95. Welcher Betreuer beschreibt sein Experiment besser?

▶ **Alac** Klar hat derjenige mit 0,95 sich die bessere Modellverteilung ausgedacht. 0,05 ist ja wohl deutlich schlechter, wenn nicht grottenschlecht.

▶ **Mag** Denken Sie daran, die Statistik erlaubt nur Aussagen *über Irrtumswahrscheinlichkeiten!* Wie wird ein Ergebnis 0,05 des Chi²-Tests gedeutet?

▶ **Tim** In 5 % der Fälle treten noch kleinere Werte auf, wenn die angenommene Modellverteilung richtig ist.

▶ **Mag** Genau, und ein Ergebnis des Chi²-Tests in der Nähe von 0,05 ist genauso wahrscheinlich wie eines in der Nähe von 0,95. Bei beiden Arbeitsgruppen kann man nicht grundsätzlich ausschließen, dass die jeweils angenommene Modellverteilung richtig ist. Wieder die doppelte Verneinung: Man kann nicht sagen, dass die Verteilung nicht richtig ist.

▶ **Alac** Super, dann ist ja nie etwas falsch, denn Werte in der Nähe von 0 sind genauso gut möglich.

▶ **Mag** Im Prinzip ja. Die Übereinstimmung ist aber umso schlechter, je kleiner der Wert des Chi²-Tests ist. Ich muss mich entscheiden, unterhalb welchen Wertes ich die Hypothese ablehne, dass die empirische Verteilung der Stichprobe durch eine bestimmte theoretische Verteilung gut erklärt wird.

▶ **Tim** Dabei kann ich mich doch irren.

▶ **Mag** Ja, und als Irrtumswahrscheinlichkeit wird das Ergebnis des Chi²-Tests angegeben.

▶ **Tim** Wie kann ich das alles nur genau verstehen?

▶ **Mag** Behalten Sie im Gedächtnis, bei welchem Zufallsexperiment wir herausbekommen haben, dass die Ergebnisse des Chi²-Tests gleichverteilt sind.

▶ **Tim** Wir haben die empirischen Häufigkeitsverteilungen von Stichproben mit den theoretischen Verteilungen des Zufallsgenerators verglichen, der die Stichproben erzeugt hat.

▶ **Mag** Genau, und dieses Zufallsexperiment sollte Ihnen helfen, auch komplizierter klingende Formulierungen in Lehrbüchern der Statistik zu verstehen.

Welche von zwei Modellverteilungen für ein Experiment ist besser? Chi²-Test machen!

▶ **Mag** In einer anderen Woche haben die beiden Studierenden dieselben Daten von demselben Experiment bekommen, sollen sie aber mit zwei verschiedenen Modellverteilungen verglichen. Das eine Modell erzielt beim Chi²-Test den Wert 0,25 das andere 0,45.

▶ **Tim** Wie oben argumentiert sind beide Modellverteilungen möglich.

▶ **Mag** Wenn der Leiter der Arbeitsgruppe aber eine eindeutige Entscheidung haben will?

▶ **Alac** Dann sollte man die Verteilung mit dem höheren Wert beim Chi²-Test nehmen.

▶ **Mag** Genau, denn eine falsche Modellverteilung liefert mit höherer Wahrscheinlichkeit die niedrigeren Chi²-Test-Werte.

7.4   Normalverteilte Zufallszahlen

Die Tabellenfunktion NORM.INV(ZUFALLSZAHL();0;1) erzeugt zufällig Zahlen, die standard-normalverteilt sind. Wir überprüfen diese Aussage, indem wir eine Häufigkeitsverteilung einer Menge solcher Zahlen mit dem Chi²-Test mit der theoretischen Verteilung vergleichen. Wir bestimmen die Häufigkeit in einem Intervall auf zwei Weisen: Exakt aus den Werten der Verteilungsfunktion an den Intervallgrenzen und genähert mit der Wahrscheinlichkeitsdichte in der Mitte des Intervalls. Die Ungenauigkeit dieser Näherung wird erst bei sehr vielen Ereignissen sichtbar.

[Normalverteilung]
EXCEL stellt für Berechnungen zur Normalverteilung zwei Tabellenfunktionen zur Verfügung, in denen der Mittelwert μ und die Standardabweichung σ als Parameter vorkommen:

- NORM.VERT(x; Mittelwert; Standabwn; KUMULIERT) (auch als NORM-VERT verfügbar), im weiteren Text in verkürzter Schreibweise auch mit NORM.VERT(x; μ; σ; W) oder NORM.VERT(x; μ; σ; F) bezeichnet. Wenn KUMULIERT = FALSCH oder = 0 oder unbesetzt ist, dann wird die Wahrscheinlichkeitsdichte ausgegeben. Wenn KUMULIERT = WAHR oder = 1 ist, dann wird die kumulierte Wahrscheinlichkeitsdichte, also die Verteilungsfunktion, ausgegeben.
- NORM.INV(Wahrsch; Mittelwert; Standabwn) (auch als NORMINV verfügbar) ist die Umkehrfunktion der Verteilungsfunktion NORM.VERT(x; μ; σ; WAHR).

Die Normalverteilung wird in mathematischen Lehrbüchern oft mit $N(\mu, \sigma^2)$ bezeichnet, wobei μ den Mittelwert und σ^2 die Varianz bezeichnet. Da in den Tabellenfunktionen aber die Standardabweichung σ als Parameter eingegeben werden muss, werden wir im Text und in Legenden die Abkürzung $NV(\mu, \sigma, F$ oder $W)$ verwenden, z. B. $NV(0; 1; F)$ für die Wahrscheinlichkeitsdichte der Standard-Normalverteilung.

7.4.1 Ein Zufallsgenerator für die Normalverteilung (G)

Wir behaupten: Die Tabellenfunktion

$$\text{NORM.INV}(\text{ZUFALLSZAHL}(); 0; 1) \tag{7.2}$$

liefert Zufallszahlen, die gemäß einer gaußschen Glockenkurve für die Wahrscheinlichkeitsdichte mit dem Mittelwert 0 und der Standardabweichung 1 (Standard-Normalverteilung) verteilt sind:

$$NV(0, 1, F) := \frac{1}{\sqrt{2\pi}} \exp\left(-\frac{1}{2}x^2\right) \tag{7.3}$$

NORM.INV(x;0,1) ist die Umkehrfunktion zur Verteilungsfunktion der Standard-Normalverteilung ($NV(0; 1; W)$, des Integrals von Gl. 7.3). Sie kann auch mit dem Namen NORMINV aufgerufen werden, wenn Kompatibilität zu Versionen von EXCEL 2007 abwärts gefordert wird. Das Argument x kann Werte von 0 bis 1 annehmen.

Wir prüfen die Behauptung nach, indem wir die oben genannte Funktion in 1024 Zellen einschreiben, somit 1024 Zufallszahlen erzeugen und davon ein Häufigkeitsdiagramm erstellen, siehe Abb. 7.8.

Die so ermittelten Häufigkeiten werden in Abb. 7.8a mit schwarzen Rauten über den Mitten der Intervalle dargestellt, die in Spalte C von Abb. 7.8b (T) berechnet werden. Die senkrechten Striche stellen die Intervallgrenzen dar.

Für eine Normalverteilung mit Mittelwert 0 und Standardabweichung 1 (Standard-Normalverteilung) erwartet man Häufigkeiten wie in Spalte F. Die Formel setzt sich aus drei Termen zusammen:

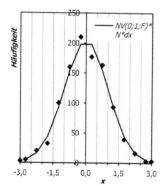

	A	B	C	D	E	F	G	H
1					N=1024	NV(0;1;F)*N*dx		
2				0,5	1024	=SUMME(E4:E17)		
3	=NORM.INV(ZUFALLSZAHL();0;1)		=MITTELWERT(D4:D5)	=D4+D\$2	=HÄUFIGKEIT(A4:A1027;D4:D16)	=NORM.VERT(C5;0;1;0)*D\$2*E\$2	=CHIQU.TEST(E5:E16;F5:F16)	
4	-2,02		-3	-3	3			
5	-1,65		**-2,75**	**-2,5**	5	4,7	0,57	
6	0,62		-2,25	-2	20	16,3		
7	1,33		-1,75	-1,5	32	44,2		
8	-1,36		-1,25	-1	100	93,5		
9	-1,07		-0,75	-0,5	160	154,2		
10	0,02		-0,25	0	210	198,0		
11	1,60		0,25	0,5	177	198,0		
12	0,31		0,75	1	163	154,2		
13	0,86		1,25	1,5	93	93,5		
14	-1,51		1,75	2	39	44,2		
15	-0,30		2,25	2,5	16	16,3		
16	2,10		2,75	3	3	4,7		
17	-0,20		3		3			

Abb. 7.8 a (links) Häufigkeiten von 1024 Zufallszahlen, die mit einem Gaußgenerator erzeugt wurden; die senkrechten Striche stellen die Intervallgrenzen dar; der Streckenzug verbindet die für eine Normalverteilung NV(0, 1, F) erwarteten Häufigkeiten. **b** (rechts, T) Tabellenaufbau, mit der die Zufallszahlen erzeugt und ihre experimentelle (Spalte E) und theoretische (Spalte F) Häufigkeit bestimmt wird

1. NORM.VERT(x_m; 0; 1; 0), der Wahrscheinlichkeitsdichte in der Intervallmitte x_m, wobei die zweite und dritte Position Mittelwert (hier 0) bzw. Standardabweichung (hier 1) der Gauß-Kurve angeben. In der vierten Position wird festgelegt, ob wie hier die Wahrscheinlichkeitsdichte (0) oder sonst die Verteilungsfunktion (1) ausgegeben werden soll.
2. Der Breite eines Intervalls (hier 0,5).
3. Der Gesamtzahl der Zufallszahlen (hier 1024).

Diese erwarteten Häufigkeiten werden in Abb. 7.8a als Streckenzug mit Legende „NV(0;1; F)*N*dx" dargestellt. Der Chi²-Test in G5 ergibt einen Wert von 0,57. Wir haben also keinen Grund, daran zu zweifeln, dass unsere Gl. 7.2 normalverteilte (= gaußverteilte) Zufallszahlen liefert.

Wir werden diese Funktion in späteren Kapiteln mit verschiedenen Standardabweichungen einsetzen, um Rauschen bei Messungen zu simulieren. Dabei gibt die Standardabweichung das Rauschniveau an.

Ein statistisches Experiment statt einer mathematischen Ableitung

▶ **Mag** Wie groß ist der Freiheitsgrad der Häufigkeiten in E5:E16 von Abb. 7.8b (T)?

▶ **Alac** Das ist ganz klar: 12 Intervalle minus 1 macht 11, also $f = 11$.

▶ **Tim** Ich habe aber gelernt, dass man bei einer Normalverteilung noch zwei Freiheitsgrade abziehen muss, weil sie zwei Parameter hat.

▶ **Mag** Das ist nur nötig, wenn die beiden Parameter aus der Stichprobe geschätzt werden. Wir haben aber $\mu = 0$ und $\sigma = 1$ von vornherein festgelegt, ohne auf die Daten zu schauen. Alac hat also recht.

▶ **Tim** Wie kann ich da sicher sein? Muss ich mich durch den mathematischen Beweis arbeiten?

▶ **Mag** Nein, mit unseren statistischen Verfahren können Sie zumindest die Plausibilität prüfen. Gehen Sie dabei wie in Abb. 7.1 (T) und in Abb. 7.5 (T) vor. Berechnen Sie χ^2, wenden Sie CHIQU.VERT.RE mit verschiedenen Freiheitsgraden an und schauen Sie, für welchen Freiheitsgrad der Chi^2-Test gleichverteilte Ergebnisse liefert (Vielfachtest auf Gleichverteilung).

7.4.2   Normalverteilung, Wahrscheinlichkeitsdichte und Verteilungsfunktion

In diesem Abschnitt werden die mathematischen Hintergründe für die Formeln in Abschn. 7.4.1 besprochen.

Wir erstellen Abbildungen der Wahrscheinlichkeitsdichte der Normalverteilung und ihrer Verteilungsfunktion. Die Tabellenfunktion dazu lautet NORM.VERT(MITTELWERT; STANDARDABWEICHUNG; KUMULIERT?) . Wenn für KUMULIERT „FALSCH" oder 0 eingesetzt wird oder die Stelle nicht besetzt wird, dann wird die gaußsche Glockenkurve als *Wahrscheinlichkeitsdichte* ausgegeben, wenn WAHR oder 1 eingesetzt wird, dann die *Verteilungsfunktion*, d. h. das Integral über die Glockenkurve. In der folgenden Tabellenkalkulation, Abb. 7.9 (T), werden 41 Werte der beiden Funktionen erzeugt und in den Diagrammen der Abb. 7.10 wiedergegeben.

Die Wahrscheinlichkeitsdichte der Standard-Normalverteilung (mit dem Mittelwert 0 und der Standardabweichung 1) wird durch

$$p(x) = NV(0; 1; F) \tag{7.4}$$

	A	B	C	D
2	0,2			
3	=A5+$A$2	=NORM.VERT(x;0;1;FALSCH)	=NORM.VERT(x;0;1;WAHR)	
4	**x**	NV(0;1;F)	NV(0;1;W)	
5	-4,0	0,000	0,000	
6	**-3,8**	0,000	0,000	
45	4	0,000	1,000	

Abb. 7.9 (T) Funktionstabelle für die Normalverteilung (Wahrscheinlichkeitsdichte *NV(0;1;F)* mit dem Mittelwert 0 und der Standardabweichung 1, Spalte B) und die zugehörige kumulierte (integrale) Normalverteilung oder Verteilungsfunktion (*NV(0;1;W)*, Spalte C)

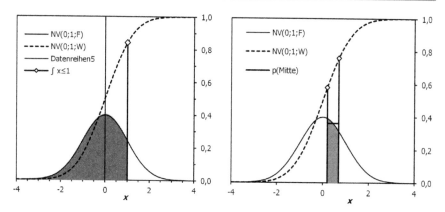

Abb. 7.10 a (links) Durchgezogene Linie (Glockenkurve): *NV(0;1;F)*, Wahrscheinlichkeits-dichte der Standard-Normalverteilung (d. h. $\mu = 0$ und $\sigma = 1$); gestrichelt: *NV(0;1;W)*, Vertei-lungsfunktion der Normalverteilung („integrale" oder „kumulierte" Normalverteilung); der Inhalt der grauen Fläche unter der Wahrscheinlichkeitsdichte wird durch die Raute auf der Verteilungs-funktion angegeben. **b** (rechts) Die graue Fläche unter der Wahrscheinlichkeitsdichte *NV(0;1;F)* ist gleich der Differenz der beiden *y*-Werte der Rauten auf der Verteilungsfunktion. Der Quer-strich gibt den Wert der Wahrscheinlichkeitsdichte in der Mitte des betrachteten Intervalls an

beschrieben. *NV(0;1;F)* wird in Gl. 7.3 definiert. Das zweite Argument in der Tabellenfunktion NORM.VERT und auch in unserer Abkürzung *NV* gibt die Stan-dardabweichung an.

Fragen

Liefern die folgenden beiden Schreibweisen unterschiedliche Ergebnisse: $y = \exp(-2^\wedge 2)$ und $y = \exp(-(2^\wedge 2))$? [16]

Verteilungsfunktion

Das Integral einer Wahrscheinlichkeitsdichte wird als *Verteilungsfunktion* bezeich-net, manchmal auch als kumulierte Verteilung. Die Verteilungsfunktion ist mono-ton steigend und deckt den Wertebereich (also den Bereich der ausgegebenen Werte) von 0 bis 1 ab.

Die Verteilungsfunktion der Normalverteilung lässt sich nicht geschlossen dar-stellen, was für uns aber kein Nachteil ist, da EXCEL mit NORM.VERT(x; μ; σ; W) eine Tabellenfunktion anbietet, die eine gute Näherung ist.

In Abb. 7.10a sieht man die Wahrscheinlichkeitsdichte der Normalverteilung als Glockenkurve und die Verteilungsfunktion als monoton steigende S-förmige

---

[16]Ja, es gibt einen Unterschied. In der Tabelle muss das Argument der Gaußfunktion mit $(-(x^\wedge 2))$ angegeben werden, weil die Negation Operatorvorrang vor der Potenzierung hat; für mathematisch gebildete Leser ziemlich überraschend und eine gefürchtete Fehlerquelle, also: $-2^\wedge 2 = 4$; $-(2^\wedge 2) = -4$.

Kurve. Die offene Raute markiert die Verteilungsfunktion bei $x = 1$, entsprechend dem Wert des Integrals über die Wahrscheinlichkeitsdichte von $-\infty$ bis 1, welches als Fläche unter der Glockenkurve grau gefüllt ist.

Wahrscheinlichkeit, dass eine Zufallszahl in ein Intervall fällt
Wie groß ist die Wahrscheinlichkeit, dass eine normalverteilte Zufallszahl im Intervall $[x_1, x_2)$ liegt? Wir müssen dazu über die Wahrscheinlichkeitsdichte integrieren:

$$p(x_1, x_2) = \int_{x1}^{x2} p(x)dx = P(x_2) - P(x_1) \tag{7.5}$$

Das Integral in Gl. 7.5 ist die Differenz der Verteilungsfunktion an den beiden Intervallgrenzen. In Abb. 7.10b wurde ein Intervall von 0,2 bis 0,7 ausgewählt. Die Wahrscheinlichkeit, eine normalverteilte Zufallszahl in diesem Intervall anzutreffen, entspricht der grauen Fläche unter der Wahrscheinlichkeitsdichte, die wiederum der Differenz der Werte der Verteilungsfunktion an den beiden mit offener Raute markierten Stellen entspricht.

Das Integral über ein Intervall kann als Produkt der Wahrscheinlichkeitsdichte in der Mitte des Intervalls und der Breite des Intervalls angenähert werden:

$$p(x_1, x_2) \approx p\left(\frac{x_2 - x_1}{2}\right) \cdot (x_2 - x_1) = p(x_m) \cdot \Delta x \tag{7.6}$$

In Abb. 7.10b wird diese Größe durch den waagrechten Strich zwischen den Intervallgrenzen angegeben. Diese Näherung ist umso besser, je linearer die Wahrscheinlichkeitsdichte zwischen den gewählten Intervallgrenzen verläuft und je schmaler das Intervall ist.

Tabellenfunktion NORM.INV
Die Umkehrfunktion der Verteilungsfunktion der Normalverteilung ist als Tabellenfunktion NORM.INV(QUANTILE; MITTELWERT; STANDARDABWEICHUNG) abrufbar. Diese Funktion kann anschaulich mithilfe von Abb. 7.10a erklärt werden: Einem Wert p_0 auf der vertikalen Achse zwischen 0 und 1 wird durch NORM.INV (gestrichelte Kurve) ein Wert x_0 auf der horizontalen Achse zugeordnet. Die Wahrscheinlichkeit, einen Wert $x \leq x_0$ anzutreffen beträgt dann p_0, entsprechend der grauen Fläche unter der Wahrscheinlichkeitsdichte (eine Glockenkurve).

7.4.3 Ein gaußscher Zufallsgenerator als Tabellenfunktion

Wir behaupten nun genau wie in Abschn. 7.4.1: Die Funktion NORM.INV(ZU-FALLSZAHL();0;1) liefert Zufallszahlen, die gemäß einer Gaußverteilung mit dem Mittelwert 0 und der Standardabweichung 1, also gemäß der Standard-Normalver-

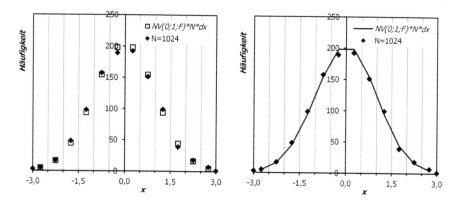

Abb. 7.11 a (links) Schwarze Rauten: Häufigkeiten von 1024 Zufallszahlen, die mit einem Gaußgenerator erzeugt wurden; offene Quadrate: erwartete Häufigkeiten nach Gl. 7.6; die senkrechten Striche stellen die Intervallgrenzen für die Tabellenfunktion Häufigkeit dar. **b** (rechts) Die erwarteten Häufigkeiten werden mit einem Streckenzug verbunden (Häufigkeitspolygon)

teilung, verteilt sind. Wir prüfen das nach, indem wir die oben genannte Funktion in 1024 Zellen einschreiben, somit 1024 Zufallszahlen erzeugen, von denen dann eine Häufigkeitsverteilung berechnet und diese in einem Diagramm dargestellt wird, siehe Abb. 7.11a.

Die gemäß Gl. 7.6 erwarteten Häufigkeiten werden mit offenen Quadraten wiedergegeben. Die experimentellen Häufigkeiten (schwarze Rauten) liegen nahe bei den theoretischen. Die Abb. 7.11b enthält dieselben Datenpunkte wie Abb. 7.11a, jedoch werden die theoretischen Werte durch einen Linienzug (Häufigkeitspolygon) dargestellt.

Was bedeuten die Streckenzüge, die theoretische Häufigkeiten darstellen sollen?

▶ **Alac** Da die offenen Quadrate in Abb. 7.11a von einer theoretischen Verteilung abgeleitet wurden, verbinde ich sie mit einer Linie und lasse die Symbole weg, Abb. 7.11b. So kommt die Glockenkurve viel deutlicher raus.

▶ **Mag** Ihr Vorschlag ist gut. Wir müssen aber genau wissen, was mit dieser Kurve gemeint ist.

▶ **Alac** Die Wahrscheinlichkeitsdichte eben.

▶ **Mag** Nicht ganz. Es wird die Funktion

$$h(x) = p(x) \cdot N \cdot \Delta x \qquad (7.7)$$

dargestellt, die für alle x definiert ist. Dabei sind $p(x)$ die Wahrscheinlichkeitsdichte in der Mitte des Intervalls, N die Gesamtanzahl der dargestellten Daten und

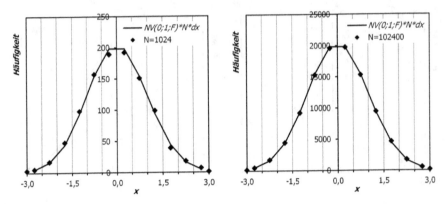

Abb. 7.12 **a** (links) Häufigkeitsverteilung für 1024 Zufallszahlen. **b** (rechts) Häufigkeitsverteilung für 100-mal mehr Zufallszahlen als in **a**

Δx die Breite des Intervalls. Damit hat sie eine wohl definierte Bedeutung. Der
Streckenzug stellt diese Funktion in der Mitte der Intervalle genau dar und nähert
die Werte dazwischen linear.

Aufgabe
Erstellen Sie eine Tabellenkalkulation für das Diagramm in Abb. 7.11a, also eine
Häufigkeitsverteilung für 1024 gaußverteilte Zufallszahlen!

7.4.4 Häufigkeiten mit der Wahrscheinlichkeitsdichte berechnen

Die experimentell ermittelten Häufigkeiten werden als Datenpunkte in den Intervall-
mitten wiedergegeben. Die Anzahl der Ereignisse außerhalb der minimalen und der
maximalen Intervallgrenze werden im Bild auf diesen Intervallgrenzen (hier −3 und
3) eingezeichnet. Die Streckenzüge in Abb. 7.12a und Abb. 7.12b zeigen wiederum
die Funktion Gl. 7.7. Die Häufigkeitsverteilung in Abb. 7.12b mit 102.400 Zufallszahlen soll später in Abschn. 7.4.5 mit einer Protokollroutine erstellt werden.

Fragen

Welche zusätzliche Angabe in den Legenden von Abb. 7.12a und Abb. 7.12b
würde den Informationsgehalt der Legenden wesentlich erhöhen? Vergleichen
Sie mit Abb. 7.6a![17]

---

[17]Die Angabe der Ergebnisse der Chi²-Tests erhöht den Informationsgehalt. ChiT $= 0,4$ in Abb. 7.6a

▶ **Mag** Wo passen beobachtete und theoretische Häufigkeiten besser zusammen, im linken oder im rechten Bild von Abb. 7.12?

▶ **Alac** Völlig klar, im rechten Bild. Die experimentellen und die theoretischen Punkte liegen viel näher zusammen als im linken Bild

▶ **Tim** Das ist bestimmt eine Fangfrage.

▶ **Mag** Viele unvoreingenommene Beobachter meinen genau wie Alac, dass in Abb. 7.12b Modellverteilung und experimentelle Häufigkeit besser übereinstimmen als in Abb. 7.12a.

▶ **Alac** Klar.

▶ **Mag** Nun, das ist eine optische Täuschung.

▶ **Tim** Was sagt denn der Chi²-Test?

▶ **Mag** Für Abb. 7.12a ergibt der Chi²-Test einen Wert von 0,333. Es gibt also keinen Grund, daran zu zweifeln, dass Gl. 7.6 das Zufallsexperiment mit 1024 Einzelwerten richtig beschreibt. Für 100-mal mehr Einzelwerte, Abb. 7.12b, ergibt der Chi²-Test einen Wert von 0,0001, d. h. nur in 1 von 10.000 Fällen tritt eine noch größere Abweichung zwischen den Daten einer Stichprobe und dem angenommenen Modell für die Grundgesamtheit auf.

▶ **Alac** Dann können wir wohl nicht mehr behaupten, dass die theoretische Verteilung die experimentelle Verteilung gut beschreibt. Warum tut sie das nicht?

▶ **Mag** Für 102.400 Einzelwerte ist die Näherung der Gl. 7.6 nicht gut genug. Die Lehre von der Statistik erwartet für so viele Daten eine Abweichung, die noch kleiner ist, als wir mit dem Auge erkennen können.

Exakt berechnete Häufigkeiten
Die Wahrscheinlichkeit, eine Zufallszahl in einem Intervall zu finden, wird vorschriftsmäßig exakt wie in Gl. 7.5 mit der Differenz der Verteilungsfunktion an den Intervallgrenzen bestimmt. Um die Häufigkeit in dem Intervall zu bestimmen, muss die Wahrscheinlichkeit mit der Gesamtzahl der dargestellten Daten multipliziert werden:

$$H(x_1 \text{ bis } x_2) = (P_I(x_2) - P_I(x_1)) \cdot N \qquad (7.8)$$

Ein Vergleich der nach Gl. 7.8 erwarteten Häufigkeiten mit den experimentellen Häufigkeiten in den Intervallen in Abb. 7.12b ergibt CHIQU.TEST $= 0,37$. Damit ist die Welt dann wieder in Ordnung.

▶ Je mehr Einzeldaten für einen statistischen Test vorliegen, also je größer *N* ist, desto eher kann man Diskrepanzen zwischen experimentellen und aus einer Modellverteilung vorhergesagten Häufigkeiten aufspüren. Bei wenigen Messungen fallen große Abweichungen von einer falschen Modellverteilung statistisch nicht auf. Die Abweichungen von der richtigen Modellverteilung können nämlich ebenfalls groß sein.

Was ist genau und was ist praktisch?

▶ **Mag** Wir haben die theoretische Häufigkeit in einem Intervall oft berechnet als (Wahrscheinlichkeitsdichte in der Intervallmitte) mal (Intervall-Breite) mal (Gesamtzahl). Was können Sie zu diesem Ansatz sagen?

▶ **Tim** Das ist falsch. Man muss doch die Differenz der Verteilungsfunktion an den Intervallgrenzen mal Gesamtzahl nehmen?

▶ **Alac** Das ist aber umständlich zu programmieren, mit einer zusätzlichen Spalte in der Tabelle. Die andere Methode liefert schneller Ergebnisse, und man kann die Wahrscheinlichkeitsdichte anschaulich grafisch mit einem Polygonzug darstellen.

▶ **Mag** Das stimmt. Der Weg über die Wahrscheinlichkeitsdichte ist eine Näherung, die aber für viele Fälle, insbesondere bei Experimenten mit nicht zu vielen Daten, nicht zu spürbaren Unterschieden zum Integralverfahren führt.

▶ **Alac** Sage ich doch. Er ist also praktischer.

▶ **Tim** Einverstanden. Trotzdem setze ich das nur als erste Näherung ein und werde mir zum Abschluss der Arbeiten die Mühe machen, das Integralverfahren nachzuschieben.

Was können wir philosophisch :-) daraus lernen?
Der Philosoph Karl Popper hat festgestellt, dass man wissenschaftliche Theorien nicht bestätigen, sondern nur widerlegen kann. Wir finden in unserer Übung dafür ein Beispiel. Vergessen wir die Argumente in obigem Dialog und akzeptieren wir zunächst wieder Gl. 7.7 als gültige Theorie.

Dieses Modell liefert in Chi^2-Tests für kleine Datenmengen hinreichend große Werte. Dieser Befund *bestätigt* aber *nicht* die Theorie; er liefert nur keinen Grund, die Theorie abzulehnen. Der Chi^2-Test mit großen Datenmengen ergibt dann so kleine Werte, dass wir die Theorie mit sehr kleiner Irrtumswahrscheinlichkeit *widerlegt* haben.

In der Geschichte der Physik hat es immer wieder Fälle gegeben, dass erst eine verfeinerte Messtechnik eine Theorie widerlegen konnte, die sich im Nachhinein dann nur als Näherung herausstellte. Ein Beispiel: Die Masse eines Körpers ist in

	A	B	C	D	E	F
1				50	15000	
2				=HÄUFIGKEIT(A4:A53;I.b)		
3			I.b	Freq.	Sum	
4	0,67		0,1	4	1428	
5	0,17		0,2	3	1502	
11	0,60		0,8	4	1526	
12	0,32		0,9	6	1549	
13	0,86			4	1534	

```
1 Sub SumHist()                                             1
2 For rep = 1 To 100                                        2
3  Application.Calculation = xlCalculationManual            3
4  For r = 4 To 13                                          4
5   Cells(r, 5) = Cells(r, 5) + Cells(r, 4)                 5
6  Next r                                                   6
7  Application.Calculation = xlCalculationAutomatic         7
8 Next rep                                                  8
9 End Sub                                                   9
```

Abb. 7.13 **a** (links, T) Die Häufigkeit von 50 Zahlen in Spalte A wird in Spalte D bestimmt. Die Summe der Häufigkeiten in Spalte E wurde mit *SumHist* aus **b** (P) bestimmt. **b** (rechts, P) Programm, das die Häufigkeitsverteilung in **a** (T) aufaddiert. Es treten zwei verschachtelte Schleifen auf: For $r =$ summiert die Häufigkeiten einmal, die übergeordnete Schleife For $rep =$ wiederholt diesen Vorgang. Cells(4,5) (für $r = 4$) im Programm ist die Zelle E4 in der Tabelle

der newtonschen Mechanik unabhängig von der Geschwindigkeit des Körpers, in Einsteins Relativitätstheorie aber nicht.

7.4.5 Aufsummieren von Häufigkeiten mit einer vba-Routine (G)

Es ist oftmals praktisch, ein Rechenmodell aufzustellen, in dem zunächst Häufigkeiten von einer kleinen Stichprobe bestimmt werden. Wenn die Tabellenrechnung fehlerfrei läuft, dann kann man die Statistik genauer machen, indem man das Zufallsexperiment mehrfach wiederholt und die gefundenen Häufigkeiten aufsummiert. In Abb. 7.13a (T) und Abb. 7.13b (P) wird ein Beispiel gegeben.

In der Routine *SumHist* in Abb. 7.13b (P) wird in einer Schleife über einen Zeilenbereich, $r = 4$ To 13, der Bereich „Sum" der Spalte E beschrieben. Zu den bereits vorhandenen Werten werden die aktuellen Häufigkeiten aus Spalte D addiert (Zeile 5).

Vor der ($r =$)-Schleife wird die automatische Berechnung ausgeschaltet (Zeile 3), weil sonst mit jedem Eintrag in die Tabelle alle Zufallszahlen neu erzeugt und alle Häufigkeiten neu berechnet würden. Das würde dazu führen, dass die Prüfzahl in E1 von Abb. 7.13a (T) nicht gleich der Gesamtzahl der Wiederholungen ist, sondern eine „krumme" Zahl. Daran könnte man also die fehlerhafte Programmierung erkennen. Nach der Schleife wird die automatische Berechnung wieder eingeschaltet.

Fragen

Wie oft wird *SumHist* aus Abb. 7.13b (P) aufgerufen, um die Ergebnisse in Abb. 7.13a (T) zu liefern?[18]

---

[18]*SumHist* lief dreimal ab. Jedes Mal wurde das Zufallsexperiment 100-mal wiederholt, sodass die aufsummierte Häufigkeitsverteilung $3 \times 100 \times 50 = 15.000$ Zahlen erfasst, siehe Zelle E1 in Abb. 7.13a.

Warum wird die automatische Berechnung in Sub *SumHist,* Abb. 7.13b
(P), vor der Addition der Häufigkeiten ausgeschaltet?[19]

Was würde passieren, wenn die automatische Berechnung nach einer Summation der Häufigkeiten nicht wieder eingeschaltet würde?[20]

Aufgabe

Schreiben Sie eine Protokollroutine, mit der das Zufallsexperiment der vorigen
Aufgabe in Abschn. 7.4.3 100-mal wiederholt wird und die Häufigkeiten aufaddiert werden! Denken Sie daran, die automatische Berechnung auszuschalten,
während der aktuelle Stand der Häufigkeitsverteilung auf die Summe addiert wird!
Ein Beispiel finden Sie in Abb. 7.13b (P). Erstellen Sie dann eine Häufigkeitsverteilung wie in Abb. 7.12b und machen Sie einen Chi^2-Test!

7.5   Zufallszahlengenerator, allgemeines Prinzip

> Ein Zufallszahlengenerator für eine gewünschte Verteilung kann erstellt wer-
> den, wenn die Umkehrfunktion der zugehörigen Verteilungsfunktion exis-
> tiert und mit gleichverteilten Zufallszahlen „gefüttert" wird.

Warum erzeugt Norm.inv(Zufallszahl();0;1) normalverteilte Zufallszahlen?
Die Antwort auf die in der Überschrift gestellte Frage soll mit den folgenden beiden Abbildungen, Abb. 7.14a und Abb. 7.14b, plausibel gemacht werden, in denen
wiederum die Wahrscheinlichkeitsdichte der Standard-Normalverteilung mit einer
Glockenkurve dargestellt wird. Die Knickpunkte der rechten Winkel liegen in beiden Abbildungen auf der Verteilungsfunktion.

In Abb. 7.14a wird die y-Achse in gleiche Abstände unterteilt und diese Unter-
teilung wird mit der Funktion Norm.inv auf die x-Achse übertragen. Wir interpretieren die Einteilung der xy-Ebene als „Kanäle", in die von links Zufallszahlen
zwischen 0 und 1 eingespeist werden und diese dann auf die x-Achse verteilt
werden. Der unterste und der oberste Kanal geben die Wahrscheinlichkeiten an,
x- Werte außerhalb der dargestellten Glockenkurve zu finden.

Je größer die Steigung der Verteilungsfunktion, desto mehr Zahlen werden in
das entsprechende Intervall auf der x-Achse verteilt. Die Steigung der Verteilungsfunktion ist aber gerade die Wahrscheinlichkeitsdichte selbst.

---

[19]Jede einzelne Summation würde sonst zu einer Neuberechnung aller Zufallszahlen und
somit zu veränderten Häufigkeiten führen. Das würde man daran merken, dass In Zelle E1 von
Abb. 7.13a (T) nicht die Zahl steht, die $3 \times 100 \times 50$ entspricht. Die Prüfzahl in Zelle E1 ist also
eine Kontrolle, ob in der Tabelle oder im Programm ein Fehler gemacht wird.

[20]Die Zufallszahlen würden nicht neu bestimmt und es würden immer dieselben Häufigkeiten
aufsummiert.

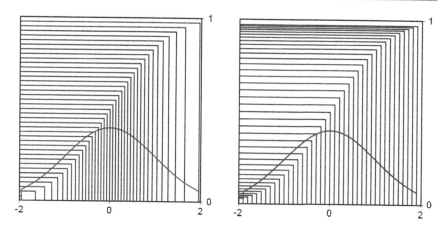

Abb. 7.14 a (links) Glockenkurve: Normalverteilung; rechte Winkel: Die Intervallgrenzen der gleichmäßig unterteilten y-Achse werden durch die Umkehrfunktion der Normalverteilung auf die x-Achse übertragen. Die Breite der Intervalle auf der x-Achse ist $\Delta x = dx/dy \cdot \Delta y$. **b** (rechts) Wie **a**, aber die Intervalle auf der y-Achse werden so gewählt, dass in jedem der gleich breiten Intervalle auf der x-Achse die richtige Häufigkeit erwartet wird. Die Breite der Intervalle auf der y-Achse ist $\Delta y = (dy/dx) \cdot \Delta x$

In Abb. 7.14b wird die x-Achse äquidistant eingeteilt; alle Intervalle haben dieselbe Breite. Sie werden durch NORM.VERT so auf die y-Achse übertragen, dass in jedem der gleich breiten Intervalle auf der x-Achse die richtige Häufigkeit auftritt. Die Breite der Intervalle auf der y-Achse ist $\Delta y = (dy/dx) \cdot \Delta x$. Wenn die y-Achse also mit Zufallszahlen zwischen 0 und 1 „gefüttert" wird, dann entsteht eine Verteilung der x-Werte wie dy/dx, also entsprechend der Ableitung der Verteilungsfunktion und damit eine Verteilung proportional zur zugehörigen Wahrscheinlichkeitsdichte, die ja die Ableitung der Verteilungsfunktion ist.

Welche Verteilungen können prinzipiell mit Tabellenformeln erzeugt werden?
Wir verallgemeinern unsere Erkenntnisse aus dem vorangegangenen Unterabschnitt: Die Umkehrfunktion P_I^{-1} einer Verteilungsfunktion $P_I(x)$ kann als Zufallsgenerator für die zugehörige Wahrscheinlichkeitsdichte $p(x)$ verwendet werden.

$$y = P_I(x) \text{(Verteilungsfunktion)}$$

$$\frac{dy}{dx} = p(x) \text{(Wahrscheinlichkeitsdichte)}$$

$$x = P_I^{-1}(y) \text{(Umkehrung der Verteilungsfunktion)} \qquad (7.9)$$

$p(x)$	$P(x)$	$P^{-1}(y)$
Norm.vert($;;$Falsch)	Norm.vert($;;$Wahr)	Norm.inv(Zfz)
Exp	Exp	-Ln(Zfz)
Cos	Sin	Arcsin($2*(Zfz$-0,5$)$)
$2x$ für $x = 0$ bis 1	x^2	Wurzel(Zfz)
$3x^2$ für $x = 0$ bis 1	x^3	$(Zfz)^{1/3}$
$1/\pi/(1+x^2)$	Arctan(x)	Tan($\pi(Zfz$-1/2$)$)

Abb. 7.15 Wahrscheinlichkeitsdichte p, Verteilungsfunktion P und deren Umkehrfunktion P^{-1}; die Umkehrfunktionen werden Zufallsgeneratoren, wenn als Argument eine zwischen 0 und 1 gleichverteilte Zufallszahl Zfz eingegeben wird

Welche Verteilungen lassen sich mit Standard-Funktionen von Excel erzeugen?

Alle Verteilungen, zu deren Integral man die Umkehrfunktion bilden kann, lassen sich mit Standard-Funktionen von EXCEL erzeugen. Man muss noch dafür sorgen, dass der Argumentbereich der Umkehrfunktion den Bereich von 0 bis 1 umfasst. Beispiele findet man in der Abb. 7.15.

Weitere Informationen zu Umkehrfunktionen findet man in Abschn. 5.9 „Mathematische und trigonometrische Funktionen".

Fragen

Wie erzeugt man eine Verteilung $p(x) = c \cdot x^3$ für $0 \leq x < 1$? Wie groß ist c?[21]

Aufgabe

Erzeugen Sie Zufallszahlen, die gemäß einem Kosinusbogen verteilt sein sollen und überprüfen Sie die Ergebnisse mit Chiqu.test (oder mit Chitest, wenn Sie Versionen ab Excel 2007 abwärts einsetzen)!

Aufgabe

Erzeugen Sie Zufallszahlen, die zwischen 0 und 1 gemäß $p(x) = 3x^2$ verteilt sind. Ermitteln Sie die theoretisch erwarteten Häufigkeiten sowohl genähert mit der Wahrscheinlichkeitsdichte, Gl. 7.7, als auch genau mit der Verteilungsfunktion, Gl. 7.8, und führen Sie Chi^2-Tests durch, um zu sehen, ob die in der Tabelle ange-

---

[21]Das Integral von $p(x)$ ist $P(x) = c/4 \cdot x^4$; $P(1) = 1 \rightarrow c = \frac{1}{4}$. Die Umkehrfunktion von $P(x)$ ist $\sqrt[4]{Zfz}$. Die Zufallsfunktion in der Tabelle ist also [=Zufallszahl()^0,25].

gebenen Formeln stimmen und für welche Anzahl von Zufallszahlen die Näherung der Gl. 7.7 gut genug ist! Setzen Sie dazu eine Protokollroutine ein, die das Zufallsexperiment wiederholt! (Vielfachtest auf Gleichverteilung).

7.6 Beugung von Photonen am Doppelspalt

Wir simulieren die Beugung von Photonen an einem Doppelspalt, wobei sich der Welle-Teilchen-Dualismus von Licht zeigen soll. Dazu wird ein Zufallszahlengenerator gebraucht, der die Auftreffpunkte auf einem Schirm gemäß einer $\cos^2$-Wahrscheinlichkeitsdichte verteilt. Programmtechnisch soll gelernt werden, diesen Zufallsgenerator mit einem endlichen Linienzug in einer benutzerdefinierten Tabellenfunktion bereitzustellen.

7.6.1 Physikalischer Hintergrund: Welle-Teilchen-Dualismus

In Abb. 7.16a und Abb. 7.16b wird die Beugung von Elektronen oder Photonen an einem Doppelspalt simuliert. Dabei soll der Welle-Teilchen-Dualismus erläutert werden. Das Beugungsbild entsteht durch viele Teilchen, die zufällig auf dem Schirm hinter dem Doppelspalt auftreffen.

Wir stellen uns den Schirm, auf dem das Beugungsbild aufgefangen wird, als Gelatinefilm mit Silberkörnchen oder als modernen CCD-Detektor mit Pixeln vor. Das Auftreffen eines Photons zeigt sich darin, dass ein einzelnes Silberkörnchen oder ein einzelnes Pixel belichtet wird. Nach dem Auftreffen von zehn Photonen könnte zum Beispiel eines der beiden Bilder in Abb. 7.16a entstanden sein. Solche Experimente in der wirklichen Welt zeigen, dass Licht „körnig" ist, also aus Energiepaketen besteht, die örtlich begrenzt sind.

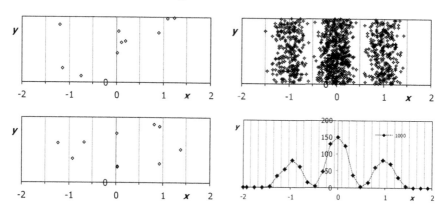

Abb. 7.16 a (links) Zwei Beugungsbilder von je zehn Photonen. **b** (rechts) Oben: Beugungsbild von 1000 Photonen, unten: Verteilung der x-Koordinate für 1000 Photonen (die y-Koordinate ist gleichverteilt)

Die Ereignisse in Abb. 7.16a scheinen zufällig auf der Detektorfläche verteilt zu sein. Nachdem 1000 Photonen aufgetroffen sind, erkennt man jedoch ein Muster wie in Abb. 7.16b: Auf die Positionen $x = -1/2$ und $x = 1/2$ ist niemals ein Photon gelangt. Das ist eine Folge des Wellencharakters des Lichts. Unter bestimmten Winkeln tritt bei der Beugung an einem einzelnen Spalt und zusätzlich bei zwei Spalten in einem nicht zu großen Abstand zueinander eine destruktive Interferenz auf. Das Beugungsbild besteht aus einem zentralen Hauptmaximum und Nebenmaxima derselben Breite. Der Abstand zwischen den Maxima wird durch den Kehrwert des Abstandes der beiden Spalte bestimmt. Das Verhältnis der Intensitäten hängt von der Breite eines einzelnen Spaltes ab. Wir haben hier ein Verhältnis von 2 zu 1 gewählt.

Aufgabe: cos²-Verteilung erzeugen

Unsere Aufgabe ist es, einen Zufallsgenerator zu bauen, der die Teilchen entsprechend dem Beugungsbild verteilt. Wir wollen hier nur das zentrale Maximum der Beugungsfigur bei 0 und die beiden ersten Nebenmaxima bei -1 und $+1$ simulieren. Die Intensitätsverteilung in jedem Maximum soll durch

$$I = A \cdot \cos^2(x)$$

angenähert werden, siehe Abb. 7.17a.

Die Verteilungsfunktion P_I ist das Integral dieser Intensitätsverteilung mit einem Argumentbereich von -1 bis 1 und einem Wertebereich von 0 bis 1:

$$P_I = \left(\frac{\sin(\pi x)}{\pi} + x + 1 \right) \cdot \frac{1}{2} \tag{7.10}$$

Sie wird in Abb. 7.17b dargestellt.

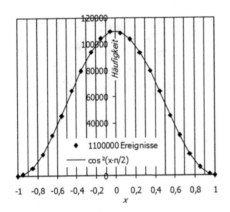
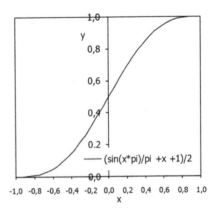

Abb. 7.17 a (links) Die Häufigkeit von 1,1 Mio. Ausgaben der Funktion cos_quadrat (Abb. 7.19 (P)) ist cos² verteilt. **b** (rechts) Verteilungsfunktion der cos²-Verteilung, Daten aus Abb. 7.18 (T)

Wie groß sind die Werte $P_I(-1)$, $P_I(0)$, $P_I(1)$[22]

Für unseren Zufallsgenerator brauchen wir die Umkehrfunktion von P_I in Gl. 7.10.

Lösung in drei Schritten
1. Wir erstellen eine benutzerdefinierte Tabellenfunktion, die $\cos^2$-verteilte Werte im Bereich -1 bis 1 verteilt.
2. Wir erzeugen damit zehn Punkte gemäß dem gewünschten Beugungsbild (wie in Abb. 7.16a).
3. Wir wiederholen das Zufallsexperiment mit den zehn Punkten 100-mal und bestimmen die Häufigkeitsverteilung der x-Werte (wie in Abb. 7.16b).

7.6.2 Benutzerdefinierte Tabellenfunktion für den Zufallsgenerator

Wir schreiben eine benutzerdefinierte Tabellenfunktion, die den Zufallsgenerator stückweise linear annähert. Zur Erinnerung: Eine benutzerdefinierte Tabellenfunktion muss in einem Modul stehen. Sie darf nicht einem Tabellenblatt zugeordnet werden, siehe Abschn. 4.10.

Als Zwischenstufe dazu nutzen wir eine Vereinfachung von Gl. 7.10, bei der sowohl der Argumentbereich als auch der Wertebereich von -1 bis 1 geht:

$$y = P_I(x) = \frac{\sin(\pi x)}{\pi} + x \qquad (7.11)$$

und die wir in A:B von Abb. 7.18 (T) einsetzen. Argumentbereich und Wertebereich werden später an die besonderen Bedingungen der Aufgabe angepasst.

Die Formeln in B2 und E2 von Abb. 7.18 (T), die für B5 und E5 gelten, beziehen sich dreimal auf die Zelle A5: Durch welchen Variablennamen kann dieser Bezug ersetzt werden?[23]

Wir berechnen die Funktion nach Gl. 7.11 für $x = -1$ bis 1 an insgesamt 33 Stellen in gleichem Abstand und stellen sie in einer Abbildung wie in Abb. 7.17b dar.

---

[22]$P_I(-1) = 0, P_I(0) = 1/2, P_I(1) = 1$

[23]Wenn der Bereich A4:A36 den Namen „x" erhält, dann kann der Bezug auf die Zellen der Spalte A durch x ersetzt werden, B5 = [=Sin(x*Pi())/Pi() + x], genauso alle anderen Zellen von P_I.

	A	B	C	D	E	F	G
1	0,0625	=2/32					
2	=A4+$A$1	=SIN(A5*PI())/PI()+A5			="x("&D5&")" = "&A5	="y("&D5&")" = "&B5	
3	x	P.I			n	Feld x	Feld y
4	-1,000	-1,000			0	x(0) = -1	y(0) = -1
5	-0,9375	-1,000			1	x(1) = -0,9375	y(1) = -0,99959917
35	0,9375	1,000			31	x(31) = 0,9375	y(31) = 0,999599
36	1,0000	1,000			32	x(32) = 1	y(32) = 1

Abb. 7.18 (T) In den Spalten A und B stehen 33 Punkte auf der Kurve $P_\mathrm{I}(x)$, Gl. 7.11; in den Spalten D, E und F wird aus den Spalten A und B der vba-Code für Zuweisungen zu Feldern x und y erzeugt. Dieser Code soll in den vba-Editor kopiert werden

```
1  Public x(32) As Single
2  Public y(32) As Single
3  Public m(32) As Single
4
5  Function Cos_quadrat(Z)
6  For i = 1 To 32
7    If (Z > y(i - 1) And Z < y(i)) Then _
8      co = x(i - 1) + m(i) * (Z - y(i - 1))
9  Next i
10 Cos_quadrat = co
11 End Function
12
13
```

```
14  Sub Init()
15  x(0) = -1
16  x(1) = -0.9375
17  ......
18  x(32) = 1
19  y(0) = -1
20  y(1) = -0.999599178196513
21  ......
22  y(32) = 1
23  For i = 1 To 32
24    m(i) = (x(i) - x(i - 1)) / (y(i) - y(i - 1))
25  Next i
26  End Sub
```

Abb. 7.19 (P) Function *Cos_quadrat* nähert die Umkehrfunktion von P_I in Gl. 7.11 stückweise linear. Die globalen Felder x, y und m müssen vor dem ersten Aufruf der Funktion mit Sub *Init* mit den richtigen Werten initialisiert werden. Der Text der Anweisungen in *Init* wird in einer Tabelle (siehe Abb. 7.18 (T)) erzeugt

Die Werte steigen streng monoton von -1 nach 1. Die Umkehrfunktion dieser Funktion existiert also und ist der gesuchte Zufallsgenerator, wenn zwischen -1 und 1 gleichverteilte Zufallszahlen als Argumente eingesetzt werden.

Der schon etwas geübte Leser sollte von vornherein die Gl. 7.10 mit dem Wertebereich 0 bis 1 programmieren, weil sie genau der Definition der Verteilungsfunktion entspricht. Wir verfolgen zunächst den eingeschlagenen Weg weiter und transformieren Zufallszahl auf Werte von -1 bis 1, bevor sie als Argument in die benutzerdefinierte Funktion eingeht.

Die Umkehrfunktion von Gl. 7.11 kann stückweise linear approximiert werden, weil Argumentbereich und Wertebereich beide endlich sind. Bei der Umkehrfunktion ist y das Argument und $x = x(y)$ der Ausgabewert. In Abb. 7.19 (P) wird die Variante Cos_quadrat(Z) für die Umkehrfunktion vorgeschlagen, wobei Z wie oben besprochen eine zwischen -1 und 1 gleichverteilte Zufallszahl sein soll.

Der Argumentbereich der Funktion *Cos_quadrat(Z)* (also die Zufallszahl Z) geht von -1 bis 1 ($y(0) = -1, y(32) = 1$) und wird in 32 Intervalle eingeteilt.

In der FOR-Schleife in *Cos_quadrat(Z)* wird in den Zeilen 7 und 8 für jedes der 32 Intervalle abgefragt, ob *Z* in diesem Intervall liegt. Wenn das der Fall ist, dann wird der Wert der Funktion als lineare Interpolation zwischen den Randpunkten des Intervalls berechnet, die in den Datenfeldern *x*(32), *y*(32) global abgespeichert sind. Die Steigungen in den Intervallen stehen im globalen Feld *m*(32).

Zur Erinnerung
Globale Datenfelder werden oberhalb von Routinen oder Funktionen definiert und können dann von allen Routinen und Funktionen im selben VBA-Blatt aufgerufen werden.

In Abb. 7.19 (P) stehen die globalen Datenfelder in den Zeilen 1, 2 und 3.

Fragen

Welchen Argumentbereich hat *Cos_quadrat(Z)* in Abb. 7.19 (P)?[24]

Wie kann man die Funktion ergänzen, sodass der Argumentbereich von 0 bis 1 geht?[25]

Gibt es eine Variante zu *Cos_quadrat,* die mit fünf IF-Abfragen auskommt?[26]

Die Felder *x* und *y* enthalten die 33 Punkte auf der Kurve $P_I(x)$ der Abb. 7.18 (T). Sie müssen zu Beginn der Tabellenberechnung einmal initialisiert werden. Das geschieht mit der Subroutine INIT. Wenn man der Funktion *Cos_quadrat(Z)* zwischen -1 und 1 gleichverteilte Zufallszahlen übergibt, dann sollten die Ausgabewerte cos^2-verteilt sein. Das ist tatsächlich der Fall, wie man am Diagramm in Abb. 7.17a sehen kann. In der zugehörigen Tabelle wurden zunächst 1000 Zufallswerte berechnet und aus ihnen dann die Häufigkeiten in den vorher definierten Intervallen bestimmt. Dieses Zufallsexperiment wurde 1100-mal wiederholt.

Fragen

Welche Intervallgrenzen werden für die Ermittlung der Häufigkeiten in Abb. 7.17a angesetzt? [27]

In wie vielen Intervallen wird die Häufigkeit bestimmt?[28]

---

[24]Der Argumentbereich von Cos_quadrat geht von Z $= -1$ bis 1. Fortgeschrittene Leser sollten die Routine so verändern, dass der Argumentbereich von 0 bis 1 geht.

[25]Man fügt vor Zeile 6 die Anweisung Z $= 2*(Z-0.5)$ ein.

[26]Vgl. den Programmcode in Abb. 7.20 (P).

[27]Die 21 Intervallgrenzen -1; $-0,9$; …; 0,9; 1

[28]In 22 Intervallen wurde die Häufigkeit bestimmt.

Mit welcher Tabellenfunktion bestimmt man eine Häufigkeitsverteilung?[29]

Wie gelangt man von diesem Experiment mit 1000 Zahlen zu einer Häufigkeitsverteilung mit insgesamt 1,1 Million voneinander unabhängigen Zufallswerten?[30]

Aufgabe

In der Funktion *Cos_quadrat(Z)* werden 32 Intervalle nacheinander abgefragt. Wie wir bereits gelernt haben, kann man das in fünf Schritten ($2^5 = 32$) durch Intervallteilung bewerkstelligen. Schreiben Sie eine entsprechende Routine! Ziehen Sie bei Bedarf Abb. 7.20 (P) zu Rate!

Initialisierung der globalen Datenfelder

Die globalen Felder müssen einmal beschrieben werden, bevor die Funktion *Cos_ quadrat(Z)* richtig arbeiten kann. Das geschieht in insgesamt 66 Zeilen der Routine *Init()*. Das Feld *m(i)* enthält die Steigung der Kurve zwischen den Punkten $i - 1$ und *i* und wird innerhalb von *INIT* berechnet.

Wir können alle 66 Zeilen von Hand eingeben, was natürlich mühsam ist und ungern gemacht wird, obwohl es rein zeitmäßig gegenüber dem Aufspüren von Fehlern in der Tabellenkalkulation und in den anderen Programmen gar nicht weiter ins Gewicht fallen würde. Es gibt aber eine elegantere Art: Wir lassen EXCEL für uns arbeiten. In verschiedenen Aufgaben haben wir eine VBA-Routine Formeln in Tabellen schreiben lassen. Text, der von der Routine in Zellen geschrieben wird, wird als Formel gedeutet. Jetzt wollen wir es genau umgekehrt machen: Ein Text wird in einer Tabelle zusammengesetzt und soll in der Routine als Formel gedeutet werden.

In den Spalten E und F von Abb. 7.18 (T) wird Text erzeugt, der VBA-Code entspricht. Die Formel in den einzelnen Zellen setzt sich aus Textelementen und Zahlen zusammen, z. B. E5 = [="x("&D5&") = "&A5], und gibt dann [x(1) = −0,9375] aus. Die so beschriebenen Bereiche E4:E36 und F4:F36 werden dann durch Textkopieren in den VISUAL BASIC-Editor übernommen.

▶ **Alac** Die Werte können doch in der Routine selbst mithilfe der Gl. 7.11 berechnet werden.

▶ **Mag** Ja, das ist möglich. Durch den Umweg über die Tabelle haben wir aber geübt, wie Text in Formeln verwandelt wird.

---

[29]HÄUFIGKEIT(DATEN; KLASSEN); Merke: Ψ *Immer eine mehr! Ja, wo von denn und als was?*

[30]Man lässt eine Protokollroutine 110-mal das Zufallsexperiment wiederholen und die Häufigkeitsverteilung aufsummieren, vgl. Abschn. 7.4.5.

Optimierte Einordnung in Intervalle

1 **Function Cos_quadra(Z)**	
2 u = 0	If Z < y(mi) Then o = mi Else u = mi 7
3 o = 32	Next i 8
4 For i = 1 To 5	Cos_quadra = x(u) + m(o) * (Z - y(u)) 9
5 mi = (u + o) / 2	End Function 10
	6

Abb. 7.20 (P) Eine Zahl wird in 32 Intervalle einsortiert, durch fortlaufende Intervallhalbierung. Diese Funktion erfüllt dieselbe Aufgabe wie *Cos_quadrat* in Abb. 7.19 (P), kommt aber mit fünf statt 32 Abfragen aus

7.6.3 Zufallsexperimente mit zehn und 1000 Photonen

Zufallsexperiment mit 10 Photonen

Wir berechnen zunächst in einem Tabellenblatt zehn Auftreffpunkte von Photonen und stellen sie in einem Diagramm dar, siehe Abb. 7.16a. Die x-Komponente wird mit der benutzerdefinierten Tabellenfunktion [= $Cos\_quadrat(2*$ZUFALLS-ZAHL$()-1)/2$] berechnet, während die y-Komponente gleichmäßig zwischen 0 und 1 verteilt wird. Ein Beispiel für eine Tabellenrechnung sehen Sie in Abb. 7.21 (T).

Die x-Koordinaten sollen entsprechend der Beugungsfigur verteilt werden:

- 50 % im zentralen Maximum der Breite 1 (Position $x = 0$),
- 25 % im rechten Nebenmaximum der Breite 1 bei der Position $x = 1$ und
- 25 % im linken Nebenmaximum der Breite 1 bei der Position $x = -1$.

Die Verteilung geschieht durch die WENN-Abfrage einer Zufallszahl in A5 mit der Zellenformel

$$[= \text{Wenn}(A5 < 0,5; B5; \text{Wenn}(A5 < 0,75; B5 + 1; B5 - 1))],$$

die sich mit $Z_0 = $ ZUFALLSZAHL$()$ und $X_0 = $ Ergebnis von *cos_quadra*/2 übersichtlicher so darstellen lässt:

	A	B	C	D	E	F	G	H
1								1004
2	=ZUFALLSZAHL()	=cos_quadra(2*ZUFALLSZAHL()-1)/2	=WENN(A5<0,5;B5;WENN(A5<0,75;B5+1;B5-1))	=ZUFALLSZAHL()			10 Pixel	
3	**Zfz**		**x**	**y**	**x.10**	**y.10**	**x.1000**	**y.1000**
4	0,75	0,21	1,21	0,74	0,21	0,42	1,18	0,50
5	0,94	0,07	**-0,93**	0,06	0,14	0,94	-0,03	0,82
13	0,53	-0,31	0,69	0,13	-0,40	0,10	-1,13	0,80
1003							-0,40	0,10

Abb. 7.21 (T) Zehn zufällige Punkte innerhalb des Beugungsbildes eines Doppelspalts werden in C:D erzeugt. Die Spalten E, F (10 Punkte) und G, H (insgesamt 1000 Punkte) werden von SUB *Mehr10* aus Abb. 7.23 (P) beschrieben

1 **Sub Lauf()**	Sheets("Rechnung").Cells(1, 8) = 4	12
2 Init	End Sub	13
3 Lösch		14
4 For n = 1 To 100	**Sub Warte()**	15
5 Mehr10: Warte	Dim m As Integer	16
6 Next n	h = Hour(Now)	17
7 End Sub	m = Minute(Now)	18
8	s = Second(Now) + 1	19
9 **Sub Lösch()**	waittime = TimeSerial(h, m, s)	20
10 Sheets("Rechnung").Range("E4:H6000")_	Application.Wait waittime	21
11 .ClearContents	End Sub	22

Abb. 7.22 (P) In der Master-Routine SUB *Lauf* werden mit SUB *Init* aus Abb. 7.19 (P) die Koeffizienten für *Cos_quadra* und *Cos_quadrat* erzeugt, die alten Koordinaten werden mit SUB *Lösch* gelöscht, SUB *Mehr10* (Abb. 7.23 (P), Zeile 5) wird in einer Schleife 100-mal aufgerufen

Wenn $Z_0 < 0{,}5$ Dann $x = X_0$ *(in 50 % der Fälle)*
Sonst Wenn $Z_0 < 0{,}75$ Dann $x = X_0 + 1$ *(in 75 % − 50 % = 25 % der Fälle)*
Sonst $x = X_0 - 1$ *(in den restlichen 25 % der Fälle).*

Fragen

Warum wird in der Formel in B2 der Abb. 7.21 (T) (gültig für B4:B13) zum Schluss durch 2 geteilt?[31]

Wie müssen die Zahlen in der WENN-Abfrage verändert werden, wenn Maxima bei 0, 1 und 2 entstehen und Intensitätsverhältnisse von 6:3:1 haben sollen?[32]

Bei jeder Veränderung der Tabelle (also z. B. wenn eine sowieso schon leere Zelle „gelöscht" wird) werden die Koordinaten neu berechnet und die Punkte im Beugungsbild mit zehn Photonen, Abb. 7.16a, springen statistisch hin und her. Dem aufmerksamen Beobachter wird vielleicht auffallen, dass die Punkte sich von den Geraden $x = -1$ und $x = 1$ fernhalten, aber stichhaltig ist diese Beobachtung nicht.

Mit einer Protokollroutine, z. B. SUB *Lauf* in Abb. 7.22 (P), wiederholen wir das Zufallsexperiment mit zehn Photonen, listen ihre Koordinaten in einer separaten Tabelle nacheinander auf und zeigen die wachsende Anzahl an Punkten in einem separaten Diagramm, Abb. 7.16b. Wir erkennen im Laufe der Zeit immer deutlicher das Beugungsmuster. Die Häufigkeitsverteilung der 1000 x-Werte in Abb. 7.16b lässt die $\cos^2$-Verteilung im Hauptmaximum und in den beiden Nebenmaxima erkennen.

---

[31]Weil der Wertebereich von *Cos_quadra* von −1 bis 1 geht, die Maxima der Beugungsfigur aber nur die Breite 1 haben. Die Werte in Spalte B von Abb. 7.21 (T) liegen dann zwischen −0,5 und 0,5.

[32][=WENN(A5<0,6;B5;WENN(A5<0,9;B5+1;B5+2))]

```
23 Sub Mehr10()                                                                    23
24 r2 = 4                                                                          24
25 r1 = Sheets("Rechnung").Cells(1, 8) 'H1                                         25
26 Application.Calculation = xlCalculationManual                                   26
27 For i = 0 To 9                                                                  27
28     Sheets("Rechnung").Cells(i + r2, 5) = Sheets("Rechnung").Cells(i + r2, 3) 'C4 -> E4   28
29     Sheets("Rechnung").Cells(i + r2, 6) = Sheets("Rechnung").Cells(i + r2, 4) 'D4 -> F4   29
30     Sheets("Rechnung").Cells(i + r1, 7) = Sheets("Rechnung").Cells(i + r2, 5) 'E4 -> Column G   30
31     Sheets("Rechnung").Cells(i + r1, 8) = Sheets("Rechnung").Cells(i + r2, 6) 'F4 -> Column H   31
32 Next i                                                                          32
33 Sheets("Rechnung").Cells(1, 8) = r1 + 10 'Zeiger für Spalten F und G            33
34 Application.Calculation = xlCalculationAutomatic                                35
35 End Sub                                                                         36
```

Abb. 7.23 (P) SUB *Mehr10* schreibt die zehn zufälligen Koordinatenpaare in Spalte C und D von Abb. 7.21 (T) nacheinander in die Spalten E und F und diese wiederum fortlaufend in die Spalten G und H. Der Zeiger für die nächste zu beschreibende Reihe steht in Cells(1,8) = H1, siehe auch Abb. 7.21 (T)

Zufallsexperiment mit 1000 Photonen

SUB *Lauf* ist eine Protokollroutine, die zunächst die alten Koordinaten für Abb. 7.16b oben löscht, sodass das Bild zunächst leer ist und dann 100-mal die Routinen *Mehr10* und *Warte* aufruft, sodass sich das Bild wieder (innerhalb 100 s) mit 1000 Punkten füllt. Wir haben sie auch als „Masterroutine" bezeichnet, weil sie den Programmablauf steuert.

SUB *Mehr10*, Abb. 7.23 (P), überträgt die zehn zufälligen Koordinatenpaare aus den Spalten C und D von Abb. 7.21 (T) in die Spalten E und F und diese wiederum fortlaufend in die Spalten G und H.

SUB *Warte* in Abb. 7.22 (P) hält die Rechnungen für 1 s an, damit der Betrachter besser verfolgen kann, wie sich Abb. 7.16b oben mit Punkten füllt.

7.7 Chi²-Test und CHIQU.TEST

7.7.1 Chi²-Test allgemein

Wir führen eine statistische Simulation durch, um den Chi²-Test zu erläutern, siehe Abb. 7.24 (T). Die Formeln in der ausgeblendeten Zeile 5 stehen in Abb. 7.27 (T).
Der Bereich A:G der Tabelle wird in drei Stufen aufgebaut:

1. Wir erzeugen zunächst in B7:B1006 1000 normalverteilte Zufallszahlen x_G mit dem Mittelwert 0 und der Standardabweichung 1 und bestimmen dann in E7:E16 die Häufigkeiten O_i dieser Stichprobe für die die 9 Intervallgrenzen I_i in D7:D15 von -2 bis 2 liegen, also für zehn Intervalle.
2. Wir berechnen die theoretisch erwarteten Häufigkeiten E_i mit den Formeln:

$$F8 = [= (\text{NORM.VERT}(I_i; m_G; s_G; 1) - \text{NORM.VERT}(D7; m_G; s_G; 1)) * n] \text{usw.}$$

für die inneren Intervalle in F8:F15, sowie mit

	A	B	C	D	E	F	G	H	I	J
1	m.G	0,00	0 oder =MITTELWERT(x.G)			Chi²	3,31	=SUMME(Chi².i)		
2	s.G	1,00	1 oder =STABW.S(x.G)				0,95	=CHIQU.VERT.RE(Chi²;9)		
3				=SUMME(O.i)			0,95	=CHIQU.TEST(O.i;E.i)		
4	n	1000	=ANZAHL(x.G)		1000		0,85	=CHIQU.VERT.RE(Chi²;7)		
6		x.G		I.i	O.i	E.i	Chi².i		Chi².Gr	Chi².St
7		0,37		-2,0	27	22,8	0,8		11,52	11,47
8		-1,40		-1,5	46	44,1	0,1		3,70	4,41
14		-0,15		1,5	84	91,8	0,7		15,11	7,45
15		0,65		2,0	40	44,1	0,4		9,18	3,10
16		0,87			27	22,8	0,8		5,00	6,23

Abb. 7.24 (T) Die Häufigkeiten O_i von 1000 standard-normalverteilten Zufallszahlen x_G werden bestimmt und mit der Maßzahl Chi^2 in G1 mit theoretischen Häufigkeiten E_i verglichen. In den Spalten I und J werden die Werte aus G2 und G4 für zwei Varianten der theoretischen Verteilung mit den Protokollroutinen aus Abb. 7.25 (P) aufgelistet; Formeln in Zeile 5 in Abb. 7.27 (T)

$$\text{F7} = [= (\text{NORM.VERT}(I_i; m_G; s_G; 1)) * n]$$

für das erste Intervall $-\infty$ bis $-2{,}0$ und mit

$$\text{F16} = [= (1 - \text{NORM.VERT}(D15; m_G; s_G; 1)) * n]$$

für das letzte Intervall $2{,}0$ bis ∞.

Dabei sind m_G und s_G Mittelwert bzw. Standardabweichung der Normalverteilung aus B1:B2.

3. Wir berechnen die Abweichung der empirischen von den theoretisch erwarteten Häufigkeiten, O_i bzw. E_i, mit der Größe χ^2:

$$\chi^2 = \sum_{i=1}^{N} \frac{(O_i - E_i)^2}{E_i}$$

Die einzelnen Terme X_i^2 der Summe werden in G7:G16 berechnet und in G1 zu χ^2 aufsummiert.

Die Simulation wird zweimal durchgeführt, mit zwei verschiedenen Berechnungen der theoretischen Häufigkeiten mit verschiedenen Werten für Mittelwert m_G (in B1) und Standardabweichung s_G (in B2) der Normalverteilung und jeweils 4000-mal wiederholt.

a. Die E_i werden mit dem Mittelwert $m_G = \mu = 0$ und der Standardabweichung $s_G = \sigma = 1$ der *Grundgesamtheit*, also den Parametern des Zufallsgenerators, berechnet. Die 4000 Werte von χ^2 werden unter „Chi².Gr" abgespeichert.

b. Der Mittelwert m_G und die Standardabweichung s_G werden aus der *Stichprobe* geschätzt. Die 4000 Werte von χ^2 werden unter „Chi².St" abgespeichert.

Dazu setzen wir die zwei Protokollroutinen aus Abb. 7.25 (P) ein.

Wir bestimmen dann die empirischen Häufigkeiten der jeweils 4000 χ^2, siehe Abb. 7.26a, und vergleichen Sie mit theoretischen Häufigkeiten.

Die theoretische Häufigkeit der χ^2 wird mit der Tabellenfunktion

$$\text{CHIQU.VERT}(\chi^2; f; d)$$

ermittelt. Dabei ist f der Freiheitsgrad der Häufigkeitsverteilung. Das letzte Argument d gibt an, ob die Wahrscheinlichkeitsdichte (wenn $d = 0$) oder die Verteilungsfunktion (wenn $d = 1$) bestimmt werden soll. Die Häufigkeit in den einzelnen Intervallen wird ähnlich berechnet wie die E_i von Abb. 7.24 (T) für die Normalverteilung.

Für die Simulation a. werden $f = 9$ Freiheitsgrade eingesetzt. Es werden zwar Häufigkeiten in zehn Intervallen verglichen, aber die Häufigkeit kann nur in neun Intervallen beliebig sein, weil die Gesamtsumme durch die Anzahl der Werte in der Stichprobe festgelegt ist. Daher hat der Test neun Freiheitsgrade. Im allgemeinen Fall gilt f = Anzahl der Intervalle minus eins.

1 **Sub ProtocGr()**	**Sub ProtocSt()** 12
2 Range("B1") = 0	Range("B1") = "=Mittelwert(x.G)" 13
3 Range("B2") = 1	Range("B2") = "=Stabw.S(x.G)" 14
4 r = 7	r = 7 15
5 For i = 1 To 4000	For i = 1 To 4000 16
6 Application.Calculation = xlCalculationManual	Application.Calculation = xlCalculationManual 17
7 Cells(r, 9) = Cells(1, 7) 'Chi²	Cells(r, 10) = Cells(1, 7) 'Chi² 18
8 r = r + 1	r = r + 1 19
9 Application.Calculation = xlCalculationAutomatic	Application.Calculation = xlCalculationAutomatic 20
10 Next i	Next i 21
11 End Sub	End Sub 22

Abb. 7.25 (P) Protokollroutinen für die zwei Varianten der theoretischen Häufigkeitsverteilung in Abb. 7.24 (T)

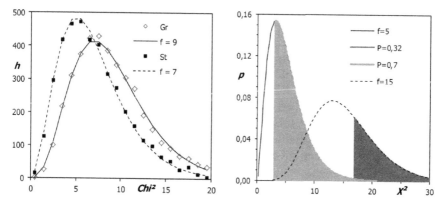

Abb. 7.26 a (links) Häufigkeitsverteilung von χ^2 für die Simulationen a. ($f = 9$) und b. ($f = 7$). **b** (rechts) Wahrscheinlichkeitsverteilung von χ^2 für fünf und 15 Freiheitsgrade; der Ausgabewert des Chi²-Tests entspricht der schraffierten Fläche

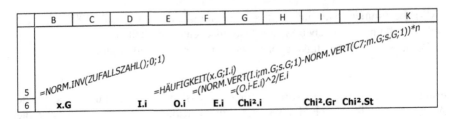

	B	C	D	E	F	G	H	I	J	K
5	=NORM.INV(ZUFALLSZAHL();0;1)			=HÄUFIGKEIT(x.G;I.i)	=(NORM.VERT(I.i;m.G;s.G;1)-NORM.VERT(C7;m.G;s.G;1))*n	=(O.i-E.i)^2/E.i			
6	x.G			I.i	O.i	E.i	Chi².i		Chi².Gr	Chi².St

Abb. 7.27 (T) Formeln der Abb. 7.24 (T)

Für die Simulation b. werden $f = 7$ Freiheitsgrade eingesetzt, weil zwei Parameter der theoretischen Verteilung aus jeder Stichprobe individuell geschätzt werden. Im allgemeinen Fall gilt f = Anzahl der Intervalle minus eins minus Anzahl der aus der Stichprobe geschätzten Parameter der theoretischen Verteilung.

Tabellenfunktion CHIQU.VERT.RE

Der Chi²-Test wird allgemein mit der Tabellenfunktion CHIQU.VERT.RE(χ^2;f) durchgeführt, die das Integral der Wahrscheinlichkeitsdichte der χ^2-Verteilung von rechts berechnet, entsprechend den grauen Flächen in Abb. 7.26b. Das wird in Abb. 7.24 (T) in G2 und G4 für die beiden Simulationen gemacht. Der Freiheitsgrad muss explizit eingesetzt werden.

Wenn die theoretischen Häufigkeiten mit der dem Zufallsgenerator zugrunde liegenden Verteilung ermittelt werden, dann liefert der Chi²-Test Werte, die zwischen 0 und 1 gleichverteilt sind, so wie wir es auch in Abschn. 7.3.4 herausbekommen haben. Wenn wir im Zweifel sind, ob wir z. B. die Freiheitsgrade richtig gewählt haben, dann können wir einen Vielfachtest auf Gleichverteilung durchführen.

Der Ausgabewert des Chi²-Tests entspricht den schraffierten Flächen in Abb. 7.28a. Für die Verteilung mit $f = 5$ (sechs experimentelle wurden mit sechs theoretischen Häufigkeiten verglichen) soll im konkreten Fall ein Wert $\chi^2 = 3$ und für die Verteilung mit $f = 15$ ein Wert $\chi^2 = 17$ gefunden worden sein. Der Chi²-Test gibt dann die Werte 0,7 bzw. 0,32 aus, entsprechend dem Inhalt der markierten Flächen: CHIQU.VERT.RE(3;5) = 0,70, CHIQU.VERT.RE(17;15) = 0,32.

Tabellenfunktion CHIQU.TEST

▶ Die Tabellenfunktion CHIQU.TEST(BEOBACHT_MESSWERTE; ERWART_WERTE) gilt für Vergleiche zwischen beobachteten und theoretisch berechnete Häufigkeiten in Intervallen nur für den Spezialfall, dass kein Parameter der theoretischen Verteilung aus der Stichprobe geschätzt wird.

In Abb. 7.24 (T) stimmt der Wert von CHIQU.TEST in G3 mit dem Wert von CHIQU.VERT.RE in G2 überein, weil der Mittelwert und die Standardabweichung in B1:B2 von vornherein festgelegt und nicht aus der Stichprobe geschätzt wurden.

Abb. 7.28 Häufigkeiten
einer Normalverteilung,
Abb. 7.12 b re-skaliert
(Achtung Falle!)

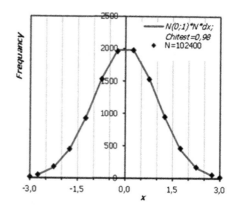

7.7.2   Chi²-Test = 0,98? Höchst verdächtig!

Fragen

Was stimmt am Diagramm in Abb. 7.28 nicht?[33]

▶ **Alac** Ich hatte ein tolles Erfolgserlebnis mit meinem Gaußgenerator. Der Chi²-Test gegen die Normalverteilung war immer größer als 0,9, selbst bei 100-facher Wiederholung der Simulation. Da hat mal etwas richtig gut geklappt.

▶ **Mag** Das darf nicht wahr sein!

▶ **Alac** Doch, sehen Sie sich nur Abb. 7.28 an.

▶ **Mag** Was soll denn „re-skaliert" heißen?

▶ **Alac** Ich habe alle Häufigkeiten durch 100 geteilt, damit die y-Achse ähnlich wie in Abb. 7.12a ist.

▶ **Mag** Damit haben Sie dem Chi²-Test die Abweichungen bei 102.400 Einzeldaten mitgeteilt, als Gesamtzahl aber nur 1024 gemeldet. Sie haben damit die Streuung der Daten durch 100 geteilt und CHIQU.TEST meldet eine fantastische Übereinstimmung zurück.

▶ **Tim** Also Chi²-Test = 0,98 ist auch verdächtig? Kann man sich denn auf gar nichts mehr verlassen?

▶ **Mag** Ja und nein. Genauso wie im richtigen Leben.

---

[33]Die Skalierung der y-Achse passt nicht zur Gesamtzahl $N = 102.400$, die in der Legende berichtet wird.

7.8   Fragen zu Zufallszahlen

Der Vermerk (AK) zeigt an, dass die Übungen für den Aufbaukurs gedacht sind, denen auch die Kapitel dieses Buches zugrunde liegen.
    Erläutern Sie die folgenden Besenweisheiten

1.   Ψ *Der Zufall ist blind und macht Flecken*
2.   Ψ *Immer eine mehr! Ja, wo von denn und als was?*
3.   Ψ *Entscheide dich! Es wird manchmal falsch sein.*

Häufigkeiten
Ausgangslage: Im Bereich A1:A1000 einer Tabelle stehen 1000 Zahlen. Im Bereich D2:D10 werden drei Intervallgrenzen 0,1; 0,2 und 0,3 angegeben.

4.   Wie viele Intervalle werden durch die Intervallgrenzen definiert?
5.   Welche Zahlen werden im zweiten und im letzten Intervall erfasst?
6.   Die Häufigkeiten sollen in einem Spaltenbereich berechnet werden, der mit E2 beginnt. Welcher Bereich muss für die Tabellenfunktion HÄUFIGKEIT aktiviert werden? Mit welchem Griff schließt man die Formeleingabe ab?
7.   Über welchen x-Werten sollten die Häufigkeiten in einem Diagramm dargestellt werden?

Die 1000 Zahlen sollen jetzt Zufallszahlen zwischen 0 und 0,5 sein.

8.   Welche Tabellenfunktion nutzen Sie in welcher Formel zur Erzeugung der Zufallszahlen?
9.   Welchen Mittelwert erwarten Sie für die 1000 Zahlen?
10. Welche Anzahl erwarten Sie im ersten und im letzten Intervall mit den oben angegebenen Grenzen 0,1; 0,2 und 0,3?

Normalverteilung
Abb. 7.29a zeigt die Verteilungsfunktion *NV(0;1;1)* und die Wahrscheinlichkeitsdichte *NV(0;1;0)* der Normalverteilung. Nehmen Sie jetzt an, dass Sie 1 Million normalverteilte Zufallszahlen erzeugt haben und beantworten Sie folgende Fragen im Rahmen der Ablesegenauigkeit von Abb. 7.29a.

11. Wie viele Zahlen haben erwartungsgemäß den Wert 0?
12. Wie viele Zahlen haben erwartungsgemäß einen Wert zwischen −0,1 und 0,1?
13. Wie viele Zahlen haben erwartungsgemäß einen Wert zwischen 0 und 1?

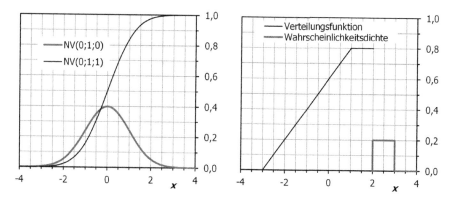

Abb. 7.29 a (links) Verteilungsfunktion NV(0;1;1) und Wahrscheinlichkeitsdichte NV(0;1;0) der Standard-Normalverteilung. **b** (rechts) Eine Verteilungsfunktion und die zugehörige Wahrscheinlichkeitsdichte; die Verteilungsfunktion wurde oberhalb und die Wahrscheinlichkeitsdichte unterhalb $x = 2$ nicht eingetragen

Verteilungsfunktion und Zufallszahlengenerator

14. Im welchem Bereich erwarten Sie 95 % der Ausgaben des Zufallsgenerators Norm.inv(Zufallszahl();0;1)?
15. Betrachten Sie die Funktion Norm.inv(x;5;3)! Was ist ihr Argumentbereich? Wo liegt das Maximum der Verteilung, die entsteht, wenn $x = $ Zufallszahl()?
16. Abb. 7.29b zeigt eine unvollständige Verteilungsfunktion und eine unvollständige Wahrscheinlichkeitsdichte. Ergänzen Sie die beiden Funktionen!
17. Welches sind die Umkehrfunktionen von $y = Cos(x)$ für $x = 0$ bis π und $y = Exp(x)$ für $x \geq 0$? Welches sind ihre Argumentbereiche und welches ihre Wertebereiche?
18. Welche Verteilung erzeugt die Tabellenfunktion Arccos((Zufallszahl()-1)*2)?

Benutzerdefinierte Tabellenfunktion (AK)

In Abb. 7.30a steht ein Tabellenaufbau für die Berechnung einer „hausförmigen" Funktion, siehe Abb. 7.30b. Sie sollen dafür eine benutzerdefinierte Funktion erstellen.

In Zelle A25 von Abb. 7.30a steht 6,38E-16 anstelle der erwarteten Null. Das kommt durch die Summe der Rundungsfehler bei der fortlaufenden Addition von $dx = 0,10$ zustande. In der benutzerdefinierten Tabellenfunktion $House(x)$ muss deshalb zu Beginn der Wert von x gerundet werden, mit $Round(x,14)$.

19. Warum ergibt die 20-malige Addition von 0,10 zu $-2,00$ nicht den glatten Wert 0,00, sondern 6×10^{-16}?[34]

---

[34] Die Zahlen werden binär codiert, sodass dezimal „glatte" Zahlen nicht digital „glatt" sind.

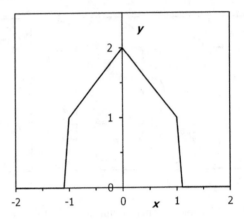

	A	B
1	dx	0,10
2		
3	=A5+dx	=House(A6)
4	x	y
5	-2,00E+00	0
6	-1,90E+00	0
24	-1,00E-01	1,9
25	6,38E-16	2
45	2,00E+00	0

Abb. 7.30 a (links) Die Werte von y werden mit einer benutzerdefinierten Tabellenfunktion *House(x)* berechnet. **b** (rechts) Graph der Funktion *House(x)* mit den Daten aus **a**

20. Mit welcher Programmzeile erreicht man, dass die Funktion *House(x)* für $x \leq -1$ und $x \geq 1$ null wird?
21. Schreiben Sie eine benutzerdefinierte Tabellenfunktion, die wie das „Haus" in Abb. 7.30b verläuft!

Auswertung von Messungen

8

In diesem Kapitel bilden wir Laborversuche nach, indem wir von „wahren" (bekannten) Werten einer Größe ausgehen und sie mit verschieden starkem Rauschen verdecken. Dann „vergessen" wir die wahren Werte und ermitteln die nunmehr als unbekannt angesehenen Messwerte aus dem verrauschten Signal. ψ *Wir wissen alles und stellen uns dumm* (und lernen dabei Statistik). Die Studierenden bekommen dadurch einen Eindruck, wie unzuverlässig Messungen sein können, lernen, die Zuverlässigkeit anzugeben und verstehen, wie sich Fehler fortpflanzen. – Es werden Makros eingesetzt, um Routineaufgaben bei der Auswertung von Messungen schneller und sicherer zu erledigen.

8.1 Einleitung: Wir wissen alles und stellen uns dumm

Wie soll der arme Student Statistik lernen?
Statistische Aussagen sind für viele Studenten ein Buch mit sieben Siegeln. Sie werden mit mathematisch genauen, aber umständlich klingenden Formulierungen konfrontiert und müssen nach strengen Regeln arbeiten.

Die Regeln der statistischen Auswertung werden in diesem Kapitel nicht mathematisch abgeleitet, sondern mithilfe von Zufallsexperimenten plausibel gemacht, insbesondere durch *Vielfachtests auf Irrtumswahrscheinlichkeiten*. Dabei bestimmen wir z. B. durch vielfache Wiederholung einer verrauschten Messreihe, wie oft der Vertrauensbereich des Mittelwertes einer Messreihe den wahren Wert erfasst. Wenn alles richtiggemacht wurde, dann sollte unsere Regel ψ *Zwei drin und einer draußen* gelten. In Abschn. 8.4 wird die *t*-Verteilung eingesetzt, um solche Aussagen genauer zu formulieren.

Wir wissen alles und stellen uns dumm
In diesem Kapitel gehen wir wie ein Schriftsteller von Kriminalromanen vor, der sich einen Kriminalfall ausdenkt, dann die Spuren verwischt und den Detektiv den Fall rekonstruieren lässt. Wir legen selbst die „wahren" Werte fest, machen sie

© Springer-Verlag GmbH Deutschland 2017
D. Mergel, *Physik mit Excel und Visual Basic*,
DOI 10.1007/978-3-642-37857-7_8

durch Verrauschen zu Messwerten, die dann ausgewertet werden. Wir geben zum Schluss das Messergebnis mit Unsicherheit an, und es kann vorkommen, dass der wahre Wert außerhalb des Vertrauensbereichs (der Fehlergrenzen) des Mittelwertes der Messreihe liegt. Da wir den „wahren" Wert kennen, merken wir das aber und können auch für unseren Irrtum Gesetzmäßigkeiten angeben.

Krimiautoren, die beim Leser gut ankommen wollen, lassen neben dem scharfsinnigen Detektiv (Sherlock Holmes) oder der neugierigen Detektivin (Miss Marple) immer auch noch verbohrte Polizeibeamte auftreten, die stur nach den Regeln vorgehen und zu falschen Ergebnissen kommen.

▶ **Tim** Welchem Typ ist unsere Auswertung zuzuordnen?

▶ **Alac** Natürlich den cleveren Detektiven.

▶ **Mag** Leider nicht. Wir müssen streng nach den Regeln vorgehen. Die Intuition täuscht nämlich bei statistischen Fragen oft.

Beweisen oder Falsifizieren?

Statistische Gesetze geben Irrtumswahrscheinlichkeiten für Hypothesen an. In diesem Kapitel werden solche Gesetze nicht aus Axiomen abgeleitet und somit bewiesen, sondern wir wenden *Vielfachtests auf Irrtumswahrscheinlichkeiten* an, wiederholen also statistische Experimente vielfach, um zu prüfen, ob die empirischen Irrtumsraten mit den theoretischen Irrtumswahrscheinlichkeiten verträglich sind.

▶ **Tim** Wenn das nicht der Fall ist, dann haben wir also die theoretische Annahme falsifiziert.

▶ **Mag** Oder einen Programmierfehler gemacht. Dazu später mehr.

Mittelwert, Varianz und Standardabweichung gemäß der Excel-Hilfe

In diesem Kapitel spielen die Tabellenfunktionen Mittelwert, Var.s (Varianz) und Stabw.s (Standardabweichung einer Stichprobe) eine Hauptrolle. Wir stellen sie hier schon einmal vor. Vor Excel 2010 wurden die letztgenannten Funktionen als Varianz bzw. Stabw aufgerufen, siehe Abschn. 7.1.

Die Tabellenfunktion Mittelwert(Zahl1; Zahl2; …) gibt den Mittelwert x_m der n Argumente x_i zurück:

$$x_m = \frac{\sum_{i=1}^n x_i}{n} \tag{8.1}$$

Die Tabellenfunktion Var.s (Zahl1; Zahl2;…) berechnet die Varianz einer Stichprobe (Zahl1; Zahl2;…). Sie verwendet die Formel:

$$s_e^2 = \left(\sum_{i=1}^n (x_i - x_m)^2\right) \cdot \frac{1}{n-1} \tag{8.2}$$

Dabei ist x_m der Stichprobenmittelwert und n der Stichprobenumfang.

Die Tabellenfunktion STABW.S (ZAHL1; ZAHL2;…) schätzt die Standardabweichung s_d (standard deviation) der Stichprobenmesswerte vom Mittelwert als Wurzel aus der Varianz. Die Standardabweichung ist ein Maß für die Streuung der Messwerte.

ZAHL1; ZAHL2;… sind für alle drei Tabellenfunktionen 2 bis 255 numerische Argumente.

Der Standardfehler s_e (standard error) des Mittelwertes der Stichprobe dient zur Angabe eines Vertrauensbereichs. Er berechnet sich aus der Standardabweichung s_d der Einzelmessung in der Messreihe mit:

$$s_e = \frac{s_d}{\sqrt{n}}$$

Der Standardfehler hat dieselbe physikalische Einheit wie die Elemente der Stichprobe und deren Mittelwert. Als Ergebnis einer Reihe von Messungen wird deshalb der Mittelwert x_m plus minus dem Standardfehler s_e angegeben. Außerdem muss die *Anzahl der Messungen* berichtet werden. Wenn mindestens acht Messungen gemacht wurden, dann gilt zur Charakterisierung des Vertrauensbereichs:

▶ Ψ *Zwei drin und einer draußen.*

Der wahre Wert der gemessenen Größe wird mit einer Wahrscheinlichkeit von etwa 2/3 durch den Bereich $x_m \pm s_e$ erfasst, wobei x_m der Mittelwert und s_e der Standardfehler des Mittelwertes ist.

Wenn nur wenige Messungen gemacht werden, dann muss für genaue Aussagen über die Fehlergrenzen die t-Verteilung berücksichtigt werden (Abschn. 8.4). Z. B. umfassen bei acht Messungen die Fehlergrenzen $x_m \pm 2,4 \cdot s_e$ den wahren Wert der Messgröße mit einer Wahrscheinlichkeit von 95 %. Das Intervall $[x_m - t \cdot s_e, x_m + t \cdot s_e]$ nennt man *Vertrauensbereich* des Mittelwertes und die zugehörige Wahrscheinlichkeit (im Beispiel 95 %) *Vertrauensniveau*. Die Gegenwahrscheinlichkeit (im Beispiel 5 %) nennt man *Irrtumswahrscheinlichkeit*.

Vertrauensbereich für den Mittelwert einer Messreihe
Wir fassen in der Box schon mal die allgemeine Formulierung des Vertrauensbereichs für den Mittelwert einer Messreihe zusammen, die bereits die Ergebnisse von Abschn. 8.4 berücksichtigt.

[Vertrauensbereich für den Mittelwert einer Messreihe]

x_m	Mittelwert der Messungen
s_d	Standardabweichung (standard *d*eviation) der Einzelmessung als Maß für die Streuung der Messungen
n	Anzahl der Messungen
$s_e = \frac{s_d}{\sqrt{n}}$	Standardfehler (standard *e*rror) des Mittelwertes
$x_m \pm s_e$	Vertrauensbereich für den Mittelwert

T.INV.2s(f, α) liefert einen t-Wert für eine vorgegebene Irrtumswahrscheinlichkeit α und einen Freiheitsgrad $f = n - 1$.

α ist die Irrtumswahrscheinlichkeit des Vertrauensbereichs, abhängig von t und der Anzahl der Messungen

Die Tabellenfunktion T.VERT(T;F;2) liefert die Irrtumswahrscheinlichkeit für vorgegebene t und $f = n - 1$

Für $t = 1$ und $n \geq 8$ gilt: Irrtumswahrscheinlichkeit $\approx 1/3$; Ψ *Zwei drin und einer draußen.*

Besenweisheiten für das physikalische Praktikum
In den Übungen Abschn. 8.2 und 8.4 werden Versuche im physikalischen Praktikum nachgebildet. Wir

* bestimmen die Standardabweichung des Mittelwertes und runden das Messergebnis auf die Zahl der relevanten Dezimalstellen,
* steigern die Zuverlässigkeit eines Messergebnisses durch mehrfaches Messen und
* lassen verschiedene Messreihen in ein Gesamtergebnis eingehen.

Unsere Erkenntnisse fassen wir in vier Besenregeln zusammen.

[Besenregeln für Messungen]
Ψ *Meistens, nicht immer.* Keine statistische Aussage ist 100 % sicher.

Ψ *Doppelt so gut bei vierfachem Aufwand.* Die Messungenauigkeit halbiert sich, wenn viermal so oft gemessen wird.

Ψ *Zwei drin und einer draußen.* Bei einem Drittel aller Versuche liegt der wahre Wert der Messgröße außerhalb des Standardfehlerbereichs $m \pm s_m$.

Ψ *Schlecht macht gut meist besser.* Auch Messungen einer Größe mit relativ großer statistischer Messunsicherheit tragen zur Verbesserung des Gesamtergebnisses bei. Man bildet einen gewichteten Mittelwert.

Fehlerfortpflanzung, auch das noch!
Setzt sich ein Endergebnis aus mehreren Einzelergebnissen zusammen, dann werden deren Varianzen gewichtet addiert, um die Varianz des Endergebnisses zu erhalten. Wir simulieren die Fehlerfortpflanzung in Summen, Produkten und Potenzen. Bei Summen addieren sich die Varianzen der Summanden zur Varianz des Endergebnisses. Bei Produkten addieren sich die relativen Varianzen der Faktoren zur relativen Varianz des Endergebnisses.

Eine wandernde Lupe
Nach so viel Zahlenschieberei gibt es endlich eine konstruktive Aufgabe zur Auswertung von Messkurven. In Abschn. 8.8 bestimmen wir die Lage von Maxima

in Messkurven $I_n(x_n)$ mithilfe von senkrechten Lauflinien, die mit einem Schieberegler verschoben werden. Die Umgebung der Maxima wird genauer mit einer „wandernden Lupe" beobachtet, einem Diagramm, welches einen Ausschnitt um die aktuelle Lage der Lauflinie vergrößert darstellt.

8.2 Masse einer dünnen Schicht auf einem Glassubstrat

Eine Glasplatte wird mehrfach vor und nach einer Beschichtung gewogen, um die Masse der Schicht zu ermitteln. Wir bestimmen Mittelwert und Standardabweichung der Schichtmasse und runden die Ergebnisse sinnvoll. Wir erläutern die Bedeutung der Standardabweichung mit Ψ *Zwei drin und einer draußen*.

▶ **Mag** In einem idealen Beschichtungsprozess werde ein Glassubstrat der Masse 1 g mit einer dünnen Schicht der Masse von etwa 1 mg beschichtet. Wie erhalten Sie die genaue Masse der Schicht?

▶ **Alac** Wir wiegen das Substrat vor und nach der Beschichtung und berechnen die Differenz der Massen.

▶ **Mag** Wie genau ist dieses Verfahren, wenn der Messbereich der Waage bis 1 μg geht?

▶ **Alac** Eine einfache Rechnung. Für die Masse der Schicht gilt: Sie beträgt etwa 1 mg ± 1 μg, sie kann also auf 1 Promille genau bestimmt werden.

▶ **Mag** Vorsicht, die Spezifikation der Waage besagt nur, dass die Masse in Gramm mit sechs Stellen hinter dem Komma *angezeigt* wird. Die tatsächliche Genauigkeit der Messung ist aber bedeutend kleiner als die Anzeigegenauigkeit der Waage, z. B. infolge Luftzug oder Gebäudeerschütterungen.

▶ **Tim** Solche Einflüsse können wir aber gar nicht berücksichtigen, weil sie zufällig und nicht kontrollierbar sind.

▶ **Mag** Doch, gerade wenn sie zufällig sind, kann ihr Einfluss auf die Genauigkeit vermindert werden, wenn wir mehrmals messen. Wir können zusätzlich zum Wert der Masse dann auch den Messfehler angeben.

▶ **Tim** Das kenne ich schon. Im physikalischen Anfängerpraktikum müssen wir auch immer alle Messwerte mit Messfehler angeben.

▶ **Alac** Das ist doch ganz einfach. *Wir kennen die wahren Werte schon von den Kommilitonen in höheren Semestern* und setzen dann den Fehlerbereich für unsere

Messwerte so an, dass der wahre Wert innerhalb der Fehlerbalken liegt. Damit vermeiden wir dumme Fragen der Betreuer.

▶ **Mag** So ähnlich soll es in dieser Übung gemacht werden. Wir erzeugen uns selbst die Messdaten, kennen also den wahren Messwert, und werten sie dann noch mal aus. Allerdings (!) berechnen wir den Standardfehler stur (!) nach den Regeln. In Abschn. 8.4 sprechen wir uns wieder.

8.2.1   Gebrauchsanweisung für das genaue Messen und sein Ergebnis (G)

Ein Messprozess…
In einem idealen Beschichtungsprozess werde ein Glassubstrat der Masse 1 g mit einem dünnen Film der Masse 1 mg beschichtet. Um die Masse des Films zu bestimmen, wird das Substrat vor und nach der Beschichtung gewogen. Die nominelle Genauigkeit der Waage beträgt 1 µg, das heißt, dass die Masse in Gramm mit sechs Stellen hinter dem Komma angezeigt wird. Die tatsächliche Genauigkeit der Messung ist aber bedeutend kleiner, z. B. infolge Luftzug oder Gebäudeerschütterungen.

Fragen

Wie groß ist das Verhältnis der Massen von Substrat und Schicht?[1]
    Auf wie viele Stellen hinter dem Komma kann die Masse der Schicht nominell bestimmt werden, bei Angabe in mg?[2]
    Um wie viel Prozent nimmt die Masse des Substrats durch die Beschichtung zu?[3]

…und seine Simulation
Dieser Messvorgang soll in einer Tabellenkalkulation nachgebildet werden. Aus den simulierten Messdaten soll dann die Masse der Schicht samt Messfehler bestimmt und als Endergebnis mit gerundeten Zahlen geschrieben werden. Um ein Bespiel zu geben: Wenn die Masse der Schicht rechnerisch als Differenz zu $0,0009748$ g mit einer Standardabweichung von $6,47 \times 10^{-5}$ bestimmt wird, dann ist das Endergebnis $9,7(6) \times 10^{-4}$ g oder $9,7 \pm 0,6 \times 10^{-4}$ g. Das bedeutet, dass das Ergebnis nur auf eine Stelle genau angegeben werden kann und dass die Unsicherheit in dieser Stelle ± 6 ist.
    Die Konstanten der Übung werden in Abb. 8.1 (T) festgelegt.

---

[1] 1 g/1 mg = 1000; das Substrat ist 1000-mal schwerer als die Schicht.

[2] Anzeigegegenauigkeit 1 µg, die Schichtmasse könnte naiverweise z. B. als 1,001 mg angegeben werden.

[3] 1 mg von 1 g, entsprechend 0,1 %.

	A	B	C	D
1	Wiegen eines Substrats vor und nach Beschichtung			
2				
3	Masse des Substrats	**M.sub**	1,00E+00 g	
4	Masse der Schicht	**M.sch**	1,00E-03 g	
5	Rauschen des Messvorgangs	**M.R**	1,00E-04 g	
6				
7	Anzeigegenauigkeit der Waage (Stellen)	**G.W**	6	

Abb. 8.1 (T) „Wahre" Werte der Masse des Substrats und der Schicht und ein Wert für das Rauschen des Messvorgangs; G_W = Anzahl der Stellen in der Anzeige der Waage

	E	F	G	H
1		Substrat 1, Masse		
2		vor	nach der Beschichtung	
3		**0,999935**	1,001024	
4		=RUNDEN(M.sub+NORMINV(ZUFALLSZAHL();0;M.R);G.W)		
5		0,999939	**1,000960**	
6		=RUNDEN(M.sub+M.sch+NORMINV(ZUFALLSZAHL();0;M.R);G.W)		
7		1,000042	1,001042	
8		0,999988	1,001152	
9		1,000161	1,000958	
10				
11	**Mittelwert**	1,000013	**1,0010272**	=MITTELWERT(G3:G9)
12	**Varianz**	8,73E-09	**6,28E-09**	=VARIANZ(G3:G9)

Abb. 8.2 (T) Auswertung von jeweils fünf Wägungen des unbeschichteten (Spalte F) und des beschichteten (Spalte G) Substrats, Fortsetzung in Abb. 8.3 (T)

Die Masse des unbeschichteten Substrats ist M_{sub} + Rauschen, diejenige des beschichteten Substrats M_{sub} + M_{sch} + Rauschen. Die Werte von M_{sub} (= 1 g) und von M_{sch} (= 1 mg) sowie das Rauschniveau M_R der Messung werden in benannten Zellen gespeichert. Das Rauschen wird mit der Tabellenfunktion NORM.INV (ZUFALLSZAHL();0;M. R) simuliert, die normalverteilte Zufallszahlen mit der Standardabweichung M_R erzeugt.

Eine mögliche Tabellenorganisation für ein simuliertes Protokoll mit fünf Messungen sehen Sie in Abb. 8.2 (T).

Fragen

Warum werden in Abb. 8.2 (T) die Messergebnisse auf sechs Dezimalstellen gerundet?[4]

Wie groß ist die Messgenauigkeit der Waage?[5]

---

[4]Das ist die *Anzeige*genauigkeit der Waage.

[5]Die Messgenauigkeit der Waage kennen wir nicht. Die *Anzeige*genauigkeit ist nicht unbedingt die *Mess*genauigkeit.

8.2.2 Runden der numerischen Ergebnisse auf relevante Dezimalstellen (G)

EXCEL gibt jede Zahl mit 15 Stellen an wie z. B. 0,569410526368089. Die Ergebnisse der simulierten Wägung in F3:G7 werden deshalb auf sechs Stellen hinter dem Komma, also auf die *Anzeigegenauigkeit* der Waage, gerundet mit: RUNDEN$(\ldots;6) = 0,569411$.

Die Masse der Schicht ist die Differenz der Massen des beschichteten und des unbeschichteten Substrats. In den Zeilen 11 und 12 von Abb. 8.2 (T) werden die Mittelwerte und die Varianzen der beiden Messreihen gebildet und daraus dann in G14 und G15 von Abb. 8.3 (T) die Masse der Schicht und ihre Standardabweichung abgeleitet.

Der Standardfehler der Differenz in G15 ergibt sich folgendermaßen: Die Summe der Varianzen der beiden Messungen wird durch die Anzahl der Messungen geteilt, und aus dem Ergebnis wird dann die Wurzel gezogen. Diese Formel wird in Abschn. 8.6.2 begründet.

Endergebnis

Das Messergebnis soll jetzt in der üblichen Form dargestellt werden, das heißt, es soll auf die relevante Anzahl der Stellen gerundet, und es soll die Unsicherheit in der letzten Stelle angegeben werden. Aus der Masse $0,0008716\,\text{g} = 0,8716 \times 10^{-3}$ g und der Standardabweichung $6,07 \times 10^{-5}\,\text{g} = 0,0607 \times 10^{-3}$ g machen wir $(0,87 \pm 0,06) \times 10^{-3}$ g oder $(0,87 \pm 0,06)$ mg. Die Unsicherheit in der letzten Stelle wird als Standardmessunsicherheit oder als Standardmessfehler bezeichnet. Das Präfix „Standard" soll angeben, dass die Werte aus der Standardabweichung der Messreihe abgeleitet werden und der Regel Ψ *Zwei drin und einer draußen* gehorchen sollen. Zum Bericht des Messergebnisses gehört, dass klar gesagt wird, dass der Standardfehler als Messunsicherheit genommen wird und auch die Anzahl der Messungen berichtet wird. Zur Bedeutung der Anzahl der Messungen siehe Abschn. 8.4.

Fragen

Sie erhalten folgende Ergebnisse: Mittelwert 0,0010818 g, Standardabweichung des Mittelwertes 4×10^{-5} g. Wie schreiben Sie das Endergebnis nieder?[6]

Aufgabe

Ändern Sie das Rauschniveau M_R und beobachten Sie, wie die Messunsicherheit davon abhängt!

---

[6] $1,08 \times 10^{-3}$ g; $0,04 \times 10^{-3}$ g $\rightarrow$ $(1,08 \pm 0,04)$ mg; Messunsicherheit als einmal Standardabweichung angegeben. Ψ *Zwei drin und einer draußen.*

	E	F	G	H
14	**Masse der Schicht**		0,0010338	=G11-F11
15	**Standardfehler**		3,74E-05	=WURZEL(F12+G12)/WURZEL(5)
16				
17	Zehnerpotenz des Ergebnisses		-3	=GANZZAHL(LOG10(G14))
18	Mantisse des Ergebnisses		1,0338	=G14/(10^G17)
19	Zehnerpotenz der Stabw		-5	=GANZZAHL(LOG10(G15))
20	Mantisse der Stabw		3,74	=G15/(10^G19)
21	Ergebnis auf relevante Stellen gerundet		1,03	=RUNDEN(G18;G17-G19)
22	Fehler auf 0 Stellen gerundet		4,00	=RUNDEN(G20;0)
23	**Endergebnis mit Fehlerangabe 1,03 ±0,04 E-3 g**		=G21&" ±"&G22*10^(G19-G17)&" E"&G17&" g"

Abb. 8.3 (T) Das Endergebnis in G14, G15 wird durch Formeln mit Logarithmen gerundet

	I	J	K	L	M	N
22	=G21&" ±"&G22*10^(G19-G17)&" E"&G17&" g"					
23	**1,03**	**±**	**0,04**	**E**	**-3**	**g**
24	G21	&" ±"	&G22*10^(G19-G17)	&" E"	&G17	&" g"

Abb. 8.4 (T) Endergebnis mit Fehlerangabe; $(1{,}03 \pm 0{,}04)\,\mathrm{E}{-}3$ g; als Verkettung von Text und Variablen; die Zellbezüge gelten für Abb. 8.3 (T)

Vorläufiges „amtliches" Messergebnis

Das „vorläufige amtliche Messergebnis" Ihrer Messung sieht wie in der Box „Angabe eines Messergebnisses" aus.

[Angabe eines Messergebnisses]

Sie müssen als Ergebnis Ihrer Messungen drei Daten angeben:

1. Mittelwert m,
2. Standardmessfehler s_e des Mittelwertes und
3. Anzahl n der Messungen.

Mit diesen Angaben und dem aus n in Abschn. 8.4 berechneten t-Wert kann man dann statistisch exakte Aussagen machen.

Das Endergebnis wird mit Tabellenformeln erstellt

Wir wollen ein Endergebnis der Art $(0{,}87 \pm 0{,}06) \times 10^{-3}$ g mit Tabellenformeln bestimmen. Dazu müssen wir mit dem Logarithmus und mit Zehnerpotenzen rechnen und Text und Zahlen verketten. Das Verfahren wird in Abb. 8.3 (T) aufgelistet.

Messergebnis und Standardfehler werden in Mantisse und Zehnerpotenz zerlegt: $0{,}0010338 \rightarrow$ Mantisse $= 1{,}0338$, Zehnerpotenz $= -3$. Die Anzahl der relevanten Stellen in G21, auf die das Ergebnis gerundet wird, ergibt sich aus der Differenz der Zehnerpotenz der beiden Größen: $G17 - G19 = -3 + 5 = 2$.

Die Formel in H23 (Verkettung von Text und Variablen), gültig für G23, wird in Abb. 8.4 (T) erläutert.

Am Ende von Abschn. 9.3 wird eine benutzerdefinierte Funktion vorgestellt, die die Rechnung der Abb. 8.3 (T) intern durchführt.

8.3   Verringerung der Messunsicherheit

Eine Größe kann umso genauer bestimmt werden, je öfter sie gemessen wird. Wird immer derselbe Messaufbau eingesetzt, verringert sich der Messfehler umgekehrt proportional zur Wurzel aus der Anzahl der Messungen. Ψ *Doppelt so gut bei vierfachem Aufwand.* Wir merken uns die Bedeutung des Standardfehlers des Mittelwertes mit Ψ *Zwei drin und einer draußen.*

8.3.1   Standardabweichung der Einzelmessung und Standardfehler des Mittelwertes einer Messreihe

In diesem Abschnitt sollen die Begriffe Varianz s^2 und Standardabweichung s_d der Einzelmessung in einer Serie und Varianz s_e^2 und Standardfehler s_e des Mittelwertes m von einer Serie von n Messungen erläutert werden.

▶ Der Standardfehler s_e des Mittelwertes x_m einer Messreihe, mit dem die Unsicherheit des Messergebnisses angegeben wird, ist kleiner als die Standardabweichung s_d der Messreihe, einem Maß für die Streuung der Messwerte. Die Standardabweichung s_d ist prinzipiell unabhängig von der Anzahl n der Messungen. Der Standardfehler s_e vermindert sich mit dem Faktor $1/\sqrt{n}$.

Wir wiederholen zunächst die Auswertung eines typischen Messvorgangs wie in Abschn. 8.2.1, diesmal aber mit neun Messungen. Die Messwerte werden in Abb. 8.5a und noch einmal zusammen mit den berechneten Kenngrößen als waagrechte Geraden in Abb. 8.5b wiedergegeben.

Die Geraden in Abb. 8.5b repräsentieren die verschiedenen Kennwerte der Auswertung, den Mittelwert „MW" z. B. mit einer durchgezogenen Geraden.

Fragen

Um welchen Faktor ist der Standardfehler des Mittelwertes kleiner als die Standardabweichung der Messungen einer Stichprobe?[7]

In welchem Bereich erwarten Sie einen zehnten Messpunkt in Abb. 8.5?[8]

Wie hoch schätzen Sie die Unsicherheit des Mittelwertes in Abb. 8.5?[9]

---

[7]Um den Faktor $1/\sqrt{n}$, wobei n die Anzahl der Messungen ist, wie Sie im Verlauf dieser Übung lernen werden.

[8]Der zehnte Messpunkt sollte mit einer Wahrscheinlichkeit von 2/3 innerhalb der Standardabweichung von 0,95 liegen.

[9]Der Mittelwert der neun Messungen liegt auch nach Augenmaß innerhalb der gepunkteten Linien in Abb. 8.5b.

Standardabweichung s_d der Einzelmessung

Die Abweichung der einzelnen Messungen vom Mittelwert gemäß der Standardabweichung der Messreihe (hier 0,95) wird in Abb. 8.5b mit grauen Geraden für $x_m + s_d$ und $x_m - s_d$ wiedergegeben. Sie charakterisieren die Streuung der Messwerte innerhalb der Messreihe. Wenn eine neue Messung gemacht wird, dann kann man erwarten, dass sie etwa in diesem Bereich liegt. Etwa heißt: Ψ *Zwei drin und einer draußen*.[10]

Standardfehler s_e des Mittelwertes

Der *Mittelwert x_m aller Messwerte* kann nach Augenmaß genauer bestimmt werden als $\pm s_e$, wie man an den Diagrammen in Abb. 8.5 erkennt. Nach der Theorie ist der Standardfehler des Mittelwertes s_e gleich der Standardabweichung der Einzelmessung s_d geteilt durch die Wurzel der Anzahl n der Messungen:

$$s_e = \frac{s_d}{\sqrt{n}} \tag{8.3}$$

Der entsprechende Bereich

$$[x_m - s_e, x_m + s_e] \tag{8.4}$$

wird im Diagramm durch die gestrichelten Geraden eingegrenzt.

Bei der Analyse und Diskussion von Messreihen ist also klar zwischen der Abweichung s_d einer Einzelmessung und dem Fehler s_e des Mittelwertes zu unterscheiden. Wir untersuchen im nächsten Abschnitt genauer die Bedeutung dieser beiden Kenngrößen einer Messung.

▶ **Mag** Welche Aussagekraft hat der Standardfehler?

▶ **Tim** Der Standardfehler hat dieselbe physikalische Dimension wie der Messwert. Man kann deshalb die Unsicherheit einer Messung mit plus minus Standardfehler angeben.

▶ **Mag** Liegt der wahre Wert immer innerhalb der Standardabweichung?

▶ **Alac** Nein, nur, wenn wir alles richtig gemacht haben.

▶ **Tim** Ich habe gelernt, dass das nur in 68 % der Fälle so ist.

---

[10]Nämlich innerhalb und außerhalb der Standardabweichung.

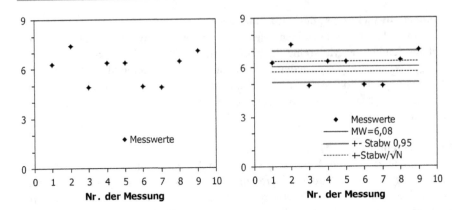

Abb. 8.5 a (links) Neun Messwerte. **b** (rechts) Die Daten aus a mit ihrem Mittelwert MW, der Streuung der Einzelwerte (graue Geraden) und der Messunsicherheit des Mittelwertes (gestrichelte Geraden), Tabellenorganisation siehe Abb. 8.6 (T) am Ende dieses Abschnitts

▶ **Alac** Soll das etwa heißen, dass bei jedem dritten Praktikumsversuch der wahre Wert außerhalb der Fehlergrenzen liegt? *So etwas ist in unserem Anfängerpraktikum noch nie vorgekommen.*

▶ **Mag** Idealerweise haben alle Praktikumsteilnehmer in unseren Übungen gelernt, schnell und korrekt Fehlerberechnungen durchzuführen und haben durch die Simulationen des Messprozesses Vertrauen zur Theorie gewonnen. Auch für den Mittelwert einer Messreihe gelten die Besenweisheiten:

▶   Ψ *Zwei drin und einer draußen* (innerhalb einmal Standardfehler).
      Ψ *19 drin und 1 draußen* (innerhalb zweimal Standardfehler)

▶ **Mag** Wenn bei neun Praktikumsgruppen der wahre Wert innerhalb der Messunsicherheit $\pm\, s_m$ liegt, dann haben wahrscheinlich drei Gruppen geschummelt.

▶ **Tim** Wir haben auch gelernt, dass die Besenregel nur gilt, wenn dieselbe Größe mindestens achtmal gemessen wird. So oft messen wir doch im physikalischen Praktikum nie. Was nützt uns dann die Fehlerangabe?

▶ **Mag** Wenn Sie zusätzlich die Anzahl der Messungen angeben, dann können statistisch wohl definierte Aussagen getroffen werden.

	A	B	C	D	E	F	G
1	M.1	6			MW=6,08		
2	R.1	1		1	6,08		
3				9	6,08		
4		**6,08**	=MITTELWERT(B9:B17)		="+- Stabw "&RUNDEN(B5;2)		
5		**0,95**	=STABW.S(B9:B17)		**+- Stabw 0,95**		
6		**0,32**	=B5/3	1,00	**5,13** =B4-B5		
7				9	5,13		
8		**Messwerte**					
9	1	6,28	=NORM.INV(ZUFALLSZAHL();M.1;R.1)	1,00	7,03 =B4+B5		
10	2	7,38		9,00	7,03		
16	8	6,48		1,00	6,40 =B4+B6		
17	9	7,09		9,00	6,40		

Abb. 8.6 (T) Neun Messwerte für einen „wahren" Wert von $M_1 = 6$; in den Spalten D und E werden die Koordinaten für die Fehlergeraden in Abb. 8.5b eingetragen. In E5 wird die Legende für Abb. 8.5b zusammengestellt

Wie können wir die Messunsicherheit halbieren?

▶ **Alac** Wenn wir doppelt so gut sein wollen, dann müssen wir eben doppelt so oft messen.

▶ **Mag** Nein, merken Sie sich die folgende Besenweisheit und studieren Sie den nächsten Abschnitt.

▶   Ψ *Doppelt so gut bei vierfachem Aufwand.*

▶ **Tim** Ich erinnere mich an die Begründung. Die Varianz des Mittelwertes einer Messreihe ist umgekehrt proportional zur Anzahl der Messungen.

▶ **Mag** Noch ein Hinweis: Alle mathematisch begründeten Lehrsätze machen Aussagen über Varianzen. Zur Abschätzung des Messfehlers muss aber die Standardabweichung (Wurzel aus der Varianz) angegeben werden

▶   Ψ *Rechne mit Varianzen, berichte die Standardabweichung!.*

Tabellenaufbau für Abb. 8.5 (Abb. 8.6)

8.3.2   Wiederholtes Messen derselben physikalischen Größe erhöht die Genauigkeit des Ergebnisses

4, 16 oder 64 Messungen derselben Größe

Der wahre Wert einer Größe sei 0. Die Standardabweichung des Messvorgangs sei 1. Wir simulieren diesen Messvorgang also mit einem Gaußgenerator mit dem Mittelwert 0,00 und der Standardabweichung 1,00 und bestimmen Mittelwert, Standardabweichung und Standardfehler für verschiedene Messreihen (Stichproben) mit unterschiedlicher Anzahl von Messungen. Die Ergebnisse der Simulation werden in Abb. 8.7 vorgestellt.

Eine mögliche Tabellenorganisation sehen Sie in Abb. 8.8 (T).

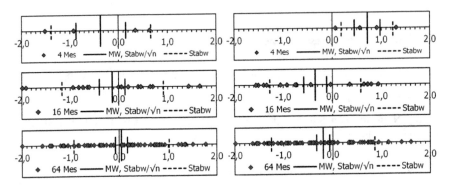

Abb. 8.7 Ergebnisse von $n = 4$, 16 und 64 Messungen einer physikalischen Größe, deren wahrer Wert = 0 ist; Mittelwert x_m und Streuung $x_m \pm s_d$ der Einzelmessung als senkrechte Striche; Vertrauensbereich $x_m \pm s_e$ des Mittelwertes als senkrechte gestrichelte Striche; der wahre Wert 0,00 liegt. **a** (links) innerhalb der Unsicherheit des Mittelwertes. **b** (rechts) außerhalb der Unsicherheit des Mittelwertes

	D	E	F	G	H	I	J	K	L	M
2		=MITTELWERT(A1:A4)	=STABW.S(A1:A16)	=F6/WURZEL(D6)		=UND(E5-G5 < 0; E5 + G5 > 0)		1000 gesamt		=1-J4/$J$3
3	n	MW	Stabw	Stabw/√n						
4	4	**0,14**	0,49	0,25	4 Mes	WAHR		392 falsch	**0,61**	
5	16	-0,06	**0,95**	0,24	16 Mes	**WAHR**		336 falsch	0,66	
6	64	-0,06	1,02	**0,13**	64 Mes	WAHR		321 falsch	0,68	

Abb. 8.8 (T) In Spalte A werden 64 Zufallszahlen erzeugt (hier nicht sichtbar); in den Spalten E und F werden die Mittelwerte bzw. die Standardabweichungen der ersten $N = 4$, 16 und 64 Messwerte gebildet; in Spalte G wird die Standardabweichung durch die Wurzel der Anzahl der Messungen geteilt. Die Ergebnisse werden in Abb. 8.7 grafisch dargestellt. In Spalte I wird geprüft, ob der wahre Wert 0 innerhalb der Fehlergrenzen liegt. Diese Werte werden von Sub *ProtocSt* in Abb. 8.10 (P) eingelesen und nach 1000-facher Erzeugung neuer Messreihen in Spalte J gezählt

Aus den simulierten Messdaten werden Mittelwert x_m und Standardabweichung s_d der Einzelmessung bestimmt. Im Diagramm werden dann Mittelwert, Mittelwert + Standardabweichung, $x_m + s_d$, und Mittelwert – Standardabweichung, $x_m - s_d$, als senkrechte Striche dargestellt.

In der ersten Reihe der Abb. 8.7 wurde die physikalische Größe viermal gemessen, in der zweiten Reihe 16-mal und in der dritten Reihe 64-mal. In den linken und rechten Teilbildern werden die Ergebnisse von jeweils zwei Zufallsexperimenten mit derselben Anzahl von Messungen dargestellt. In den linken Teilbildern umfasst der Fehlerbereich des Mittelwertes den wahren Mittelwert, in den rechten Teilbildern tut er das nicht.

Standardabweichung der Einzelmessung

Die gemessene Standardabweichung s_d der Einzelmessung ist für alle Messserien etwa gleich groß. Wenn man also nach einer Messserie eine weitere Messung macht, dann ist die zu erwartende Abweichung dieser neuen Messung vom Mittelwert unabhängig davon, wie oft vorher gemessen wurde. Die Streuung der Daten hängt nicht von der Anzahl der Daten ab.

Wie genau kann der Mittelwert einer Messreihe bestimmt werden?

In Abb. 8.7 wurden zwei Messserien für jede Anzahl von Messungen eingetragen. Der Mittelwert für die Serie mit geringerer Anzahl schwankt stärker (hier beim Vergleich zwischen linkem und rechtem Teilbild sichtbar). Die Theorie besagt, dass der zu erwartende Messfehler für den Mittelwert einer Messreihe die Standardabweichung dieser Messreihe geteilt durch die Wurzel der Anzahl der Messungen ist, Gl. 8.3. Der Vertrauensbereich des Mittelwertes gemäß dieser Definition wurde ebenfalls in die genannten Diagramme eingetragen. Er entspricht etwa dem Bereich, in dem wir den Mittelwert auch nach Augenmaß ansiedeln würden.

In den Diagrammen der Abb. 8.7b liegt der wahre Wert der Messgröße, (nämlich 0,0) außerhalb des Vertrauensbereichs. Mit einer Protokollroutine wollen wir untersuchen, wie oft das im Mittel geschieht. Der zugehörige Programmcode steht in Abb. 8.9 (P).

```
 1  Sub ProtocSt2()                              s64 = Cells(6, 7)                              12
 2  Cells(4, 14) = 0 'To count hits for 4 meas.  If m4 + s4 > 0 And m4 - s4 < 0 Then _         13
 3  Cells(5, 14) = 0 ' hits for 16 measurments       Cells(4, 14) = Cells(4, 14) + 1          14
 4  Cells(6, 14) = 0 'hits for 64 measurements   If m16 + s16 > 0 And m16 - s16 < 0 Then _    15
 5  For i = 1 To 100                                 Cells(5, 14) = Cells(5, 14) + 1          16
 6      Application.Calculation = xlCalculationManual  If m64 + s64 > 0 And m64 - s64 < 0 Then    17
 7      m4 = Cells(4, 5)                             Cells(6, 14) = Cells(6, 14) + 1          18
 8      m16 = Cells(5, 5)                        Application.Calculation = xlCalculationAutomatic  19
 9      m64 = Cells(6, 5)                        Next i                                        20
10      s4 = Cells(4, 7)                         End Sub                                       21
11      s16 = Cells(5, 7)                                                                      22
```

Abb. 8.9 (P) Mittelwerte der Messreihen mit $N = 4$, 16 und 64 Messungen werden aus der Tabelle Abb. 8.8 (T) eingelesen; in Spalte 14 (= Spalte N in der Tabelle) wird gezählt, ob der wahre Wert 0 innerhalb der Fehlergrenzen liegt (Zeilen 13 bis18)

1 **Sub ProtocSt()**	Cells(4, 10) = F4 'counts hits for 4 meas	8
2 F4 = 0	If Cells(5, 9) = False Then F16 = F16 + 1	9
3 F16 = 0	Cells(5, 10) = F16 'hits for 16 measurements	10
4 F64 = 0	If Cells(6, 9) = False Then F64 = F64 + 1	11
5 For i = 1 To 1000	Cells(6, 10) = F64 'hits for 64 measurements	12
6 Cells(3, 10) = i 'spreadsheet recalculated	Next i	13
7 If Cells(4, 9) = False Then F4 = F4 + 1	End Sub	14

Abb. 8.10 (P) Alternatives Programm zu Sᴜʙ *ProtocSt2*; fragt die Spalte I (= 9) von Abb. 8.8 (T) ab, in der mit der Tabellenfunktion Uɴᴅ ermittelt wird, ob der wahre Wert innerhalb der Fehlergrenzen der Messung liegt

Die Ergebnisse der Tabelle in Abb. 8.8 (T) werden in Abb. 8.7 grafisch dargestellt. Theoretisch beträgt der Vertrauensbereich für $\pm s_e$ 68,3 %. Anders formuliert: In mehr als 30 % der Fälle liegt der „wahre" Wert auch theoretisch außerhalb $\pm s_e$. Wir merken uns die Besenregel: Ψ *Zwei drin und einer draußen*. Diese Regel gilt aber nur, wenn die Messung mindestens achtmal wiederholt wird. Wenn weniger oft gemessen wird, dann ist die Trefferrate geringer. Für vier Messungen beträgt sie nur 61 % gemäß der Tabelle in Abb. 8.8 (T), Zelle L4.

Fragen

Wie geht der „wahre" Wert der Messgröße in die Simulation des Messprozesses in B9:B17 von Abb. 8.6 (T) ein?[11]

Wie lautet die Formel in I5 von Abb. 8.8 (T)?[12]

Wie deuten Sie die Angaben in J4 und L4 von Abb. 8.8 (T)?[13]

Sᴜʙ *ProtocSt2* in Abb. 8.9 (P) liest die Ergebnisse für die Mittelwerte und Standardabweichungen aus Abb. 8.8 (T) ein (Zeilen 7 bis 12) und überprüft in den Zeilen 13 bis 19, ob der wahre Wert 0 außerhalb der Fehlergrenzen liegt. Wenn das der Fall ist, dann wird die Anzahl der Fehler in Spalte N hochgezählt.

Dieselben Abfragen werden schon in der Tabelle in Spalte I gemacht. Sᴜʙ *ProtocSt* in Abb. 8.10 (P) ist deshalb eine Alternative zu Sᴜʙ *ProtocSt2*. Sie fragt nur die Werte der Zellen I4 bis I6 (ᴄᴇʟʟs(4,9) bis ᴄᴇʟʟs(6,9)) ab und zählt die Zahl der Fehler in Spalte J hoch.

---

[11]Als Mittelwert der Normalverteilung, die mit Nᴏʀᴍ.ɪɴᴠ(Zᴜꜰᴀʟʟszᴀʜɪ(); *Mittelwert, Stabw*) erzeugt wird.

[12]Abb. 8.8 (T), Formel in I5 = UND(E5 − G5 < 0; E5 + G5 > 0); der Ausdruck ist wahr, wenn der Fehlerbereich den wahren Wert nicht erfasst.

[13]J4: Bei 392 von 1000 Wiederholungen des Zufallsexperiments liegt der wahre Wert außerhalb ±Standardfehler; in L4 steht die aus J4 berechnete Trefferrate.

Aufgabe

Vergleichen Sie die logischen Abfragen mit IF im Makro der Abb. 8.10 (P) mit denjenigen in I3 der Tabelle in Abb. 8.8 (T)!

Fragen

In SUB *ProtocSt* in Abb. 8.10 (P) wird die automatische Berechnung nicht ausgeschaltet, im Gegensatz zu SUB *ProtocSt2*.

Wie oft wird die Tabelle für einen Wert des Schleifenindexes i neu berechnet?[14]

Vor welcher Zeile müsste die automatische Berechnung aus- und vor welcher wieder eingeschaltet werden, um die Zahl der Neuberechnungen zu minimieren?[15]

8.4   Der *t*-Wert vergrößert den Fehlerbereich

Wenn zusätzlich zum Mittelwert einer Messreihe und seinem Standardfehler noch die Anzahl der Messungen angegeben wird, dann kann mithilfe des *t*-Wertes der studentschen *t*-Verteilung ein genau definierter Vertrauensbereich und dazu die Irrtumswahrscheinlichkeit angegeben werden. Für mindestens acht Messungen und $t = 1$ gilt unsere Regel für den Vertrauensbereich des Standardfehlers: Ψ *Zwei drin und einer draußen*.

▶ **Tim** Es wird in diesem Kapitel über die Auswertung von Messungen oft erwähnt, dass unsere Regel Ψ *Zwei drin und einer draußen* nur gilt, wenn mehr als siebenmal gemessen wird. So oft messen wir doch im Praktikum nie. Höchstens viermal.

▶ **Alac** Das macht nichts. Schon wenn man eine Größe zweimal misst, kann man Mittelwert und Standardfehler angeben. Das reicht.

▶ **Mag** Nicht ganz. Man muss zu Mittelwert und Standardfehler noch die Zahl der Messungen angeben. Ein Beispiel eines vollständigen Messprotokolls: Die Erdbeschleunigung in unserem Labor wurde mit einem Pendelversuch zweimal gemessen. Es ergab sich ein Mittelwert von 9,8 m/s^2 mit einem Standardfehler von 0,2.

---

[14]Die Tabelle wird nach jedem Zelleintrag neu berechnet, nach den Zeilen 6, 8, 10 und 12, also unnötigerweise viermal pro Schleifendurchlauf.

[15]Vor Zeile 6 ausschalten, vor Zeile 13 wieder einschalten.

	A	B	C	D	E	F	G
1			$=T.INV.2S(P.out;f)$		$=T.VERT.2S(1;f)$ $=(P.1-1/3)*3$		
2	**P.out**	**f**	**t**		**P.1**		
3	0,317	100000	1,00		0,317	-0,05	
4	0,317	7	1,08		0,351	0,05	
5	0,317	3	1,20		0,391	0,17	
6	0,05	100000	1,96		**0,050**	=T.VERT.2S(1,96;f)	
7	0,05	7	2,36		0,091	=T.VERT.2S(1,96;f)	
8	0,05	3	3,18		0,145	=T.VERT.2S(1,96;f)	

Abb. 8.11 (T) P_{out} = vorgewählte Wahrscheinlichkeit, dass die Fehlergrenzen den wahren Wert nicht erfassen; f = Anzahl der Freiheitsgrade; t = Faktor, mit dem der Standardfehler multipliziert werden muss, um die Fehlergrenze zu erhalten; P_1 = Fehlerwahrscheinlichkeit, wenn als Fehlergrenze der unkorrigierte (E3:E5) oder der mit 1,96 multiplizierte (E6:E8) Standardfehler des Mittelwertes angegeben wird. In F3:F5 wird die Abweichung von Ψ *Zwei drin und einer draußen* berechnet

▶ **Tim** Die Einzelheiten des Versuchsaufbaus sollen wir doch bestimmt auch beschreiben? Zum Beispiel: Wie genau wurden Länge des Pendels und Schwingungsdauer bestimmt.

▶ **Mag** Selbstverständlich. Aber mit den drei Angaben zum Messergebnis kann ein Experte statistisch wohl definierte Aussagen machen; z. B. muss für die zwei Messungen von Alac die ermittelte Standardabweichung verdoppelt werden, um eine Messunsicherheit gemäß Ψ *Zwei drin und einer draußen* zu erreichen.[16]

Die studentsche *t*-Verteilung

Die Tabellenfunktion T.INV.2S(P_{out};F) (TINV vor EXCEL 2010) gibt einen Faktor t zurück, mit dem der Standardfehler s_e des Mittelwertes multipliziert wird, um die Fehlergrenzen zu bestimmen. P_{out} gibt dabei die Wahrscheinlichkeit an, dass der wahre Wert außerhalb der Fehlergrenzen $\pm s_e$ liegt (zweiseitig). Der Parameter f wird als Freiheitsgrad bezeichnet. Er ist für Messreihen, bei der nur *der Mittelwert* bestimmt wird, gleich der Anzahl der Messungen minus 1, $f = n - 1$. In Abb. 8.11 (T), Spalte C, werden t-Werte für Irrtumswahrscheinlichkeiten $P_{out} = 0,317$ und 0,05 berechnet.

Bei sehr vielen Messungen (100.001 entsprechend $f = 100.000$) ist $t = 1,00$, und der wahre Wert wird somit mit einer Wahrscheinlichkeit von $P_{out} = 0,317$ vom Standardfehlerbereich des Mittelwertes nicht erfasst. Bei vier Messungen ($f = 3$) liegt der wahre Wert mit demselben $P_{out} = 0,317$ außerhalb des um den Faktor 1,2 vergrößerten Standardfehlers des Mittelwertes.

Die Tabellenfunktion T.VERT.2S (x; FREIHEITSGRADE) gibt die Wahrscheinlichkeit aus, dass der wahre Wert von den Fehlergrenzen nicht erfasst wird. Der Index .2S soll angeben, dass es sich um eine zweiseitige Aussage handelt. Als Fehlergrenze

---

[16]Der Freiheitsgrad bei zwei Messungen ist $f = 1$, der t-Wert dazu ist $t = 1,84$ für eine Irrtumswahrscheinlichkeit von 38 %. Für eine Irrtumswahrscheinlichkeit von 5 % ist der t-Wert 12,7.

gilt der Standardfehler multipliziert mit dem Faktor x. Diese Funktion wird in E3:E5 von Abb. 8.11 (T) mit $x = 1$ und in E6:E8 mit $x = 1,96$ eingesetzt.

In F3:F5 wird berechnet, wie weit unsere Besenregel Ψ *Zwei drin und einer draußen* die Trefferrate tatsächlich trifft. Bei acht Messungen ($f = 7$ in B4) liegt in 35 % (E4) der Fälle der wahre Wert außerhalb ±Standardfehler, E4 = [=T. Vert.2S(1;7)] = 0,35. Die Besenregel schätzt die Trefferrate bei unendlich vielen Messungen um 5 % zu niedrig, bei acht Messungen um 5 % zu hoch. In diesem Bereich lassen wir unsere Regel also gelten und Unendlichkeit ∞ bei 8 anfangen.

▶ **Mag** Bei den vier Messungen von Tim im Dialog am Anfang dieser Übung ist der Freiheitsgrad drei und T.Vert.2S(1;3) = 0,391 (E5 in Abb. 8.11 (T)); die Fehlerwahrscheinlichkeit ist also 17 % höher als nach unserer Ψ-Regel.

▶ **Alac** Für einen Praktikumsversuch doch auch nicht zu viel daneben, oder?

▶ **Tim** Na ja, wir haben jetzt die mathematisch korrekte Aussage.

▶ **Mag** Man muss immer wissen, was man tut und alles genau berichten. Wichtig ist, dass Sie nicht vergessen, dass der „wahre" Wert einer Messgröße außerhalb der Fehlergrenzen liegen kann.

In den Zellen E6:E8 wird berechnet, wie groß die Irrtumswahrscheinlichkeit ist, wenn als Messfehler der Standardfehler multipliziert mit dem Faktor 1,96 genommen wird, T.Vert.2S(1,96;F). Bei sehr vielen Messungen ist sie 5 % (der „krumme" t-Wert von 1,96 wird gerade so gewählt), bei acht Messungen ($f = 7$) bereits 9 %.

Bei den zwei Messungen von Alac, die er zu Beginn dieser Übung ins Feld geführt hat, ist $f = 1$ und T.Vert.2S(1;1) = Tvert(1;1;2) = 0,5, d. h., bei jeder zweiten Messreihe liegt der wahre Wert weiter als der Standardfehler vom Mittelwert der Messreihe entfernt.

Fragen

Um welchen Faktor ist die Standardabweichung von vier Messungen zu vergrößern, damit der wahre Wert mit einer Wahrscheinlichkeit von 68,3 % innerhalb der erweiterten Fehlergrenzen liegt?[17]

Wie groß ist die Irrtumswahrscheinlichkeit, wenn bei acht Messungen als Messunsicherheit der Standardfehler angegeben wird?[18]

Wie groß ist die Irrtumswahrscheinlichkeit, wenn bei vier Messungen als Messunsicherheit der Standardfehler × 1,96 angegeben wird?[19]

---

[17]Abb. 8.11 (T), der Freiheitsgrad bei vier Messungen ist $f = 3$, $t = 1,20$ in Zelle C5.

[18]Abb. 8.11 (T), $f = 7$, E4 = 35 %.

[19]Abb. 8.11 (T), $f = 3$, E8 = 14,5 %.

	A	B	C	D	E	F	G	H	I	J
1	=NORM.INV(ZUFALLSZAHL();0;1)		="A3:A"&B4+2	=MITTELWERT(INDIREKT(Rng))	=T.INV(0,317;n.-1)	=STABW.S(INDIREKT(Rng))/WURZEL(n.)*t.	=ODER(MW>Std.t;MW<-Std.t)			
2		n.	Rng	MW	t.	Std.t		out	1000	
3	-1,38	2	A3:A4	-0,31	1,84	1,96	FALSE	0,32		
4	0,76	4	**A3:A6**	0,31	1,20	0,68	FALSE	0,31		
5	0,80	6	A3:A8	0,25	1,11	0,41	FALSE	0,30		
6	1,04	8	A3:A10	0,19	1,08	0,31	FALSE	0,31		
7	0,52	10	A3:A12	-0,19	1,06	0,36	FALSE	0,30		
8	-0,23	16	A3:A18	-0,35	1,04	0,34	TRUE	0,30		
18	-2,43									

Abb. 8.12 (T) Auswertung von Messreihen mit zwei bis 16 Messungen aus Spalte A; in Spalte F steht die halbe Breite des Vertrauensintervalls für eine Irrtumswahrscheinlichkeit von 0,318; in Spalte G wird überprüft, ob der wahre Wert (hier 0) außerhalb der Fehlergrenzen liegt; in Spalte H wird die experimentelle Irrtumsrate nach 1000-facher Wiederholung des statistischen Tabellenexperiments protokolliert (*Vielfachtest auf Irrtumswahrscheinlichkeit*)

Experimentelle Überprüfung der Messunsicherheit

Wir simulieren Messreihen gemäß Ψ *Wir wissen alles und stellen uns dumm*. Dazu erzeugen wir 17 normalverteilte Zufallszahlen (in Spalte A von Abb. 8.12 (T), Mittelwert $= 0$, Standardabweichung $= 1$) und bestimmen den experimentellen Mittelwert von zwei bis 17 von ihnen (in Spalte D), mithilfe der Tabellenfunktion INDIREKT, die auf die Bereichsangaben in Spalte C zugreift.

Fragen

Von welchen Zahlen wird in D6 von Abb. 8.12 (T) der Mittelwert gebildet? [20]

Wie wird das Argument der Tabellenfunktion M gebildet? [21]

In Spalte E wird der t-Wert mit der Tabellenfunktion $t = \text{T.INV}(P_{out};f)$ berechnet. In Spalte F wird der Standardfehler des Mittelwertes mit t multipliziert, sodass die Messunsicherheit des Mittelwertes der Messreihe $P_{out} = 0,317$ sein sollte.

---

[20]Der Mittelwert wird von den Zahlen in A3:A10 gebildet.

[21]Das Argument von MITTELWERT wird mit INDIREKT aus dem Spaltenbereich mit Namen *Rng* entnommen.

Messunsicherheit des Mittelwertes

Für eine vorgegebene Irrtumsrate von 0,317 ist der Grenzabstand $\pm s_e$ des Vertrauensbereichs um einen Mittelwert gegeben durch:

$$s_e = s_d \cdot \frac{t}{\sqrt{n}} \tag{8.5}$$

mit s_e = Standardabweichung der Einzelmessung in der Messreihe, n = Anzahl der Messungen und t = t-Faktor der studentschen t-Verteilung für den Freiheitsgrad $f = n - 1$.

In Spalte G von Abb. 8.12 (T) steht [=ODER(*MW>Std.t; MW<-Std.t*)]. Dieser Ausdruck ist wahr, wenn der wahre Mittelwert, nämlich 0, außerhalb der nach der Theorie berechneten Fehlergrenzen liegt. Im Beispiel der Abb. 8.12 (T) ist das (zufällig) für drei Messungen der Fall. Mit einer Wiederholungsroutine führen wir das Zufallsexperiment 1000-mal durch und erhalten in Spalte G die Fehlerrate. Sie liegt tatsächlich in der Nähe von 0,317.

Beweisen oder nicht widerlegen? 8 = ∞?

▶ **Tim** Mit dem Mittelwert, seiner Standardabweichung und der Anzahl der Messungen kann man also tatsächlich zu statistisch einwandfreien Aussagen kommen.

▶ **Alac** Unsere Simulation beweist das.

▶ **Tim** Nein, unsere Simulation liefert keinen Grund, an der Aussage zu zweifeln.

▶ **Alac** Deine Pingeligkeit nervt ganz schön.

▶ **Mag** Ist aber unverzichtbar. Ansonsten nehmen wir es gelassen. Bei Messreihen fängt für uns ∞ schon bei 8 Messungen an.

▶ **Tim** 8 = ∞? Ist das nicht eine Verdrehung der Tatsachen?

▶ **Mag** Diskutieren Sie!

8.5 Gesamtergebnis aus verschiedenen Messreihen

Werden zwei verschiedene Messaufbauten zur Messung derselben Größe eingesetzt, dann wird ein gewichteter Mittelwert der Ergebnisse der beiden Messreihen gebildet, mit den Kehrwerten der Varianzen als Gewichte. Ψ *Schlecht macht gut meist besser.*

Ψ *Schlecht macht gut meist besser*

Wie kommt man zu einem Gesamtergebnis, wenn zwei verschiedene Messreihen jeweils mit Mittelwert m_i und Varianz $v_i = \sigma_i^2$ des Mittelwertes vorliegen? Man bildet einen *gewichteten Mittelwert* der einzelnen Mittelwerte mit den Kehrwerten der Varianzen v_i der jeweiligen Messreihe als Gewichte:

$$m_{\text{end}} = \frac{v_1^{-1}m_1 + v_2^{-1}m_2}{v_1^{-1} + v_2^{-1}} \tag{8.6}$$

Je größer die Varianz (und damit also auch der Standardfehler des Mittelwertes), desto geringer ist das Gewicht der Messung im Gesamtergebnis. Der Kehrwert der Varianz des Gesamtergebnisses wird als Summe der Kehrwerte der einzelnen Varianzen berechnet:

$$v_{\text{end}}^{-1} = v_1^{-1} + v_2^{-1} \tag{8.7}$$

Fragen

Wird die Varianz des Gesamtergebnisses aufgrund Gl. 8.7 größer oder kleiner als die Varianz der besten Messung?[22]

Wie vereinigt man zwei Messergebnisse?

▶ **Mag** Zwei Forschergruppen haben mit unterschiedlichen Verfahren den Wert derselben Messgröße bestimmt, allerdings mit unterschiedlichen Standardabweichungen. Ein Beispiel: Die Erdbeschleunigung an einem bestimmten Ort wurde durch einen Fallversuch und außerdem mit einem Pendel bestimmt. Welches Ergebnis schreiben Sie als Chef der beiden Gruppen in den Abschlussbericht des Projekts?

▶ **Alac** Klar das mit der geringeren Standardabweichung.

▶ **Tim** Ich gebe einfach beide Ergebnisse an, korrekt mit den Standardabweichungen. Der Leser kann sich dann das passende aussuchen.

▶ **Mag** Weder noch. Als übergeordneter Chef sollten Sie beide Messungen zusammenfassen können und einen Wert für die Messgröße angeben, dessen Standardabweichung noch kleiner ist als für die bessere der beiden Messungen.

▶   Ψ *Schlecht macht gut meist besser.*

---

[22]Die Kehrwerte der Varianzen werden addiert. Die Varianz des Gesamtergebnisses wird kleiner.

▶ **Tim** Richtig, die Angabe kommt doch durch einen gewichteten Mittelwert der Messergebnisse zustande, mit den Kehrwerten der Varianzen als Gewichte, Gl. 8.6.

Zwei Messreihen für dieselbe Messgröße

Wir erstellen zwei Messreihen für dieselbe Messgröße, einmal mit 16 Einzelmessungen und einmal mit vier Einzelmessungen. Wenn das Rauschen für beide Messreihen gleich ist, dann sollten sich die Standardfehler der Mittelwerte um den Faktor zwei unterscheiden.

Wir berechnen für die beiden voneinander unabhängigen Messreihen die Mittelwerte nach Gl. 8.1 und die Varianzen nach Gl. 8.2 sowie für die Kombination der beiden Messreihen den Mittelwert als gewichteten Mittelwert gemäß Gl. 8.6 und die Varianz über die Summe der Kehrwerte gemäß Gl. 8.7. In Abb. 8.13a werden die Ergebnisse für ein Beispiel grafisch dargestellt. Einen möglichen Tabellenaufbau für diese Darstellung, auf den Sie zur Not zurückgreifen können, finden Sie in Abb. 8.15 (T). Entwickeln Sie aber besser eine eigene Rechnung, vielleicht nach Analyse der Abb. 8.15 (T)! Das ist meist sogar weniger fehlerträchtig, als eine fremde Lösung abzuschreiben.

Die Position der senkrechten Strecken in Abb. 8.13a entspricht dem Mittelwert der Messreihen, die Höhe dem Gewicht in der Summe, nämlich $1/s^2$ mit der Varianz s^2. In diesem Beispiel liegt der Wert der kombinierten Messungen, „4&16", am nächsten am wahren Wert von 6,0.

Wir wiederholen das soeben beschriebene Zufallsexperiment mit einer Protokollroutine 20-mal und notieren die Abweichungen der vier Mittelwerte (mit je 4, 16 und 16&4 Messungen) vom wahren Wert. Das Ergebnis wird in Abb. 8.13b dargestellt.

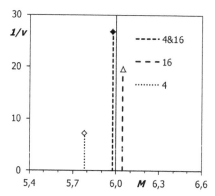 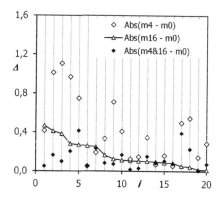

Abb. 8.13 a (links) Ein Ergebnis für die Messreihen aus Abb. 8.15 (T) mit unterschiedlicher Anzahl von Wiederholungen; die Länge der senkrechten Strecken gibt den Kehrwert der jeweiligen Varianz an (gleich dem Gewicht in der gewichteten Summe). Der wahre Wert der Messgröße ist 6. Bei Wiederholung des Zufallsexperiments erhält man andere Lagen und andere Höhen der senkrechten Strecken. **b** (rechts) Abweichung der Mittelwerte der Messreihen mit $N = 4$, 16, 4&16 vom wahren Wert m_0 für insgesamt 20 Experimente, geordnet nach der Abweichung $Abs(m_{16} - m_0)$ für 16 Messungen. „4&16" bedeutet, dass die Ergebnisse der Messreihen für vier und für 16 Messungen nach Gl. 8.6 zusammengefasst werden

	A	B	C	D	E	F	G
1	a.1	15		v.1	4	=s.1^2	
2	s.1	2		v.2	1	=s.2^2	
3	a.2	18		a.12	17,4	=(a.1/v.1+a.2/v.2)/(1/v.1+1/v.2)	
4	s.2	1		s.12	0,89	=Wurzel((1/v.1+1/v.2)^-1)	

Abb. 8.14 (T) Aus zwei Messungen $a_1 \pm s_1$ und $a_2 \pm s_2$ wird ein Gesamtergebnis $a_{12} \pm s_{12}$ gebildet. Dazu müssen aus den Standardfehlern s_1 und s_2 die Varianzen v_1 und v_2 berechnet werden

	C	D	E	F	G
6	16	6,36 =MITTELWERT(A5:A20)		0,053 =VARIANZ(A5:A20)/C6	
7	4	5,61 =MITTELWERT(A21:A24)		0,009 =VARIANZ(A21:A24)/C7	
8					
9	4&16	5,72 =(D6/F6+D7/F7)*F9		0,007 =(1/F6+1/F7)^-1	

Abb. 8.15 (T) In Spalte A werden 20 Zufallszahlen erzeugt (hier nicht sichtbar); im Bereich D6:G7 werden Mittelwert und Varianz für die ersten 16 und die letzten vier Messwerte berechnet. In Zeile 9 werden die Messergebnisse gemäß Gl. 8.6 und 8.7 kombiniert. Die Funktion VARIANZ in G6 und G7 kann ab Excel 2010 auch als VAR.S geschrieben werden

Wir sehen, dass die gewichteten Mittelwerte ($m_{4\&16}$ in Abb. 8.13b, $n = 16$ und $n = 4$ kombiniert) in den meisten Fällen näher am wahren Wert liegen als die Reihe mit 16 Messungen; nur viermal liegt das kombinierte Ergebnis weiter vom wahren Wert entfernt. Man kann also *erwarten*, eine gute Messung (hier mit $n = 16$) noch zu verbessern, wenn man die Ergebnisse einer schlechteren Messung (hier mit $n = 4$) hinzunimmt. Das ist eine statistische Erwartung, die nicht in jedem Einzelfall zutrifft. Ψ *Schlecht macht gut meist besser.* Ψ *Meistens, nicht immer.* Der Wert für die Reihe mit vier Messungen ist meist weit vom wahren Wert entfernt, manchmal liegt er aber näher am wahren Wert als die Ergebnisse der Messreihe mit 16 Messungen.

In einer Erweiterung der Routine wird abgefragt, ob der wahre Wert beim Experiment „16&4" innerhalb der Fehlergrenzen liegt. Dieser Vorgang wird 100-mal wiederholt (*Vielfachtest auf Irrtumswahrscheinlichkeit*). In etwa 30 % der Fälle liegt der wahre Wert nicht innerhalb des empirischen Standardfehlers $\pm s_e$.

Fragen

Wie oft ist das Ergebnis für die Reihe mit vier Messungen näher am wahren Wert als alle anderen Messungen?[23]

Lohnt sich Faulheit?[24]

---

[23]Viermal, für $i = 1, 7, 14, 16$.

[24]In diesem Fall lohnt sich Faulheit nicht. Zwölfmal ist das Ergebnis von nur vier Messungen (fauler Experimentator) deutlich schlechter als die Messwerte der anderen Reihen.

▶ **Tim** Ich weiß jetzt nicht mehr, welches Endergebnis ich angeben soll. Wie man's macht ist's falsch.

▶ **Mag** Nicht ganz. Man kann sich immer falsch entscheiden. Das geschieht aber weniger oft, wenn man sich an die Regeln hält. Also:

▶   Ψ *Entscheide dich! Es wird manchmal falsch sein.*

Beispiel: Beschleunigung eines Flugzeugs

In einem startenden Flugzeug wird die Beschleunigung a mit zwei verschiedenen Methoden gemessen. Die Messergebnisse sind $a_1 = 15 \pm 2$ m/s^2 und $a_2 = 18 \pm 1$ m/s^2. Welchen Wert und welche Messunsicherheit sollte die Besatzung an die Bodenstation melden? Die Tabellenrechnung steht in Abb. 8.14 (T). Das Gesamtergebnis a_{12} in E3 wird mit Gl. 8.6 berechnet und die zugehörige Standardabweichung s_{12} als Wurzel aus der Varianz nach Gl. 8.7.

Es müssen zunächst die Standardfehler s_1 und s_2 quadriert werden, um die Varianzen v_1 und v_2 zu erhalten, die in die Formeln eingehen. Für den Standardfehler s_{12} des kombinierten Ergebnisses muss aus der zugehörigen Varianz, Gl. 8.7, wieder die Wurzel gezogen werden.

Vollständige Tabellenrechnungen

In Abb. 8.15 (T) werden Mittelwert und Varianz für 16 und vier Messungen ermittelt, sowie in Zeile 9 die nach Gl. 8.6 bzw. Gl. 8.7 kombinierten Ergebnisse der beiden Messreihen.

Fragen

Sowohl in Abb. 8.15 (T) als auch in Abb. 8.8 (T) werden Messreihen aus vier und 16 Einzelmessungen gebildet. In welcher Tabelle sind die beiden Messreihen voneinander unabhängig?[25]

---

[25]In Abb. 8.15 (T) besteht die erste Serie aus den Zufallszahlen in A5:A20 und die zweite Serie aus den davon unabhängigen Zufallszahlen in A21:A24. Die beiden Serien sollen nach Aufgabenstellung zwei unabhängige Messungen simulieren. In Abb. 8.8 (T) ist die Serie mit vier Messungen eine Teilmenge der Serie mit 16 Messungen. Die Serien sind also nicht unabhängig voneinander. Das ist hier erlaubt, weil es nur auf die Zahl der Messungen ankommt.

8.6   Fehlerfortpflanzung

Sie können Fehler nicht an der Fortpflanzung hindern. Das liegt in ihrer Natur. Lernen Sie, damit zu leben! Wir simulieren die Fehlerfortpflanzung in Summen, Produkten und Potenzen mit statistischen Experimenten. Merken Sie sich: Bei Produkten addieren sich die relativen, bei Summen die absoluten Varianzen. Ψ *Rechne mit Varianzen, berichte die Standardabweichung!*

8.6.1   Allgemeine Regel für die Fehlerfortpflanzung und Tabellenaufbau für Zufallsexperimente

Das Endergebnis Y einer Messreihe sei eine Funktion von einer oder von mehreren gemessenen physikalischen Größen Z_i: $Y = f(Z_1, Z_2, \ldots)$. Die Z_i werden als Zufallsvariablen betrachtet, die um den „wahren" Wert normalverteilt sind. Die statistische Theorie besagt:

▶   Die Varianz des Endergebnisses ist eine gewichtete Summe der Varianzen $s_e^2(Z_i)$ der Messwerte der einzelnen Variablen Z_i.

$$s_e^2(Y) = a_1 s_e^2(Z_1) + a_2 s_e^2(Z_2) + \ldots \text{ mit } a_1 = \left(\frac{\partial Y}{\partial Z_1}\right)^2, a_2 = \left(\frac{\partial Y}{\partial Z_2}\right)^2 \text{ usw.} \quad (8.8)$$

In dieser Formel bezeichnet s_e^2 die empirische Varianz des Mittelwertes von Z_1 oder Z_2 der Stichproben, die man mit der Tabellenfunktion VAR.S/WURZEL(n) erhält, wobei n die Anzahl der jeweiligen Messungen ist. Die Gewichte in der Summe sind die Quadrate der Ableitungen der Funktion Y nach den zugehörigen Variablen. Je größer die Steigung der Funktion als Funktion einer Variablen, desto stärker geht die Varianz dieser Variablen in die Varianz des Endergebnisses ein.

Als Beispiel betrachten wir die Berechnung des Volumens V_K einer Kugel aus ihrem Durchmesser d_K:

$$V_K = \frac{\pi}{6} d_K^3$$

$$s_e^2(V_K) = \left(\frac{\pi}{2} d_K^2\right)^2 \cdot s_e^2(d_K) \quad (8.9)$$

Welches sind die physikalischen Dimensionen auf beiden Seiten der Gl. 8.9?[26]

In den folgenden Abschnitten werden wir die Fortpflanzung der Standardabweichungen einer Menge von Messdaten untersuchen. Wir gelangen zum Fortpflan-

---

[26]Die Dimensionsanalyse $m^6 = m^4 \cdot m^2$ zeigt, dass Gl. 8.9. keine groben Fehler enthält.

zungsgesetz für die Varianzen der Mittelwerte, Gl. 8.8, durch Division aller Varianzen der Datenmengen durch die Anzahl n der Messungen.

8.6.2 Tabellenrechnung für die Fortpflanzung der Standardabweichung einer Menge von Messwerten

Wir erstellen zwei (10×10)-Matrixbereiche mit Namen Z_1 und Z_2 und beschreiben sie mit normalverteilten Zufallszahlen, siehe Abb. 8.16 (T).

Wir bilden dann in zwei weiteren (10×10)-Matrixbereichen die Summe (*Sum_Z1_Z2*) und das Produkt (*Prod_Z1_Z2*) aus Z_1 und Z_2 sowie in einem dritten (10×10)-Matrixbereich (*Z1n*) die n-te Potenz von Z_1, siehe Abb. 8.17 (T).

Die Zufallszahlen werden in dieser Übung in quadratischen Bereichen der Größe zehn Reihen mal zehn Spalten abgelegt, damit wir noch einmal den Umgang mit Matrixfunktionen üben. In Abb. 8.17 (T) wird z. B. der Bereich A40:J49 aktiviert, die Formel [= Z.1 + Z.2] eingegeben und mit dem Zaubergriff Ψ *Alt + Umschalt + Abschluss* abgeschlossen. Die Matrizen Z_1 und Z_2 werden damit komponentenweise addiert.

Die Mittelwerte und die Standardabweichungen für die Zufallsgeneratoren von Z_1 und Z_2 sowie die Potenz n werden im Tabellenbereich C1:C6 in Abb. 8.18 (T) festgelegt.

	A	B	C	D	E	F	G	H	I	J
15	Z.1	=NORM.INV(ZUFALLSZAHL();M.1;D.1)								
16	10,11	9,97	9,86	9,93	9,96	9,96	10,17	9,89	9,90	10,08
25	9,95	9,97	9,91	10,09	9,89	10,21	9,99	9,90	9,98	10,07
26										
27	Z.2	=NORM.INV(ZUFALLSZAHL();M.2;D.1)								
28	4,09	3,93	3,97	4,14	3,95	3,92	4,00	3,93	4,05	4,02
37	4,15	3,95	4,06	3,98	4,04	4,03	4,00	4,19	3,94	4,10

Abb. 8.16 (T) Zwei Matrixbereiche, Z_1 und Z_2, mit je 100 normalverteilten Zufallszahlen, deren Mittelwert und Standardabweichung in Abb. 8.18 (T) festgelegt werden

	A	B	C	D	E	F	G	H	I	J
39	sum_Z.1_Z.2		{=Z.1+Z.2}							
40	14,04	14,05	13,94	13,98	13,92	14,21	13,84	13,96	14,10	13,97
49	13,87	13,97	14,05	13,94	13,91	13,85	14,08	13,97	13,92	13,86
51	Z.1_Z.2		{=Z.1*Z.2}							
52	39,36	40,76	39,56	39,81	39,55	41,34	38,04	39,36	41,14	39,84
61	39,31	39,88	40,67	38,49	39,20	38,67	40,38	40,18	39,52	39,05
63	Z.1n		{=Z.1^n}							
64	10724,6	9806,1	9881,7	9977,1	9739,5	10548,0	10215,8	10146,0	9892,2	9936,6
73	9603,5	9891,8	9875,1	10625,1	9932,7	9915,5	10292,3	9694,9	9806,9	9712,0

Abb. 8.17 (T) In den drei Matrixbereichen mit Namen *sum_Z.1_Z.2*, *prod_Z.1_Z.2* und *Z.1n* werden komponentenweise die Summe und das Produkt aus Z_1 und Z_2 bzw. die n-te Potenz von Z_1 aus Abb. 8.16 (T) gebildet. Alle Bereiche haben dieselbe Größe wie in Abb. 8.16 (T): zehn Reihen mal zehn Spalten. Zeilen im Innern der Matrizen sind ausgeblendet

	A	B	C	D	E	F	G	H	I	J
1	**Z.1**	**M.1**	10,00	10,02	=MITTELWERT(Z.1)			**Z.1+Z.2**	14,03	=MITTELWERT(sum_Z.1_Z.2)
2		**D.1**	0,10	0,10	=STABW.S(Z.1)				14,03	=D1+D3
3	**Z.2**	**M.2**	4,00	4,01	=MITTELWERT(Z.2)				0,13	=STABW.S(sum_Z.1_Z.2)
4		**D.2**	3,00	0,10	=STABW.S(Z.2)				**0,14**	**=WURZEL(D2^2+D4^2)**
5								**Z.1*Z.2**	40,18	=MITTELWERT(prod_Z.1_Z.2)
6	**Z.1^n**	**n**	2,00						40,18	=D1*D3
7									1,01	=STABW.S(prod_Z.1_Z.2)
8									**1,04**	**=WURZEL((D3*D2)^2+(D1*D4)^2)**
9								**Z.1^n**	100	=MITTELWERT(Z.1n)
10									100	=M.1^n
11									100	=D1^n
12									2,04	=STABW.S(Z.1n)
13									**2,00**	**=n*M.1^(n-1)*D.1**

Abb. 8.18 (T) Gehört zu Abb. 8.16 (T) und 8.17 (T). In B1:C4 werden die Mittelwerte und Standardabweichungen von zwei Zufallsgeneratoren für die Normalverteilung festgelegt, die in den Matrixbereichen Z_1 und Z_2 in Abb. 8.16 (T) eingesetzt werden. Daneben in Spalte D stehen die entsprechenden aus Abb. 8.16 (T) ermittelten empirischen Werte für diese Bereiche. In Spalte I stehen Mittelwert und Standardabweichung der Matrixbereiche für $Z_1 + Z_2$, $Z_1 * Z_2$ und Z_1^n. Die Standardabweichungen der Ergebnisse in I4, I8 und I13 werden mit Gl. 8.8 aus den Standardabweichungen von Z_1 und Z_2 (in D2 und D4) berechnet.

Wir ermitteln von allen Matrixbereichen die Mittelwerte und Standardabweichungen und berichten Sie in Abb. 8.18 (T), Spalten D und I. Es stehen in:

- I1, I5, I9 empirische Mittelwerte aus den (10×10)-Blöcken $Z_1 + Z_2$, $Z_1 * Z_2$, $Z_1 \wedge n$,
- I2, I6, I10 erwartete Mittelwerte aus den Mittelwerten von Z_1 und Z_2,
- I3, I7, I11 empirische Standardabweichungen der Datenblöcke,
- I4, I8, I13 Standardabweichung der drei Blöcke, berechnet aus den Standardabweichungen der Komponenten nach den Formeln in Abschn. 8.6.2 und 8.6.3.

8.6.3 Fehlerfortpflanzung in Summen

▶ Die Varianz einer Summe oder Differenz ist die Summe der Varianzen der Summanden.

Aufgabe
Variieren Sie die Mittelwerte und die Standardabweichungen von Z_1 und Z_2 und protokollieren Sie Mittelwert und Standardabweichung der Summe! Welche Gesetzmäßigkeit vermuten Sie? Leiten Sie das Ergebnis aus Gl. 8.8 ab!

In Abb. 8.18 (T) wird in I3 die empirische Standardabweichung aus dem Matrixbereich der Summe und in I4 die theoretische Standardabweichung der Summe s_{calc} als Wurzel aus der Summe der Varianzen der Summanden berechnet. Die beiden Werte stimmen nahezu überein.

Wir variieren die Standardabweichungen von Z_1 und Z_2 unabhängig voneinander systematisch mit einer Protokollroutine und protokollieren die empirische

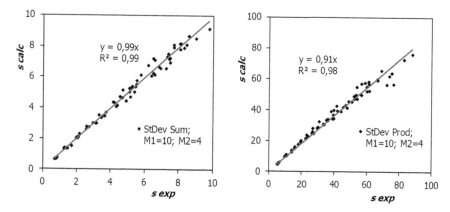

Abb. 8.19   a (links) Standardabweichung der Summe $Z_1 + Z_2$, berechnete Werte gegen empirische Werte. **b** (rechts) Standardabweichung des Produkts $Z_1 * Z_2$, berechnete Werte gegen empirische Werte. Die Standardabweichung ist dabei bis zu zehnmal größer als der Mittelwert. Wenn unsere Formeln stimmen, dann sollten die Geraden die Steigung 1 haben

(s_{exp} aus I3 von Abb. 8.18 (T)) und berechnete (s_{calc} aus I4) Standardabweichung der Summe. In Abb. 8.19a wird s_{calc} gegen s_{exp} aufgetragen. Der Trend ist eine Gerade mit der Steigung 0,99. Somit haben wir die theoretische Aussage mit unserer Simulation wiedergefunden, können zumindest nichts gegen sie einwenden.

> **Frage**
>
> Die beiden Messgrößen x und y haben die Standardabweichungen s_x und s_y. Wie groß ist die Standardabweichung der Summe $x + y$ und wie groß diejenige der Differenz $x - y$?[27]
> Der Proportionalitätsfaktor in der Ausgleichsgeraden in Abb. 8.19b ist mit 0,91 deutlich kleiner als 1. Widerspricht das der Theorie?[28]

8.6.4   Fehlerfortpflanzung in Produkten und Potenzen

Produkte

In Abb. 8.19b wird die experimentell ermittelte Standardabweichung des Produktes $Y = Z_1 \cdot Z_2$ (I7 in Abb. 8.18 (T)) mit der theoretischen (I8) vergleichen, die aus den Standardabweichungen von Z_1 und Z_2 vorhergesagt wird.

---

[27]Die Standardabweichung der Summe und die der Differenz sind gleich: $s_{x+y} = s_{x-y} = \sqrt{s_x^2 + s_y^2}$.

[28]Die Formeln, hier Wurzel aus G. 8.8 für Produkte, beruhen auf einer Taylorentwicklung und gelten nur für kleine Varianzen der unabhängigen Variablen. Diese Näherung ist hier nicht mehr gültig.

Für das Produkt $Y = Z_1 \cdot Z_2$ gelten folgende Koeffizienten in Gl. 8.8:

$$a_1 = \left(\frac{\partial Y}{\partial Z_1}\right)^2 = Z_2^2 \text{ und } a_2 = \left(\frac{\partial Y}{\partial Z_2}\right)^2 = Z_1^2$$

also:

$$s^2(Y) = Z_2^2 s^2(Z_1) + Z_1^2 \sigma^2(Z_2) \tag{8.10}$$

$$\frac{\sigma^2(Y)}{Y^2} = \frac{\sigma^2(Z_1)}{Z_1^2} + \frac{\sigma^2(Z_2)}{Z_2^2} \tag{8.11}$$

▶ Die relative Varianz eines Produktes ist die Summe der relativen Varianzen der Faktoren.

Die Wurzel aus Gl. 8.10 wurde in Zelle I8 von Abb. 8.18 (T) für die berechnete Standardabweichung eingesetzt:

$$\text{WURZEL}\big((D3 * D2)^{\wedge}2 + (D1 * D4)^{\wedge}2\big) = \text{WURZEL}\big((Z_2 * \text{STABW}(Z2))^{\wedge}2 + (Z1 * \text{STABW}(Z1)^{\wedge}2\big)$$

In Abb. 8.19b wird die berechnete gegen die empirische Standardabweichung des Produktes aufgetragen.

Zu große Standardabweichungen verfälschen das Ergebnis

Die Steigung der Regressionsgeraden in Abb. 8.19b ist 0,91, also deutlich kleiner als 1. Das liegt daran, dass die Standardabweichungen der Messgrößen zu groß sind. Gl. 8.8 gilt nur, wenn die Funktion Y im Bereich der Messgrößen gut durch ihre Tangente linear angenähert werden kann. Die Formeln für die Fehlerfortpflanzung beruhen nämlich auf einer Taylorentwicklung der Funktion. Die Steigung in Abb. 8.19b für kleine Varianzen ist größer als die Steigung der eingezeichneten Trendgeraden. Sie ist tatsächlich 0,99, wie eine genaue Überprüfung zeigt.

Fehlerfortpflanzung in Potenzen

Wir untersuchen jetzt die Potenzfunktion

$$y = z^n \tag{8.12}$$

In Abb. 8.17 (T) werden die Zufallszahlen aus dem Bereich Z_1 potenziert und unter dem Namen $Z.1^{\wedge}n$ in der Matrix A64:J73 gespeichert. Wir bestimmen die Standardabweichung $s(y)$ dieser Matrix als Funktion von z_1 für eine Standardabweichung $s(z_1) = 0{,}1$. Ergebnisse für $n = 4$ und $n = 2$ für z_1 zwischen 0,5 und 10 werden in Abb. 8.20a bzw. Abb. 8.20b wiedergegeben und durch eine Potenzfunktion als Trendlinie angenähert.

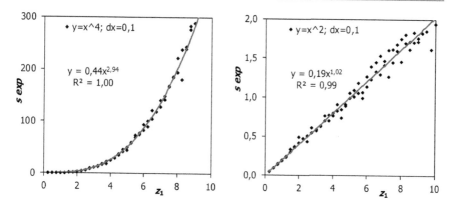

Abb. 8.20 **a** (links) Standardabweichung der vierten Potenz der Zufallsvariablen Z_1 mit der Standardabweichung $s(Z_1) = 0{,}1$ als Funktion des Erwartungswertes M1 (C1 in Abb. 8.18 (T)). **b** (rechts) Wie a, aber mit einer Potenz von $n = 2$

Fragen

Interpretieren Sie die Formeln für die Trendlinien in Abb. 8.20a und Abb. 8.20b![29]

Stimmen die Formeln für die Trendlinien in den Abb. 8.20a und Abb. 8.20b mit der theoretischen Erwartung überein?[30]

Interpretieren Sie die Formel in I13:J13 von Abb. 8.18 (T)![31]

Aufgabe

Verändern Sie n und überprüfen Sie Ihre Interpretation!

Aufgabe

Schreiben Sie zur Überprüfung eine Routine, die die Mittelwerte der drei Standardabweichungen Abb. 8.18 (T) über 1000 Wiederholungen der Versuche mittelt.

Die Varianz der Potenzfunktion wird aus Gl. 8.8 abgeleitet zu:

$$s^2(Y) = a_1 \cdot s^2(Z) \,\text{mit}\, a_1 = \left(\frac{\partial Y}{\partial Z_1}\right)^2 = \left(n \cdot z^{n-1}\right)^2 \tag{8.13}$$

---

[29]Die Standardabweichungen von $f(z_1) = z_1^n$ variieren mit der $(n-1)$-ten Potenz von z_1.

[30]Ja, wir erwarten $s \,\text{prop.}\, x^3$ für $f(x) \,\text{prop.}\, x^4$ und $s \,\text{prop.}\, x$ für $f(x) \,\text{prop.}\, x^2$. Gefunden wird $y = 0{,}44 \cdot x^{2{,}94}$ und $y = 0{,}19 \cdot x^{1{,}02}$.

[31]Lesen Sie weiter bis Gl. 8.13!

die Standardabweichung somit zu:

$$s(Y) = n \cdot x^{n-1} \cdot s(Z) \tag{8.14}$$

Diese Formel wurde in I13 von Abb. 8.18 (T) eingesetzt.

8.7   Winkelrichtgröße eines Torsionsdrahtes

In die Winkelrichtgröße D eines Torsionsdrahtes gehen Radius r und Länge l des Drahtes mit den Potenzen 4 bzw. –1 ein. Die Gewichte für die Varianz von D sind also unterschiedlich groß. Der Radius muss viel genauer gemessen werden als die Länge. Die Standardabweichung des Mittelwertes von D wird mit den Regeln der Fehlerrechnung bestimmt.

Bei der mechanischen Torsion eines Drahtes ist das Drehmoment M proportional zum Drehwinkel ϕ:

$$M = D \cdot \phi$$

Den Proportionalitätsfaktor D nennt man *Winkelrichtgröße*. Für einen Draht der Länge l und des Durchmessers r wird die Winkelrichtgröße durch:

$$D = \frac{r^4}{l}\left(\frac{\pi}{2}G\right) \tag{8.15}$$

gegeben. G ist der Schubmodul des Materials des Drahtes. Im Folgenden setzen wir der Einfachheit halber $\pi G/2 = 1$ N/m^2, ohne dass die Aussagen dadurch beeinträchtigt werden. In Wirklichkeit erreicht der Schubmodul bei gängigen Metalldrähten mehrere 10^{10} N/m^2.

Messprozess als Tabellenrechnung
In Abb. 8.21 (T) wird die Winkelrichtgröße D_m aus zehn Messungen des Radius r_m und acht Messungen der Länge l_m berechnet.

Fragen

Wie werden die Messungen von r und l in Abb. 8.21 (T), B6:B15 und E6:E13 modelliert. Wie gehen die Parameter in A2:E3 ein?[32]

---

[32]Die Messergebnisse werden als Normalverteilungen mit r_D und l_D als Mittelwerten und dr_D bzw. dl_D als Standardabweichungen modelliert.

	A	B	C	D	E	F	G	H	I
1	Radius	1,00 mm		Länge	67,00 cm				
2	**r.D**	0,0010 m		**l.D**	0,6700 m		**D.w**	1,49E-12	=r.D^4/l.D
3	**dr.D**	0,00010 m		**dl.D**	0,0020 m				
4	=NORM.INV(ZUFALLSZAHL();r.D;dr.D)			=NORM.INV(ZUFALLSZAHL();l.D;dl.D)					
5	**r.m**			**l.m**					
6	0,00097			0,667					
13	0,00103			0,669					
15	0,00087								

Abb. 8.21 (T) Messwerte für den Radius (r_m in Spalte B) und die Länge (l_m in Spalte E) eines Drahtes, erzeugt mit den „wahren" Werte r_D und l_D und den Rauschpegeln dr_D bzw. dl_D; „wahre" Winkelrichtgröße D_w. Norm.Inv ist vor Excel 2010 als Norminv abrufbar

	A	B	C	D	E	F
1	r.Dm	9,94E-04	=MITTELWERT(r.m)	r.DV	2,79E-09	=VAR.S(r.m)/Wurzel(10)
2	l.Dm	6,69E-01	=MITTELWERT(l.m)	l.DV	1,57E-06	=VAR.S(l.m)/Wurzel(8)
3				D.V	9,66E-26	=r.DV*w.r+l.DV*w.l
4	D.	1,46E-12	=r.Dm^4/l.Dm	s.D	3,11E-13	=WURZEL(D.V)
5	w.r	3,46E-17	=(4*r.Dm^3/l.Dm)^2		WAHR	=UND(D.-s.D< D.w;D.w<D.+s.D)
6	w.l	4,78E-24	=(r.Dm^4/l.Dm^2)^2	P.in	0,89	10000

Abb. 8.22 (T) Spalte B: Mittelwerte r_{Dm} und l_{Dm} der Messwerte für Radius bzw. Länge des Drahtes und die daraus berechneten Werte für die Winkelrichtgröße D. sowie die Gewichte w_r und w_l zur Berechnung der Varianz D_V in Zelle E3; Zelle E5: Liegt der wahre Wert D_w innerhalb der Standardfehlergrenzen von D.? Der Wert in E6 gibt die Trefferrate für 10.000 Wiederholungen des Zufallsexperiments „10 & 8 Messungen" an. Var.s lautet vor Excel 2010 Varianz. Achtung: P_{in} ist so hoch, weil die Formeln in E1 und E2 falsch sind

Standardfehler des Mittelwertes von D

In Abb. 8.22 (T) Zelle E3 und E4 wird der Standardfehler s_D des Mittelwertes D. nach den Regeln der Fehlerfortpflanzung aus den Varianzen der Messungen des Radius und der Länge berechnet.

Die Gewichte w_r und w_l in B5 und B6 für die gewichtete Summe zur Berechnung der Varianz D_V von D in Zelle E3 von Abb. 8.22 (T) gemäß Gl. 8.10 werden mit den partiellen Ableitungen von Gl. 8.15 berechnet:

$$\left[\frac{\partial}{\partial r}\left(\frac{r^4}{l}\right)\right]^2 = \left[\frac{4r^3}{l}\right]^2 \quad \text{und} \quad \left[\frac{\partial}{\partial l}\left(\frac{r^4}{l}\right)\right]^2 = \left[-\frac{r^4}{l^2}\right]^2$$

Der Messprozess wird mit einer Protokollroutine (Sub *Protoc* in Abb. 8.23 (P)) als Zufallsprozess 10.000-mal durchgeführt.

▶ **Tim** Die Trefferrate in Zelle E6 Abb. 8.22 (T) ist mit $P_{in} = 0{,}89$ viel größer als nach Ψ *Zwei drin und einer draußen* erwartet.

▶ **Alac** Unsere Besenregel ist zu pessimistisch. Wir sind viel besser.

▶ **Mag** Nein, die Regel stimmt im Rahmen unserer Näherung. Die Abweichung der Trefferrate vom erwarteten Wert zeigt an, dass wir in unserer Tabellenrechnung einen Fehler gemacht haben. Wenn wir für die Varianzen der Mittelwerte der Messungen von r und l die richtigen Formeln einsetzen, dann erhalten wir $P_{in} = 0{,}66$ im Einklang mit unserer Regel.

▶ **Tim** Wie gut, dass wir das Zufallsexperiment mit einer Protokollroutine vielfach wiederholt und somit die Trefferrate bestimmt haben! Sonst hätten wir den Fehler nicht bemerkt.

▶ **Mag** Wir bemühen uns, durch folgerichtiges Denken immer die richtigen Formeln einzusetzen. Es ist aber auf alle Fälle gut, die Ergebnisse durch Diagramme oder wie hier durch statistische Experimente zu überprüfen.

Fragen

Wie müssen die Formeln für die Varianzen in E1 und E2 von Abb. 8.22 (T) richtig lauten?[33]

Wie wird das Ergebnis für den Wert der Winkelrichtgröße in B4 von Abb. 8.22 (T) sinnvoll gerundet angegeben?[34]

Protokollroutine

```
1 Sub testin()                        If Cells(5, 5) = True Then _            6
2 maxrep = 10000                         Cells(6, 5) = Cells(6, 5) + 1        7
3 Cells(6, 5) = 0                     Next rep                               8
4 For rep = 1 To maxrep               Cells(6, 5) = Cells(6, 5) / maxrep      9
5   Cells(6, 6) = rep                 End Sub                                10
```

Abb. 8.23 (P) Sub *testin* zählt, wie oft in der Zelle E5 von Abb. 8.22 (T) WAHR steht, der wahre Wert der Größe also innerhalb der Fehlergrenzen der Messreihe liegt. Die Anweisung in Zeile 5 sorgt dafür, dass die Tabelle neu berechnet wird, insbesondere also neue Zufallszahlen erzeugt werden

---

[33] $r_{DV} =$ Varianz(r.m)/10; $l_{DV} =$ Varianz(l.m)/8; nicht WURZEL.

[34] $D. = (1{,}6 \pm 0{,}4) \times 10^{-12}$ Nm/rad; gebildet mit den Werten in B4 und D4; gilt für unsere Annahme $\pi/2 \cdot G = 1$ N/m²).

8.8 Auswertung von Röntgenbeugungsdaten

Wir simulieren Röntgendiffraktogramme einer TiO_2-Probe und bestimmen die Lage der Beugungsreflexe mithilfe von Lauflinien, die von Schiebereglern gesteuert werden. Das Diffraktogramm im Bereich um eine aktuell betätigte Lauflinie wird vergrößert in einer separaten Abbildung dargestellt. Aus der Position der Lauflinien werden mit der braggschen Gleichung die Abstände der Gitterebenen berechnet. Die Ergebnisse aus verschiedenen Teilen der Tabellenrechnung werden mit einer Protokollroutine in eine übersichtliche Tabelle übertragen. – Tim verdient sich ein Zubrot.

8.8.1 Das Röntgendiffraktogramm wird täuschend echt nachgebildet

Bei Messungen zur Röntgenbeugung von polykristallinen Schichten wird die Intensität der gebeugten Röntgenstrahlen als Funktion des Winkels 2θ zwischen einfallendem und gebeugtem Strahl gemessen. Die Intensität der gebeugten Strahlen wird als Funktion von 2θ aufgetragen (Diffraktogramm), siehe Abb. 8.24a.

Für unsere Übung simulieren wir die Daten mit einer VBA-Routine, z. B. in Abb. 8.25 (P). Die Reflexe haben die Form einer Lorentzfunktion. Die Positionen der Reflexe entsprechen denen der tatsächlichen Probe, $2\theta = 25{,}28°$; $37{,}83°$; $38{,}58°$ und $47{,}93°$. Höhe und Breite der Reflexe werden aber innerhalb bestimmter Grenzen zufällig gewählt.

Das Rauschen wird mit der Routine in Abb. 8.26 (P) erzeugt. Es besteht aus einer Summe von Rechteckfunktionen mit zufälliger Höhe und binär gestaffelten Periodendauern. Das verrauschte Signal sieht man in Abb. 8.24b. Die gewählte Rauschfunktion gibt das tatsächlich gemessene Rauschen in Abb. 8.24a sehr gut wieder.

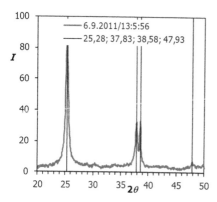
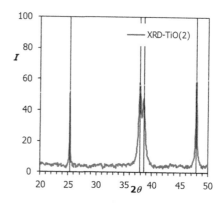

Abb. 8.24 **a** (links) Röntgendiffraktogramm einer dünnen TiO_2-Schicht; die senkrechten Striche sind Lauflinien, mit denen die Positionen der Reflexe bestimmt werden sollen. **b** (rechts) Simulation dieses Diffraktogramms mit den Prozeduren in Abb. 8.25 (P) und 8.26 (P)

```
 1 Sub CreaDiffrac()                              Range("A5:C605").ClearContents              18
 2 Dim pospeak(20), heipeak(20), widpeak(20)      r2 = 5 'data to begin in row 5              19
 3 pospeak(1) = 25.28                             Application.Calculation = xlCalculationManual  20
 4 pospeak(2) = 37.83                             'No spreadsheet update during rewriting     21
 5 pospeak(3) = 38.58                             For th = 20 To 50 Step 0.05 'Angle 2 theta  22
 6 pospeak(4) = 47.93                               Cells(r2, 1) = th                         23
 7 npeaks = 4 'Number of peaks                      I = 0                                     24
 8 peakmax = 100 'Max. peak height                  For n = 1 To npeaks                       25
 9 Widmax = 0.3 'Max. peak width                      I = I + heipeak(n) / _                  26
10 Widmin = 0.05 'Min. peak width                     (1 + ((th - pospeak(n)) / widpeak(n)) ^ 2)  27
11 Nse = 2 'Noise level                             Next n                                    28
12 For n = 1 To npeaks                              Cells(r2, 2) = I '+ Nse * Rnd             29
13    heipeak(n) = peakmax * Rnd 'peak height       r2 = r2 + 1                               30
14    widpeak(n) = Widmin + _                     Next th                                     31
15                 (Widmax - Widmin) * Rnd        Call Noise                                  32
16    'peak width                                 Application.Calculation = xlCalculationAutomatic  33
17 Next n                                         End Sub                                     34
```

Abb. 8.25 (P) Prozedur zur Simulation der Beugungsdaten; Diffraktogramm mit vier Beugungsreflexen mit vorgegebener Position (Feld *pospeak*). Höhe (Feld *heipeak*) und Breite (Feld *widpeak*) werden innerhalb bestimmter Grenzen zufällig gewählt. Die Form der Reflexe wird durch die Lorentzfunktion in den Zeilen 26 und 27 bestimmt. Der Beugungswinkel 2θ wird mit *th* bezeichnet

```
 1 Sub Noise()                                    x7 = Rnd()                                  18
 2 Application.Calculation = xlCalculationManual     For n8 = 1 To 2                          19
 3 R = 5                                          x8 = Rnd()                                  20
 4 For n = 1 To 3                                 x = x1 + x2 + x3 + x4 + x5 + x6 + x7 + x8   21
 5  For n1 = 1 To 2                               Cells(R, 3) = x                             22
 6   x1 = Rnd()                                   R = R + 1                                   23
 7   For n2 = 1 To 2                                    Next n8                               24
 8    x2 = Rnd()                                       Next n7                                25
 9    For n3 = 1 To 2                                  Next n6                                26
10     x3 = Rnd()                                      Next n5                                27
11     For n4 = 1 To 2                                Next n4                                 28
12      x4 = Rnd()                                    Next n3                                 29
13      For n5 = 1 To 2                              Next n2                                  30
14       x5 = Rnd()                               Next n1                                     31
15       For n6 = 1 To 2                          Next n                                      32
16        x6 = Rnd()                              Application.Calculation = xlCalculationAutomatic  33
17        For n7 = 1 To 2                         End Sub                                     34
```

Abb. 8.26 (P) Prozedur zur Erzeugung von Rauschen in Spalte C von Abb. 8.27 (T), simuliert als Summe von Rechteckfunktionen mit binär gestaffelter Periodenlänge

Das Rauschen wird in Abb. 8.26 (P) als Summe von Rechteckfunktionen mit zufälliger Höhe simuliert. Die Rechteckfunktionen haben Periodendauern von $2^0 = 1$ (x_8) bis $2^7 = 128$ (x_1).

8.8.2 Die Positionen der Röntgenreflexe werden mit Lupe und Lauflinien bestimmt

Die nächste Aufgabe besteht darin, die wahren Positionen der Beugungsreflexe zu vergessen und sie aus dem simulierten Diffraktogramm neu zu bestimmen. Wir bewerkstelligen das mit Hand und Augenmaß mithilfe von senkrechten Strichen

(Lauflinien) im Diffraktogramm, deren Winkellagen mit Schiebereglern verändert werden können. In Abb. 8.24a und b werden diese Lauflinien durch senkrechte Geraden wiedergegeben. Die zugehörige Tabellenorganisation sehen Sie in Abb. 8.27 (T).

Die *2θ*-Koordinaten der vier Lauflinien in Spalte H werden mit den Schiebereglern bestimmt. In den Spalten K und L stehen die Koordinaten für die Darstellung der Lauflinien im Diagramm.

Um die Position einer Lauflinie genauer festlegen zu können, stellen wir die Daten im Bereich um diejenige Lauflinie, die gerade durch den Schieberegler verschoben wird, in einem neuen Bild dar. Wir betrachten den Bereich gewissermaßen durch eine „Lupe" wie in Abb. 8.28a. Die Lauflinie kann in der Lupe sehr genau in die Mitte des Reflexes geschoben werden.

	A	B	C	D	E	F	G	H	I	J	K	L
1	Sample 9							1008				100
2				=B6+C6				**25,20**	=H1/40		**2θ**	**y**
3								1513			25,20	0
4		**2θ**	**Signal**	**Noise**	**XRD-TiO(2)**			**37,83**	=H3/40		25,20	100
5	20,00	0,03	4,55	4,57				1542				
6	20,05	0,03	4,47	**4,50**				**38,55**	=H5/40		37,83	0
7	20,10	0,03	5,03	5,06				1917			37,83	100
8	20,15	0,03	4,72	4,75				**47,93**	=H7/40			
9	20,20	0,03	5,77	5,79	**Cursor**						38,55	0
10	20,25	0,03	5,99	6,02	25,200	0,00					38,55	100
11	20,30	0,03	5,08	5,11	25,200	66,13						
12	20,35	0,03	4,94	4,97	**Data selection**						47,93	0
13	20,40	0,03	5,75	5,78	24,65	3,68					47,93	100
33	21,40	0,03	4,78	4,81	25,65	6,60						
605	50,00	0,25	4,92	5,17								

Abb. 8.27 (T) Nachgebildete Röntgenbeugungsdaten in den Spalten A bis D; verrauschtes Signal als Summe von *Signal* und *Noise* in Spalte D; die *2θ*-Koordinaten der vier Lauflinien werden in H1:H8 mit den links daneben stehenden Schiebereglern bestimmt; die Koordinaten für die Darstellung der Lauflinien im Diagramm der Abb. 8.24 b stehen in den Spalten K und L

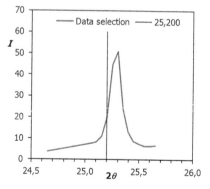

	N	O	P	Q
21	**Lambda**	0,154 nm		
22	=Lambda/2/SIN(N25/180*PI()/2)			
23	**Nr.9**	**d**		
24	25,28	0,352 nm		
25	37,83	**0,238** nm		
26	38,55	0,233 nm		
27	47,93	0,190 nm		

Abb. 8.28 a (links) Betrachtung durch die „laufende Lupe"; Ausschnitt aus dem Diffraktogramm der Abb. 8.24b; es werden die Daten aus F13:G33 von Abb. 8.27 (T) um den aktuellen Schieberegler herum abgebildet, übertragen durch Prozeduren, die ausgelöst werden, wenn einer der Schieberegler betätigt wird. **b** (rechts, T) Berechnung der Gitterabstände aus den Beugungswinkeln mit Gl. 8.16; die Beugungswinkel 2θ werden aus H2, H4, H6 und H8 von Abb. 8.27 (T) übernommen

```
1  Private Sub ScrollBar1_Change()          'x=20->rm=5; x=21->rm=25                        13
2  Cells(10, 6) = "=H2" 'Adress of cursor position   2Theta-Position --> Row in spreadsheet  14
3  Cells(11, 6) = "=H2"                      r2 = 13                                         15
4  x = Cells(2, 8) 'Position of cursor       maxy = 0 'Maximum signal in selected range      16
5  Call Transfer(x, maxy)                    'Transfer of 21 data points                     17
6  Cells(10, 7) = 0                          For R = rm - 10 To rm + 10                      18
7  Cells(11, 7) = maxy * 1.3                     Cells(r2, 6) = Cells(R, 1)                  19
8  End Sub                                       Cells(r2, 7) = Cells(R, 4)                  20
9                                                If Cells(R, 4) > maxy Then maxy = Cells(R, 4)  21
10 Sub Transfer(x, maxy)                         r2 = r2 + 1                                 22
11 'x = current cursor position              Next R                                          23
12 rm = Int((x - 20) * 20 + 5) 'row          End Sub                                         24
```

Abb. 8.29 (P) Prozedur, die bei Betätigung des Schiebereglers ausgelöst wird; überträgt die Daten in der Umgebung der zugehörigen Lauflinie in F13:G33 von Abb. 8.27 (T), die dann in der Lupe, Abb. 8.28a, grafisch dargestellt werden

	A	B	C	D	E	F	G	H	I
1	4 next free row								
2	sample name	2T.1	d.1	2T.2	d.2	2T.3	d.3	2T.4	d.4
3	Sample 9	25,28	0,3519	37,83	0,2376	38,55	0,2333	47,93	0,1896
4									

Abb. 8.30 (T) Tabelle mit den Ergebnissen der bisherigen Auswertungen. Die Adresse der nächsten freien Zeile steht in A1

Die Koordinaten der Lauflinie und die Daten, die in der Lupe dargestellt werden, stehen in den Spalten F und G. Der Datenübertrag in diesen Bereich der Tabelle wird mit Prozeduren bewerkstelligt, die mit jeder Betätigung eines der vier Schieberegler ausgelöst werden, z. B. SUB SCROLLBAR1_CHANGE in Abb. 8.29 (P) und entsprechend für SCROLLBAR 2, 3, 4.

Die Prozeduren in Abb. 8.29 (P) schreiben die Koordinaten der gerade betätigten Lauflinie in die Zellen F10:F11 und geben sie an die SUB *Transfer* weiter, die daraus die zugehörige Zeile in der Tabelle berechnet und dann einen Datenbereich in den Spalten A und D (Abb. 8.27 (T)) um diese Zeile herum in F13:G33 (Spaltennummern 6 und 7) kopiert, genau in den Bereich, der in Abb. 8.28a abgebildet wird. SUB *Transfer* ermittelt auch den größten y-Wert in diesem Datenbereich und übergibt ihn in der Variablen *maxy* an das übergeordnete Programm (Abb. 8.30).

8.8.3 Ergebnisse werden gesammelt und in eine übersichtliche Tabelle übertragen

Die Positionen der Reflexe, angegeben als 2θ, den doppelten Glanzwinkel, werden in Netzebenenabstände umgerechnet. Das geschieht mit der braggschen Gleichung:

$$2d \cdot \sin\theta = \lambda \qquad (8.16)$$

mit d = Netzebenenabstand und λ = Wellenlänge der Röntgenstrahlung. Für unser Beispiel wird das in Abb. 8.28b (T) durchgeführt.

Die Ergebnisse unserer Auswertung sollen mit einer Prozedur (Abb. 8.31 (P)) in eine Tabelle übertragen werden. Diese Prozedur sammelt Daten aus verschiedenen Bereichen der Tabelle in Abb. 8.27 (T): Den Probennamen aus A1, die vier Winkel 2θ aus H2, H4, H6 und H8, die daraus berechneten Gitterebenenabstände aus B4, B5, B6 und, B7 und schreibt sie in eine übersichtliche Tabelle wie in Abb. 8.30 (T).

Die Prozedur wird ausgelöst, indem man im Visual-basic-Editor den Zeiger in diese Prozedur setzt und auf Start klickt. Man kann auch eine Befehlschaltfläche (ein ActiveX-Steuerelement) in die Tabelle einfügen und mit der Prozedur verknüpfen, wie in Abschn. 4.3.3. Beim Klicken auf diese Schaltfläche wird dann die Prozedur ausgelöst.

Ein wichtiges Detail ist die Angabe der nächsten freien Reihe in der Zelle A4 von Abb. 8.30 (T). Ein Programm kann sich den Inhalt einer Variablen nicht merken. Bei einem neuen Aufruf sind die Variablen nicht besetzt. Die Werte von Variablen aus früheren Läufen müssen aus einer Datei, hier aus unserer Tabelle, eingelesen werden. In Sub *ResultTrans* in Abb. 8.31 (P) wird die Nummer der nächsten freien Reihe in Zeile 14 eingelesen. Zum Abschluss der Prozedur, nachdem weitere Einträge in die Tabelle gemacht wurden, wird die neue Nummer der nächsten freien Reihe in die Tabelle eingetragen, in unserem Beispiel wiederum in A1 (Cells(1,1)) in Zeile 23.

Man kann auch bei jedem neuen Aufruf der Protokollroutine eine Spalte der Tabelle abfragen, bis eine leere Zelle gefunden wird. Statt Zeile 14 hätte man dann z. B. die Programmsequenz:

Row = 2 : Do : *Row* = *Row* + 1 : Loop Until Sheets("Results"). Cells(*Row*, 1) = Empty,

die der Variablen *Row* ebenfalls die erste freie Reihe zuweisen würde. Ein Doppelpunkt wird vom vba-Interpreter wie ein Zeilenvorschub gewertet, trennt also Anweisungen voneinander.

```
1  Sub ResultTrans()                          Row = Sheets("Results").Cells(1, 1)        14
2  Dim Th(4)                                   'next free line in the table               15
3  Dim d(4)                                    Sheets("Results").Cells(Row, 1) = sn       16
4  'transfers the results into a table         i = 1                                      17
5  sn = Cells(1, 1) 'sample name               For col = 2 To 8 Step 2 'column            18
6  Th(1) = Cells(2, 8) 'first angle              Sheets("Results").Cells(Row, col) = Th(i)   19
7  d(1) = Cells(24, 15)                          Sheets("Results").Cells(Row, col + 1) = d(i) 20
8  Th(2) = Cells(4, 8) 'second angle             i = i + 1                                 21
9  d(2) = Cells(25, 15)                        Next col                                    22
10 Th(3) = Cells(6, 8) 'third angle            Sheets("Results").Cells(1, 1) = Row + 1     23
11 d(3) = Cells(26, 15)                                                  'row pointer      24
12 Th(4) = Cells(8, 8) 'fourth angle           End Sub                                     25
13 d(4) = Cells(27, 15)                                                                    26
```

Abb. 8.31 (P) Prozedur, die die Ergebnisse aus Abb. 8.27 (T) in die Tabelle der Abb. 8.30 (T) überträgt. In Zeile 14 der Prozedur wird die Reihennummer der Tabelle eingelesen, in die die Daten geschrieben werden sollen

Wie wird die Prozedur Sub *Transfer* ausgelöst?[35]

In welcher Zeile des Programms in Abb. 8.31 (P) wird der Probenname eingelesen. Aus welcher Zelle in Abb. 8.27 (T) wird der Probenname gelesen, der in Abb. 8.30 (T) eingetragen wird?[36]

Woher weiß die Prozedur, in welche Reihe die Ergebnisse einzutragen sind?[37]

8.8.4   Tim wird hoch geschätzt und verdient sich ein Zubrot

▶ **Tim** Ich arbeite als Hilfskraft in einem Forschungsprojekt. Mein Chef hat gerade mein Gehalt erhöht.

▶ **Alac** Doch wohl nicht wegen Excel?

▶ **Tim** Doch, der Chef hält mich für einen Software-Experten, weil ich mit Makros Tabellen lesen und verändern kann. Die Decodierung maschineller Messprotokolle nach dem Muster von Abschn. 4.10 hat gegenüber der manuellen Decodierung viel Zeit gespart und war weniger fehleranfällig.

▶ **Alac** Und die älteren Kollegen? Waren die neidisch?

▶ **Tim** Nein, die waren erst mal froh, dass die Auswertungen jetzt halb automatisch gehen und keine Auswertung wiederholt werden muss, wenn vergessen wurde, einen Parameter zu übertragen. Selbst Computer-Nerds waren baff, als ich ihnen die laufende Lupe vorführte.

8.9   Fragen zur Auswertung von Messungen

Aufgaben mit dem Vermerk (AK) gehören zum Aufbaukurs.

---

[35]Die Prozedur *Transfer* wird von einer der vier Prozeduren aufgerufen, die mit den vier Schiebereglern verbunden sind, die wiederum ausgelöst werden, wenn der verbundene Schieberegler verändert wird, z. B. SUB SCROLLBAR1_CHANGE in Abb. 8.31 (P).

[36]Der Probenname *sn* wird in Zeile 5 von Abb. 8.31 (P) eingelesen. Er steht in Zelle A1 von Abb. 8.27 (T).

[37]In Zeile 14 von Abb. 8.31 (P) wird aus der Zelle A1 (=cells(1,1)) die Nummer der nächsten freien Reihe der Tabelle eingelesen.

Besenregeln

Erklären Sie die Besenregeln:

1. Ψ *Zweimal so gut bei vierfachem Aufwand.*
2. Ψ *Zwei drin und einer draußen.*
3. Ψ *Schlecht macht gut meist besser.*
4. Ψ *Rechne mit Varianzen, berichte die Standardabweichung!*
5. Ψ *Meistens, nicht immer.*

Auswertung einer Messreihe

Eine Größe wurde neunmal gemessen, mit den Ergebnissen: Mittelwert $MW = 10$
und Standardabweichung der neun Einzelmessungen $Stabw = 1,8$.

6. Mit welcher Tabellenfunktion simulieren Sie diese Messreihe?
7. Wie groß ist die Standardabweichung des Mittelwertes?
8. Eine Messreihe ergibt als Mittelwert $m = 7,12546 \times 10^4$ und als Standardabweichung des Mittelwertes $d_m = 6,28743 \times 10^2$. Wie geben Sie das Messergebnis an?
9. Gibt die Formel: $x_1 = \text{Runden}(0,847; 1) - \text{Runden}(0,155; 1)$ denselben Wert wie $x_2 = \text{Runden}(0,847-0,155; 1)$?
10. In einem startenden Flugzeug wird die Beschleunigung a mit zwei verschiedenen Methoden je zehnmal gemessen. Die Messergebnisse sind $a_1 = 20 \pm 1$ m/s^2 und $a_2 = 22 \pm 0,5$ m/s^2. Welchen Wert und welche Messunsicherheit sollte die Besatzung an die Bodenstation melden?

Fehlerfortpflanzung

11. Eine Größe e ist die Differenz von zwei Größen $e = s_1 - s_2$. Die Messungen ergeben $s_1 = 10 \pm 2,24$; $s_2 = 20 \pm 2$. Wie groß sind die Differenz e und ihre Standardabweichung d_e?
12. Eine Größe ist das Produkt von zwei Größen $p = p_1 \cdot p_2$. Messungen ergeben $p_1 = 10 \pm 1$ und $p_2 = 20 \pm 3,46$. Wie groß sind das Produkt p und seine Standardabweichung d_p?

Makros

13. Sie möchten ein Makro immer dann auslösen, wenn ein Schieberegler mit Namen Scrollbar1 betätigt wird. Wie lautet der Name des zugehörigen Makros? (AK)

In Spalte A von Abb. 8.32 (T) stehen 256 Zahlen, von denen ein Teil in einen anderen Bereich der Tabelle übertragen werden soll, hier drei Zahlen in J2:J4.
   Die Nummer der Reihe der mittleren Zahl wird in D2 mit einem Schieberegler eingestellt, hier also 36. Die Auswahl, hier also A35:A37, soll mit der Tabellenfunktion Indirekt durchgeführt werden.

14. Welche Formeln stehen in H2:H4 und J2:J4 von Abb. 8.32 (T)?
15. Welche Werte für MAX und MIN setzen Sie im Schieberegler ein?
16. Das Maximum der Zahlen im ausgewählten Bereich, der in D3 angegeben wird, steht in D4. Welche Formeln stehen in D3 und D4?
17. In einem Versandhaus werden einige Daten von allen ausgehenden Paketen in der Tabelle von Abb. 8.33 (T) eingetragen. Schreiben Sie eine Protokollroutine, die einige Daten aus Abb. 8.33 (T) einlesen und in geordneter Form in einer Tabelle wie in Abb. 8.34 (T) eintragen soll! Die Pakete sollen fortlaufend nummeriert werden (F1 in Abb. 8.33 (T)), und die Zeit des Eintrags soll erfasst werden! Die endgültige Tabelle soll wie in Abb. 8.34 (T) aussehen!

	A	B	C	D	E	F	G	H	I	J	K	L
1	Daten		Mittlere Reihe					Reihennummer		Übertr. Werte		
2		1	rm	36 ◄ ▮			►		35		34	
3		2		A35:A37					36		35	
4		3		36					37		36	
257		256										

Abb. 8.32 (T) Laufende Lupe: drei Daten aus Spalte B werden in J2:J4 übertragen. Die mittlere Reihe wird mit dem Schieberegler ausgewählt. In D4 wird das Maximum der Zahlen im ausgewählten Bereich bestimmt

	A	B	C	D	E	F	G	H	I
1	Name		Egon X.	Laufende Nummer			42		Protoc
2	Breite (cm)	b	100	Volumen (l)	V		1000	=b*l*h/1000	
3	Länge (cm)	l	100	Oberfläche(m²)	O		6	=(b*l+b*h+l*h)*2/10^4	
4	Höhe (cm)	h	100	Zeitpunkt		10.01.2015 10:55		=JETZT()	

Abb. 8.33 (T) Tabellenausschnitt, in dem Breite, Länge und Höhe von Paketen sowie der Name des Absenders eingetragen werden sollen

	K	L	M	N	O	P	Q	R	S
6	11	*next free row*							
7	Number	Name	Time	Breadth/cm	Length/cm	Height/cm	Volume/l	Surface/m²	
8	37	Otto L.	10.1.15 10:52	17	17	14	4,046	0,153	
9	40	Egon X.	10.1.15 10:54	24	12	5	1,44	0,0936	
10	41	Egon X.	10.1.15 10:55	100	100	100	1000	6	

Abb. 8.34 (T) Die Daten von Abb. 8.33 sollen in dieser Art abgelegt werden

Wir erzeugen Punkte auf bekannten Funktionen, machen daraus Messpunkte, indem wir die y-Werte verrauschen und versuchen dann, die Funktion aus den verrauschten Daten wiederzufinden. Wir erfahren dabei, wie weit man den ermittelten Werten trauen kann. Es werden Tabellenfunktionen für lineare und nichtlineare Regression eingesetzt, RGP bzw. SOLVER.

9.1 Einleitung: Lineare und nichtlineare Regression

Geraden durch Messpunkte

Aus dem Anfängerpraktikum ist uns das Verfahren geläufig, aus Messdaten physikalische Parameter zu gewinnen, indem die Daten geeignet aufgetragen werden und mit dem Lineal nach Augenmaß eine Gerade hineingelegt wird. Aus Steigung und y-Achsenabschnitt kann man dann zwei charakteristische Parameter gewinnen. Dazu zwei Beispiele:

a) Das Curie-Weiß-Gesetz für die Temperaturabhängigkeit der magnetischen Suszeptibilität χ_m eines Ferromagneten oberhalb der Curie-Weiß-Temperatur θ:

$$\chi_m = \frac{C}{T - \theta}$$

führt zu einer linearen Auftragung der Messdaten $1/\chi_m$ über T:

$$\frac{1}{\chi_m} = \frac{1}{C} \cdot T - \frac{\Theta}{C} \tag{9.1}$$

aus der die Parameter C (Curie-Weiß-Konstante) und θ entnommen werden können.

© Springer-Verlag GmbH Deutschland 2017
D. Mergel, *Physik mit Excel und Visual Basic*,
DOI 10.1007/978-3-642-37857-7_9

b) Die Reaktionsrate R einer chemischen Reaktion in Abhängigkeit von der Temperatur T:

$$R = R_0 \cdot \exp\left(-\frac{E_0}{kT}\right)$$

wird logarithmiert über $1/T$ aufgetragen (Arrhenius-Auftragung):

$$\ln R = \ln R_0 - \left(\frac{E_0}{kT}\right) \cdot \frac{1}{T} \tag{9.2}$$

Aus der die Stoßrate R_0 der Reaktionspartner und die Aktivierungsenergie E_0 der Reaktion entnommen werden können.

Trendlinien in Excel-Diagrammen

In Excel-Diagrammen kann man *Trendlinien* in xy-Diagramme einfügen. Dazu klickt man die Datenreihe im Diagramm an und erhält mit der Befehlsfolge (Excel 2010) Layout/Trendlinie eine Auswahl, ob eine lineare, exponentielle, potenzielle, logarithmische oder polynomische Trendlinie eingefügt werden soll. In Excel 2016 ist die Befehlsfolge Entwurf/Diagrammelement hinzufügen/Trendlinie. Nach Klicken auf Format öffnet sich ein Fenster, in dem noch einmal die Regressionstypen aufgelistet sind, siehe Abb. 9.1.

Zusätzlich kann man sich die zugehörige Formel und das Quadrat des *Korrelationskoeffizienten* R^2 (auch *Bestimmtheitsmaß* genannt) ausgeben lassen, siehe Abb. 9.2.

Die Verfahren zur Bestimmung der Trendlinien beruhen alle auf linearer Ausgleichsrechnung, d. h., sie werden letzten Endes darauf zurückgeführt, dass eine optimale Gerade durch Messpunkte gelegt wird, so wie in Gl. 9.1 und 9.2. Die Regressionsrechnung minimiert die quadratischen Abweichungen der Geraden zu den (umgeformten) y-Werten der Messpunkte.

Abb. 9.1 Fenster zur Formatierung einer Trendlinie; Auswahl des Regressionstyps (Excel 2010); der englische Ausdruck „order" für ein Polynom wird falsch mit „Reihenfolge" übersetzt statt richtig mit „Ordnung"

Abb. 9.2 Optionen für die
ausgewählte Trendlinie

> Name der Trendlinie
>
> ◉ Automatisch: Linear (Datenreihen1)
> ○ Benutzerdefiniert: [   ]
>
> Prognose
>
> Weiter: [0,0]   Punkte
> Zurück: [0,0]   Punkte
>
> ☐ Schnittpunkt = [0,0]
> ☐ Formel im Diagramm anzeigen
> ☐ Bestimmtheitsmaß im Diagramm darstellen

Multilineare Regression mit RGP

In EXCEL wird lineare Regression mit der Funktion RGP(…) behandelt, welche die
Koeffizienten eines linearen Trends zusammen mit deren Fehlern und einigen statistischen Kenngrößen ausgibt. Die allgemeine Form des Trends ist multilinear,
d.h., der y-Wert hängt linear von mehreren Eingangswerten x_i ab:

$$y = a + m_1 x_1 + m_2 x_2 + m_3 x_3 + \cdots \tag{9.3}$$

Wir werden RGP auf Messpunkte anwenden, die auf einer Geraden, einer Parabel
oder einer Exponentialfunktion liegen sollen.

▶ Fallstrick, schon jetzt zu merken: Die Koeffizienten werden von RGP in
  der Reihenfolge m_3, m_2, m_1, a ausgegeben, genau umgekehrt zur Reihenfolge, mit der die Messdaten in die Argumentliste eingetragen werden: RGP(y, x1, x2,…).

RGP gibt zu jedem Koeffizienten einen Standardfehler aus, dessen statistische
Bedeutung von der Anzahl der Messpunkte und der Anzahl der geschätzten Parameter abhängt, allgemein gesprochen von der Anzahl der Freiheitsgrade. Wir
prüfen mit *Vielfachtests auf Irrtumswahrscheinlichkeit*, ob wir die Anzahl der Freiheitsgrade richtig erkannt haben. Wenn die Fehlergrenzen richtig gewählt werden,
dann muss unsere Regel Ψ *Zwei drin und einer draußen* gelten.

Nichtlineare Regression mit SOLVER

Durch Umformungen wie in Gl. 9.1 oder Gl. 9.2 können keine Geradengleichungen
gewonnen werden, wenn bei den Messungen ein Hintergrundrauschen auftritt, sodass
für die Anpassung zu der eigentlich anzupassenden Funktion noch eine Konstante
addiert werden muss. In diesen Fällen muss eine nichtlineare Regression herangezogen werden. Genauso, wenn die Funktion selbst nicht linearisierbar ist.

Indiesen Fällen erzeugt man die anzupassende Funktion mit vorgewählten Parametern und variiert die Parameter dann so, dass die Funktion durch die Messdaten
geht. Das kann man von Hand und mit Augenmaß machen, aber auch automatisch
mit den EXCEL-Funktionen ZIELWERTSUCHE und SOLVER. In unseren Übungen geht es
hauptsächlich um den richtigen Umgang mit der SOLVER-Funktion.

Für diese Art der Annäherung an Messdaten gibt es spezielle Programmpakete, z. B. Origin für den allgemeinen Fall, SCOUT für die Anpassung von dielektrischen Modellfunktionen an optische Spektren, und andere Programme für die Spektren der Rutherford-Rückstreuung oder für die Impedanz-Spektroskopie. Allerdings hat es sich für die Schulung des Urteilsvermögens der Studierenden als ausgesprochen nützlich erwiesen, wenn sie einfache Anpassungen in EXCEL-Tabellen selbst organisieren können und das Verhalten der nichtlinearen Regression an Beispielen erlebt haben, bei denen sie alle Parameter selbst in der Hand haben.

9.2   Lineare Trendlinie (G)

Wir erzeugen einen Satz von Punkten auf einer Geraden und beaufschlagen die y-Werte mit einem normalverteilten Rauschen. Durch diese „Messpunkte" wird eine Trend-Gerade gelegt. Mit der Tabellenfunktion RGP werden die Koeffizienten dieser Geraden und ihre Messunsicherheiten bestimmt. In etwa 33 % der Fälle liegen die „wahren" Koeffizienten der erzeugenden Geraden außerhalb der „Standardfehlergrenzen" gemäß Ψ *Zwei drin und einer draußen.*

Messpunkte werden erzeugt

Eine Gerade wird durch die beiden Koeffizienten y-Achsenabschnitt (Ordinatenabschnitt) a und Steigung m definiert:

$$y = m \cdot x + a \tag{9.4}$$

In Abb. 9.3 (T) werden in B8:B17 zufällig x-Werte im Bereich 0 bis 8 erzeugt und die zugehörigen y-Werte in Spalte C mit Gl. 9.4 berechnet, zu denen dann noch ein normalverteiltes Rauschen addiert wird (y_{Rsch} in Spalte D). Die „Messpunkte" werden in Abb. 9.4 durch Rauten dargestellt.

	A	B	C	D	E	F	G	H	I	J
1	y-Achsenabschnitt	**a**	2,00	**y=1x+2**		=RGP(y.Rsch;x;;1)				
2	Steigung	**m**	1,00			**m.r**	**a.r**			
3	0<= x <=x.max	**x.max**	8,00	Schätzwert		0,887	2,689		0,68 hita	
4	Rauschen	**Rsch**	0,60	Unsicherheit		0,092	0,368		0,66 hitm	
5	Mittelpunkt	3,50		5,80	R²	0,921	0,561			
7		**x**	**y**	**y.Rsch**			Streuung			
8		5,55	7,55	8,10		0,00	**2,32**	Gerade 1		
9		1,29	3,29	3,05		8,00	**10,15**	=(F3+F4)*F9+G3-G4		
17		5,34	7,34	7,20		0,00	2,32	Gerade 4		
18						8,00	**8,68**	=(F3-F4)*F18+G3-G4		

Abb. 9.3 (T) x-Werte in B8:B17, zufällig zwischen 0 und 8; zugehörige verrauschte y-Werte in D8:D17; Regressionsrechnung mit RGP IN F3:G5 (grau unterlegt); F8:G18: Geraden innerhalb der Unsicherheit von m und a (abgebildet in Abb. 9.4b); die Formeln in der ausgeblendeten Zeile 6 stehen in Abb. 9.5 (T). *Hita* und *hitm* geben an, mit welcher Wahrscheinlichkeit der Fehlerbereich (± Standardabweichung) die wahren Koeffizienten erfasst. Sie sind das Ergebnis eines Vielfachtests auf Irrtumswahrscheinlichkeit mit einer Protokollroutine

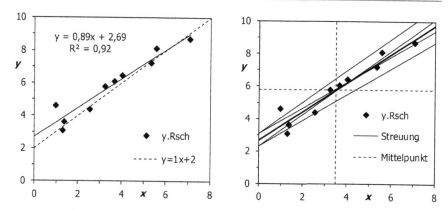

Abb. 9.4 **a** (links) Verrauschte Messungen (Rauten) der „wahren" Geraden (gestrichelt) mit linearer Trendlinie (durchgezogen), Daten aus Abb. 9.3 (T). **b** (rechts) Daten aus a und mögliche Streuung der Trendlinie (durchgezogene Geraden) nach RGP

Fragen

Fragen zu Abb. 9.3 (T):

Wie lautet die Formel für y_{Rsch}, die y-Werte der Messpunkte, in D8:D17?[1]

Welchen Parameter der Normalverteilung legt der Parameter *Rsch* in dieser Formel fest?[2]

Wie geht x_{max} in die Formeln für x ein?[3]

Trendlinie im Diagramm

Durch die „Messpunkte" legen wir im Diagramm der Abb. 9.4 eine lineare Trendlinie (Datenreihe im Diagramm anklicken, dann LAYOUT/TRENDLINIE/LINEARE TRENDLINIE in EXCEL 2010; ENTWURF/DIAGRAMMELEMENT HINZUFÜGEN in EXCEL 2016) und lassen die Formel und das Bestimmtheitsmaß R^2 in der Legende wiedergeben (im Menü FORMAT/TRENDLINIE auswählen).

Die Trendlinie im Diagramm nennt man *Regressionsgerade*:

$$y_r = m_r \cdot x + a_r.$$

Ihre Steigung m_r heißt Regressionskoeffizient.

Wir sind von der „wahren" Funktion $y = 1x + 2$ ausgegangen und erhalten als Trendlinie für die verrauschten Daten:

$$y_r = 0{,}89X + 2{,}69 \tag{9.5}$$

---

[1] D8:D17 = [= y+NORM.INV(ZUFALLSZAHL();0;*Rsch*)].

[2] *Rsch* gibt die Standardabweichung einer Normalverteilung an.

[3] $X = x_{max} \cdot$ ZUFALLSZAHL().

Bei jeder Veränderung der Tabelle (also zum Beispiel durch „Löschen" einer sowieso schon leeren Zelle) ändert sich das Rauschen, und entsprechend ändern sich auch alle Daten im Diagramm, sodass wir eine neue Trendlinie erhalten.

Matrixfunktion RGP

Wie groß sind die Unsicherheiten in den Koeffizienten der Trendlinie? Um Informationen darüber zu erhalten, wird die Tabellenfunktion RGP zurate gezogen, die eine lineare Regression durchführt. Ihre Syntax ist:

$$\text{RGP(Y\_WERTE; X\_WERTE; KONSTANTE; KENNGR).}$$

RGP ist eine Matrixfunktion, die als Eingabe die Y-Werte (hier y_{Rsch} aus Spalte D von Abb. 9.3 (T)) und die X-Werte (hier x aus Spalte B von Abb. 9.3 (T)) verlangt und eine Matrix mit 4 Reihen und 2 Spalten (hier F3:G5) ausgibt, von denen uns aber nur die ersten drei Reihen interessieren.

Zur Erinnerung: Zum Einfügen einer Matrixfunktion muss zunächst der Bereich markiert werden, in den die Ergebnisse eingeschrieben werden sollen, in Abb. 9.3 (T) ist es die (3R × 2C)–Matrix F3:G5 (grau unterlegt). Dann schreibt man [=RGP(…]. Nach der Klammer „(" öffnet sich das Funktionsfenster, in dem man sieht, welche Eingaben erwartet werden. Neben den *Y*- und *X*-Werten wird nach Steuerparametern gefragt, die bestimmen, ob die Trendlinie durch den Nullpunkt gehen soll oder ob statistische Kenndaten ausgegeben werden sollen.

Wenn KONSTANTE = 0 oder FALSCH, dann wird die Gerade durch den Nullpunkt gelegt. Wenn KENNGR = WAHR dann werden zusätzliche Regressionskenngrößen ausgegeben, z. B. die Unsicherheiten in den Koeffizienten und das Bestimmtheitsmaß. In unserem Fall soll die Trendlinie nicht gezwungen werden, durch Null zu gehen; deshalb bleibt der entsprechende Platz leer. Regressionskenngrößen sollen ausgegeben werden; deshalb steht auf dem letzten Platz eine 1; also wird die Funktion so aufgerufen: RGP(y.R; x; ; 1).

▶ **Mag** Wie schließt man die Eingabe einer Matrixfunktion ab?

▶ **Alac** Mit einem Zaubergriff![4]

In der ersten Reihe der ausgegebenen RGP-Matrix stehen die Schätzwerte für *m* und für *a* (Reihenfolge beachten!); sie entsprechen genau denen der Trendlinie in Abb. 9.4a. In der zweiten Reihe stehen die Unsicherheiten in diesen Koeffizienten. In der dritten Reihe steht links das Bestimmtheitsmaß R^2 und rechts der Vorhersagefehler.

Die angepasste Geradengleichung lautet dann nach den Ergebnissen von RGP in F3:G4 von Abb. 9.3 (T):

$$y_r = (0{,}9 \pm 0{,}1)X + 2{,}7 \mp 0{,}4 \tag{9.6}$$

Wir schreiben sie von Hand auf; sie lässt sich aber auch wie in der Tabellenrechnung in Abschn. 8.2.2 oder mithilfe der benutzerdefinierten Funktion *FinRes* aus

---

[4]Ctl+Shift+Return (Strg + Hochstellung + Eingabe)

den Einzeldaten niederschreiben, die in Abschn. 9.3 angegeben wird. Weitere Informationen zu RGP können Sie der EXCEL-Hilfe für diese Funktion entnehmen.

In Gl. 9.5 werden die Koeffizienten mit 2 Stellen angegeben. Durch Vergleich mit Gl. 9.6 sehen wir, dass dadurch eine Genauigkeit vorgetäuscht wird, die größer ist als die Unsicherheit es erlaubt.

In F8:G18 von Abb. 9.3 (T) werden die Koordinaten für vier Geraden in Abb. 9.4b definiert, deren Koeffizienten a und b um die Standardabweichung nach oben oder unten abweichen. Zwei dieser Geraden gehen durch den Mittelpunkt der Datenpunkte. Nur sie sind nach Augenmaß mit den Daten verträglich. Die Trendgerade geht von ihrer Konstruktion her immer durch den Mittelpunkt der Daten.

Unsicherheit der Koeffizienten

Wie oft liegen die wahren Werte für die Koeffizienten der Geraden innerhalb der durch die Standardabweichung bestimmten Fehlergrenzen?

Das ermitteln wir durch einen Vielfachtest auf Trefferrate mithilfe eines Makros, das 1000-mal je zehn neue Messpunkte erzeugt und zählt, ob die Intervalle ($a_r - \Delta a_r$, $a_r + \Delta a_r$) und ($m_r - \Delta m$, $m_r + \Delta m_r$) die wahren Koeffizienten enthalten. Das Ergebnis für einen Lauf (I3:I4 in Abb. 9.3 (T)): in 68 % der Fälle liegt a und in 66 % der Fälle liegt m innerhalb der Fehlergrenzen. Die statistische Theorie besagt, dass der tatsächliche Wert in 68,2 % der Fälle innerhalb der Standardabweichung liegt. Diese Aussage gilt exakt nur, wenn die Anzahl der Messpunkte gegen Unendlich geht, praktisch aber schon für 11 Punkte. Unsere Besenregel Ψ *Zwei drin und einer draußen* gilt ab 9 Messpunkten auf einer Geraden.

▶ **Tim** Warum jetzt auf einmal ab 9 Messpunkten? Bei Messreihen sollte die Regel doch schon ab 8 Messungen gelten.

▶ **Mag** Das liegt am Freiheitsgrad. Für Messreihen ist der Freiheitsgrad f die Anzahl der Messpunkte − 1, weil ein Parameter, nämlich der Mittelwert, aus der Messreihe geschätzt wird. Bei Geraden werden zwei Parameter geschätzt, nämlich Steigung m_r und y-Achsenabschnitt a_r. Der Freiheitsgrad $f = 7$ ist also bei 9 Messpunkten erreicht.

Vollständige Tabellenrechnung

	B	C	D	E	F	G	H	I	J
6	=x.max*ZUFALLSZAHL()	=m*x+a	=y+NORM.INV(ZUFALLSZAHL();0;Rsch)			=($F$3+$F$4)*$F8+$G$3-$G$4			
7	**x**	**y**	**y.Rsch**			Streuung			
8	5,55	7,55	8,10		0,00	**2,32**	Gerade 1		
9	1,29	3,29	3,05		8,00	**10,15**	=(F3+F4)*F9+G3-G4		

Abb. 9.5 (T) Formeln für Abb. 9.3 (T), NORM.INV wird vor EXCEL 2010 als NORMINV aufgerufen

Wie oft liegen erwartungsgemäß die wahren Werte für m und a außerhalb der Fehlergrenzen der Anpassung, $\pm$ Standardfehler?[5]

Welche der fünf Geraden in Abb. 9.4b akzeptieren Sie nach Augenmaß als mögliche Anpassung an die Daten?[6]

9.3   Anpassung eines Polynoms mit multilinearer Regression

Wir erzeugen Punkte auf einer Parabel und beaufschlagen sie in y-Richtung mit normalverteiltem Rauschen. An die solcherart simulierten Messdaten wird ein Polynom zweiten Grades als Trendlinie innerhalb eines Diagramms angepasst. Außerdem werden die Koeffizienten des Polynoms und ihre Unsicherheiten mit der Tabellenfunktion RGP bestimmt. Die Erfahrung lehrt, dass Messpunkte das Extremum der Parabel erfassen müssen, damit ihre Koeffizienten verlässlich erkannt werden können.

Messpunkte auf einer Parabel werden erzeugt
In Abb. 9.6 (T) werden im Bereich B13:D21 neun Punkte auf einer Parabel P

$$y = cx^2 + bx + a$$

erzeugt. Die Berechnung von y greift auf die beiden Variablen x und x^2 sowie auf die Konstante a zu. Die y-Werte werden dann in Spalte E mit einem gaußschen Rauschen mit Standardabweichung $Rsch$ beaufschlagt und als Messpunkte mit verschiedenen Koeffizienten a, b und c (siehe Legende in den Abbildungen) in Abb. 9.7a und b eingetragen.

Trendlinie und RGP
In die neun Messpunkte legen wir mit der vom Diagramm-Manager angebotenen Trendlinienoption eine polynomische Trendlinie zweiter Ordnung, also eine Parabel. Die erhaltenen Gleichungen sowie die Bestimmtheitsmaße der Anpassung werden in den Diagrammen berichtet.

---

[5]Bei hinreichend vielen Messpunkten in 31,8 % der Fälle. Unsere Besenregel gilt für einen Freiheitsgrad von mindestens $7 = 9$ Messwerte $- 2$ geschätzte Parameter: Ψ *Zwei drin und einer draußen.*
[6]Nach Augenmaß akzeptierbar sind nur die Geraden durch den Mittelpunkt der Messwerte.

	B	C	D	E	F	G	H	I	J	K	L	M	N	O
1								=RGP(E13:E21;B13:C21;;1)				=FinRes("b";H2;H3)		
2								c	b	a				
3	a	8,00	Rsch	0,50			Schätzwert	0,286	-2,842	7,867		a=8±1,5		
4	b	-3,00	dx	1,00			Unsicherheit	0,029	0,408	1,311		**b=-2,85±0,4**		
5	c_	0,30					R²	0,99	0,50	#NV		c=0,29±0,03		
6	y=0,3x²+-3x+8													
7								1000	0,640	0,642	0,664	in ± 1stabw		
9	**x**	**x²**		**y**	**y+Rsch**						0,644	=1-T.VERT(1;6;2)		
13	3,00	9,00	1,70	2,04							1,091	=T.INV(0,317;6)		
14	**4,00**	16,00	0,80	0,44			10000	0,683	0,681	0,684	in ± 1,09stabw			
21	11,00	121,00	11,30	11,43										

Abb. 9.6 (T) In B13:E21 werden Punkte auf einer Parabel erzeugt. Im grauen Bereich I3:K5 werden die Koeffizienten einer parabelförmigen Trendlinie durch diese Punkte mit RGP berechnet. In I7:K7 stehen die Trefferraten bei 1000-facher Wiederholung des Zufallsexperiments bei ± Standardabweichung. In I14:K14 stehen die Trefferraten für ± $t \cdot$ Standardabweichung. Die Formeln in der ausgeblendeten Reihe 8 stehen in Abb. 9.8 (T)

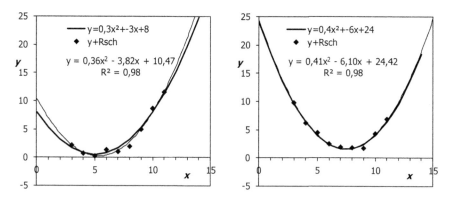

Abb. 9.7 **a** (links) Ursprüngliche Parabel, Messpunkte und Trendlinie (Polynom zweiten Grades) für ungünstig gelegene Messpunkte. **b** (rechts) Wie a, aber für günstig gelegene Messpunkte

In die Matrixfunktion RGP in I3:K5 von Abb. 9.6 (T) wird jetzt als X-WERTE die zweispaltige Matrix B13:C21 eingetragen, also die Werte von x und x^2. Beachten Sie in der Formel in I1 den Argumentbereich für die unabhängigen Variablen! In der Spalte M werden die gerundeten Koeffizienten mit ihren Unsicherheiten angegeben. Die gemäß den Unsicherheiten gerundeten Koeffizienten wurden mit der benutzerdefinierten Tabellenfunktion *FinRes* berechnet, die im Anhang wiedergegeben wird. Sie können natürlich auch von Hand oder mithilfe der Tabellenrechnung in Abschn. 8.2.2 berechnet werden.

Die angepasste Parabel in Abb. 9.7a weicht deutlich von der ursprünglichen Parabel ab. In Abb. 9.7b trifft die angepasste Parabel die ursprüngliche Parabel sehr viel besser. Das Bestimmtheitsmaß für die Anpassung ist mit $r^2 = 0,98$ aber nicht größer als in Abb. 9.7a.

Welches sind die unabhängigen Variablen in RGP von Abb. 9.6 (T)?[7]

Warum erfasst die Trendkurve in Abb. 9.7b die „wahre" Parabel besser als diejenige in Abb. 9.7a?[8]

Warum sind die Unsicherheiten in den Koeffizienten der Trendparabel bei der Wahl der Messpunkte in Abb. 9.7a so groß (>10 %, siehe M3:M5 in Abb. 9.6 (T)), obwohl die Trendlinie ein Bestimmtheitsmaß $r^2 = 0{,}98$ erzielt?[9]

Wie bestimmen Sie mit RGP die Koeffizienten einer Trendlinie für die Funktion $y = a \cdot x_1^5 + b \cdot \log(x_2)$?[10]

Trefferraten, ohne und mit t-Faktor

In I7:K7 von Abb. 9.6 (T) werden die Trefferraten für die drei Parameter für 1000 Parabeln aufgelistet. Die Werte um 0,642 sind deutlich kleiner als unsere Regel Ψ *Zwei drin und einer draußen* angibt. Das liegt daran, dass der Freiheitsgrad von RGP mit 9 (Punkten) − 3 (Koeffizienten der Parabel) = 6 zu klein ist. Für einen Freiheitsgrad 6 erwartet man gemäß der t-Verteilung (Abschn. 8.4) tatsächlich eine Trefferrate von 0,644, siehe Zelle K9.

Der t-Wert für sechs Freiheitsgrade und eine Irrtumswahrscheinlichkeit von 0,317 ist $t = [=\text{T.Inv.2s}(0{,}317;6)] = 1{,}091$. Wir führen einen zweiten Test mit einem um diesen t-Wert erweiterten Standardfehler durch. Für 10.000 Parabeln liegen die wahren Werte der Koeffizienten in etwa 68 % der Fälle innerhalb der Fehlergrenze von ± 1,09 Standardabweichungen (I14:K14). Das entspricht der statistischen Theorie.

▶ **Tim** Was soll ich denn nun als Ergebnis angeben?

▶ **Alac** Es kennt sich sowieso keiner mit Freiheitsgraden und t-Wert aus.

▶ **Mag** Wenn Sie die Standardfehler der Koeffizienten *und* die Anzahl der Punkte angeben, dann kann der Kundige daraus statistisch relevante Aussagen ableiten. Mit unseren Übungen können Sie selbst der Kundige werden. Für ein Vertrauensniveau von 68 % müssen Sie als Fehlergrenzen ± Standardfehler mal t-Wert angeben.

---

[7]Die unabhängigen Variablen sind x in B13:B21 und x^2 in C13:C21, zusammengefasst als Argument B13:C21 für RGP.

[8]In Abb. 9.7b wird die charakteristische Eigenschaft der Parabel, ein Extremum, erfasst.

[9]Die Unsicherheiten in den Koeffizienten sind so groß, weil die Datenpunkte das Minimum nicht gut erfassen.

[10]Es wird ein zweispaltiger Bereich für x_1^5 und $\log(x_2)$ berechnet und als x-Werte in RGP eingefügt.

Abb. 9.8 (T) Formeln für Abb. 9.6 (T)

	B	C	D	E	F	G	H	I
8	$=B13+dx$ $=x{\wedge}2$	$=x{\wedge}2$	$=c\_*x^2+b*x+a$	$=y+NORM.INV(ZUFALLSZAHL();0;Rsch)$				
9	**x**	**x²**	**y**	**y+Rsch**				
13	3,00	9,00	1,70	2,04				
14	**4,00**	16,00	0,80	0,44				

Polynome höheren Grades

In Diagrammen kann man allgemein Polynome höheren Grades[11] als Trendlinie einfügen, siehe Abb. 9.1. In der Tabelle geht das auch. Man muss dazu Bereiche x, x^2, ..., x^n schaffen und den gesamten Bereich als Argument für X-WERTE in RGP eingeben. Dieses Verfahren lässt sich auf andere Funktionen von x verallgemeinern.

Vollständige Tabellenrechnungen und Programme

In Abschn. 8.2.2 haben wir mithilfe einer Tabellenrechnung mit Logarithmen aus dem Mittelwert und der Standardabweichung ein gerundetes Messergebnis mit Angabe der Unsicherheit berechnet. Dieselbe Rechnung kann mit der benutzerdefinierten Funktion *FinRes* in Abb. 9.9a (P) durchgeführt werden, die den Namen, den Wert und die Unsicherheit des Messergebnisses einliest und das Ergebnis wie in Abb. 9.9b ausgibt.

Wenn diese Funktion in ein Modul des VBA-Projektes für benutzerdefinierte Funktionen (in unserem Fall VBA-PROJEKT (*Dieters Funktionen*.XLAM), siehe Abschn. 4.10.3) eingefügt wird, dann kann sie in jeder EXCEL-Datei aufgerufen werden.

9.4 Exponentielle Trendlinie

Wir erzeugen verrauschte Messpunkte auf einer Exponentialkurve. An die verrauschten Messpunkte wird wiederum eine Exponentialfunktion angepasst, und zwar als exponentielle Trendlinie im Diagramm, mit RGP als Gerade durch die logarithmierten Daten und mit der Tabellenfunktion RKP. Die Messpunkte müssen einen hinreichend großen x-Bereich abdecken, damit die Exponentialfunktion eindeutig erkennbar wird.

---

[11]In der deutschen EXCEL-Version bis 2010 wurde im Aufruf der Trendlinie Englisch „Order" falsch übersetzt mit „Reihenfolge" statt richtig mit „Grad".

1 **Function FinREs(Nam, Mn, Uc)**	100,234	0,5	a=100,2±0,5
2 '*Input: Name of the variable, mean, uncertainty*			
3 '*Function: Rounding to the certain digits*	1,234	0,0002	a=1,234±0,0002
4 '*Output: Measuring result with uncertainty in*	-2,334	0,02	a=-2,33±0,02
5 '*the last digit (as text)*	-0,004	0,001	a=-0,004±0,001
6 n = Int(Log(Uc) / Log(10)) '*power of the uncertainty*			
7 Ucr = Round(Uc * 10 ^ -n, 0) '*first digit of the*	10000,1233	0,0004	a=10000,1233±0,0004
8 '*uncertainty*	-234,556	0,345	a=-234,6±0,3
9 Ucrr = Ucr * 10 ^ n '*rounding uc to the certain digit*	1234,345	35,023	a=1230±40
10 Mnr = Round(Mn * 10 ^ -n, 0) '*rounding the measured*			
11 '*value to the certain digits*	-12345,678	34,56	a=-12350±30
12 Mnrr = Mnr * 10 ^ n			
13 FinRes = Nam & "=" & Mnrr & "±" & Ucrr	2,383	0,01	a=2,38±0,01
14 End Function	-0,0991297	0,00223046	a=-0,099±0,002

Abb. 9.9 a (links, P) Die benutzerdefinierte Funktion Sub *FinRes* liest den Namen und den Wert einer Messgröße sowie deren Unsicherheit ein und gibt das gerundete Messergebnis als Text aus. **b** Zehn Ergebnisse von Sub *FinRes*; 1. Spalte: rechnerisches Messergebnis; 2. Spalte: Messunsicherheit; 3. Spalte: sinnvolle Angabe des Messergebnisses

9.4.1 Messdaten erzeugen

Wir erzeugen Punkte auf einer exponentiellen Kurve:

$$z = g_e \cdot \exp(h_e t) \qquad (9.7)$$

und addieren zu dem z-Wert ein normalverteiltes Rauschen mit der Standardabweichung Rs wie z. B. in den Spalten A:C in Abb. 9.10 (T). Die Variable t steht hier für die Zeit.

Die Parameter g_e, h_e und Rs, werden als benannte Zellen definiert. Die Punkte werden in Abb. 9.11a zusammen mit der ursprünglichen Funktion (durchgezogene Kurve) und einer im Diagramm angepassten exponentiellen Trendlinie (gestrichelt) dargestellt.

Fragen

Welcher Art ist das Rauschen in Abb. 9.10 (T)?[12]

Was wird in I4 geprüft (Formel in I5)?[13]

Wie viele Freiheitsgrade gibt es bei der Anpassung einer Exponentialfunktion F an 11 Messpunkte?[14]

Wie können wir überprüfen, ob wir die Anzahl der Freiheitsgrade richtig angesetzt haben?[15]

---

[12]Das Rauschen ist normalverteilt um 0 mit einer Standardabweichung Rs, siehe Formel in C5.

[13]Mit Und(I2-I3 < g_e; g_e < I2+I3) wird geprüft, ob der wahre Werte innerhalb der Standardfehlergrenzen liegt.

[14]11 Messpunkte, 2 Parameter für die Exponentialfunktion ergibt $f = 11 - 2 = 9$ Freiheitsgrade.

[15]Aus f ergibt sich der t-Wert, daraus dann mit t*Standardfehler der Vertrauensbereich für eine Fehlerwahrscheinlichkeit von 0,318, die wir mit einem Vielfachtest auf Trefferrate überprüfen können.

	A	B	C	D	E	F	G	H	I	J	K
1	g.e	10			m	b		h.est	g.est		
2	h.e	3	Schätzwert		3,1567	2,2680		3,16	9,66	=EXP(F2)	
3	Rs	1	Stabw		0,0789	0,0467		0,08	0,45	=F3*I2	
4			R²		0,9944	0,0828		FALSCH	WAHR		
5	=g.e*EXP(h.e*t)	=z.+NORM.INV(ZUFALLSZAHL();0;Rs)	=LN(z.Rs)			=RGP(ln.z.Rs;t;;1)		=UND(H2-H3<h.e;h.e<=H2+H3)	=UND(I2-I3<=g.e;g.e<=I2+I3)		
6	t	z.	z.Rs	ln.z.Rs							
7	0	10,00	10,73	2,37							
17	1	200,86	211,09	5,35							

Abb. 9.10 (T) In Spalte C werden ab Zeile 7 verrauschte Messdaten („Elf Punkte") um eine Exponentialfunktion $z = g \cdot \exp(ht)$ in Spalte B erzeugt. In Spalte D werden sie logarithmiert. In E2:F4 werden die Koeffizienten der logarithmierten Daten mit linearer Regression bestimmt (RGP, Formel in F5) und in H2:I3 in die Koeffizienten g_{est} und h_{est} der angepassten Exponentialfunktion und ihre Unsicherheiten umgerechnet

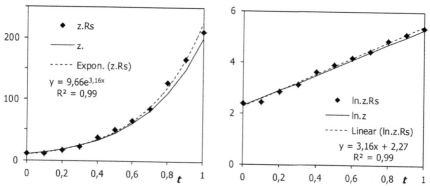

Abb. 9.11 a (links) Elf Punkte in der Nähe einer Exponentialfunktion mit exponentieller Trendlinie, von t unabhängiges Rauschniveau, Daten aus Abb. 9.10 (T). **b** (rechts) Logarithmierte z_{Rs}-Werte aus a mit linearer Trendlinie

9.4.2 Linearer Trend der logarithmierten Daten

Durch Logarithmieren lässt sich die Gl. 9.7 in eine Geradengleichung der Form $y = b + m\,x$ umformen:

$$\ln(z) = \ln(g_e) + h_e \cdot t \tag{9.8}$$

Es gilt also: $y = \ln(z)$; $x = t$; $b = \ln(g_e)$ und $m = h_e$. Die in Spalte D von Abb. 9.10 (T) logarithmierten z_{Rs}-Werte werden in Abb. 9.11b zusammen mit einer linearen Trendlinie dargestellt.

In der Tabellenkalkulation, Abb. 9.10 (T), werden die Koeffizienten der Geraden mit RGP bestimmt und in $h_e = m$ (in H2) und $g_e = exp(b)$ (in I2) umgerechnet, die den Werten der exponentiellen Trendlinie in Abb. 9.11a entsprechen.

Fragen

Beim Anpassen einer exponentiellen Trendlinie in einem Diagramm erscheint manchmal die Fehlermeldung: Trendlinie kann nicht für negative Werte oder für Null berechnet werden. Wann und warum ist das der Fall?[16]

Unsicherheit in den Koeffizienten

Die Unsicherheit in den Koeffizienten m und b für den linearen Trend der logarithmierten Funktion entnimmt man den Ausgaben von RGP. Daraus wird die Unsicherheit in den Koeffizienten der Exponentialfunktion berechnet. Der Koeffizient m ist mit h_e identisch; es gilt also $\Delta h_e = \Delta m$. Der Fehler Δg_e von g_e muss nach dem Fehlerfortpflanzungsgesetz berechnet werden. Es gilt $g_e = \exp(b)$ und $dg_e/db = \exp(b)$; also:

$$\Delta g_e = \exp(b) \cdot \Delta b \tag{9.9}$$

Diese Formel wurde in I3 von Abb. 9.10 (T) eingesetzt.

In H4 und I4 von Abb. 9.10 (T) wird überprüft, ob die wahren Werte von h_e bzw. g_e innerhalb der Fehlergrenzen liegen. Für gute Schätzungen der Standardabweichung sollte die Trefferrate $0{,}657$[17] betragen (Ψ *Zwei drin und einer draußen*). Mit einer Protokollroutine, die das Zufallsexperiment „Elf Punkte" in Abb. 9.10 (T) 1000-mal wiederholt, überprüfen wir, wie oft das für unsere Tabellenrechnung der Fall ist. Das Ergebnis sieht man in Abb. 9.12 (T) unterhalb der Bezeichnung „konstantes Rauschen".

Für die Anpassung einer Exponentialfunktion an elf Messpunkte gelten $11 - 2 = 9$ Freiheitsgrade. Dazu gehört ein Vertrauensniveau von $1 - T$. VERT.2S(1;9) $= 0{,}657$. Bei 1000 Wiederholungen des Zufallsexperiments „11 Punkte um eine Exponentialkurve" erwartet man also, dass in 657 Fällen der Fehlerbereich den wahren Wert erfasst.

Der theoretische Wert von 657 wird in Abb. 9.12 (T) umso weniger erreicht, je größer der Koeffizient h_e im Exponenten ist und zwar unabhängig vom Rauschniveau. Die Ursache kann man in Abb. 9.11b erkennen. Die Abweichungen von der „wahren" Kurve sind ungleich verteilt. Für große Werte der Zeit t sind sie kleiner, sodass die Trendlinie dort näher an der „wahren" Kurve liegt als für kleine Werte der Zeit t. Das ist eine Folge der Logarithmierung. Eine ungleiche Verteilung der Abweichungen in y-Richtung entspricht aber nicht dem mathematischen Modell, welches der linearen Regression zugrunde liegt.

Wenn wir ein dem z-Wert proportionales Rauschen ansetzen, z. B. mit der Tabellenformel

$$z.Rs = z. + \text{NORM.INV}(\text{ZUFALLSZAHL}(); 0; Rs) * z./4,$$

---

[16]Die y-Werte werden innerhalb der Funktion, die die exponentielle Trendlinie berechnet, logarithmiert. Der Fehler tritt auf, wenn ein y-Wert negativ oder null ist.

[17]$0{,}657 = 1 - \text{TVERT}(1;9;2)$; 11 Messpunkte – 2 Koeffizienten = 9 Freiheitsgrade.

dann sind die Abweichungen in den *logarithmierten* Werten über den Bereich von t gleichmäßiger verteilt, siehe Abb. 9.13b. Jetzt sind die Abweichungen in der *linearen* Darstellung, Abb. 9.13a, ungleichmäßig verteilt. Die Trefferzahlen in Abb. 9.12 (T) (unter „prop. Rauschen") weichen dann nur noch wenig von 657 ab, auch das unabhängig vom Rauschniveau.

▶ **Tim** Bei der Anpassung von Exponentialfunktionen stimmt wohl gar nichts mehr, nicht einmal auf das Rauschen ist Verlass.

▶ **Alac** Ich seh das nicht so eng. Man kann immer Werte für die Koeffizienten angeben.

▶ **Mag** Im Prinzip stimmt das. Für geringes Rauschen sind die Unsicherheiten nicht so groß.

▶ **Tim** Was heißt „nicht so groß" genau?

▶ **Alac** Das kann man im konkreten Fall herausbekommen, wenn man ihn mit unserem Verfahren Ψ *Wir wissen alles und stellen uns dumm* simuliert.

	konst. Rauschen				prop. Rauschen	
	h.e=3	h.e=1,7	h.e=0,5	h.e=0,1	h.e=1,7	h.e=3
Gesamt	1000	1000	1000	1000	1000	1000
Hits h	455	536	655	659	640	638
Hits g	378	469	583	654	634	634

Abb. 9.12 (T) Wie oft liegen die wahren Werte von h_e und m für konstantes und dem Messsignal proportionales Rauschen innerhalb der Standardabweichung?

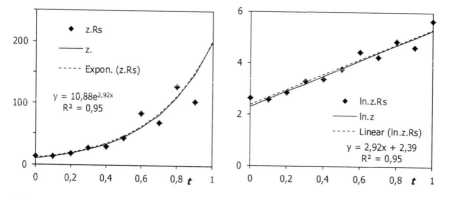

Abb. 9.13 **a** (links) Wie Abb. 9.11a, aber mit einem Rauschen, das dem Ordinatenwert proportional ist. **b** (rechts) Logarithmierte z_{Rs}-Werte von a mit linearer Trendlinie

Exponentialfunktion oder Polynom?
Wir passen sowohl eine Exponentialfunktion als auch ein Polynom an dieselben Messdaten an, die um eine Exponentialfunktion herum erzeugt wurden. Zwei Beispiele sehen Sie in Abb. 9.14a und b.

In Abb. 9.14a beschreiben beide Trendlinien die experimentellen Daten gleich gut, mit Bestimmtheitsmaßen von 0,9942 und 0,9953. Bei Wiederholung des Zufallsexperiments (neue Messpunkte werden zufällig erzeugt) bekommt die Parabel manchmal sogar einen höheren R^2-Wert, obwohl die wahre Ursprungskurve exponentiell ist. Es gibt zu wenige Messpunkte, um den exponentiellen Charakter eindeutig festzustellen. Für Abb. 9.14b wurde ein größerer Argumentbereich gewählt. Auch jetzt weicht die parabolische Trendlinie nicht deutlich sichtbar von den Messpunkten ab; würde aber für x-Werte größer als 35 völlig falsche y-Werte vorhersagen.

Aufgabe
Erweitern Sie den Messbereich auf der x-Achse so, dass eine exponentielle Kennlinie die Messdaten deutlich besser beschreibt als eine Parabel!

Wenn man überzeugt ist, dass der zugrunde liegende physikalische Vorgang tatsächlich exponentiell verläuft, dann kann man aus Abb. 9.14a und b die Abklingkonstante bestimmen.

▶ **Tim** Was soll „überzeugt sein" heißen?

▶ **Mag** Es gibt eine Theorie, die den Verlauf vorhersagt.

▶ **Alac** ..und dann gilt wieder „nicht bewiesen, aber auch nicht widerlegt"?

▶ **Tim** Diesmal leuchtet mir das sofort ein.

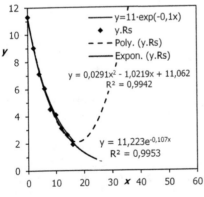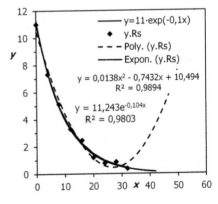

Abb. 9.14 a (links) Neun Punkte in der Nähe einer Exponentialfunktion; exponentielle und parabolische Trendlinie. **b** (rechts) Wie a aber mit größerem Argumentbereich

9.4.3 Exponentieller Trend mit der Tabellenfunktion RKP

Es gibt eine Tabellenfunktion RKP, die die Parameter eines exponentiellen Trends samt Unsicherheit bestimmt, ähnlich wie das RGP für einen linearen Trend durchführt. Die Gleichung der anzupassenden Kurve lautet:

$$y = a \cdot o^x = a \cdot \exp(h)^x = a \cdot \exp(hx) \tag{9.10}$$

Bezogen auf Gl. 9.7 gilt also:

$$h_e = \ln(o) \text{ und } g_e = a \tag{9.11}$$

Bei mehreren unabhängigen Variablen lautet die anzupassende Funktion

$$y = a \cdot o_1^{x1} \cdot o_2^{x2} \cdots$$

In Abb. 9.15 (T) wird RKP auf die Daten der Abb. 9.10 (T) angewendet. Dabei wird derselbe Wert $r^2 = 0,99$ für das Bestimmtheitsmaß wie in Abb. 9.11a und b erreicht.

RKP liefert dieselben Werte für $h = ln(o) = 3,16$ (in R2 berechnet) und $g = 9,66$ (in S2 berechnet) wie die exponentielle Trendlinie in Abb. 9.11a.

RKP gibt falsche Standardabweichungen
Achtung: Die Unsicherheiten in den Koeffizienten von RKP (in N3:O3 von Abb. 9.15 (T)) stimmen nicht! RKP gibt offenbar die Unsicherheiten des linearen Trends der logarithmierten Daten aus, wie man aus dem Vergleich von (N3:O3) mit (E3:F3) von Abb. 9.10 (T) erkennen kann. Die Unsicherheiten der Koeffizienten der Exponentialfunktion müssen aber noch mit den Regeln der Fehlerrechnung aus dem linearen Trend $y = mx + b$ der logarithmierten Daten berechnet werden. Logarithmierung von Gl. 9.10 ($y = a \cdot o^x$) ergibt:

$$ln(y) = ln(a) + x \cdot \log(o) \tag{9.12}$$

Daraus folgen:

$$a = \exp(b) \text{ und somit } \Delta a = \exp(b) \cdot \Delta b = a \cdot \Delta b \tag{9.13}$$

$$o = \exp(m) \text{ und somit } \Delta o = \exp(m) \cdot \Delta m = o \cdot \Delta m \tag{9.14}$$

	M	N	O	P	Q	R	S	T
1		**o**	**a**			**h.est**	**g.est**	
2		23,4918	9,6600		=LN(N2)	3,16	9,66	=O2
3		0,0789	0,0467		=N3	0,08	0,45	=O3*O2
4		0,9944	0,0828					
5	=EXP(h)	=N2*N3	=O2*O3	{=RKP(z.Rs;t;;1)}				
6	**o.th**	**Δo**	**Δa**				**hit o**	**hit a gesamt**
7	20,09	1,85	0,45				646	667 1000
8		**FALSCH**	**WAHR**	=UND(O2-O7<g.e;g.e<O2+O7)				
9		=UND(N2-N7<o.th;o.th<N2+N7)						

Abb. 9.15 (T) Einsatz der Tabellenfunktion RKP, um die Koeffizienten eines exponentiellen Trends und ihre Standardabweichungen zu bestimmen; die Formel in P5 gilt für N2:O4

Der Standardfehler $\Delta a = a \cdot \Delta b$ aus Gl. 9.13 wird mit O7 = [=O2*O3] umgesetzt, der Standardfehler $\Delta o = o \cdot \Delta m$ aus Gl. 9.14 mit N7 = [=N2*N3]. In den Zellen darunter wird wieder geprüft, ob der wahre Wert o_{th} in M7 innerhalb des Vertrauensbereichs liegt. Für ein dem y-Wert proportionales Rauschen trifft das gemäß einem Vielfachtest auf die Trefferrate für 65 bzw. 67 % der Fälle zu, siehe R7 bzw. S7. Das ist nahe am theoretischen Wert von 65,7 % (1 − T.Vert.2S(1;9) = 0,657). Die Trefferraten *hito* und *hita* stehen in R7 bzw. S7.

9.5   Anpassung von Kurven an Spektrallinien mit nichtlinearer Regression

Wir passen mit der Solver-Funktion eine Summe von zwei Gauß-Kurven an zwei überlappende EDX-Spektrallinien an, wobei wir die zusätzliche Kenntnis nutzen, dass beide Linien aus physikalischen Gründen dieselbe Breite haben müssen.

In dieser Übung setzen wir die Technik der Solver-Funktion ein, die bereits in Abschn. 5.8 eingeführt wurde, um Funktionen mit mehreren Parametern an Messdaten anzupassen. Die Messdaten werden auf die inzwischen bewährte Art künstlich erzeugt.

9.5.1   Erzeugung von zwei spektral überlappenden EDX-Signalen

In Abb. 9.16a und b werden Spektren einer EDX-Analyse wiedergegeben. EDX ist die Abkürzung von „energy dispersive X-ray analysis" und bedeutet die energie-

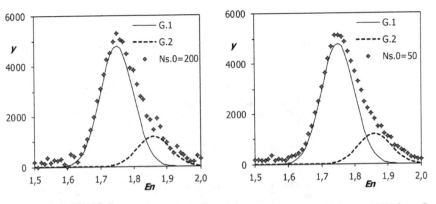

Abb. 9.16 a (links) Simuliertes EDX-Spektrum eines mit SrTiO$_3$ beschichteten Si-Wafers; G_1 und G_2 sind „wahre" Spektrallinien. **b** (rechts) Wie a, aber mit stärkerem Rauschen Ns_0

aufgelöste Analyse von charakteristischer Röntgenstrahlung mit Silizium-Detektoren, nach Anregung der Probe mit einem Elektronenstrahl. Es wird die Zählrate y eines Detektors als Funktion der Energie En der im Detektor eintreffenden Photonen aufgezeichnet.

Die abgebildeten Spektren sind künstlich erzeugt, ähneln aber sehr den tatsächlichen Daten für einen mit $SrTiO_3$ beschichteten Si-Wafer. Das unverrauschte Spektrum soll als Summe von zwei Normalverteilungen G_i (mit Tabellenfunktion NORM.VERT erzeugt, siehe Abschn. 7.4.2) mit verschiedenen Amplituden A_i, verschiedenen Zentren E_i und Breiten ΔE_i (durch Standardabweichungen in NORM.VERT einzustellen) vorgegeben werden:

$$G_i(E) = A_i \cdot \exp\left(-\left(\frac{E - E_i}{\Delta E_i}\right)^2\right) \qquad (9.15)$$

Auf die y-Werte wird dann noch ein gaußsches Rauschen (Rs in in Abb. 9.17 (T) mit einer geeignet gewählten Standardabweichung Ns_0) addiert, außerdem eine Konstante c_0, die ein vom Probensignal unabhängiges Grundrauschen des Analysegeräts simulieren soll. Es gilt:

$$G_{12} = Max(G1 + G2 + Rs + c_0; 0)$$

Das Signal, eine Zählrate, ist niemals negativ, deshalb ist die Konstruktion mit der Tabellenfunktion MAX sinnvoll. Einen möglichen Tabellenaufbau für die Erzeugung des Signals sieht man in Abb. 9.17 (T).

	A	B	C	D	E	F
1	Amplitude	A.1	600	A.2	150	
2	Zentrum	E.1	1,75	E.2	1,86	
3	Stabw	s.1	0,05	s.2	0,05	
4	Offset	c.0	200			
5	Rauschen	Ns.0	60			
6		dE	0,01			
8		En	G.1	G.2	Rs	G.12
9		1,5	0,02	0,00	-4	196
10		1,51	0,05	0,00	-13	187
59		2	0,02	23,75	-106	118

Abb. 9.17 (T) Kalkulationsmodell für die Simulation eines EDX-Spektrums; G_1 und G_2 sind zwei verschiedene Gauß-Funktionen mit den Parametern im Bereich B1:C3 bzw. D1:E3; G_{12} ist die Summe von G_1 und G_2 mit zusätzlichem normalverteilten Rauschen mit der Standardabweichung Ns_0 und einer Nullpunktverschiebung (Offset c_0). Die Formeln in Zeile 7 findet man in Abb. 9.21 (T)

Fragen

Zur Erzeugung des Spektrums in Abb. 9.17 (T) werden zwei Funktionen eingesetzt: NORM.VERT und NORM.INV. Welche Aufgaben haben die beiden Funktionen?[18]

Wie formuliert man die Gl. 9.15 für G_1 mit der Tabellenfunktion NORM.VERT und den Parameternamen in Abb. 9.17 (T)?[19]

9.5.2 Anpassung von zwei Gauß-Funktionen an das Spektrum mit SOLVER

Wir passen an ein simuliertes Spektrum mit dem Rauschpegel $Ns_0 = 60$ die Summe von zwei Gauß-Funktionen $G_i(E)$ mit den Kenngrößen Amplitude As_i, Zentrum Es_i und Breite $Ws_i = \Delta E_i$ mit $i = 1, 2$ an, zu der noch eine Konstante cs_0 addiert wird. In Abb. 9.18 (T) werden diese Größen in C1:E3 definiert und die Gauß-Funktionen Gs_1 und Gs_2 in den Spalten D und E gebildet und in Spalte F mit dem offset cs_0 zu Sm summiert.

In Spalte G der Abb. 9.18 (T) wird punktweise die quadratische Abweichung der anzupassenden Funktion Sm von den simulierten Messdaten G_{mes} gebildet und in Zelle G6 aufsummiert. G6 wird dann die Zielzelle für die SOLVER-Funktion, in der die sechs Kenngrößen der Gauß-Funktionen sowie der Offset cs_0 als zu verändernde Zellen eingetragen werden. Zwei verschiedene Anpassungen an dieselben Messdaten sieht man in Abb. 9.19a und b.

Die beiden Anpassungen in Abb. 9.19a und b scheinen gleich gut zu sein. Die Anpassung ist also nicht eindeutig. In Abb. 9.19 sind die Breiten der beiden Gauß-Kurven unabhängig voneinander; es wurden also alle sieben Kenngrößen variiert. In Abb. 9.19b wurde die Breite der zweiten Kurve gleich derjenigen der ersten Kurve gesetzt, F3 = [=Ws.1],und nicht als zu verändernde Zielzelle, sodass nur sechs zu variierende Kenngrößen übrig bleiben.

Auf Grund physikalischer Überlegungen ist die Anpassung mit gleicher spektraler Breite wahrscheinlicher. Die Breite der Signale wird nämlich durch das Auflösungsvermögen des Detektors bestimmt und das sollte in dem betrachteten Energiebereich etwa konstant sein. Wir deuten das Spektrum also mit der Anpassung in Abb. 9.19b.

Vorsicht bei Anpassungen mit vielen Parametern!
Das beschriebene Verfahren, Kurven mit vielen Parametern an Messdaten anzupassen, ist sehr nützlich, aber auch gefährlich. Wenn man genügend Anpassparameter hat, dann kann man nahezu jede Datenreihe anpassen, ohne dass die

---

[18]NORM.VERT erzeugt eine glatte Gauß-Kurve als Funktion der Energie. NORM.INV(ZUFALLSZAHL();;) erzeugt das normalverteilte Rauschen der y-Werte.

[19][=A.1*NORM.VERT($En;E.1;s.1$;0)], der letzte Eintrag 0 gibt an, dass die Wahrscheinlichkeitsdichte (Glockenkurve) gebildet werden soll und nicht die Verteilungsfunktion.

	A	B	C	D	E	F	G	H
1		Amplitude	**As.1**	4698	**As.2**	1153		
2		Zentrum	**Es.1**	1,750	**Es.2**	1,85		
3		Breite	**Ws.1**	0,077	**Ws.2**	0,077		
4		Offset	**cs.0**	209				
6							3,0E+06	=SUMME(Dev²)
8	**En**	**G.12**	**G.mes**	**Gs.1**	**Gs.2**	**Sm**	**Dev²**	
9	1,5	57,18783	427	0,1	0,0	208,8	4,8E+04	
59	2	61,56067	0	0,1	23,3	232,1	5,4E+04	

Abb. 9.18 (T) Die Daten En und G_{12} in den Spalten A und B werden aus Abb. 9.17 (T) übernommen. G_{mes} entsteht dadurch, dass der Inhalt von G_{12} aus Abb. 9.17 (T) kopiert wird (EIN-FÜGEN/INHALTE EINFÜGEN), sodass sich die Werte nicht mehr ändern. In Gs_1 und Gs_2 werden zwei anzupassende Gauß-Funktionen mit den Parametern aus C1:F3 definiert, und in Sm wird die Summe aus beiden gebildet. In Spalte G (Dev^2) wird punktweise die quadratische Abweichung der Summe G_{12} mit den Messdaten G_{mes} gebildet und in G6 aufsummiert. Die Formeln in Zeile 7, die für die Zeile 9 gelten, stehen in Abb. 9.22 (T)

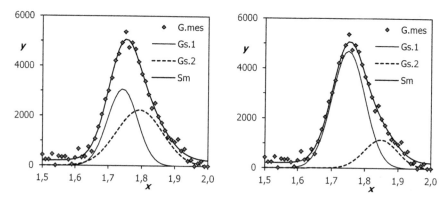

Abb. 9.19 **a** (links) Anpassung an ein Spektrum mit dem Rauschpegel $Ns_0 = 60$ mit zwei Gauß-Kurven unterschiedlicher Breite. **b** (rechts) Anpassung an das Spektrum aus a mit zwei Gauß-Kurven derselben spektralen Breite

Parameter eine sinnvolle physikalische Interpretation haben. Sammeln Sie Erfahrung! Unsere Übungen bieten dazu die beste Voraussetzung, da die „wahren" Daten selbst erfunden werden.

▶ **Alac** Klar, nach der Devise: Ψ *Wir wissen alles und stellen uns dumm.*

▶ **Tim** Und lernen dabei Statistik.

Unsicherheit in den Koeffizienten
Die Fehler in den Koeffizienten der angepassten Kurven lassen sich mathematisch genau bestimmen, siehe z. B. E. Joseph Billo, *EXCEL for Chemists*, Wiley-VCH (1977) *ISBN 0-471-18896-4*, Chapter 17 oder John Wiley (2011) *ISBN 978-0-470-38123-6*, Chapter 15. In der Praxis kann man die Koeffizienten einzeln von Hand etwas

verändern, bis die Anpassung nach Augenmaß nicht mehr zutrifft, und die Abweichung vom optimalen Wert als Fehlergrenze angeben. Zwei Beispiele sieht man in Abb. 9.20.

Für die Lage von Gs_1 könnte man $1{,}750 \pm 0{,}005$, für die Höhe von Gs_2 1150 ± 200 und für die gemeinsame Breite $0{,}070 \pm 0{,}007$ angeben. Dabei sind die Unsicherheiten ziemlich groß geschätzt.

▶ **Tim** Ist das denn erlaubt und genau genug?

▶ **Mag** Besser eine grobe Abschätzung der Unsicherheiten der Koeffizienten als gar keine. So etwas wird in vielen Labors gemacht. Eine Angabe der angepassten Koeffizienten ohne Unsicherheit ist jedenfalls nutzlos, wird aber auch in vielen Labors gemacht.

9.5.3 Vollständige Tabellenrechnungen

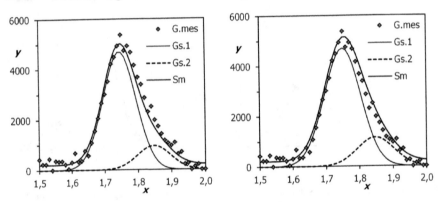

Abb. 9.20 Zwei Anpassungen, die nach Augenmaß schlecht sind. **a** (links) Lage Gs_1 ist 1,745 statt 1,75 und Höhe Gs_2 ist 953 statt 1153. **b** (rechts) Breite 0,077 statt 0,07

	B	C	D	E	F	G	H
7	=B9+dE	=A.1*NORM.VERT(En;E.1;s.1;0)	=A.2*NORM.VERT(En;E.2;s.2;0)	=NORM.INV(ZUFALLSZAHL();0;Ns.0)	=MAX(G.1+G.2+Rs+c.0;0)		
8	**En**	**G.1**	**G.2**	**Rs**	**G.12**		
9	1,5	0,02	0,00	−431	0		
10	**1,51**	0,05	0,00	153	353		

Abb. 9.21 (T) Formeln der Abb. 9.17 (T)

	A	B	C	D	E	F	G	H
7	=En	=G.12	427	=As.1*EXP(-1*((E-Es.1)/Ws.1)^2)	=As.2*EXP(-1*((E-Es.2)/Ws.2)^2)	=Gs.1+Gs.2+cs.0	=(Sm-G.mes)^2	
8	**En**	**G.12**	**G.mes**	**Gs.1**	**Gs.2**	**Sm**	**Dev²**	
9	1,5	57,18783	427	0,1	0,0	208,8	4,8E+04	
59	2	61,56067	0	0,1	23,3	232,1	5,4E+04	

Abb. 9.22 (T) Formeln der Abb. 9.18 (T)

9.6   Asymmetrische Lorentzfunktion für eine Linie im Raman-Spektrum

Wir passen an eine unsymmetrische verrauschte Spektrallinie eine Lorentz-funktion mit einer linksseitigen und einer rechtsseitigen Halbwertsbreite an.

Wenn die Breite einer Spektrallinie durch Stoßprozesse in der Probe bestimmt wird, dann sind die Spektrallinien häufig lorentzförmig, also von der Form:

$$F(E) = \left(1 + \frac{(E - E_0)^2}{\Delta E^2}\right)^{-1} \cdot A \tag{9.16}$$

Ein Beispiel sieht man in Abb. 9.23a. Durch Gitterdefekte in der Probe kann die Spektrallinie asymmetrisch werden, sodass die Lorentzkurve mit einer linksseiti-gen und einer rechtsseitigen Halbwertsbreite beschrieben werden muss. Ein simu-liertes Beispiel sieht man in Abb. 9.23b.

Ein Tabellenaufbau für die Erzeugung des Spektrums und das Wiederfinden der Kenngrößen mit der SOLVER-Funktion steht in Abb. 9.24 (T).

Zur Simulation der asymmetrischen Kurve nutzen wir die Funktion *Ltz* in Abb. 9.24 (T). Sie sieht komplizierter aus als sie tatsächlich ist und wird im Fol-genden in drei Zeilen zerlegt.

$$Ltz = A / \left(1 + (E - E_0)^{\wedge}2 / \right.$$

$$\text{WENN}(E < E_0; DE_l; DE_r)^{\wedge}2\big) \, (\textit{linke und rechte Breite})$$

$$+ \text{NORM.INV}(\text{ZUFALLSZAHL}(); 0; Rs) + c_L$$

$$(+\textit{additives Rauschen} + \textit{Nullpunktsabweichung})$$

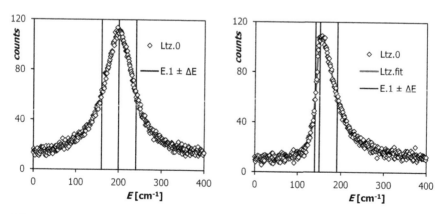

Abb. 9.23 a (links) Lorentzlinie der Breite $\Delta E = 40$ cm^{-1}. **b** (rechts) Asymmetrische Lorent-zlinie gemäß dem Kalkulationsmodell in Abb. 9.24 (T); die senkrechten Striche markieren das Zentrum und die beiden Halbwertsbreiten

	A	B	C	D	E	F	G	H
1	Amplitude	A	100	A.1	99,2			
2	Zentrum	E.0	200	E.1	150,1			
3	Breite links	DE.l	10	DE.l1	10,2			
4	Breite rechts	DE.r	40	DE.r1	40,5			
5	offset	c.L	10	c.L1	9,9			
6	Rauschen	Rs	2					
7		dE	1				1707	=SUMME(Abw²)
8	=A/(1+(E-E.0)^2/WENN(E<E.0;DE.l;DE.r)^2)+NORM.INV(ZUFALLSZAHL();0;Rs)+c.L							
9	=B12+dE	=A.1/(1+(E-E.1)^2/WENN(E<E.1;DE.l1;DE.r1)^2)+c.L1						
10					=(Ltz.0-Ltz.fit)^2			
11			E	Ltz	Ltz.0	Ltz.fit	Abw²	
12			0	13,40	13,40	13,73	0,11	
13			1	11,45	11,45	13,77	5,38	
412			400	14,12	14,12	13,73	0,15	

Abb. 9.24 (T) Erzeugung einer asymmetrischen Lorentzfunktion mit den Parametern in B1:C6; unter *Ltz* werden die Messdaten mit Rauschen simuliert; eine Ausprägung von *Ltz* wird in *Ltz*$_0$ kopiert (EINFÜGEN/WERTE) und dann durch die Kurve *Ltz*$_{fit}$ angepasst, einer ebenfalls asymmetrischen Lorentzfunktion mit den Parametern in D1:E5

Die erste Zeile entspricht einer Lorentzfunktion, bei der nur die Angabe der Breite unter dem Bruchstrich fehlt. Die Breite wird in der zweiten Zeile mit WENN bestimmt. Sie ist für *E*-Werte unterhalb und oberhalb von E_0 verschieden. In der dritten Zeile werden Rauschen (Gauß mit Standardabweichung *Rs*) und Nullpunktsabweichung c_L addiert.

Die Minimierung der quadratischen Abweichung, F7 = [=SUMME(*Abw*²)], durch die SOLVER-Funktion ergibt die Koeffizienten in E1:E5. Aus ihnen lassen sich weitere Kenngrößen ermitteln, zum Beispiel die Intensität der Linie als Fläche zwischen offset und Kurve.

Fragen

Im Rechenmodell der Abb. 9.24 (T) werden die in Spalte C berechneten Werte der Lorentzfunktion *Ltz* in Spalte D, *Ltz*$_0$ kopiert. Warum?[20]

9.7   Fragen

1. Wie erhält man eine lineare Auftragung der Funktion

$$y = A \cdot exp\left(\left(\frac{x}{\Delta x}\right)^2\right)$$

---

[20]Die Werte von *Ltz* ändern sich mit jeder Veränderung der Tabelle, weil die Formel eine Zufallszahl enthält; die Werte von *Ltz*$_0$ ändern sich nicht. Die Trendkurve soll an gemessene Daten angepasst werden, die sich während der Anpassung nicht ändern.

und welche Bedeutung haben y-Achsenabschnitt und Steigung?

2. In Abb. 9.25a (T) wurde mit RGP eine Gerade an Messpunkte angepasst. Welche Bedeutung haben die Zahlen in D1:E2 und D3?

3. Eine Parabel wird mit RGP an 7 Datenpunkte angepasst. Wie viele Freiheitsgrade hat die angepasste Parabel? Gilt für die Koeffizienten unsere Regel Ψ *Zwei drin und einer draußen?*

4. In Abb. 9.25b wird ein Polynom $y_c(x)$ mit SOLVER an Datenpunkte (x, y_s) angepasst. Welches ist die Zielzelle, welches sind die veränderbaren Zellen? Welche mathematische Formel steckt hinter der Tabellenformel in S5?

5. In Abb. 9.26 (T) wird eine Parabel mit RGP an 7 Datenpunkte (x,y) angepasst. Mit einer Protokollroutine wird 10000-mal gezählt, wie oft die wahren Werte von a, b und c außerhalb des Fehlerbereichs liegen. Welche Daten stehen in C7:D13? Welche Bedeutung haben die Werte in E2:G2, die Argumente von T.VERT.2s in H5 und L5 und die Werte in H8 und L8? Wie wurden die Werte in E8:G8 und in I8:K8 gewonnen?

	D	E	F	G
1	2,97	1,35	=RGP(y;x;;1)	
2	0,19	1,20		
3	0,97	1,76		

	N	O	P	Q	R	S	T	U
5						=a.s*x^2+b.s*x+c.s	=SUMMEXMY2(y.c;y.s)	
6	x				y.c	y.s		
7	0	a.s	1,11	1,74	2,49	4,06		
8	1	b.s	1,66	6,34	5,25			
9	2	c.s	2,49	10,84	10,24			
13	6			52,38	52,41			

Abb. 9.25 a (links, T) Ausgabe von RGP. **b** (rechts, T) Ein Polynom y_s wird mit SOLVER an die Datenpunkte (x, y_c) angepasst

	A	B	C	D	E	F	G	H	I	J	K	L	M
1	a	1			1,11	1,66	2,49						
2	b	2			0,11	0,69	0,88	{=RGP(A7:A13;B7:C13;;1)}					
3	c	3			1,00	1,01	#NV						
4	R.s	1						10000					
5					=UND(E1-E2<a;a<E1+E2)			=T.VERT.2S(1;4)		=UND(F1-2*F2<b;b<F1+2*F2)		=T.VERT.2S(2;4)		
6	y	x	x²		a.1	b.1	c.1			a.2	b.2	c.2	
7	1,74	0	0		FALSCH	WAHR	WAHR			WAHR	**WAHR**	WAHR	
8	6,34	1	1		0,378	0,379	0,383	**0,374**		0,119	0,120	0,119	**0,116**
13	52,38	6	36										

Abb. 9.26 (T) Eine Parabel wird mit RGP an die 7 Datenpunkte (x, y) angepasst. Die Werte in E8:G8 und I8:K8 werden von einer Protokollroutine beschrieben

Integration der newtonschen Bewegungsgleichung

In diesem Kapitel wird die newtonsche Bewegungsgleichung für eindimensionale Bewegungen von Massepunkten berechnet. Dazu muss die mittlere Beschleunigung $<a>$ in den Zeitintervallen zwischen den Stützstellen der Bewegungskurve abgeschätzt werden. Wir setzen dabei vier Verfahren ein: Das Euler-Verfahren, das Halbschrittverfahren, den „Fortschritt mit Vorausschau" und das Runge-Kutta-Verfahren 4. Ordnung. Drei Beispiele aus dem abenteuerlichen Leben werden wirklichkeitsnah nachgestellt: Stratosphärensprung, Bungeesprung und „Kavaliersstart". Wir lernen schließlich, die Tabellenrechnung vollständig aus einem Makro heraus zu erstellen.

10.1 Einleitung: Genäherter Mittelwert statt exaktes Integral

10.1.1 Die newtonsche Bewegungsgleichung

In diesem Kapitel untersuchen wir die Bewegung eines Massenpunktes auf einer Geraden. Nach den newtonschen Gesetzen wird die Beschleunigung zu einem bestimmten Zeitpunkt von den Kräften bestimmt, die zu diesem Zeitpunkt auf den Körper wirken. Diese Kräfte F sind im Allgemeinen abhängig vom Ort x, z. B. die Federkraft, oder abhängig von der Geschwindigkeit $\dot{x}$, z. B. die Reibungskraft, oder von beiden, $F = F(x, \dot{x})$.

Die newtonsche Bewegungsgleichung lautet für eine Dimension:

$$\ddot{x}(t) = \frac{F(x, \dot{x})}{m} \tag{10.1}$$

Dabei sind $\ddot{x} = a$ die Beschleunigung, $\dot{x} = v$ die Geschwindigkeit, x der Ort und m die Masse des Körpers. Wenn alle Kräfte in einem Zeitabschnitt bekannt sind, außerdem Ort und Geschwindigkeit des Massenpunktes zu Beginn des Abschnitts,

© Springer-Verlag GmbH Deutschland 2017
D. Mergel, *Physik mit Excel und Visual Basic*,
DOI 10.1007/978-3-642-37857-7_10

dann kann die Differenzialgleichung der Bewegung, Gl. 10.1, im gesamten Zeitabschnitt gelöst werden, und die Werte von x und $\dot{x}$ am Ende des Zeitabschnitts können angegeben werden.

In diesem Kapitel lernen wir, wie die newtonsche Bewegungsgleichung in einem Zeitabschnitt numerisch hinreichend genau gelöst werden kann. Um die verschiedenen Verfahren einzuführen, bearbeiten wir Aufgaben, die teilweise auch analytisch gelöst werden können, damit wir die Ergebnisse unserer Rechnungen überprüfen können: Schwingungen eines Masse-Feder-Systems ohne Reibung (Abschn. 10.2) und Fall mit Reibung (Abschn. 10.3).

Die Kräfte in manchen Übungen dieses Kapitels hängen nur von der Geschwindigkeit oder nur vom Ort ab, um die Tabellenrechnungen einfacher zu gestalten.

Mittelwert statt Integral

Die von uns angestrebte numerische Lösung beruht auf Differenzengleichungen, bei denen die Zeit um endliche Beträge fortschreitet. Wenn der Ort und die Geschwindigkeit des Körpers zu Beginn t_0 eines Zeitabschnitts bekannt sind, dann folgen daraus die Koordinaten am Ende $t_0 + \Delta t$ des Zeitabschnitts:

$$v(t_0 + \Delta t) = v(t_0) + \int_{t_0}^{t_0 + \Delta t} a(t)dt = v(t_0) + \langle a \rangle \cdot \Delta t \tag{10.2}$$

$$x(t_0 + \Delta t) = x(t_0) + \int_{t_0}^{t_0 + \Delta t} v(t)dt = x(t_0) + \langle v \rangle \cdot \Delta t \tag{10.3}$$

Die Gl. 10.2 und die Gl. 10.3 sind genau. Die Ausdrücke mit den Mittelwerten <a> und <v> entsprechen genau dem Integral, weil der Mittelwert gerade so definiert ist.

Unsere Aufgabe besteht darin, die *mittlere Beschleunigung* <a> und die *mittlere Geschwindigkeit* <v> in dem betroffenen Zeitabschnitt vorausschauend abzuschätzen. Die numerische Abschätzung ist eine Näherung, für die wir in der nächsten Übung vier verschiedenen Verfahren vorstellen.

Ψ *Mittelwert genähert statt exakt Integral.*

10.1.2 Vier Verfahren, die mittlere Beschleunigung in einem Zeitabschnitt abzuschätzen

Beim einfachen *Euler-Verfahren* wird die mittlere Beschleunigung im Zeitabschnitt $[t_n, t_{n+1}]$ durch die Beschleunigung zu Beginn des Zeitabschnitts abgeschätzt:

$$v(t_{n+1}) = v(t_n) + a_n(t_n) \cdot \Delta t \tag{10.4}$$

$$x(t_{n+1}) = x(t_n) + v(t_n) \cdot \Delta t \tag{10.5}$$

Dieses Verfahren kann verbessert werden, wenn die Werte aus Gl. 10.4 und 10.5 nur als „Vorschau" für Geschwindigkeit $v_p(t_{n+1})$ und Ort $x_p(t_{n+1})$ genommen werden, aus denen dann die Beschleunigung $a_p(t_{n+1})$ zum Ende des Zeitabschnitts berechnet wird. Für diesen „*Fortschritt mit Vorausschau*" gilt dann:

$$v(t_{n+1}) = v(t_n) + \frac{a(t_n) + a_p(t_n + 1)}{2} \cdot \Delta t \tag{10.6}$$

$$x(t_{n+1}) = x(t_n) + \frac{v(t_n) + v_p(t_{n+1})}{2} \cdot \Delta t \tag{10.7}$$

Ähnlich ist das *Halbschrittverfahren* aufgebaut, bei dem mit den Werten zu Anfang eines Intervalls die Werte in der Mitte des Intervalls abgeschätzt und als repräsentativ für das gesamte Intervall genommen werden.

Eine weitere Verbesserung lässt sich mit dem *Runge-Kutta-Verfahren vierter Ordnung* erzielen, bei dem in einem Intervall drei Vorausschauen gemacht werden, die ersten beiden in die Mitte und die dritte dann zum Ende des Intervalls, und dann über vier Werte gemittelt wird. Dieses Verfahren wird in Abschn. 10.3.5 im Einzelnen erläutert werden.

Alle Verfahren sollen geübt werden

Wir werden in der Aufgabe Abschn. 10.3 (Fallen aus großer Höhe, die Kraft hängt nur von der Geschwindigkeit ab) alle vier Verfahren anwenden und die Ergebnisse miteinander vergleichen. Für diese Aufgabe gibt es analytische Lösungen, sodass wir unsere numerischen Verfahren überprüfen können.

Alle Verfahren liefern hinreichend genaue Lösungen, wenn der Abstand der Stützstellen, die die Grenzen der Zeitabschnitte markieren, hinreichend klein gemacht wird. Je höher der Aufwand ist, mit dem die mittlere Beschleunigung in einem Zeitabschnitt berechnet wird, desto länger können die Zeitabschnitte sein. Bei jedem Verfahren muss überprüft werden, ob die gewählte Länge des Zeitabschnitts kurz genug ist.

Als Standardverfahren werden wir in den weiteren Aufgaben die Integration mit Vorausschau anwenden, weil sie sich als hinreichend effizient erweist und sich übersichtlich als Tabellenkalkulation implementieren lässt. Der schon etwas geübte Leser wird aber aufgefordert, alternativ auch das *Halbschrittverfahren* anzuwenden, welches etwa dieselbe Genauigkeit liefert und ebenfalls in Abschn. 10.3 näher erläutert wird.

Wir bearbeiten im weiteren Verlauf dieses Kapitels drei Fälle aus dem Abenteuerleben: Stratosphärensprung, Bungeesprung und „Kavaliersstart" beim Anfahren eines Autos. In Band II kommt das Verfahren dann zur vollen Entfaltung, bei der Berechnung von Bewegungen in der Ebene, allen Arten von Schwingungen, Feldlinien und Wellenfunktionen der Schrödingergleichung.

Zum Schluss üben wir noch einmal zu programmieren, indem wir die Tabelle für die Berechnung einer Schwingung vollständig aus einem Makro heraus aufbauen.

10.2   Harmonische Schwingung „mit Vorausschau" (G)

Wir integrieren die newtonsche Bewegungsgleichung, indem wir die Beschleunigung in einem zukünftigen Zeitabschnitt als Mittelwert von zwei Werten berechnen, demjenigen zu Beginn des Zeitabschnitts und demjenigen, welcher mit den Werten zu Beginn für das Ende des Zeitabschnitts berechnet wird. Als Beispiel wählen wir eine ungedämpfte Schwingung.

Die Schwingungsgleichung für eine Masse, die an eine linearelastische Feder gebunden ist, lautet:

$$a = \ddot{x} = \frac{D}{m} = -f \cdot x \tag{10.8}$$

Dabei sind x die Auslenkung aus der Ruhelage und D die Federkonstante. In dieser Form wurde die Kraft in den Spalten D und G von Abb. 10.1a (T) eingesetzt. Die Dimension von f ist (N/kg)/m.

Fragen

Welche Dimension hat die als „Federkonstante" bezeichnete Konstante f in G1 in Abb. 10.1a (T) in den SI-Einheiten kg, m, s?[1]

Den grundsätzlichen Tabellenaufbau zur Integration der newtonschen Bewegungsgleichung „mit Vorausschau" sieht man in Abb. 10.1a (T). Die resultierende Auslenkung $x = f(t)$ wird in Abb. 10.1b gezeigt.

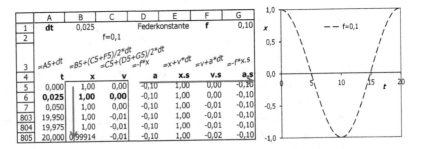

Abb. 10.1 a (links, T) Eine Schwingung für ein Masse-Feder-System wird mit dem Verfahren „Fortschritt mit Vorausschau" berechnet. Der zeitliche Abstand dt zwischen den Stützpunkten und die „Federkonstante" f werden in Zeile 1 festgelegt. Die Zeit läuft *senkrecht*, die Vorausschau zum Ende des angefangenen Zeitabschnitts *waagrecht*. **b** (rechts) In a berechnete Auslenkung x als Funktion der Zeit t

---

[1] $[f] = a/x = $ (m/s²)/m $= 1/s^2$.

Die Zeit in Spalte A von Abb. 10.1a (T) läuft von oben nach unten und damit auch die Auslenkung $x(t)$ des Massepunktes in Spalte B und seine Geschwindigkeit $v(t)$ in Spalte C. Für einen Schritt von t_n auf t_{n+1} wird:

- In jeder Zeile aus den Werten von x und v die Beschleunigung a zu Beginn des Zeitabschnitts t berechnet (Spalte D),
- mit diesen Werten dann vorausgeschaut, wie Auslenkung x_s und Geschwindigkeit v_s am Ende $t + dt$ des Zeitabschnitts sein werden,
- in Spalte G daraus dann die Beschleunigung am Ende des Zeitabschnitts abgeschätzt, die hier nur von der Auslenkung x_s abhängt, weil wir Reibung vernachlässigen,
- in der darauffolgenden Zeile, also zum nächsten Zeitpunkt, die neuen Werte für x und v mit den Mittelwerten $(v + v_s)/2$ und $(a + a_s)/2$ aus der vorhergehenden Zeile berechnet.

Die Abschätzung des Mittelwertes zum Zeitpunkt $t_{n+1} = t_n + dt$ kann verbessert werden, indem in weiteren Spalten noch weitere Werte für Geschwindigkeit und Beschleunigung im aktuellen Zeitabschnitt $[t_n, t_n + dt]$ vorausgesagt werden, insbesondere mit dem effizienteren Runge-Kutta-Verfahren vierter Ordnung. Wir setzen aber wegen des einfacheren Tabellenaufbaus meist das oben geschilderte Verfahren „Integration mit Vorausschau" ein.

Aufgabe
Variieren Sie die Konstante $f = D/m$ und beobachten Sie, ob sich die Periodendauer so verhält, wie nach der Formel $\omega = \sqrt{f}$ vorhergesagt.

10.3 Fallen aus (nicht zu) großer Höhe, berechnet mit vier numerischen Verfahren

Ein Körper fällt aus großer Höhe. Dabei wirken zwei Kräfte: Die Schwerkraft und eine Reibungskraft proportional zum Quadrat der Geschwindigkeit. Die Kraft soll nur von der Geschwindigkeit des Körpers abhängen, sodass der Ort nicht fortlaufend mit berechnet werden muss, sondern nachträglich durch Integration über die Geschwindigkeit ermittelt werden kann. Wir berechnen die Geschwindigkeit als Funktion der Zeit mit vier verschiedenen Verfahren und ermitteln deren numerische Effizienz.

10.3.1 Grenzfälle, analytisch gelöst

Wir lassen einen Körper aus großer Höhe fallen und dabei zwei Kräfte wirken: Die Schwerkraft $-m \cdot g$, die unabhängig von der Höhe sein soll, und eine Reibungskraft $k \cdot v^2$, proportional zum Quadrat der Geschwindigkeit (newtonsche Reibung) und der Richtung der Geschwindigkeit entgegengesetzt. Dabei ist $k = \rho A/2$ mit ρ

der Dichte der Luft und A der Querschnittsfläche des Körpers. Die Bewegungsgleichung ergibt sich somit zu:

$$a = -g - \frac{k}{m}v^2 \cdot sgn(v) = -g - \frac{k}{m}v \cdot |v|$$ (10.9)

wobei *sgn* (signum) eine Funktion ist, die das Vorzeichen des Arguments berechnet. In Excel wird dafür die Tabellenfunktion Vorzeichen bereitgestellt. Die Kraft
$m{\cdot}a$ hängt nur von der Geschwindigkeit ab, weil wir vereinfachend voraussetzen,
dass Schwerkraft und Reibungskraft nicht von der Höhe abhängen. Wir müssen
also in der Tabellenrechnung den Ort nicht berücksichtigen und können ihn nachträglich durch Integration des Geschwindigkeitsverlaufs berechnen.

Wenn zu Beginn des Falls die Geschwindigkeit 0 ist, $v(0) = 0$, dann ist die
Anfangssteigung des Geschwindigkeitsverlaufs $-g$, d. h., die Anfangsbeschleunigung ist die Erdbeschleunigung.

Nach einer gewissen Zeit fällt der Körper mit konstanter Geschwindigkeit, weil
die Reibungskraft genauso groß wird wie die Schwerkraft. Der Betrag der Endgeschwindigkeit ergibt sich aus der Bedingung $a = 0$ (keine Beschleunigung mehr) zu:

$$v_{\text{end}} = \sqrt{\frac{m \cdot g}{k}}$$ (10.10)

Diese Endgeschwindigkeit wird unabhängig von der Anfangsgeschwindigkeit
erreicht, siehe auch die numerische Simulation in Abb. 10.2b.

Vergleich Euler mit Runge-Kutta 4. Ordnung
Zur numerischen Berechnung der Geschwindigkeit als Funktion der Zeit wenden
wir die in Abschn. 10.1 genannten Verfahren an, von denen das Runge-Kutta-Verfahren 4. Ordnung am aufwendigsten in eine Tabellenrechnung umzusetzen, aber
rechnerisch am effizientesten ist. In Abb. 10.2a werden die Geschwindigkeitskur-
ven von zwei dieser Verfahren dargestellt.

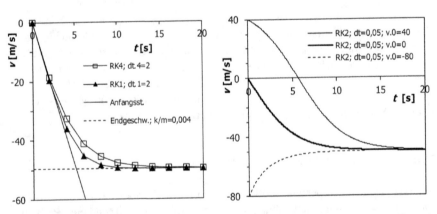

Abb. 10.2 a (links) Berechnung der Fallgeschwindigkeit mit zwei Methoden, Runge-Kutta 4.
Ordnung (RK4) und einfache Integration (RK1) mit denselben Stützstellen. **b** (rechts) Fallge-
schwindigkeit als Funktion der Zeit für verschiedene Anfangsgeschwindigkeiten, berechnet mit
RK2 (Fortschritt mit Vorausschau)

Das in Abb. 10.2a mit „RK4" bezeichnete Verfahren benötigt den geringsten Rechenaufwand, wie wir später sehen werden. Die Kurve „RK1", mit dem einfachen Euler-Verfahren und demselben Abstand der Stützstellen wie für RK4 berechnet, weicht deutlich von dieser Kurve ab. Wenn die Bewegung mit diesem Verfahren berechnet werden soll, dann müssen die Zeitabschnitte 40-mal kürzer sein als für RK4. Es lohnt sich also, das Verfahren sorgfältig auszusuchen. In den folgenden Unterabschnitten sollen die Verfahren im Einzelnen vorgestellt und bewertet werden.

10.3.2 Einfacher Fortschritt (Euler)

Wir berechnen die Geschwindigkeit als Funktion der Zeit mit 201 Stützstellen. In Abb. 10.3a wird als Zeitintervall zwischen zwei Stützstellen $dt_1 = 0,05$ s gewählt. Als Mittelwert der Beschleunigung im Intervall nehmen wir die Beschleunigung zu Beginn des Intervalls. Die berechneten Geschwindigkeiten und Beschleunigungen stehen in den Spalten B bzw. C.

Fragen

Wie kommt der Ausdruck in A6 von Abb. 10.3a (T) zustande, der Text und eine Variable verknüpft?[2]

Die Beschleunigung zur Zeit t_n ergibt sich aus der Geschwindigkeit zum selben Zeitpunkt, also aus einer Zelle in derselben Zeile, gemäß Gl. 10.9.
Die Geschwindigkeit zum Zeitpunkt t_{n+1} wird aus der Geschwindigkeit und der Beschleunigung des vorherigen Zeitpunktes t_n, also aus Werten in einer vorhergehenden Zeile, berechnet die somit als Zellen und nicht mit Namen angesprochen werden müssen.
Die Ergebnisse für zwei verschiedene Werte des Zeitintervalls dt_1 sieht man in Abb. 10.3b. Für $dt_1 = 0,05$ s trifft die berechnete Kurve die als verlässlich geltenden Werte von RK4. Der Rechenaufwand für solche Kurven beträgt mit diesem Verfahren: 2 Spalten/0,05 Zeiteinheiten = 40. Für $dt_1 = 0,25$ erkennt man bereits deutliche Abweichungen der berechneten zur verlässlichen Kurve.

---

[2]Der Wert von dt_1 muss als Variable eingetragen werden, siehe Verknüpfung von Text und Variablen in Übung 2.2: A6 = [=“RK1; dt.1 =“&B1] oder A6 = [=“RK1; dt.1 =“&dt.1].

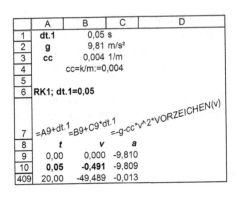

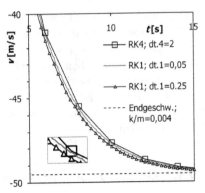

Abb. 10.3 a (links, T) Einfache Integration „RK1" (Euler), Zeit t in Spalte A, Geschwindigkeit v in Spalte B, Beschleunigung a in Spalte C. Der Inhalt von Zelle A6 wird als Legende in Diagramme eingetragen. **b** (rechts) Einfache Integration (RK1) für zwei verschiedene Zeitabschnitte dt_1. Für $dt_1 = 0{,}25$ weicht die Berechnung noch stark von der „verlässlichen" Kurve RK4 ab. Erst für $dt_1 = 0{,}05$ ist sie von RK4 mit $dt_4 = 2$ nicht mehr zu unterscheiden

10.3.3 Fortschritt mit Vorausschau

Zur genauen Berechnung der Geschwindigkeit am Ende eines Zeitintervalls benötigt man die Geschwindigkeit zu Beginn des Intervalls und die mittlere Beschleunigung in diesem Intervall. Bei der einfachen Integration haben wir die mittlere Beschleunigung durch die Beschleunigung zu Beginn des Intervalls angenähert.

Wir gehen jetzt einen Schritt weiter und schätzen zunächst im Tabellenaufbau in derselben Zeile die Geschwindigkeit v_p zum Ende des Intervalls mit der Anfangsbeschleunigung a_n, $v_p = v_n + a_n \cdot dt$ (in Spalte D in Abb. 10.4a (T), Gl. 10.4) und damit dann die Beschleunigung am Ende des Intervalls (a_p in Spalte E).

Die Geschwindigkeit zu Beginn des nächsten Intervalls wird dann aus dem Mittelwert von a_n und a_p berechnet (Spalte B, eine Zeile weiter, Gl. 10.6). Die Formel in B7 steht in B4.

Mit diesem Verfahren trifft man mit $dt_2 \leq 0{,}5$ die als verlässlich geltenden Punkte von RK4 (mit $dt_4 = 2$), siehe Abb. 10.4b. Der Rechenaufwand für verlässliche Kurven beträgt mit diesem Verfahren: 4 Spalten/0,5 Zeiteinheiten = 8, fünfmal weniger als für einfachen Fortschritt.

Fragen

Formulieren Sie die Formel in B4 (gültig für B7) von Abb. 10.4a (T) mit Formelbuchstaben v_{n+1}; v_n; a_n; Δt um, sodass wieder das newtonsche Gesetz erkennbar wird![3]

---

[3] $v_{n+1} = v_n + a_n \cdot \Delta t \rightarrow a_n = \frac{v_{n+1} - v_n}{\Delta t} = dv/dt$

	A	B	C	D	E	F
1	dt.2	0,50				
2						
3	RK2; dt.2=0,5					
4	=A6+dt.2	=B6+(C6+E6)/2*dt.2	=-g-cc*v.n^2*VORZEICHEN(v.n)	=v.n+a.n*dt.2	=-g-cc*v.p*ABS(v.p)	
5	t	v.n	a.n	v.p	a.p	
6	0,0	0,00	-9,81	-4,91	-9,71	
7	0,5	-4,88	-9,71	-9,74	-9,43	
8	1,0	-9,67	-9,44	-14,39	-8,98	
9	1,5	-14,27	-9,00	-18,77	-8,40	
10	2,0	-18,62	-8,42	-22,83	-7,72	
403	198,5	-49,52	0,00	-49,52	0,00	
404	199,0	-49,52	0,00	-49,52	0,00	
405	199,5	-49,52	0,00	-49,52	0,00	
406	200,0	-49,52	0,00	-49,52	0,00	

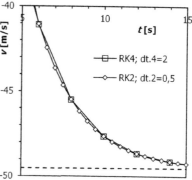

Abb. 10.4 **a** (links, T) Fortschritt mit Vorausschau, Geschwindigkeit v_n und Beschleunigung zu Beginn des Zeitabschnitts; v_p und a_p sind die „vorausgeschauten" Werte am Ende des Zeitabschnitts. Die Werte für g und cc werden in einem anderen Tabellenblatt (Abb. 10.3a) definiert. **b** (rechts) Integration mit Vorausschau, RK2, liefert dasselbe Ergebnis wie RK4, allerdings bei viermal mehr Stützpunkten

	B	C	D	E	F	G	H	I	J
1	g	9,81 m/s²		Erdbeschleunigung					
2	c.v	1,5 1/m		Reibungskoeffizient					
3	dt	0,005 s		Zeitinkrement					
4	=B6+dt	=C6+G6*dt	=D6+H6*dt	=-g-c.v*v^2*VORZEICHEN(v)	=x+v*dt/2	=v+a*dt/2	=-g-c.v*v.p^2*VORZEICHEN(v.p)		
5	t	x	v	a	x.p	v.p	a.p		
6	0,000	4,000	1,000	-11,31	4,00	0,97	-11,23		
7	0,005	4,005	0,944	-11,15	4,01	0,89	-10,99		
406	2,000	-0,361	-2,557	0,00	-0,37	-2,56	0,00		

Abb. 10.5 (T) Das Halbschrittverfahren, in der Tabelle wird der Ort x mitberechnet, obwohl das für die Berechnung nicht nötig ist, weil die Kraft nicht von der Höhe abhängt

Aufgabe

Bestimmen Sie die durchfallene Höhe bis zum Erreichen von 95 % der Endgeschwindigkeit! Sie müssen dazu die Geschwindigkeit über die Zeit integrieren.

10.3.4 Halbschrittverfahren

Beim Halbschrittverfahren berechnet man die „vorausgeschaute" Beschleunigung in der Mitte des aktuellen Zeitabschnitts

$$v_p = a \cdot \frac{dt}{2}$$

und nimmt diesen Wert (in der nächsten Zeile) als repräsentativ für den gesamten Abschnitt, siehe Abb. 10.5 (T). Der Rechenaufwand und die Genauigkeit sind vergleichbar mit dem „Fortschritt mit Vorausschau".

10.3.5 Runge-Kutta-Verfahren 4. Ordnung

Differenzialgleichungen werden oft mit dem „Runge-Kutta-Verfahren 4. Ordnung" numerisch integriert, welches wir an unserem Beispiel des Falls aus großer Höhe erläutern wollen. Wir können es als eine Weiterentwicklung des „Fortschritts mit Vorausschau" und des Halbschrittverfahrens betrachten, allerdings mit einer verbesserten Schätzung der mittleren Beschleunigung im aktuellen Zeitintervall, siehe Abb. 10.6 (T).

Die Werte in den Spalten C bis I von Abb. 10.6 (T) erhält man folgendermaßen:

1. Die Beschleunigung a_A zur Zeit t_n wird aus der Geschwindigkeit zum selben Zeitpunkt berechnet (Spalte C).
2. Die Geschwindigkeit v_B wird mit den Werten aus 1. in der Mitte des Intervalls, also für $t_n + dt/2$, berechnet und daraus dann die zugehörige Beschleunigung a_B (erster Halbschritt, Spalten D und E).
3. Die Geschwindigkeit und daraus die Beschleunigung für $t_n + dt/2$ werden ein zweites Mal berechnet (zweiter Halbschritt, Spalten F und G), jetzt mit den Werten a_B und v_B aus 2.
4. Geschwindigkeit und Beschleunigung am Ende des Intervalls, d. h. für $t_n + dt$, werden mit den Größen aus 3. berechnet (ganzer Schritt, Spalten H und I).

Die Geschwindigkeit zu Beginn des neuen Intervalls, das bei t_{n+1} beginnt, wird in der nächsten Zeile (z. B. in B7 mit der Formel in B5) aus der Geschwindigkeit bei t_n und einem *gewichteten Mittelwert* der vier in der vorhergehenden Zeile berechneten Beschleunigungen berechnet:

$$v_{n+1} = v_n + \langle a \rangle \cdot dt \text{ mit } \langle a \rangle = (1a_A + 2a_B + 2a_C + 1a_D)/6 \qquad (10.11)$$

Die Beschleunigungen aus den Halbschritten zählen doppelt. Die drei Sprünge und die vier Beschleunigungen werden in Abb. 10.7b veranschaulicht.

	A	B	C	D	E	F	G	H	I	J
1	dt.4	2,00								
2		401 Punkte		Runge-Kutta-4						
3	RK4; dt.4=2									
4	=A6+dt.4	=B6+(C6+2*E6+2*G6+I6)*dt.4/6	=-g+cc*v.A^2	=v.A+a.A*dt.4/2	=-g-cc*v.B^2*VORZEICHEN(v.B)	=v.A+a.B*dt.4/2	=-g-cc*v.C^2*VORZEICHEN(v.C)	=v.A+a.C*dt.4	=-g-cc*v.D*ABS(v.D)	
5	t	v.A	a.A	v.B	a.B	v.C	a.C	v.D	a.D	
6	0,0	0,00	-9,81	-9,8	-9,43	-9,4	-9,45	-18,9	-8,38	
7	2,0	-18,65	-8,42	-27,1	-6,88	-25,5	-7,20	-33,1	-5,44	
206	400,0	-49,52	0,00	-49,5	0,00	-49,5	0,00	-49,5	0,00	

Abb. 10.6 (T) Berechnung mit Runge-Kutta 4. Ordnung; v_B, a_B, v_C und a_C sind vorhergesagte Werte in der Mitte des Zeitabschnitts, v_D und a_D sind vorhergesagte Werte am Ende des Zeitabschnitts

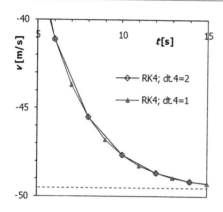
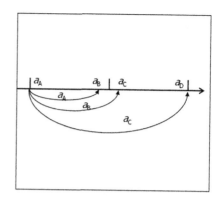

Abb. 10.7 a (links) Für d$t_4 = 2$ wird die „verlässliche" Kurve für das Verfahren RK4 erreicht. Halbierung der Intervalllänge (d$t_4 = 1$) führt zu keiner sichtbaren Änderung. **b** (rechts) Drei Sprünge und vier Beschleunigungen im Zeitabschnitt für das Runge-Kutta-Verfahren 4. Ordnung

Wir merken uns das Verfahren mit einer Besenweisheit:

▶ Ψ *Halb, halb, ganz, die halben (Schritte) zählen doppelt* (Runge-Kutta 4. Ordnung).

Fragen

Welche Beschleunigungen aus 1. bis 4. werden in die Formeln in F4, H4 und B7 von Abb. 10.6 (T) eingesetzt?[4]

Warum wird in B4 von Abb. 10.6 (T) durch 6 geteilt, obwohl nur über 4 Beschleunigungen gemittelt wird?[5]

Dieses Verfahren wenden wir für verschiedene Werte von dt_4 an. Die Ergebnisse werden in Abb. 10.7a gezeigt.

Beim Schritt von d$t_4 = 2$ s auf d$t_4 = 1$ s ergibt sich keine erkennbare Veränderung der berechneten Kurve mehr. Wir nehmen deshalb an, dass für d$t_4 = 2$ s bereits Konvergenz erreicht wurde. Die entsprechende Kurve haben wir in den bisherigen Teilabschnitten als „verlässliche" Kurve eingesetzt. Der Rechenaufwand für das Runge-Kutta-Verfahren 4. Ordnung ist mit 8 Spalten/2 Zeiteinheiten = 4 halb so groß wie bei „Fortschritt mit Vorausschau".

---

[4]a_B in der Mitte des Zeitabschnitts nach dem ersten Sprung; a_c in der Mitte nach dem zweiten Sprung; a_A, $2a_B$, $2a_C$, a_D.

[5]Ψ *Halb, halb, ganz, die halben zählen doppelt.* Die Summe der Gewichte ist sechs.

10.3.6 Schlussfolgerung

Für die Integration der newtonschen Bewegungsgleichung in anderen Übungen und für andere gewöhnliche Differenzialgleichungen bevorzugen wir das Verfahren „Fortschritt mit Vorausschau". Es ist in einer Tabelle einfacher und übersichtlicher umzusetzen als das Verfahren Runge-Kutta 4. Ordnung. Wir nehmen dabei einen fast doppelt so hohen Rechenaufwand in Kauf. Alternativ kann auch das Halbschrittverfahren eingesetzt werden. Das Runge-Kutta-Verfahren 4. Ordnung kann gut in einer benutzerdefinierten Tabellenfunktion eingesetzt werden.

10.4   Stratosphärensprung von Baumgartner

Bei einem Sprung aus großer Höhe muss berücksichtigt werden, dass sich der Reibungskoeffizient mit der Höhe ändert. Die Kraft ist somit sowohl eine Funktion des Ortes als auch der Geschwindigkeit. Wir modellieren die Luftdichte und damit die Reibung vereinfacht mit der barometrischen Höhenformel bei einer festen Temperatur. Bei einem Sprung aus 39 km Höhe wird in diesem Modell nach 50 s Fallzeit die maximale Geschwindigkeit erreicht.

Der österreichische Abenteurer Felix Baumgartner stieg am 14. Oktober 2012 mit einem Helium-Ballon in die Stratosphäre auf, aus dem er bei einer Höhe von etwa 39 km heraussprang und etwa 34 km im freien Flug fiel, bevor er seinen Fallschirm öffnete. Dabei erreichte er Überschallgeschwindigkeit. Wir wollen diesen Sprung nachbilden. Einige Messdaten stehen in Abb. 10.8a.

Höhenabhängige Reibungskraft

Bei einem Fall aus großer Höhe ist es nicht gerechtfertigt, anzunehmen, dass der Reibungskoeffizient unabhängig von der Höhe ist. Die Dichte der Luft nimmt mit zunehmender Höhe gemäß der barometrischen Höhenformel ab; entsprechend ändert sich der Reibungskoeffizient, für den wir eine Formel wählen, die direkt der barometrischen Höhenformel entspricht:

$$c(h) = c_0 \cdot \exp(-\frac{h}{h_e}) \tag{10.12}$$

mit $h_e = 8400$ m (gilt für eine Lufttemperatur von 15 °C). Für c_0 nehmen wir den bisherigen höhenunabhängigen Wert $c_0 = 0{,}004$ 1/m aus Abschn. 10.3, der also für $h = 0$ erreicht werden soll.

Fortschritt mit Vorausschau

Da der Reibungskoeffizient höhenabhängig ist, muss für jeden Zeitpunkt des Falls die Höhe berechnet werden. Der Tabellenaufbau für die Integration der Bewegungsgleichung wird gegenüber Abschn. 10.3 wie in Abb. 10.8b (T) verändert.

t [s]	0	10	20	30	40	45	50	65	100	150	200	250
v [m/s]	0	-100	-190	-270	-340	-350	-350	-300	-155	-90	-70	-55

	A	B	C	D	E	F	G	H	I	J
3	dt	0,4 s			cc.0	0,004 1/m				
4	g	9,81 m/s²			h.e	8400 m	h.e=8400m			
5	$=A7+dt.2$	$=B7+(D7+H7)/2*dt$ $=cc.0*EXP(-h/h.e)$		$=D7+(E7+I7)/2*dt$ $=-g+cc*v^2$	$=h+v*dt$	$=cc.0*EXP(-h.p/h.e)$ $=v+a*dt$		$=-g+cc.p*v.p^2$		
6	t	h	cc	v	a	h.p	cc.p	v.p	a.p	
7	0,0	38969	0,0000	0,00	-9,81	38969	0,0000	-3,92	-9,81	
8	0,4	38968	0,0000	-3,92	-9,81	38967	0,0000	-7,85	-9,81	
757	300,0	870	0,0036	-52,60	0,17	848	0,0036	-52,53	0,17	
807	320,0	-150	0,0041	-49,45	0,15	-170	0,0041	-49,39	0,15	

Abb. 10.8 a (oben) Messdaten des Sprungs vom 14. Oktober 2012 (The engineer's pulse, Oct.15, 2012, Mechanical analysis of Baumgartner's dive (Part B)). **b** (unten, T) Tabellenaufbau für einen Sprung aus großer Höhe, wenn der Reibungskoeffizient (*cc* in Spalte C) höhenabhängig ist

Die Höhe wird in Spalte B aus der Höhe und den Geschwindigkeiten in der jeweils vorhergehenden Zeile berechnet und daraus in Spalte C der Reibungskoeffizient, der dann für die Berechnung der Beschleunigung *a* in Spalte E herangezogen wird. Sinngemäß gilt das auch für die vorausgeschauten Werte in den Spalten F bis I.

Fragen

Aus welchen thermodynamischen Größen wird die charakteristische Höhe h_e berechnet?[6]

Die Formeln für *a* und a_p in Abb. 10.8 (T) gelten nur, wenn die Geschwindigkeit immer negativ ist, der Körper also immer fällt. Wie müssen die Formeln geändert werden, wenn der Körper auch steigen kann?[7]

Die berechnete Geschwindigkeit wird in Abb. 10.9 als Funktion der Zeit dargestellt und mit den empirischen Daten des Stratosphärensprungs von Baumgartner verglichen.

Unser einfaches Modell vermag die wesentlichen Kennzeichen des Zeitverlaufs der Geschwindigkeit gut wiederzugeben. Für kleine Zeiten erhält man einen freien Fall ohne Reibung. Nach etwa 50 s wird die maximale Fallgeschwindigkeit erreicht; im echten Fallversuch überstieg sie die Schallgeschwindigkeit. Danach nimmt die Fallgeschwindigkeit aufgrund der zunehmenden Reibung durch steigende Luftdichte

---

[6] Die Höhe h_e stammt aus der Boltzmann-Verteilung der Luftmoleküle in der Atmosphäre: Luftdichte $\rho(h) = \rho(0) \cdot \exp(-mgh/k_B T)$; $h_e = k_B T/mg$, wobei *m* die mittlere Masse der Luftmoleküle ist.

[7] Statt $[=\ldots+v^2]$ setzt man $[=\ldots +\text{ABS}(v)\char`^2*\text{VORZEICHEN}(v)]$ oder $[=\ldots- v *\text{ABS}(v)]$.

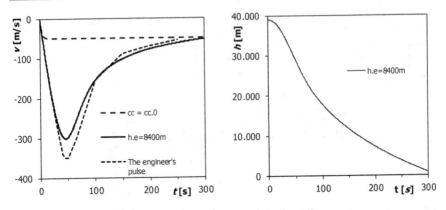

Abb. 10.9 a (links) Geschwindigkeit bei einem Fall aus einer Höhe von 38.969 m, berechnet mit Abb. 10.8 (T) und verglichen mit den Daten des Sprungs von Baumgartner, Abb. 10.8a. **b** (rechts) Höhe als Funktion der Zeit für die in a berechnete Geschwindigkeit

stark ab. Im Laufe der Zeit nähert sich die Fallgeschwindigkeit der stationären Geschwindigkeit, die wir für $cc = c_0$ berechnet haben.

Für eine realistischere Simulation müsste berücksichtigt werden, dass die Atmosphäre aus verschiedenen Luftschichten mit unterschiedlichen Temperaturen aufgebaut ist. Wir sind aber damit zufrieden, dass wir mit der barometrischen Höhenformel die Charakteristika des Sprungs wiederfinden.

10.5   Ein Auto fährt mit veränderlicher Leistung

Ein Autofahrer möchte sein Fahrzeug mit Vollgas beschleunigen, achtet aber darauf, dass die Räder nicht durchdrehen. Die Kraft, die das Fahrzeug vorwärts treibt, soll nur von der Geschwindigkeit und nicht vom Ort abhängen. Wie hängt die Endgeschwindigkeit vom Reibungswiderstand ab? Wie machen sich längerfristige Schwankungen in der Leistung bemerkbar? Wir betrachten zwei Näherungen: Konstante Leistung und geschwindigkeitsproportionale Leistung mit Ausnahmen, die mit den Tabellenfunktionen MIN und WENN geregelt werden.

Analytische Lösung bei verschwindender Gleitreibung

Das Anfahren eines Autos mit Vollgas kennzeichnen wir in diesem Abschnitt dadurch, dass die Leistung P während des ganzen Vorgangs konstant ist (nicht etwa die Beschleunigung, wie in manchen Übungsaufgaben angenommen wird). Ohne Reibung wird die Arbeit W in kinetische Energie umgesetzt:

$$W = P \cdot t = \frac{m}{2} v^2 \rightarrow v = \sqrt{\frac{2P}{m}} \cdot \sqrt{t} \tag{10.13}$$

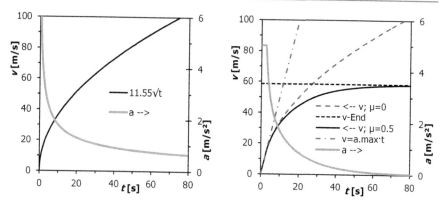

Abb. 10.10 a (links) Geschwindigkeit und Beschleunigung für eine konstante Leistung von $P = 100\,kW$, ohne Reibungsverluste, berechnet nach Gl. 10.13. **b** (rechts) Geschwindigkeit und Leistung, wenn Fahrtreibung berücksichtigt wird und die Beschleunigung auf a_{max} begrenzt wird; numerisch berechnet

Die sich daraus ergebende Geschwindigkeit v und die Beschleunigung a werden in Abb. 10.10a für $P = 100\,kW$ und $m = 1500\,kg$ dargestellt. Die Beschleunigung wird in dieser Rechnung für $t = 0$ unendlich groß.

Endliche Reibung und begrenzte Beschleunigung
Im realen Fall müssen zwei Effekte berücksichtigt werden: Die bewegungshemmende Reibung (Rollreibung, Fahrtwiderstand) und die Bedingung, dass die Antriebskraft nie größer sein darf als die Haftreibungskraft zwischen Reifen und Straße. Die bewegungshemmende Reibungskraft setzen wir allgemein proportional zu v^n an. Wir können dann den Exponenten n später als Tabellenparameter frei wählen, z. B. $n = 2$ bei Reibung durch Fahrtwind.

Die Leistung, die für die Änderung der kinetischen Energie und die Überwindung der Reibung notwendig ist, beträgt:

$$P = \frac{d}{dt}\left(\frac{m}{2}v^2\right) + v \cdot F_R$$

$$F_R = \mu \cdot v^n \rightarrow P = m \cdot v \cdot \frac{dv}{dt} + \mu \cdot v^{n+1}$$

Die Beschleunigung

$$a(t) = \frac{dv}{dt} = \frac{P}{m \cdot v(t)} - \frac{\mu}{m} \cdot v(t)^n \tag{10.14}$$

hängt nicht vom Ort ab. Sie lässt sich aus der Leistung und der aktuellen Geschwindigkeit berechnen. Die Geschwindigkeit ist in dieser Aufgabe immer größer oder gleich null.

Für die stationäre Bewegung ($v = $ const.) gilt:

$$a(t) = \frac{dv}{dt} = 0 \rightarrow v_s(t) = \sqrt[n+1]{P/\mu} \qquad (10.15)$$

Die Endgeschwindigkeit v_s lässt sich analytisch einfach mit Gl. 10.15 berechnen, die wir nutzen, um die numerische Rechnung zu überprüfen. Wenn numerisch und analytisch berechnete Werte nicht übereinstimmen, dann kann das auch darauf hindeuten, dass unsere mathematischen Ableitungen fehlerhaft sind. Es ist also doppelt gut, die Ergebnisse der beiden Verfahren zu vergleichen; wir überprüfen, ob unsere Überlegungen und unser Tabellenaufbau konsistent sind.

Numerische Rechnung für konstante Leistung

Zur numerischen Berechnung wenden wir das Verfahren „Fortschritt mit Vorausschau" an. Die Bedingung „Antriebskraft < Haftreibungskraft" berücksichtigen wir durch eine Begrenzung der Beschleunigung mithilfe einer MIN-Funktion, $a = \text{Min}(a(t); a_{\max})$, wobei für $a(t)$ die Gl. 10.14 einzusetzen ist. Die entsprechende Tabellenformel, gültig für C6:C235, steht in C4 von Abb. 10.11 (T).

Wir haben die Geschwindigkeit zum Zeitpunkt $t = 0$ in B6 nicht null gesetzt, sondern auf 0,00001, damit in C6 nicht durch 0 geteilt wird. Der in Spalte C berechnete Wert wird dadurch nicht beeinflusst, weil sowieso die maximal zulässige Beschleunigung eingetragen wird.

In die Berechnung der Geschwindigkeit in einer Zeile (Zeitpunkt t) gehen nur Werte aus der vorhergehenden Zeile (Zeitpunkt $t - dt$) ein; die Formel in B7 greift also nur auf B6, C6 und E6 zu. Nur die Zellen mit der fetten Schrift müssen mit Formeln beschrieben werden. Der Rest der jeweiligen Spalten wird durch Kopieren („Ziehen nach unten") gewonnen. Die Formeln mit dem Text in C4:E4 sind im gesamten Gebiet C6:E235 gleich, weil sie nicht auf Zelladressen, sondern auf Namen für Zellen und Spaltenbereiche zugreifen.

Die berechneten Kurven für die Beschleunigung und die Geschwindigkeit sind in Abb. 10.10b zu sehen. Die Beschleunigung ist zu Beginn der Fahrt maximal 5 m/s² (für die Beschleunigung gilt die rechte Ordinate) und geht innerhalb

	A	B	C	D	E	F	G	H
1	*dt*	*m*	*μ*	*n*	*P*	*a.max*		
2	0,35	1500	0,5	2	100000	5,00		
3	<-- v; μ=0,5		a -->					
4	=A6+dt	=B6+(C6+E6)/2*dt	=MIN(P/m/v-μ/m*v^n;a.max)	=v+a*dt	=MIN(P/m/v.p-μ/m*v.p^n;a.max)		<-- v; μ=0	
5	*t*	*v*	*a*	*v.p*	*a.p*			
6	0,00	0,00001	5,00	1,75	5,00		0,00001	
7	**0,35**	**1,75**	5,00	3,50	5,00		1,75	
235	80,15	57,98	0,03	57,99	0,00		102,09	

Abb. 10.11 (T) Beschleunigung und Geschwindigkeit werden mit dem Verfahren „Fortschritt mit Vorausschau" berechnet. Die Parameter des Problems werden in Reihe 2 definiert und mit den Namen in Reihe 1 versehen. Die Werte in Spalte G wurden aus Spalte B kopiert als $\mu = 0$ gesetzt war

von 80 s praktisch gegen null. Die Geschwindigkeit ist begrenzt, die numerisch berechnete Kurve konvergiert gegen den stationären Wert aus Gl. 10.15. Wir können also davon ausgehen, dass wir beim Programmieren keine groben Fehler gemacht haben. Ohne Reibung ($\mu = 0$) würde die Geschwindigkeit immer weiter ansteigen wie in Abb. 10.10a.

Noch ein tabellentechnischer Hinweis: 10/5/2 = 1. Es wird also fortlaufend geteilt: 10/5 = 2, dann 2/2 = 1. Nach den Regeln der Bruchrechnung könnte die Formel als 10/(5/2) = 4 interpretiert werden, nicht so in EXCEL.

Aufgabe

Bestimmen Sie Zeit und Strecke als Funktion der Leistung, die nötig sind, um auf 95 % der Endgeschwindigkeit zu beschleunigen! Zur Berechnung der Strecke müssen Sie über die Geschwindigkeit integrieren.

Zeitlich schwankende Leistung mit der REST-Funktion

Wie ändern sich die Kurven $a(t)$ und $v(t)$, wenn die Leistung nicht konstant bleibt, sondern zeitlich schwankt?

Wenn die Leistung zeitlich schwankt, dann können wir sie nicht als globale Konstante P behandeln, sondern müssen eine extra Spalte in die Tabelle einfügen, in der die Leistung zu jedem Zeitpunkt eingetragen werden kann. Zur Berechnung der Beschleunigung muss dann auf diese Spalte zugegriffen werden und nicht auf den Tabellenparameter P. Die Leistung kann z. B. zufällig schwanken.

Aufgabe

Addieren Sie zu der Leistung P ein gaußsches Rauschen mit der Standardabweichung R_s, die 1 bis 10 % der Leistung beträgt! Zur Erzeugung einer gaußverteilten Zufallszahl siehe Abschn. 7.4. Ersatzweise können Sie ein gleichverteiltes Rauschen zwischen Null und maximal 1 bis 10 % der Leistung einsetzen.

In Abb. 10.12 (T) wird eine Tabellenrechnung vorgestellt, in der die Leistung längerfristig schwankt, also über einen Zeitabschnitt Δt konstant bleibt. Dazu wurden die beiden Größen $Rest.T$ und P_R in die Spalten B und C eingefügt. Die Formeln für v, a, v_p und a_p sind genau wie in Abb. 10.11 (T), lediglich mit der zeitabhängigen Leistung P_R statt der konstanten Leistung P.

Fragen

Wann wird in Spalte C von Abb. 10.11 (T) eine konstante Beschleunigung eingesetzt?[8]

Untersuchen und beschreiben Sie die Ausdrücke in Abb. 10.12 (T)![9]

---

[8]Solange die in Spalte C nach Gl. 10.14 berechnete Beschleunigung größer als der in F2 vorgegebene Wert a_{max} ist.

[9]Machen Sie sich Ihre Gedanken und lesen Sie dann weiter!

	A	B	C	D	E	F	G	H	I	J	K
1	dt	DelT	P	DelP	m	μ	n	a.max			
2	0,35	3,4	100000	10000	1500	0,5	2	5,00			
4	=A6+dt	=ABS(REST(t;DelT))	=WENN(Rest.t <=0,2;NORMINV(ZUFALLSZAHL();P;DelP);C6)	=D6+(E6+G6)/2*dt	=MIN(P.R/m/v-μ/m*v^n;a.max)	=v+a*dt	=MIN(P.R/m/v.p-μ/m*v.p^n;a.max)	a; DelT=3,5			
5	t	Rest.t	P.R	v	a	v.p	a.p		t.R	v.R	a.R
6	0,00	0,00	104133	0,00001	5,00	1,75	5,00		0,00	0,00	5,00
7	0,35	0,35	104133	1,75	5,00	3,50	5,00		1,75	8,75	5,00
15	3,15	3,15	104133	15,60	4,37	17,13	3,96		15,75	40,17	1,23
16	3,50	0,10	108913	17,06	4,16	18,51	3,81		17,50	42,20	0,98
235	80,15	1,95	88972	58,05	-0,10	58,02	-0,10		71,75	56,94	-0,11

Abb. 10.12 (T) Die Tabellenrechnung von Abb. 10.11 (T) wird um die Spalten B und C erweitert, in denen eine zeitabhängige Leistung berechnet wird, die über den Zeitabschnitt *DelT* konstant bleibt. Die Spalten I, J und K werden mit SUB *Vari* aus Abb. 10.14 (P) mit einer Auswahl der Daten aus den Spalten A, B und C beschrieben

Die Leistung soll immer über einen Zeitraum *DelT* konstant bleiben. Diese Bedingung lässt sich mit der REST-Funktion erfüllen, deren Wirkungsweise in Spalte B von Abb. 10.12 (T) sichtbar wird. Die Zeit t wird durch *DelT* ganzzahlig geteilt, und der Rest wird ausgegeben; z. B. ist in Zeile 16 $t/DelT = 3,5/3,4 = 1$ Rest 0,1 und es wird 0,1 ausgegeben.

Der Ausdruck in C4 von Abb. 10.12 (T), gültig für C7, bewirkt, dass bei bestimmten Zeitpunkten ein neuer Wert N der Leistung eingesetzt wird, sonst der Wert vom vorhergehenden Zeitpunkt. Er baut sich folgendermaßen auf:

$$\text{WENN}\,(Rest.t \le 0,2)\,\text{DANN}(N \text{ neu})\,\text{SONST}$$

(alter Wert vom vorhergehenden Zeitpunkt aus Zelle C6)

mit $N = \text{NORM.INV}(\text{ZUFALLSZAHL}();\ P;\ DelP)$, neue Leistung, um den Mittelwert P schwankend

Der Rest nach Division durch 3,4 ist 0,1 (bei $t = 3,5$), 0,2 ($t = 7$), 0,05 ($t = 13,65$), 0,15 ($t = 17,15$), 0 ($t = 23,8$) usw., also immer $\le 0,2$, sodass zu den vermerkten Zeitpunkten eine neue Leistung eingestellt wird.

In die Spalten I, J und K werden mit einem Makro (Protokollroutine SUB *Vari* in Abb. 10.14 (P)) die Zeit t_R, Geschwindigkeit v_R und Beschleunigung a_R nacheinander für fünf Startvorgänge eingetragen, die in Abb. 10.13a grafisch dargestellt werden. Es werden jedes Mal die Daten für jeden fünften Zeitpunkt übertragen.

Warum haben Schwankungen von P nur einen geringen Einfluss auf die Geschwindigkeit?

Die Beschleunigung schwankt auf einer Zeitskala von 3,5 s, während der sich aber der Verlauf der Geschwindigkeit kaum verändert. Die Geschwindigkeit ist das Integral über die Beschleunigung und mittelt über Schwankungen. Die Schwankungen der Beschleunigung beeinflussen die Geschwindigkeit stärker, wenn sie über eine längere Dauer konstant bleiben.

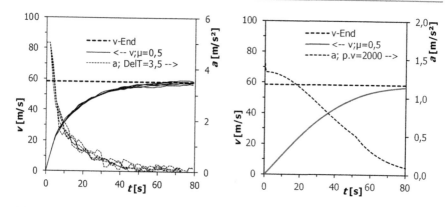

Abb. 10.13 a (links) Fünf verschiedene Startvorgänge mit einer Schwankung der Leistung um etwa 10 %. Die Leistung bleibt innerhalb von *DelT* = 3,5 s = 10 x *dt* konstant. **b** (rechts) Ein Startvorgang für eine geschwindigkeitsproportionale Leistung

Aufgabe

Verändern Sie die Zeitdauer *DelT*, in der die Leistung konstant bleibt und beobachten Sie den Zeitverlauf von *a* und *v*!

Geschwindigkeitsproportionale Leistung

Bei Verbrennungsmotoren hängt die Leistung von der Drehzahl des Motors und damit von der Geschwindigkeit ab. Wenn dafür eine Funktion bekannt ist, dann kann sie in die Formel für die Leistung P_R eingebaut werden. Wir untersuchen den Fall, dass die Leistung P proportional zur Drehzahl des Motors und damit proportional zur Geschwindigkeit v ist:

$$P = p_v \cdot v \qquad (10.16)$$

▶ **Tim** Wenn das Auto steht, dann ist die Leistung null, d. h., das Auto fährt überhaupt nicht los.

▶ **Alac** Darum gibt man auch erst mal im Leerlauf ordentlich Gas und lässt dann die Kupplung kommen.

▶ **Tim** Wie sollen wir das denn in die Tabellenrechnung einbauen?

▶ **Mag** Mit einer Fallunterscheidung: Wenn die Leistung gemäß Gl. 10.16 zu klein ist, dann setzen wir einen konstanten Wert P_{min} ein, der durch das Schleifen der Kupplung zustande kommen soll.

▶ **Alac** Bei hoher Drehzahl geht dem Motor doch auch die Puste aus.

▶ **Mag** Dann setzen wir ab einer bestimmten Geschwindigkeit eine konstante Leistung an.

▶ **Tim** Können wir das einfach so machen?

▶ **Mag** Das ist jedenfalls unsere Modellannahme, genauso wie Gl. 10.16. Wenn dies ein Forschungsprojekt wäre, dann müssten wir die mit dem Modell berechneten Kurven mit gemessenen Kurven vergleichen und wohl auch noch berücksichtigen, dass bei einer bestimmten Drehzahl ein anderer Gang eingelegt würde.

Wir ersetzen die Formel in C4 von Abb. 10.12 (T), die im Bereich C6:C235 eingesetzt wird, durch eine geschachtelte WENN-Schleife:

$$[= \text{WENN}(v * p.v > P.min; (\text{WENN}(v * p.v < P.max; v * p.v; P.max)); P.min)]$$

Es sind drei Fälle zu unterscheiden:

- $v \cdot p_v \leq P_{min} \rightarrow P = P_{min}$
- $v \cdot p_v > P_{max} \rightarrow P = P_{max}$
- $P_{min} < v \cdot p_v \leq P_{max} \rightarrow P = v \cdot p_v$, geschwindigkeitsproportionale Leistung

Die Zeitverläufe für die Geschwindigkeit $v(t)$ und die Beschleunigung $a(t)$ für die Parameterwerte $P_{min} = 1000$, $P_{max} = 100.000$ und $p_v = 2000$ stehen in Abb. 10.13b. Die Unterschiede zu Abb. 10.13a sind deutlich zu sehen. Zu Beginn, in der Einkuppelphase, bleibt die Beschleunigung etwa konstant, dann sinkt sie linear mit der Zeit. Wenn die Leistung bei höheren Geschwindigkeiten wieder konstant wird, etwa ab 50 s, dann krümmt sich $a(t)$ ähnlich wie in Abb. 10.13a.

```
1  Sub Vari()                                    For r = 6 To 235 Step 5             11
2  'The course of velocities is                  Cells(r2, 9) = Cells(r, 1) 't.R     12
3  'calculated several times and                 Cells(r2, 10) = Cells(r, 4) 'v.R    13
4  'stored in columns 9-11.                      Cells(r2, 11) = Cells(r, 5) 'a.R    14
5  r2 = 6                                         r2 = r2 + 1                        15
6  Cells(4, 9) = "a; DelT=" & Round(Cells(2, 2), 2)   Next r                         16
7  For rep = 1 To 5                              r2 = r2 + 1                         17
8  Application.Calculation = xlCalculationManual  Application.Calculation = xlCalculationAutomatic  18
9                                                 Next rep                          19
10                                                End Sub                           20
```

Abb. 10.14 (P) Kopiert fünf Startvorgänge (FOR *rep* = 1 TO 5) fortlaufend in die Spalten 9 bis 11 (= I, J, K) der Abb. 10.12 (T). Es werden jedes Mal nur die Daten für jeden fünften Zeitpunkt übertragen (Zeile 11, … STEP 5)

Makro für schwankende Leistung

Fragen

Wie sähen die Kurven von v in Abb. 10.13 aus, wenn in Abb. 10.14 (P) Zeile 17 fehlen würde?[10]

10.6 Bungeesprung

Ein Bungeespringer fällt zunächst im freien Fall, bis das Seil gespannt wird. Bei nicht gespanntem Seil wirkt nur die Schwerkraft. Bei gespanntem Seil wirken zusätzlich zwei Kräfte: Die rücktreibende Seilkraft und die Reibungskraft aufgrund der inneren Reibung des Seiles. Wir vernachlässigen die Luftreibungskraft, sodass die Kraft nur vom Ort und nicht von der Geschwindigkeit abhängt. Die Bewegungsform ist zeitweise ein freier Fall und zeitweise eine gedämpfte Schwingung.

10.6.1 Simulation der Bewegung

Bei einem Bungeesprung hängt ein Mensch an einem elastischen Seil und lässt sich aus einer großen Höhe in die Tiefe fallen.

Eine Bungeespringerin (Masse $m = 60$ kg, Größe 1,65 m) springt aus einer Höhe von 50 m. Das Bungeeseil sei in entspanntem Zustand $l = 25$ m lang und habe eine elastische Konstante (entsprechend einer Federkonstanten) von $k = 100$ N/m.

Reibungskraft des Seiles

Wir setzen die *Reibungsarbeit* proportional zur Dehnung oder zum Entspannungsweg des Seiles an, weil bei Dehnung und Entspannung Seilbestandteile gegeneinander verschoben werden. Die *Reibungskraft* des Seiles ist dann konstant. Sie betrage $F_R = 200$ N. Die Parameter m, l, k, F_R sowie $g = 9{,}81$ m/s^2 schreiben wir in benannte Zellen, siehe Abb. 10.15 (T), A1:F2 In H3 von Abb. 10.15 (T) steht die Formel (Verkettung von Text und Variablen) für die Legende in H2.

Aufgabe

Berechnen Sie zunächst analytisch:

---

[10]Der letzte Punkt einer Kurve würde mit dem ersten Punkt der folgenden Kurve verbunden.

	A	B	C	D	E	F	G	H	I	J	K	L	M
1	dt	g	l	k	m	F.r			;				
2	0,251	9,81	25	100	60	220			l25; k100; F.r220; m60				
3	s	m/s²	m	N/m	kg	N			=C1&l&H1&D1&k&H1&"F.r"&F.r&H1&"m"&m				
4													
5	a. =WENN(z.<-l;-g-VORZEICHEN(v.)*F.r/m-k/m*(z.+l);-g)												
6	a.n =WENN(z.n<-l;-g-k/m*(z.n+l)-VORZEICHEN(v.n)*F.r/m;-g)												
7	=A13+dt	=B13+	=C13+	$(D13+G13)/2*dt$ $(B13+E13)/2*dt$	=v.+a.*$\frac{dt}{2}$	=z.+(v.+v.p)/2*dt					=MIN(v.) =MIN(C13:C413) =C89		
8	t	v.	z.	a.	v.p	z.p	a.p				v.max	z.min	z.End
9	0,00	0,00	0,00	-9,81	-2,46	-0,31	-9,81		Simu		-22,04	-45,89	-30,55
10	0,25	-2,46	-0,31	-9,81	-4,92	-1,24	-9,81		Formel		-21,93	-46,23	-30,89
409	100,4	0,36	-30,5	-4,23	-0,70	-30,6	3,17						

Abb. 10.15 (T) Kalkulationsmodell für einen Bungeesprung; l = Länge des Seiles; k = Feder-konstante; m = Masse der Springerin; F_r = Reibungskonstante des Seiles; die Beschleunigung wird nur durch Reibung gehemmt, wenn das Seil gespannt ist, $a.$ = WENN(…). Die Formeln in Zeile 5 und Zeile 6 gelten für die Spaltenvektoren $a.$ und a_p

- die maximal durchfallene Höhe,
- die maximale Geschwindigkeit der Springerin und
- die Ruhelage.

Lösungen finden Sie bei Bedarf in Abschn. 10.6.2.

Aufgabe
Erstellen Sie eine Tabellenrechnung wie in Abb. 10.15 (T)!

Numerische Berechnung durch „Fortschritt mit Vorausschau"
Wir integrieren die Bewegungsgleichung des Bungeesprunges mit der Methode „Fortschritt mit Vorausschau". Ein mögliches Rechenmodell wird in Abb. 10.15 (T) angegeben, das Ergebnis der Rechnung wird in Abb. 10.16 gezeigt.

Fragen

Analysieren Sie die Formel in A5 von Abb. 10.15 (T), die für a. in Spalte D gilt. Welche logische Struktur liegt der Formel zugrunde? Wann wirkt nur die Erdbeschleunigung?[11]

Welche Formen des Zeitverlaufs beobachten Sie oberhalb und unterhalb der Nulllage (= Länge des ungespannten Seiles)?[12]

---

[11]WENN(Bedingung; Dann; Sonst). Wenn die Auslenkung $z.$ dem Betrage nach kleiner als die Seillänge ist, dann wirkt nur die Erdbeschleunigung und weder Seilkraft noch Reibungskraft. In der WENN-Funktion ist das der SONST-Fall, wenn also die Bedingung $(z < -l)$ nicht erfüllt ist.

[12]Oberhalb: Freier Fall, Parabel; unterhalb: gedämpfte Schwingung um die Ruhelage.

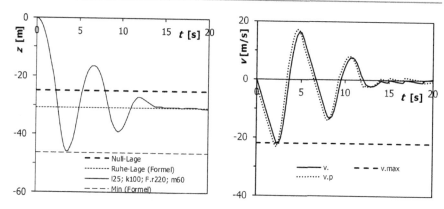

Abb. 10.16 a (links) Höhe als Funktion der Zeit beim Bungeesprung der Abb. 10.15 (T); Null-Lage = Länge des nicht gespannten Seiles. **b** (rechts) Geschwindigkeit als Funktion der Zeit beim Bungeesprung; v_p = Vorausschau für das Ende des Zeitabschnitts, berechnet mit der Beschleunigung am Anfang des Intervalls; $v.$ = Geschwindigkeit zu Beginn des nächsten Zeitabschnitts, berechnet mit dem Mittelwert aus der anfänglichen und der für das Ende des Zeitabschnitts vorausgeschauten Beschleunigung

Die vorgestellte Tabellenorganisation setzt auch dann eine Reibungskraft an, wenn das Seil entspannt wird, indem so getan wird, als gäbe es eine Stauchung. Reibungsverluste gibt es aber wahrscheinlich nur auf den Strecken, auf denen das Seil länger ist als im ungespannten Zustand. Das wird durch die WENN-Abfrage nicht berücksichtigt.

Die berechnete Höhe wird in Abb. 10.16a als Funktion der Zeit wiedergegeben. Zur Kontrolle werden die im Anhang berechneten markanten Punkte des Sprungs, nämlich maximale Tiefe und Ruhelage, in das Diagramm für $z = z(t)$ als waagrechte Geraden eingetragen. Die Übereinstimmung mit der simulierten Kurve ist recht gut, was darauf hinweist, dass weder unsere analytischen Berechnungen noch unsere Simulation im Rahmen unseres Modells grobe Fehler aufweisen.

In Abb. 10.16b wird die Geschwindigkeit als Funktion der Zeit aufgetragen, außerdem die gemäß Gl. 10.19 analytisch berechnete maximale Geschwindigkeit als waagrechte Gerade. Die gestrichelte Kurve stellt die Vorausschau der Geschwindigkeit auf das Ende des Intervalls dar, die mit der Beschleunigung zu Anfang des Intervalls berechnet wurde. Die durchgehende Kurve zeigt die Geschwindigkeit zu Beginn des nächsten Intervalls, berechnet aus dem Mittelwert der beiden Beschleunigungen, nämlich derjenigen zu Beginn des Intervalls und der geschätzten zum Ende des Intervalls. Die Unterschiede der beiden Kurven verdeutlichen den Unterschied zwischen dem Euler-Verfahren und dem „Fortschritt mit Vorausschau".

Aufgabe

Ermitteln Sie die Zeit, bis der Springer in Ruhe ist, als Funktion der Sprunghöhe!

Aufgabe
Variieren Sie k und F_R und beobachten Sie, wie sich die Anzahl der Schwingungen und die Zeit bis zur Ruhe verändern!

Umgekehrte Fragestellung: Aus der beobachteten Bewegung folgen die Eigenschaften des Seiles
Wir haben in dieser Übung bisher Werte für die Federkonstante und die Reibungskraft des Seiles angenommen und damit die Bewegungskurven für Ort und Geschwindigkeit berechnet. Physikalisch interessanter ist die Umkehrung des Problems, bei der man aus einer tatsächlich möglichen Beobachtung auf Eigenschaften des Seiles zurückschließen kann.

Man beobachtet, wie oft der Bungeespringer pendelt und innerhalb welcher Zeit er zur Ruhe kommt und passt dann die Parameter des Simulationsmodells so an, dass die Simulation die beobachteten Ergebnisse wiedergibt. Wir sehen dann, ob unsere Annahmen hinsichtlich der elastischen Eigenschaften des Seiles und unsere Vernachlässigung der Luftreibung der Wirklichkeit entsprechen.

10.6.2 Analytische Berechnung des Minimums und der Ruhelage der Bahnkurve, sowie der maximalen Geschwindigkeit

Wir stellen die Bewegungsgleichung mit dem Startpunkt bei $z = 0$ auf:

$$m \cdot \ddot{z} = -m \cdot g \text{ für } z > -l \qquad (10.17)$$

$$m \cdot \ddot{z} = -m \cdot g - (z - l) \cdot k - F_R \text{ für } z \leq -l$$

Der Parameter k ist die Federkonstante. Sie kommt ins Spiel, wenn die durchfallene Höhe größer ist als die Länge des ungespannten Seiles.

Erstes Minimum, Energiebilanz
Der tiefste Punkt des Sprunges (Höhe $h = z$) lässt sich aus der Energiebilanz errechnen. Die kinetische Energie verschwindet an der tiefsten Stelle, die ja ein Umkehrpunkt ist. Die Höhenenergie ist in die elastische Energie des Seiles und die Reibungsenergie übergegangen. Mit $h = $ durchfallene Höhe gilt:

$$m \cdot g \cdot h = \frac{(h - l)^2 k}{2} + F_R(h - l)$$

$$h^2 + h \cdot \left(-2l + \frac{2F_R}{k} - \frac{2mg}{k} \right) + \left(l^2 - F_R \frac{2l}{k} \right) = 0 \qquad (10.18)$$

	A	B	C	D	E
1	**Gl. (A)**	Terme der	**p**	-57,37	=-2*l+2*F.r/k-2*m*g/k
2		quadratischen Gleichung	**q**	515,0	=l^2-F.r*2*l/k
3			**h+**	-11,14	=p/2+WURZEL((p/2)^2-q)
4		Tiefster Punkt	**h-**	-46,23	=p/2-WURZEL((p/2)^2-q)
5					
6	**Gl. (B)**	Höhe für max. Geschw.	**h.vm**	33,09	=(m*g+k*l+Fr)/k
7		Max. kinetische Energie	**m·v.max²/2**	14426	=m*g*h.vm-k/2*(h.vm-l)^2-F.r*(h.vm-l)
8		Max. Geschwindigkeit	**v.max**	21,93	=WURZEL(2*D7/m)
9					
10	**Gl. (C)**	Ruhelage	**h.Ruhe**	30,89	=m*g/k+l

Abb. 10.17 (T) Analytische Berechnung des tiefsten Punktes, der maximalen Geschwindigkeit und der Ruhelage des Bungeesprungs; in D1 steht die erste Klammer von Gl. 10.18, in D2 die zweite

Das ist eine quadratische Gleichung, die in Abb. 10.17 (T) für die Parameter der Abb. 10.15 (T) gelöst wird. Die Höhe h entspricht dem Betrag von z in Gl. 10.17.

Maximale Geschwindigkeit
Die größte Geschwindigkeit beim Sprung erhält man aus der Abhängigkeit der kinetischen Energie von der durchfallenen Höhe:

$$E_{kin} = \frac{m}{2}v^2 = mgh - \frac{k}{2}(h-l)^2 - F_R(h-l)$$

Die Ableitung der kinetischen Energie nach der Höhe ergibt die Position der maximalen Geschwindigkeit:

$$\frac{dE_{kin}}{dh} = mg - k(h-l) + F_R = 0$$

$$h = \frac{mg + kl + F_R}{k}$$

Die maximale Geschwindigkeit errechnet sich aus der kinetischen Energie bei dieser Höhe:

$$v = \sqrt{\frac{2E_{kin}}{m}} \qquad (10.19)$$

Endzustand
Wenn der Springer zur Ruhe gekommen ist, dann herrscht ein Gleichgewicht zwischen der Gewichtskraft und der Seilkraft:

$$m \cdot g = k \cdot (h - l)$$

$$h = \frac{m \cdot g}{k} + l \qquad (10.20)$$

Die Auswertung der Gl. 10.18 und der Gl. 10.20 kann mit dem Rechenmodell der Abb. 10.17 (T) bewerkstelligt werden. In den Formeln in Spalte D (niedergeschrieben in Spalte E) wird auf Parameter zugegriffen, die in einem anderen Tabellenblatt, Abb. 10.15 (T), festgelegt werden.

10.7 Tabellenaufbau für die Integration der Bewegungsgleichung durch eine Formelroutine

Wir erstellen mit einer Formelroutine, nicht von Hand, einen Tabellenaufbau wie in Abschn. 10.2 zur Berechnung der Schwingungen eines harmonischen Oszillators. Ebenfalls mit einem Makro fügen wir ein Diagramm in das Tabellenblatt ein, das die Ergebnisse der Tabellenrechnung darstellt.

Formelwerk in der Tabelle
Wir haben den Tabellenaufbau von Abb. 10.1a (T), mit dem die Schwingung eines gedämpften harmonischen Oszillators berechnet wird, in Abb. 10.18 (T) von einer Formelroutine erstellen lassen.

Relative und absolute Zellbezüge im Makro
Die Formeln in den Zellen A5:G805, mit Ausnahme der Anfangsbedingungen in A5:C5 und D805:G805, wurden von der Formelroutine Sub *Progr* in Abb. 10.19 (P) eingeschrieben. Die Formeln verwenden relative und absolute Zellbezüge. Die

	A	B	C	D	E	F	G
1	**dt**	0,025		Federkonstante		**f**	0,10
2			f=0,1				
3	=A5+dt	=B5+(C5+F5)/2*dt	=C5+(D5+G5)/2*dt	=-f*x	=x+v*dt	=v+a*dt	=-f*x.p
4	**t**	**x**	**v**	**a**	**x.p**	**v.p**	**a.p**
5	0,000	1,00	0,00	-0,10	1,00	0,00	-0,10
6	**0,025**	**1,00**	**0,00**	-0,10	1,00	0,00	-0,10
804	19,975	1,00	-0,01	-0,10	1,00	-0,01	-0,10
805	**20,000**	**1,00**	**-0,01**	-0,10	1,00	-0,02	-0,10
806	=A804+dt	=B804+(C804+F804)/2*dt	=C804+(D804+G804)/2*dt	=-f*x	=x+v*dt	=v+a*dt	=-f*x.p

Abb. 10.18 (T) Formelwerk für die Berechnung einer Schwingung durch „Integration mit Vorausschau"; die Formeln in Zeile 3 gelten für die Zellen in den Reihen 6, diejenigen in Reihe 806 für die Zellen mit den fett gedruckten Zahlen in den Reihen 805 und 806

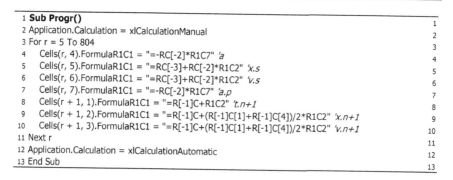

```
 1 Sub Progr()                                                                          1
 2 Application.Calculation = xlCalculationManual                                        2
 3 For r = 5 To 804                                                                     3
 4    Cells(r, 4).FormulaR1C1 = "=-RC[-2]*R1C7"  'a                                      4
 5    Cells(r, 5).FormulaR1C1 = "=RC[-3]+RC[-2]*R1C2"  'x.s                             5
 6    Cells(r, 6).FormulaR1C1 = "=RC[-3]+RC[-2]*R1C2"  'v.s                             6
 7    Cells(r, 7).FormulaR1C1 = "=-RC[-2]*R1C7"  'a.p                                    7
 8    Cells(r + 1, 1).FormulaR1C1 = "=R[-1]C+R1C2"  't.n+1                              8
 9    Cells(r + 1, 2).FormulaR1C1 = "=R[-1]C+(R[-1]C[1]+R[-1]C[4])/2*R1C2"  'x.n+1       9
10    Cells(r + 1, 3).FormulaR1C1 = "=R[-1]C+(R[-1]C[1]+R[-1]C[4])/2*R1C2"  'v.n+1      10
11 Next r                                                                               11
12 Application.Calculation = xlCalculationAutomatic                                     12
13 End Sub                                                                              13
```

Abb. 10.19   (P) Formelroutine, mit der die Formeln in Abb. 10.18 (T) erzeugt werden

```
15 Sub Makro1()                                                                        15
16 Range("D5").Select: ActiveCell.FormulaR1C1 = "=-RC[-2]*R1C7"                         16
17 Range("E5").Select: ActiveCell.FormulaR1C1 = "=RC[-3]+RC[-2]*R1C2"                   17
18 Range("F5").Select: ActiveCell.FormulaR1C1 = "=RC[-3]+RC[-2]*R1C2"                   18
19 Range("G5").Select: ActiveCell.FormulaR1C1 = "=-RC[-2]*R1C7"                         19
20 Range("A6").Select: ActiveCell.FormulaR1C1 = "=R[-1]C+R1C2"                          20
21 Range("B6").Select: ActiveCell.FormulaR1C1 = "=R[-1]C+(R[-1]C[1]+R[-1]C[4])/2*R1C2"  21
22 Range("C6").Select: ActiveCell.FormulaR1C1 = "=R[-1]C+(R[-1]C[1]+R[-1]C[4])/2*R1C2"  22
23 End Sub                                                                              23
```

Abb. 10.20   (P) Sub Makro1 wurde durch Makro aufzeichnen erhalten, als die Formeln in D5:G5 und A6:C6 von Abb. 10.18 (T) geschrieben wurden

Federkonstante steht in Zelle $G\$1$ (R1C7 in Zeile 4 des Makros); der Zeitabstand zwischen den Stützstellen in Zelle $B\$1$ (R1C2 in den Zeilen 5, 6, 8, 9, 10).

Sehen wir uns Zeile 8 genauer an. Der erste Term ist ein relativer Bezug: =R[−1]C. Wird dieser Term z.B. in A6 von Abb. 10.18 (T) geschrieben, dann wird er als A6 = [=A5] übersetzt. Der zweite Term +R1C2 ist ein absoluter Zell-bezug und wird als [+$B\$1] übersetzt.

Die Anweisungen in dieser Formelroutine wurden aus dem Makro1 in Abb. 10.20 (P) entwickelt, welches die Tabellenbefehle aufgezeichnet hat (Ent-wicklertools/Makro aufzeichnen), als die Formeln in D5:G5 und A6:C6 von Abb. 10.18 (T) geschrieben wurden.

Bevor das Makro aufgezeichnet wurde, wurde der Bereich der Parameter in den Zeilen 1 und 2 und die Anfangsbedingungen für t, x und v in A5:C5 von Abb. 10.18 (T) von Hand in die Tabelle eingetragen. Auch diese Werte könnten von einer Formelroutine eingetragen werden.

Beim Übergang von Sub Makro1 auf Sub Progr wurde Folgendes verändert:

- Range("D5").Select: ActiveCell wurde zu: Cells(5,4), ähnlich für die anderen Zellbezeichnungen.
- Die Bezeichnung für die Reihe wurde durch die Variable r ersetzt, Cells(r,4).

```
25  Sub ProgrB()                                                           25
26  Application.Calculation = xlCalculationManual                          26
27  For r = 5 To 804                                                       27
28      Cells(r, 4).FormulaR1C1 = "=-f*x" 'a                               28
29      Cells(r, 5).FormulaR1C1 = "=x+v*dt" 'x.s                           29
30      Cells(r, 6).FormulaR1C1 = "=v+a*dt" 'v.s                           30
31      Cells(r, 7).FormulaR1C1 = "=-f*x.s" 'a.p                           31
32      Cells(r + 1, 1).FormulaR1C1 = "=R[-1]C+" & "dt"                    32
33      Cells(r + 1, 2).FormulaR1C1 = "=R[-1]C+(R[-1]C[1]+R[-1]C[4])/2*" & "dt"   33
34      Cells(r + 1, 3).FormulaR1C1 = "=R[-1]C+(R[-1]C[1]+R[-1]C[4])/2*" & "dt"   34
35  Next r                                                                 35
36  Application.Calculation = xlCalculationAutomatic                       36
37  End Sub                                                                37
```

Abb. 10.21 (P) Wie Sub *Progr* in Abb. 10.19 (P), aber mit Bezügen auf Namen statt auf Zelladressen, wenn möglich

```
24  Sub Chart()                                                            24
25      ActiveSheet.Shapes.AddChart.Select                                 25
26      ActiveChart.ChartType = xlXYScatterLinesNoMarkers                  26
27      ActiveChart.SeriesCollection.NewSeries                             27
28      ActiveChart.SeriesCollection(1).Name = "=calc!$C$1"                28
29      ActiveChart.SeriesCollection(1).XValues = "=calc!$A$6:$A$407"      29
30      ActiveChart.SeriesCollection(1).Values = "=calc!$B$6:$B$407"       30
31  End Sub                                                                31
```

Abb. 10.22 (P) Mit diesem Makro wird ein Diagramm eingefügt und die Bahnkurve $x(t)$ aus Abb. 10.18 (T) eingetragen

- Die Anweisungen wurden in eine Schleife For $r = 5$ To 804 eingebettet.

Zellbezüge durch Namen ersetzen

Wir können in den meisten Formeln die Zellbezüge durch die Namen der Zellen ersetzen, wie in Abb. 10.21 (P). Sub *ProgrB* schreibt die Formeln genauso wie in Abb. 10.1a (T).

Die Angaben im Code in Anführungszeichen werden im Programm als Text aufgefasst und in den Zellen, in die sie eingeschrieben werden, als Formeln gedeutet, weil sie mit „=" anfangen.

Diagramm wird von Makro erstellt

Die in der Tabelle berechnete Bahnkurve wird in ein Diagramm eingetragen, das mit einem Makro erzeugt wird, siehe Abb. 10.22 (P). Die Anweisungen wurden wiederum mit Makro aufzeichnen gewonnen.

10.8 Fragen zur newtonschen Bewegungsgleichung

Von der Integration zur numerischen Mittelwertbildung

1. Wie ist die Geschwindigkeit $v(t)$ mit der Beschleunigung $a(t)$ verknüpft?

2. Wie wird der Mittelwert einer kontinuierlichen Funktion $f(t)$ im Bereich t_1 bis t_2 definiert.
3. Interpretieren Sie die Formel $v(t_n + dt) = v(t_n) + [a(t_n) + a(t_n + dt)]/2 \cdot dt$ hinsichtlich der beiden vorherigen Fragen!
4. Was besagt die Besenregel Ψ *Halb, halb, ganz, die halben zählen doppelt* über die Runge-Kutta-Methode 4. Ordnung aus?

Halbschrittverfahren

In Abb. 10.23 (T) sehen Sie einen Tabellenaufbau für die numerische Integration der newtonschen Bewegungsgleichung für den Fall mit Reibung mit dem Halbschrittverfahren.

Die Tabellenrechnung ist genauso aufgebaut wie für unser Verfahren „Fortschritt mit Vorausschau". Die vorausgeschaute Beschleunigung a_s wird aber für die Mitte des Intervalls berechnet und als repräsentativ für das gesamte Zeitintervall angesehen.

5. Wie lauten die Formeln für x_s, v_s und a_s?
6. Wie lauten die Formeln für x und v zu Beginn des nächsten Zeitintervalls (in C7 und D7)?

Funktion für „Fortschritt mit Vorausschau" oder „Halbschritt" (AK)

	B	C	D	E	F	G	H
1	**g**	9,81 m/s²		Erdbeschleunigung			
2	**c.v**	1,5 1/m		Reibungskoeffizient			
3	**dt**	0,005 s		Zeitinkrement			
5	**t**	**x**	**v**	**a**	**x.p**	**v.p**	**a.p**
6	0,000	4,000	1,000	-11,31	4,00	0,97	-11,23
7	**0,005**	**4,005**	**0,944**	-11,15	4,01	0,89	-10,99
406	2,000	-0,351	-2,557	0,00	-0,36	-2,56	0,00

Abb. 10.23 (T) Halbschrittverfahren: Die Beschleunigung a_s in der Mitte des Intervalls wird ausgerechnet

```
1 Function Forca(x, v)          ap = 1              8
2 Const n = 1                   x = 1               9
3 Dim a(n)                      v = 1              10
4 a = F(x, v) 'Function for the force   a(0) = 1   11
5 dt = 0.1                      a(1) = 1           12
6 xp = 1                        Forca = 1          13
7 vp = 1                        End Function       14
```

Abb. 10.24 (P) Benutzerdefinierte Tabellenfunktion zur numerischen Integration der newtonschen Bewegungsgleichung

In Abb. 10.24 (P) sehen Sie den vba-Code einer benutzerdefinierten Tabellenfunktion zur Berechnung des Fortschritts von t auf $t + dt$. Allerdings sind in den Zeilen 6 bis 13 die Formeln durch 1 ersetzt worden.

7. Setzen Sie die richtigen Formeln ein, wenn das Verfahren „Fortschritt mit Vorausschau" angewendet werden soll!
8. Setzen Sie die richtigen Formeln ein, wenn das Halbschrittverfahren angewendet werden soll!

Leistung und Arbeit

9. Wie sind Arbeit W und Leistung P mit der Kraft F, der Verschiebung x und der Geschwindigkeit v eines Körpers verknüpft? Welches ist die unabhängige Variable in der Formel für die Arbeit, welches diejenige für die Leistung?

Bungeesprung

10. Wie lauten die Formeln für die elastische Energie einer Feder mit der Federkonstante k, die Schwereenergie einer Masse m in der Nähe der Erdoberfläche und die kinetische Energie einer Masse m?

Wir nehmen an, dass die Reibungsenergie, die erzeugt wird, wenn ein Seil gedehnt wird, proportional zur zusätzlichen Länge des Seiles ist.

11. Wie kann man diesen Ansatz begründen?
12. Mit welcher Funktion wird die entstehende Reibungskraft in der Berechnung der Beschleunigung berücksichtigt?

Mathematisches Pendel

Die Schwingungsgleichung für ein Masse-Feder-System lautet:

$$\frac{\partial^2 x(t)}{\partial t^2} = -D\big/ m \cdot x(t) \tag{10.21}$$

Die Schwingungsgleichung für ein mathematisches Pendel lautet:

$$\frac{\partial^2 \phi(t)}{\partial t^2} = -\frac{g}{l} \cdot \sin(\phi) \tag{10.22}$$

13. Warum taucht in Gl. 10.22 keine Masse wie in Gl. 10.21 auf?
14. Warum steht auf der rechten Seite von Gl. 10.22 sin(ϕ) und nicht ϕ, wie man in Analogie zu Gl. 10.21 erwarten könnte?

Sachverzeichnis

© Springer-Verlag GmbH Deutschland 2017
D. Mergel, *Physik mit Excel und Visual Basic,*
DOI 10.1007/978-3-642-37857-7

Printed in the United States
By Bookmasters